先进复合材料丛书

编 委 会

主 任 委 员：杜善义
副主任委员：方岱宁　俞建勇　张立同　叶金蕊
委　　　员（按姓氏音序排列）：
　　　　　　陈　萍　陈吉安　成来飞　耿　林　侯相林
　　　　　　冷劲松　梁淑华　刘平生　刘天西　刘卫平
　　　　　　刘彦菊　梅　辉　沈　健　汪　昕　王　嵘
　　　　　　吴智深　薛忠民　杨　斌　袁　江　张　超
　　　　　　赵　谦　赵　彤　赵海涛　周　恒　祖　群

国家出版基金项目
"十三五"国家重点出版物出版规划项目

先进复合材料丛书

先进复合材料结构制造工艺与装备技术

中国复合材料学会组织编写
丛 书 主 编　杜善义
丛书副主编　俞建勇　方岱宁　叶金蕊
编　　　著　刘卫平　宋清华　陈　萍　等

中国铁道出版社有限公司
CHINA RAILWAY PUBLISHING HOUSE CO., LTD.

内 容 简 介

"先进复合材料丛书"由中国复合材料学会组织编写,并入选国家出版基金项目。丛书共12册,围绕我国培育和发展战略性新兴产业的总体规划和目标,为促进我国复合材料研发和应用的发展与相互转化,按最新研究进展评述、国内外研究及应用对比分析、未来研究及产业发展方向预测的思路,论述各种先进复合材料。

本书为《先进复合材料结构制造工艺与装备技术》分册,从先进复合材料结构制造工艺与装备理论基础出发,涵盖了自动铺放、预浸料预成型、热压罐成型、干纤维预成型体制备、液体成型、缠绕成型、热塑性复合材料成型、复合材料结构回弹变形预测与控制、复合材料结构加工、复合材料结构修理、复合材料结构装配等内容,重点论述了核心技术与装备、国内外研究现状、航空航天领域应用与发展前景预测。

本书可供从事先进复合材料结构制造与装备的研究人员和工程技术人员参考,也可供新材料研究院所、高等院校、新材料产业界、政府相关部门、新材料咨询机构等领域的人员参考。

图书在版编目(CIP)数据

先进复合材料结构制造工艺与装备技术 / 中国复合材料学会组织编写;刘卫平等编著 . —北京:中国铁道出版社有限公司,2021.2
 (先进复合材料丛书)
 ISBN 978-7-113-27741-3

Ⅰ. ①先… Ⅱ. ①中… ②刘… Ⅲ. ①复合材料结构 Ⅳ. ①TB33

中国版本图书馆 CIP 数据核字(2021)第 028874 号

书　　名:	先进复合材料结构制造工艺与装备技术
作　　者:	刘卫平　宋清华　陈　萍　等
策　　划:	初　祎　李小军
责任编辑:	郭　静　　电话:(010) 51873125
封面设计:	高博越
责任校对:	孙　玫
责任印制:	樊启鹏
出版发行:	中国铁道出版社有限公司(100054,北京市西城区右安门西街 8 号)
网　　址:	http://www.tdpress.com
印　　刷:	中煤(北京)印务有限公司
版　　次:	2021 年 2 月第 1 版　2021 年 2 月第 1 次印刷
开　　本:	787 mm×1 092 mm　1/16　印张:22　字数:477 千
书　　号:	ISBN 978-7-113-27741-3
定　　价:	138.00 元

版权所有　侵权必究

凡购买铁道版图书,如有印制质量问题,请与本社读者服务部联系调换。电话:(010) 51873174
打击盗版举报电话:(010) 63549461

序

　　新材料作为工业发展的基石,引领了人类社会各个时代的发展。先进复合材料具有高比性能、可根据需求进行设计等一系列优点,是新材料的重要成员。当今,对复合材料的需求越来越迫切,复合材料的作用越来越强,应用越来越广,用量越来越大。先进复合材料从主要在航空航天中应用的"贵族性材料",发展到交通、海洋工程与船舰、能源、建筑及生命健康等领域广泛应用的"平民性材料",是我国战略性新兴产业——新材料的重要组成部分。

　　为深入贯彻习近平总书记系列重要讲话精神,落实"十三五"国家重点出版物出版规划项目,不断提升我国复合材料行业总体实力和核心竞争力,增强我国科技实力,中国复合材料学会组织专家编写了"先进复合材料丛书"。丛书共12册,包括:《高性能纤维与织物》《高性能热固性树脂》《先进复合材料结构制造工艺与装备技术》《复合材料结构设计》《复合材料回收再利用》《聚合物基复合材料》《金属基复合材料》《陶瓷基复合材料》《土木工程纤维增强复合材料》《生物医用复合材料》《功能纳米复合材料》《智能复合材料》。本套丛书入选"十三五"国家重点出版物出版规划项目,并入选2020年度国家出版基金项目。

　　复合材料在需求中不断发展。新的需求对复合材料的新型原材料、新工艺、新设计、新结构带来发展机遇。复合材料作为承载结构应用的先进基础材料、极端环境应用的关键材料和多功能及智能化的前沿材料,更高比性能、更强综合优势以及结构/功能及智能化是其发展方向。"先进复合材料丛书"主要从当代国内外复合材料研发应用发展态势,论述复合材料在提高国家科研水平和创新力中的作用,论述复合材料科学与技术、国内外发展趋势,预测复合材料在"产学研"协同创新中的发展前景,力争在基础研究与应用需求之间建立技术发展路径,抢占科技发展制高点。丛书突出"新"字和"方向预测"等特色，对广大企业和科研、教育等复合材料研发与应用者有重要的参考与指导作用。

本丛书不当之处，恳请批评指正。

2020 年 10 月

前　言

"先进复合材料丛书"由中国复合材料学会组织编写,并入选国家出版基金项目和"十三五"国家重点出版物出版规划项目。丛书共12册,围绕我国培育和发展战略性新兴产业的总体规划和目标,为促进我国复合材料研发和应用的发展与相互转化,按最新研究进展评述、国内外研究及应用对比分析、未来研究及产业发展方向预测的思路,论述各种先进复合材料。本丛书力图传播我国"产学研"最新成果,在先进复合材料的基础研究与应用需求之间建立技术发展路径,对复合材料研究和应用发展方向做出指导。丛书体现了技术前沿性、应用性、战略指导性。

本分册为《先进复合材料结构制造工艺与装备技术》,主要论述航空航天领域先进复合材料结构的相关制造工艺以及配套装备所涉及的核心技术、国内外发展差距和未来发展前景等内容。

随着航空航天工业领域的发展,飞机与发动机、运载火箭与卫星等航空航天器的高性能和高可靠性很大程度上依赖于新材料和新工艺的广泛应用。先进复合材料是航空航天高技术产品的重要组成部分,其高的比强度和比模量、抗疲劳、耐腐蚀、可设计和适合整体成型等优点,能有效降低航空航天器的结构重量,增加有效载荷和射程,降低成本。因此,先进复合材料是理想的航空航天结构材料。现在,各类航空航天器结构已经广泛采用高性能纤维增强树脂基先进复合材料。作为21世纪的主导材料,先进复合材料用量已成为衡量飞机先进性乃至航空航天领域先进性的一个重要标志,是世界强国竞相发展的核心技术,也是我国工业发展的重点领域。

随着航空航天领域对先进技术需求的不断增加,先进复合材料将不断向高性能、多功能和低成本的方向发展,而促进先进复合材料大量应用的关键是制造成本的降低。但先进复合材料结构的制造过程又是一个比较复杂的过程,其制造工艺与配套装备技术是复合材料结构成型、加工、装配的关键,涵盖面广,技术含量高。本书由中国复合材料学会先进复合材料结构制造工艺与装备委员会组织编写,特邀请国内航空航天领域十余名专家针对不同的先进复合材料结构制造工艺与装备技术,包括自动铺放、预浸料预成型、热压罐成型、干纤维预成型体制备、液体成型、缠绕成型、热塑性复合材料成型、复合材料结构回弹变形预测与控制、复合材料结构加工、复合材料结构修理、复合材料结构装配,分别从理论基础、核心技术与装备、国内外研究现状、航空航天领域的应用情况及发展前景预测等几方面进行梳理和专业解读。本书适合先进复合材料结构制造工艺与装备技术的研究人员和工程技术人员参考,也可供新材料研究院所、高等院校、新材料产业界、政府相关部门、新材料咨询机构等领域的人员参考。

本书第1章由刘卫平、宋清华、陈萍编著,第2章由王显峰、宋清华、肖军、刘卫平编著,第3章由段跃新、李哲夫、陈萍、刘卫平编著,第4章由顾轶卓、刘军、刘卫平编著,第5章由孙宝忠、宁博、刘卫平编著,第6章由包建文、郑义珠、陈萍、刘卫平编著,第7章由许家忠、肖军编著,第8章由杨洋、安学峰、宋清华、刘卫平编著,第9章由杨青、张博明、刘卫平编著,第10章由陈燕、龚佑宏、刘卫平编著,第11章由晏冬秀、关志东、刘卫平编著,第12章由曹军侠、张涛、姜丽萍编著。最后由刘卫平、宋清华对全书进行统稿和定稿。

由于笔者水平有限,书中的遗漏或错误之处在所难免,恳请读者批评与指正。

编著者
2020年10月

目 录

第1章 绪论 ··· 1
  1.1 先进复合材料在航空航天上的应用 ··· 2
  1.2 先进复合材料结构制造工艺与装备发展趋势 ······································ 8
  1.3 本书的主要内容 ·· 15
  参考文献 ·· 18

第2章 复合材料自动铺放技术 ·· 19
  2.1 自动铺放技术与装备 ··· 19
  2.2 自动铺放技术国内外研究现状 ·· 22
  2.3 自动铺放技术在航空航天的应用 ·· 36
  2.4 自动铺放技术发展前景预测 ··· 43
  参考文献 ·· 44

第3章 预浸料预成型技术 ··· 47
  3.1 预浸料预成型技术理论基础 ··· 47
  3.2 预浸料预成型技术与装备 ·· 56
  3.3 预成型技术国内外研究现状 ··· 72
  3.4 预成型技术在航空航天领域的应用 ··· 74
  3.5 预成型技术发展前景预测 ·· 76
  参考文献 ·· 77

第4章 热压罐成型工艺技术 ·· 80
  4.1 概述 ·· 80
  4.2 热压罐成型工艺理论基础 ·· 81
  4.3 热压罐成型工艺技术与装备 ··· 93
  4.4 热压罐成型工艺在航空航天上的应用 ·· 104
  4.5 热压罐成型工艺发展前景预测 ·· 106
  参考文献 ·· 109

第5章 干纤维预成型体制备技术 ··· 111
  5.1 干纤维预成型体工艺理论基础 ·· 111

5.2 干纤维预成型体工艺技术与装备 …… 119
5.3 干纤维预成型体工艺国内外研究现状 …… 125
5.4 干纤维预成型体在航空航天的应用 …… 129
5.5 干纤维预成型体成型工艺发展前景预测 …… 132
参考文献 …… 134

第6章 树脂基复合材料液体成型工艺技术 …… 136
6.1 液体成型工艺技术与装备 …… 136
6.2 液体成型工艺在航空航天领域的典型应用 …… 151
6.3 复合材料液体成型技术未来发展展望 …… 158
参考文献 …… 158

第7章 缠绕成型工艺技术 …… 160
7.1 概述 …… 160
7.2 缠绕成型工艺理论基础 …… 165
7.3 缠绕成型工艺技术与装备 …… 172
7.4 缠绕成型工艺国内外研究现状 …… 184
7.5 缠绕成型工艺在航空航天的应用 …… 192
7.6 缠绕成型工艺发展前景预测 …… 196
参考文献 …… 198

第8章 热塑性复合材料成型工艺技术 …… 203
8.1 热塑性复合材料成型技术及装备 …… 203
8.2 热塑性复合材料成型工艺国内外研究现状 …… 213
8.3 热塑性复合材料成型工艺发展前景预测 …… 221
参考文献 …… 222

第9章 复合材料结构回弹变形预测与控制技术 …… 224
9.1 概述 …… 224
9.2 复合材料结构变形预测与控制理论基础 …… 225
9.3 复合材料结构变形预测与控制技术 …… 228
9.4 复合材料结构变形预测与控制技术在航空航天的应用 …… 238
9.5 复合材料结构变形预测与控制技术发展前景预测 …… 243
参考文献 …… 247

第10章 先进复合材料结构加工技术 …… 249
10.1 复合材料结构加工技术与装备 …… 249
10.2 复合材料结构加工技术国内外研究现状 …… 271

10.3 复合材料结构加工技术在航空航天的应用 ………………………………… 278
10.4 复合材料结构加工技术发展前景预测 …………………………………… 286
参考文献 ………………………………………………………………………… 288

第 11 章 复合材料结构修理技术 …………………………………………… 291
11.1 复合材料结构修理技术与装备 …………………………………………… 291
11.2 复合材料修理技术国内外研究现状 ……………………………………… 304
11.3 复合材料结构修理技术在航空航天的应用 ……………………………… 305
11.4 复合材料结构修理技术发展前景预测 …………………………………… 308
参考文献 ………………………………………………………………………… 314

第 12 章 复合材料结构装配技术 …………………………………………… 316
12.1 复合材料结构装配工艺与装备 …………………………………………… 316
12.2 复合材料结构装配技术国内外研究现状 ………………………………… 328
12.3 复合材料结构装配技术在航空航天的应用 ……………………………… 332
12.4 复合材料结构装配技术发展前景预测 …………………………………… 339
参考文献 ………………………………………………………………………… 340

第1章 绪 论

先进复合材料是由连续增强纤维和树脂基体按一定的工艺方法复合而成的,其中纤维主要有碳纤维、芳纶纤维和玻璃纤维等;树脂基体主要有环氧树脂、双马树脂、氰酸脂树脂、聚酰亚胺树脂以及热塑性树脂等。与其他结构材料相比,先进复合材料具备以下优点:

(1)高的比强度和比模量,可以大幅减轻结构重量;
(2)各向异性和良好的可设计性,可以充分发挥增强纤维的性能;
(3)优异的耐疲劳、耐腐蚀和抗振动等特性;
(4)成型工艺性好,易于一次整体成型复杂零件。

由于具备这些优点,先进复合材料能有效降低飞机和发动机、运载火箭和卫星等飞行器的结构重量,提高其综合性能,增加航程、射程,或增加有效载客、载弹量等。因此,先进复合材料在飞行器上的用量和应用部位已经成为衡量飞行器结构先进性的重要标志之一,是航空航天高技术产品的重要组成部分。

从图1.1和图1.2可以看出,在全球树脂基碳纤维复合材料用量中,航空航天仅占23%,却带来了63%的总产值。因此,先进复合材料在航空航天领域的高端应用,不仅推动了复合材料全产业链的巨大发展,同时也带动了先进复合材料制造工艺技术与装备的快速提升。本书由中国复合材料学会先进复合材料结构制造工艺与装备委员会组织,邀请国内航空航天领域多位专家分别针对先进复合材料主要成型工艺与装备技术在航空航天领域的应用进行了解读和预测,希望在推动国内先进复合材料制造工艺和应用水平的提升方面能够有所指导。

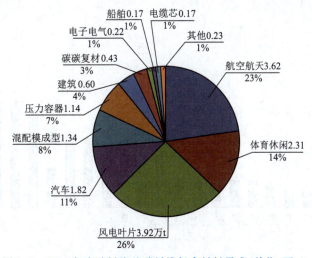

图1.1 2019年全球树脂基碳纤维复合材料需求(单位:万t)

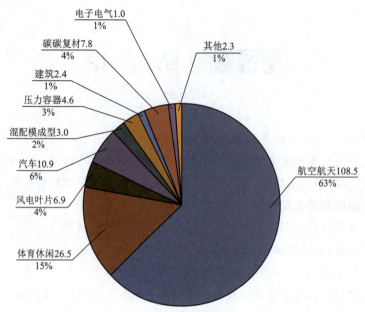

图1.2 2019年全球树脂基碳纤维复合材料销售收入（单位：亿美元）

1.1 先进复合材料在航空航天上的应用

在航空航天领域中，先进复合材料的应用主要以碳纤维为主，占90%以上。图1.3展示了航空航天领域碳纤维的用量变化（图中带*的年份为预测值），可以看出2013年以后，碳纤维需求有一个快速的提升，这主要归功于波音B787量产，以及后来跟上的空客A350的研发与量产，这两款宽体客机都大量采用碳纤维增强树脂基复合材料，其用量达到50%以上。图1.4为2019年航空航天碳纤维需求量分布，其中商用飞机用量占比高达69.1%，因此

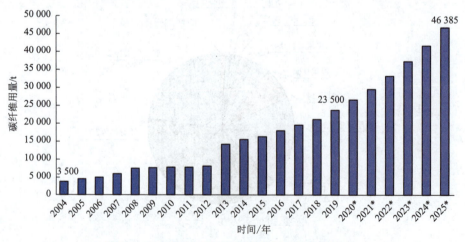

图1.3 历年航空航天碳纤维需求及其趋势（单位：t）

可以说商用飞机是提高碳纤维复合材料用量最有力的推动者。商用飞机的巨大需求导致新材料新工艺的涌现,特别使得先进复合材料结构的制造工艺与装备技术水平有了快速提高。

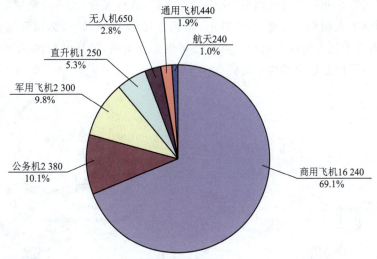

图 1.4　2019 年航空航天碳纤维需求——分市场(单位:t)

1.1.1　先进复合材料在航空上的应用

自 20 世纪 60 年代以来,先进复合材料由于其优异特点,开始在飞机上得到应用,如图 1.5 所示。出于安全考虑,商用飞机的先进复合材料应用晚于歼击机、直升机和通用飞机,但无论哪款飞机,先进复合材料在飞机上的用量和应用部位都已经成为衡量飞机结构先进性的重要标志之一。

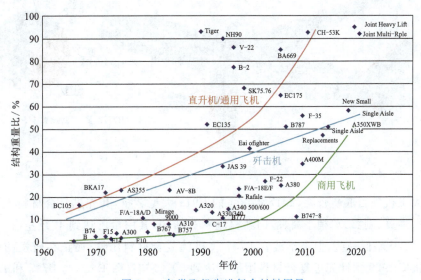

图 1.5　各类飞机先进复合材料用量

商用飞机最早在一些非承力结构如整流罩、雷达罩等应用先进复合材料,后来逐步应用到次承力结构如方向舵、升降舵、襟翼、副翼、扰流板、翼梢小翼等,然后又进一步应用到水平安定面、垂直安定面、后压力球面框、后机身、中央翼等承力较大的结构,最后应用到机翼和机身一级主承力结构,图 1.6 是先进复合材料在空客飞机上的应用演变。其实,先进复合材料应用最具有代表性的是波音公司的 B787 梦幻飞机,从外观看,几乎是全复合材料飞机,先进复合材料用量的表面积占比达 95% 以上、体积占比达 75% 以上、结构重量达到 50%,如图 1.7 所示,取得了巨大的商业成功。空客公司也不甘落后,随后开发的 A350 飞机复合材料用量更是达到了创纪录的结构重量的 52%。

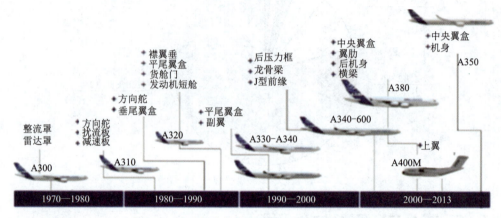

图 1.6 先进复合材料在空客飞机上的应用演变

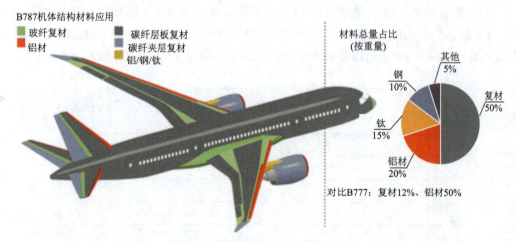

图 1.7 波音 B787 飞机的材料组成

我国大飞机项目起步较晚,2017 年首飞的 C919 大型客机,其先进复合材料主要用在尾翼、后机身、襟翼、副翼、翼梢小翼、舱门和整流罩等结构,其用量已达到 12% 左右,比空客同类型飞机 A320 略低一些,但高于波音 B737 飞机的复合材料用量;而正在研发的中俄合作的宽体客机 CR929 预计先进复合材料用量将达到 50% 左右(图 1.8),与 B787 和 A350 的先进复合材料用量处于同一水平。

战斗机方面,美国空军 F-22 战斗机原型机采用了 49% 先进复合材料,其中 24% 为热固性复合材料,25% 为热塑性复合材料,然而在批产的飞机中,先进复合材料仅采用了 25%,其

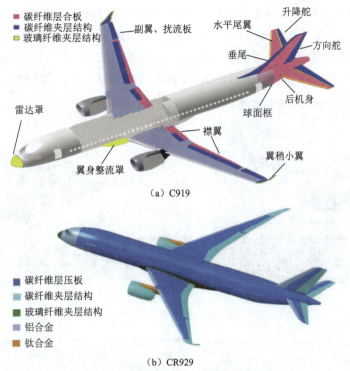

图 1.8 国内商用飞机先进复合材料用量分布

中热塑性复合材料仅为 1%。迄今为止，F-22 仍然是最先进的隐身战斗机，但由于其昂贵的价格和维护费，现已停产，由 F-35 战斗机替代。F-35 也大量采用先进复合材料，其翼身融合体蒙皮及进气道均采用复合材料自动铺放工艺成型(图 1.9)。中国自研的歼-20 隐身战斗机同样采用了大量的先进复合材料结构(图 1.10)。

图 1.9 美国空军 F-35 战斗机

图 1.10 中国歼-20 战斗机

直升机方面，包括军用、民用和轻型直升机，先进复合材料在各种直升机上的用量均很大。如 V-22 鱼鹰直升机[图 1.11(a)]可垂直起落，倾转旋翼后又能高速巡航，该机结构的 50% 由先进复合材料制成，包括机身、机翼、尾翼、旋转机构等，共用先进复合材料 3 000 多千克。欧洲"虎"式武装直升机[图 1.11(b)]先进复合材料用量高达 80%，接近全复合材料结构。

无人机方面，包括无人作战机、无人侦察机和各种小型、微型、超微型无人机，更是大量采用先进复合材料。其中军用无人机需要具有低成本、轻结构、高机动、大过载、高隐身、长航程的技术特点,决定了其对减重的迫切需求,因此先进复合材料用量很大,鲜明地体现了飞机结构复合材料化的趋势。美国波音公司 X-45 系列飞机[图 1.12(a)]先进复合材料用量达 90% 以上,诺斯罗普·格鲁门公司的 X-47 系列飞机[图 1.12(b)]基本上为全复合材料。

(a) V-22鱼鹰直升机

(b) "虎"式武装直升机

图 1.11 直升机

(a) X-45系列

(b) X-47系列

图 1.12 无人机

航空发动机方面,应用先进复合材料可以大幅度提高发动机的推重比,因此先进复合材料已成为未来发动机的关键材料之一。发动机除使用树脂基复合材料外,因温度要求的关系,还会用到金属基、陶瓷基、碳碳等复合材料。图 1.13 为美国 GE9X 发动机及其复合材料风扇叶片。

图 1.13 GE9X 发动机及复合材料风扇叶片

1.1.2 先进复合材料在航天上的应用

先进复合材料在导弹、运载火箭和卫星飞行器上也发挥着不可替代的作用,其应用水平和规模已关系到武器装备的跨越式提升和型号研制的成败。

导弹方面,轻型化是先进导弹武器(图 1.14)发展的一个重要趋势,实现轻型化的主要措施是大量应用先进复合材料及建立导弹关键复合材料结构设计与制造技术体系。美国国防部在 2025 年国防材料发展中提出:既能满足耐高温要求,又能确保强度及模量在现有基础上提高 25% 的材料,非复合材料莫属。

运载火箭方面,新一代运载火箭的高性能需要新型复合材料与结构作为技术支撑,对先进复合材料及其相关技术提出了很多新要求。先进复合材料在新一代运载火箭结构上的应用(图 1.15)对新一代运载火箭实现低成本、高可靠、环保、无毒、无污染等目标起到了至关重要的作用。

图 1.14 碳纤维缠绕成型"侏儒"战略导弹壳体

图 1.15 阿特拉斯 V 型运载火箭

卫星飞行器方面，由于高模量碳纤维质轻、尺寸稳定性和纤维长丝方向的导热性好，很早就应用于人造卫星结构体、太阳能电池板和天线中。现今人造卫星上的展开式太阳能电池板多采用碳纤维复合材料制作，而太空站和天地往返运输系统上的一些关键部件也往往采用碳纤维复合材料作为主要材料(图1.16)。

(a) 风云三号极轨气象卫星　　　　　(b) 发现者号航天飞机

图 1.16　先进复合材料在卫星飞行器上的应用

1.2　先进复合材料结构制造工艺与装备发展趋势

随着商用飞机大量采用先进复合材料，复合材料结构的尺寸越来越大，形状越来越复杂，传统的手工铺放预浸料/热压罐成型已不能满足生产效率、产品一致性、成本等要求，新的制造工艺与装备应运而生。近十几年来，自动铺带、自动铺丝、预浸料预成型、干纤维液体成型、热塑性复合材料及增材制造等各种新工艺、新装备大量涌现，助力先进复合材料在商用飞机上的扩大应用。本书在后续章节有比较详细的论述，在这里仅简要介绍几种关键的制造工艺与装备的发展趋势。

1.2.1　自动铺放技术

复合材料自动铺放技术主要包含自动铺带和自动铺丝技术，是近年来快速发展和广泛应用的自动化制造的典型代表。随着自动铺放技术在航空航天及其他领域的应用越来越广泛，对自动铺放技术的要求也越来越高，主要体现在铺放质量、铺放效率、铺放设备和铺放缺陷的在线检测等方面，逐渐向窄带铺放、多头铺丝、机器人式铺丝机及智能缺陷检测等高效、高质量、低成本方向发展。

传统意义上讲，自动铺带机主要用于曲率较小的翼面如机翼、尾翼等壁板蒙皮的铺放，通常采用 300 mm/150 mm/75 mm 预浸带，但最近 EI 公司为波音公司提供了龙门式 20 丝束窄带铺带机[预浸带宽 38.1 mm(1.5 in)]，如图 1.17(a)所示，用于 B777X 机翼蒙皮的自动铺放。同样 M. Torres 公司也为空客公司提供了龙门式自动铺带/铺丝一体机进行 A350

机翼蒙皮的自动铺放,如图1.17(b)所示,采用自动铺带进行表层玻璃布和铜网的铺放,然后进行铺丝头的自动更换,换成12.7 mm(0.5 in)×24束铺丝头,铺放后面的铺层。采用自动铺丝技术后,A350单块机翼蒙皮的铺放周期从5~7天降到了1.6~3天。因此,随着窄带,铺放技术的出现,逐渐模糊了铺带、铺丝技术的界限。随着多头铺丝技术(图1.18)的出现,进一步提升了铺丝效率,铺丝技术大有全面取代铺带技术的趋势。

(a) B777X机翼蒙皮

(b) A350机翼蒙皮

图1.17 窄带铺放机翼蒙皮

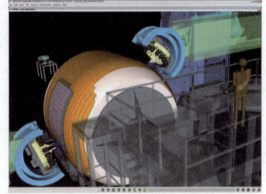

图1.18 多头铺丝技术

机器人铺丝机由于设备成本低、灵活性强,可以铺贴很复杂的曲面及阴模成型结构,因此受到越来越多的关注。多台机器人铺丝机同步铺放一个零件,可以进一步提高大型复合材料零件如机翼的铺放效率,已引起了国外研发机构的高度关注。图1.19为Coriolis机器人式铺丝机[6.35 mm(0.25 in)×24丝束]进行A350中机身15段蒙皮的自动铺丝。

现阶段,自动铺放后的缺陷检测主要是由现场人员目视检查,及时发现超标缺陷。但人工检测存在精度低、人工强度大、严重影响铺放效率等问题,因此,采用机器视觉技术开发一个快速、精确及非接触式的视觉检测闭环控制系统对铺丝构件的缺陷检测具有重要的现实意义。波音公司已在B777X机翼蒙皮的自动铺丝过程中引入铺丝缺陷的智能自动检测技术(图1.20),大大降低了缺陷检测时间并提升了铺丝质量。

图 1.19　Coriolis 机器人式铺丝机自动铺放 A350 机身蒙皮

图 1.20　配置缺陷智能自动检测装置的 EI 龙门铺丝机

1.2.2　干纤维自动铺放/液体成型技术

干纤维自动铺放/液体成型技术是近十年快速发展起来的低成本非热压罐成型工艺。采用该工艺制造的复合材料结构具有与热压罐成型相当的性能,而且适用于大型复杂结构整体化制造,提高了复合材料结构的减重效率、产品尺寸精度和表面质量,因此受到了越来越多的关注。多个国家和组织分别启动了多个项目进行研究,相关的材料与制造技术日益成熟,已开始在一些结构上应用。

Hexcel 公司和 Cytec 公司都分别开发了可用于自动铺放的干纤维预浸丝束 HiTape$^®$ 和 DryTape$^®$,通过自动铺放/液体成型后,其复合材料性能短板之一的冲击后压缩强度已经达到了新一代预浸料热压罐成型复合材料的水平。

荷兰 NLR 国家实验室通过 AUTOW 计划(automated preform fabrication by dry tow placement project),与法国 Dassault Aviation、EADS-IW、Hexcel、以色列 Israel Aircraft Industries 等多家单位合作开发,成功通过干纤维自动铺放预成型技术实现了形状复杂的正弦波纹肋的预成型,并通过 VARI(vacuum assisted resin infusion)工艺实现了注胶固化。德国的 PAG 公司、美国的 Spirit 公司、Hexcel 公司以及中国商飞都先后采用干纤维自动铺放/液体成型技术开展过机身壁板典型样件的研制。

最近空客公司联合英国的国家复合材料中心(NCC)等研究机构和 GKN 等公司启动了

以液体成型为主要工艺的"Wing of Tomorrow"项目,目标是开发一种非常高速的商用飞机机翼结构制造工艺,即在几乎所有可测量的方面,比目前的机翼制造技术要高一个数量级。这意味着更好的自动化、更少的零件、更多的零件集成、更快的生产循环时间、更快的无损检测和装配。

俄罗斯已将干纤维自动铺放/液体成型技术应用到 MC-21 单通道客机的中央翼盒、机翼壁板蒙皮[图 1.21(a)]和翼梁[图 1.22(a)]结构上,其机翼[图 1.21(b)]尺寸达到了 16 m 以上,壁板蒙皮与长桁一次注射成型,减少多次固化,提高了零件的整体性。图 1.22(b)为一个复合材料整体成型飞机尾锥的干纤维自动铺放。

(a)MC-21机翼壁板蒙皮的干纤维铺放

(b)MC-21单通道客机机翼

图 1.21 干纤维自动铺放/液体成型大尺寸主承力结构

(a)MC-21机翼梁的干纤维铺放

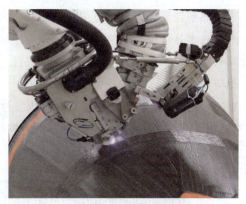
(b)整体成型飞机尾锥的干纤维铺放

图 1.22 干纤维自动铺丝

1.2.3 热塑性复合材料成型技术

热塑性复合材料在航空航天领域并不新鲜,但仅用于一些较小的零件,如支架或较小的内部组件,一直未能涉足大尺寸结构件。但随着复合材料自动化水平的提高,热塑性复合材料在大型零部件甚至主承力结构上的尝试应用正受到广泛关注。热塑性预浸料在高温高压下完成自动铺放后,可通过热压罐高温固结成型,实现热塑性复合材料结构的高质量制造。该技术解决了热塑性预浸料手工铺叠困难、效率低下、适用性不强等工艺问题,现正被荷兰、德国等航空企业所采用。在欧洲的 Clean Sky 计划中也大量采用了热塑性预浸料的自动铺丝技术。

当今热塑性复合材料自动铺放技术的另一个更大的热点是原位(in-situ)成型技术,即能够做到在铺放操作的同时完成零件成型,不需要使用热压罐进行固结,如图 1.23 所示。该方式不仅充分发挥了热塑性复合材料快速成型的优势,同时原位成型结构件不再需要进热压罐,节约了时间、降低了成本,因此原位成型技术一旦成熟,尤其在复合材料的航空航天应用方面,将带来复合材料零部件制造技术的重大变革。但目前原位成型工艺的技术难度大,技术成熟度相对较低,为了得到高质量的产品,铺放速度慢、效率不高。

(a) 热气加热原位成型设备　　　　　　　(b) 原位成型直升机筒段

图 1.23　美国 ADC 公司原位成型制造直升机筒段

热塑性复合材料的可焊接性是其一大优势,相比传统的复合材料胶接工艺及机械连接,焊接技术是一项非常快速和短周期的连接技术,同时还能达到减重的目的,因此热塑性复合材料焊接技术受到了越来越广泛的关注。GKN Fokker 公司一直致力于开发热塑性复合材料感应焊接技术。在 2019 年的 JEC 大会上,该公司展示了使用 Solvay 公司的 APC(PEKK-FC)单向带制造的一块热塑性复合材料机身壁板(图 1.24),其桁和框均采用焊接工艺与蒙皮连接(图 1.25)。因此焊接技术在未来的零部件组装中将会起到重要作用,不仅降低成本,还能提高飞机结构的整体性。

图 1.24　热塑性复合材料机身壁板

 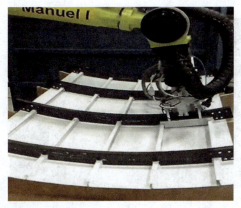

图 1.25　桁和框的热塑性复合材料焊接

1.2.4　复合材料长桁自动化技术

无论是机翼还是机身,都需要使用大量的各种类型的长桁来支持蒙皮的刚度,这些结构以 C 型、工型、L 型、T 型、帽型、Z 型为主,其特点是数量多、细长、变截面且截面尺寸小,传统的手工或自动铺放等方法无法提高铺放效率,应先通过自动铺丝/铺带技术将设计好的预浸料铺放成二维平面,然后通过真空压力或机械力将二维预浸料片材在模具上变形为三维结构,形成预浸料预成型体,从而得到所需的结构形式。近几年该技术在工程上得到了快速发展,DeltaVigo 公司开发了热模压和机械折弯自动化预成型设备制造了帽型以及 T 型长桁,如图 1.26 和图 1.27 所示。日本 JAMCO 公司通过先进拉挤工艺制造出满足空客公司性能要求的 I 字型梁构件,在 1996 年已开始向空客公司供应 ADP 成型的加强筋和桁条,并应用于 A330-200 的垂尾上,如图 1.28 所示。美国 ATK 公司开发了一套加强筋自动成型技术(automated stiffener forming,ASF),如图 1.29 所示,逐层进行预浸料的自动铺放并压实变形。这种加工方式可以减少层压制件在成型后形成褶皱或弯曲的可能性,同时能够进行局部的材料铺叠,还可以对铺层进行更多优化。空客 A350XWB 的长桁制件采用的就是 ATK 公司的 ASF 成型技术。

 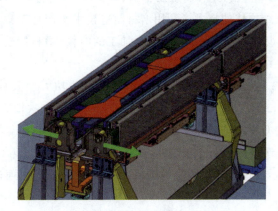

图 1.26　机身帽型长桁热模压　　图 1.27　机械式折弯预成型自动化技术原理

图 1.28　先进拉挤工艺装备及样件

图 1.29　ASF 成型设备图

1.2.5　复合材料增材制造模具成型技术

传统金属模具抗压强度大,表面密实光滑,但与复合材料的热膨胀系数差别大,致使复合材料产品型面精度降低、尺寸误差增大。如果采用 Invar 钢模具,则成本较高。复合材料增材制造技术的出现,给复杂的模具制造注入了新的思路。增材制造技术是一种以三维 CAD 模型为基础,应用粉状、丝状或片状等材料,通过"分层制造、逐层叠加"的方式来构造三维物体的技术。利用增材制造技术生产加工模具,可以不用将模具的结构及形状的复杂程度考虑在内,特别是曲面加工的时候,增材制造技术有其特有的优势,特别适合于复合材料结构研发过程中的模具制造。

美国机床厂商 Ingersoll 已研制成功大型模具的增材制造设备(wide and high additive manufacturing,WHAM)(图 1.30),可以一次性完成 7 m×3 m×14 m 尺寸大小的模具,并为 GE 公司制造了热塑性碳纤维复合材料机翼模具(长约 5.3 m,重约 748 kg)。挤出系统由 Strangpresse 公司提供,其制造速度达到 453 kg/h(约 1 000 磅/h),该设备不仅用于增材制造,还可以自动切换熔融挤出头至 5 轴铣削头,通过铣削加工来进行增材制造模具的后处理工作。

美国 Thermwood 公司的大型模具增材制造设备(large scale additive manufacturing,

LSAM)于 2017 年推出,提供 10 英尺宽、5 英尺高、20～100 英尺长(1 英尺=30.48 cm)的工作区域。每台 LSAM 设备都包括一个增材制造架和一个实际上是五轴 CNC 机加的第二个机架。模具在增材制造时尺寸稍大,然后使用 CNC 机加成最终尺寸和形状。在与波音公司的联合研究中,Thermwood 公司完成了 B777X 复材零件复材模具的增材制造(图 1.31)。

图 1.30 Ingersoll 公司 WHAM 设备

图 1.31 Thermwood 公司 LSAM 设备及增材制造的复材模具

增材制造技术的优势显而易见,但由于增材制造的复材模具力学性能不能保证、能够供应增材制造原材料的供应商少等技术难题的存在,使得目前增材制造技术还不能替代传统制造技术。因此,让传统模具加工制造技术和增材制造技术两者相互融合是该技术当前发展的方向,这样可以发挥各自优势,扬长避短,提高生产效率。同时,还须不断攻克增材制造技术现存的技术难题,使得增材制造技术在模具的研发设计和制造中有更广阔的应用。

1.3 本书的主要内容

本书主要论述先进复合材料结构制造工艺技术与装备技术的理论基础、核心技术、国内外研究现状、在航空航天的应用及发展前景等,由国内航空航天领域十余名专家针对不同的技术进行分析和解读，读者可通过本书内容了解航空航天领域先进复合材料结构制造技术及发展情况等信息。

复合材料自动铺放技术集数控机床技术、CAD/CAM 软件技术和材料工艺技术于一体，是一种先进复合材料构件的低成本、自动化、数字化制造技术，广泛应用于先进复合材料结构的制造，特别适合于大型复杂结构，能提高纤维铺放的精准性、产品的一致性和生产效率。本书第 2 章首先论述自动铺带和自动铺丝相关工艺及装备；然后论述自动铺放技术与装备当前国内外的研究现状及国内外航空航天领域的应用现状；最后分析自动铺放技术未来的走向以及应用前景。

预浸料预成型技术主要是为梁、肋等长度长、变截面且截面小的复杂异形零件开发出来的自动化预成型的新工艺方法。针对不同的结构形式，预浸料预成型技术可以分别选用热隔膜预成型、辊压预成型、先进拉挤成型、模压预成型、纯机械预成型等预成型工艺方法。本书第 3 章首先论述预浸料预成型技术的理论基础；然后论述预成型技术中的热隔膜预成型、辊压预成型、先进拉挤成型、机械预成型等技术与装备；然后对预成型技术的国内外研究现状和航空航天中的应用进行详细论述；最后对预成型技术的发展前景进行预测。

虽然热压罐工艺具有高昂的成本和较低的生产效率，但其产品质量好、性能高，而且其技术成熟、数据和经验积累量大、工业界接受程度高，当前 90% 以上航空航天复合材料零件仍采用热压罐工艺，因此在相当长的时间里依然会是航空航天复合材料构件的最重要制造工艺。本书第 4 章首先论述热压罐工艺的基本原理和优缺点；然后围绕热压罐内的工艺过程论述相关的理论模型和研究现状；其次从热压罐、成型模具、在线监测与控制、数字化与自动化制造、整体化制造等几个方面分析热压罐成型工艺涉及的重要技术和装备，并介绍热压罐工艺在航空航天领域的应用现状；最后对热压罐成型工艺发展前景进行预测，包括数字化、自动化、整体化、低成本化和智能化的技术发展趋势。

复合材料液体成型技术作为复合材料热压罐成型技术的重要补充，是复合材料低成本制造技术发展的重要方向之一，而该工艺的关键技术之一就是干纤维预成型体制备技术，该技术就是通过一定的预成型技术，把经向、纬向及厚度方向等纤维束（或纱线）制备成一个干纤维整体，即干纤维预成型体，然后以预成型体作为增强材料进行树脂浸渍固化而成型复合材料结构。本书第 5 章首先论述干纤维预成型体工艺理论基础；然后着重论述编织、机织、针织、缝合、干纤维自动铺放等自动化干纤维预成型体制备技术与装备、国内外的研究现状及其在航空航天领域的应用；最后分析该技术未来的走向以及应用前景。

完成干纤维预成型体制备后，将预成型体放入模具并闭合，在一定条件下将树脂注入模具并经固化成型成为制品的一类复合材料成型工艺技术，即为复合材料液体成型技术，具有适合复杂结构整体化制造、能够生产近净尺寸零件、产品尺寸精度高、稳定性好、易于在零件中嵌入金属零件、投入成本低等诸多优势。经过数十年的技术发展，复合材料液体成型技术日益成熟，应用范围越来越广泛。本书第 6 章首先论述液体成型工艺技术与装备及其国内外研究现状；然后论述液体成型工艺在航空航天领域的典型应用；最后分析该技术未来的走向以及应用前景。

针对复合材料管道、压力容器等纤维增强轴对称复合材料回转壳体类零件,缠绕成型工艺成为首选工艺。纤维缠绕成型是将预浸带、干纤维或浸渍树脂的纤维逐层缠绕在模具表面从而实现复合材料制品成型的一种复合材料结构制造工艺。其具有成型效率高、材料性能利用充分、生产成本低、产品质量一致性好等优点,因此在复合材料成型技术中,纤维缠绕成型是最早开发且使用最广泛的加工技术之一,亦是当今生产复合材料零件的重要工艺和技术。本书第7章首先论述缠绕工艺规律及工艺设计;然后着重论述缠绕成型工艺技术与装备及国内外的研究现状,并从航空航天应用领域分析了该技术未来的走向以及应用前景。

连续纤维增强的热塑性复合材料近年来越来越受到航空航天领域的关注。与热固性复合材料相比,该类材料具有抗冲击性能强、韧性高、成型周期短及可回收利用等诸多优势,因此热塑性复合材料结构件的制造与验证技术在国外的航空航天领域正在有条不紊地推进。本书第8章主要围绕先进热塑性复合材料自动铺放原位成型、热模压、先进拉挤及感应焊接等成型工艺技术及其国内外研究现状进行论述;其次论述热塑性复合材料自动化成型工艺目前在航空航天领域的应用现状;最后论述这几种成型工艺未来的走向以及应用前景。希望通过本章的论述能够说明目前航空航天领域热塑性复合材料结构件制造的主流工艺和应用水平,给读者一定的启发,推动先进热塑性复合材料的开发和应用。

复合材料零件成型过程中的回弹变形是影响零件尺寸精度的重要因素,有效的结构回弹变形预测与控制技术是提高复合材料零件开发效率和降低开发成本的重要保证。随着有限元软件迅速发展,利用仿真手段替代部分试模,预测试模的结果已成为可能。本书第9章首先论述复合材料结构固化变形的相关理论基础,讨论零件温度场、零件固化变形计算分析过程中所涉及到的基本理论;然后论述目前复合材料结构固化变形预测和控制的理论模型求解方法和虚拟仿真求解技术;其次通过典型案例简要展示虚拟仿真求解方法;最后从虚拟仿真软件系统发展的角度、复合材料固化过程在线检测系统的发展以及固化变形控制工作的运行机制方面提出了对该项技术的展望。

复合材料结构件大多采用近净成型技术制造,但难以达到装配要求的形位精度,必须通过加工才能控制装配精度。但由于复合材料是由质软而黏性大的基体材料和强度高、硬度大的纤维增强材料混合而成的二相或多相结构,这种结构导致其加工中的切屑形成过程与金属加工显著不同,金属切削理论难以解释复合材料的切削机制。本书第10章描述复合材料的传统加工技术与装备,如铣削、钻削、磨削等,同时也介绍特种加工技术与装备,主要有磨料水射流技术与激光加工技术,分析了加工工艺方法、工艺参数、设备和刀具等因素对复合材料结构加工质量的影响。最后综述复合材料加工技术国内外最近的研究进展,以及在航空航天复合材料结构件中的应用,列举了一些成功的案例,并对复合材料结构加工技术发展前景进行了预测。

飞机在其服役过程中,对于受损结构,为增强其安全性、可靠性,保证其在寿命期内的正常使用,恢复其使用功能和完整性,进行修理是十分必要和重要的。复合材料修理关键技术包括修理选材、修理方案设计、工艺实施以及无损检测、质量评估等。与国外相比,国内的复合材料结构修理技术仍有一定差距,但随着国内航天领域及中国民机行业的飞速发展,复合材料修理的重视度逐渐提高,复合材料的树脂填充修理、胶接贴补修理、胶接挖补修理、机械连接修理等相关技术研究更加系统化、全面化、成熟化,与世界先进技术水平的差距越来越小。本书第11章首先论述复合材料结构修理技术与装备及国内外的研究现状;其次论述复合材料结构修理技术在航空航天领域的应用现状;最后分析该技术未来的走向以及应用前景。

由于设计、工艺、检查和维修等制约因素的影响,复合材料零件仍然需要参与装配,包括复合材料零件之间的装配,以及复合材料零件同其他材料类型零件之间的装配,连接装配过程必不可少。与金属结构相比,复合材料连接紧固件数量少了,但装配协调要求和质量过程控制要求更高了。本书第12章针对复合材料结构装配技术,首先论述复合材料结构装配工艺与装备及其国内外研究现状;其次论述复合材料结构装配技术在国内外航空航天领域的应用现状;最后分析该技术未来的走向以及应用前景。

参考文献

[1] 纪海滨.航空航天领域先进复合材料的应用探讨[J].技术应用,2018,25(6):132-134.

[2] 张璇,沈真.航空航天领域先进复合材料制造技术进展[J].纺织导报,2018:73-79.

[3] 蔡菊生.先进复合材料在航空航天领域的应用[J].合成材料老化与应用,2018,47(6):94-97.

[4] 周苑生.先进复合材料在航空航天领域的应用[J].中国新技术新产品,2018,(2):129-130.

[5] 徐靖驰.先进复合材料在航空航天领域的应用分析与研究[J].科技经济导刊,2018,26(28):79.

[6] 赵云峰.先进纤维增强树脂基复合材料在航空航天工业中的应用[J].军民两用技术产品,2010,(1):4-6.

[7] 林刚.2019全球碳纤维复合材料市场报告[R].广州赛奥碳纤维技术有限公司.

[8] DONALDSON B. Mission critical:An additive manufacturing breakthrough in commercial aviation[J]. Composites World,2019.

[9] SLOAN J. Large,high-volume,infused composite structures on the aerospace horizon[J]. Composites World,2019.

[10] GARDINER G. Plant Tour:STELIA Aerospace,Méaulte,France[J]. Composites World,2019.

[11] FRANCIS S. Thermoplastic composites:Poised to step forward[J]. Composites World,2019.

[12] GARDINER G. HP-RTM for serial production of cost-effective CFRP aerostructures[J]. Composites World,2019.

[13] FRANCIS S. Automated,in-situ inspection a necessity for next-gen aerospace[J]. Composites World,2019.

[14] SLOAN J. Big additive machines tackle large molds[J]. Composites World,2019.

[15] GARDINER G. Automated dry fiber placement:A growing trend[J]. Composites World,2016.

[16] GARDINER G. Dry fiber placement:Surpassing limits[J]. Composites World,2016.

第 2 章　复合材料自动铺放技术

自动铺放技术(automated placement technology, APT)是实现大型复合材料构件生产的主要制造技术之一。APT 技术集数控机床技术、CAD/CAM 软件技术和材料工艺技术于一体,是发达国家广泛应用的一种先进复合材料构件低成本、自动化、数字化制造技术,包括自动铺带技术(automated tape placement, ATP)和自动铺丝技术(automated fiber placement, AFP)。两种技术均采用预浸料带和丝束,突破了大型复合材料构件手工成型难以胜任的瓶颈,具有高效、高质、高精度和高可靠性的优点,适用于大型飞机、运载火箭等各类航空航天飞行器中多种结构部件的制造,现已成为发达国家航空航天工业领域中大型复合材料构件典型制造工艺。自动铺放技术是以单向预浸料为原料,将材料一层一层铺叠到模具上的自动化制造技术,通过控制加热温度、施加压力、铺放速度等工艺参数实现层间很好的粘贴、无褶皱、无气泡。铺放装备是由机械系统、伺服系统、软件系统等协同工作模块组成的复杂综合系统;根据装备目标产品不同,可设计成不同的架构形式,比如龙门式、卧式、立式、机器人式等。

2.1　自动铺放技术与装备

复合材料自动铺放技术是欧美发达国家近年来广泛发展和应用的低成本制造技术,是复合材料成型自动化的典型代表。它集机电装备技术和材料工艺技术为一体,包括自动铺放装备技术、预浸料切割技术、铺放技术、自动铺放工艺技术、铺放质量监控、模具技术、成本分析等。自动铺放技术具有高效、高质量、高可靠性、低成本的特点,特别适合大尺寸和复杂构件的制造,减少了拼装零件的数目,节约了制造和装配成本,并极大地降低了构件的废品率和制造工时。

2.1.1　自动铺带技术与装备

自动铺带技术采用有隔离衬纸单向预浸带(75 mm/150 mm/300 mm)、多轴机械臂(龙门或卧式)完成铺放位置定位,是集预浸带剪裁、定位、铺叠、压实等功能于一体,且具有控温和质量检测功能的复合材料集成化数控成型技术,其铺带头按一定的规律运动,并使带背衬的单向预浸带经铺带头传送、切割、加热等操作,在压辊的作用下直接铺敷于模具表面,实现复合材料铺叠自动化成型(图 2.1),能够在一定范围内替代原有手糊成型中的复合材料自动剪裁下料系统和铺层激光定位系统等设备。自动铺带采用压实机构(压辊或压靴)提供成型压力,摆脱了缠绕成型线型轨迹的限制(不架桥、周期性),可以实现非规则负曲率型面铺层成型。

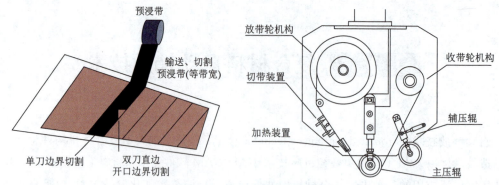

图 2.1 自动铺带技术原理

根据预浸带在自动铺带头中传输、铺叠的不同实现形式,可分为一步铺带法、两步铺带法。一步铺带法中,铺带头集成了切割系统、输送系统、张力控制系统和压实系统。在铺放过程中完成预浸带的精密切割,即"边切边铺"。两步铺带法则将预浸带切割与铺放分离:在铺放前,先由切割系统按所需带形完成预浸带的切割与排序,然后再由铺带机完成预浸带铺放,即"先切后铺"。预浸带切割系统则又包括单刀和双刀两种。单刀切割系统适合处理刃口端部单调变化的预浸带切割,双刀切割系统适合处理复杂边界的预浸带切割。

在复合材料自动铺带成型过程中,一步法自动铺带仍占主导地位。其工作过程具体如下:首先将铺带头移至铺放轨迹起点,并将预浸带端部切割成与初始边界相适应的形状;预浸带首端切割完成后,再将预浸带首端送至铺带头主压辊处;主压辊将预浸带压实在铺放表面上,此后,铺带头便开始按轨迹线方向运动;在铺带头运动至轨迹线上某指定点时,超声切刀转动至特定角度并下压,开始预浸带末端切割操作;末端切割完成后,主辅压辊进行交换,改用辅压辊压实,并继续铺带至轨迹线末端。自动铺带的典型过程包含以下几个步骤:定位(移动到铺带轨迹起点)、送带、压靴走轨迹、末端切割开始、压靴走轨迹、末端切割结束、边界走轨迹,如图 2.2 所示。

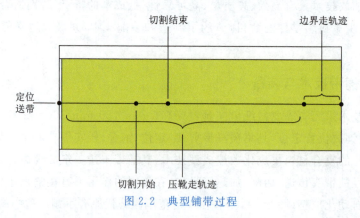

图 2.2 典型铺带过程

2.1.2 自动铺丝技术与装备

复合材料自动铺丝技术是近 30 年来广泛发展和应用的低成本制造技术,是复合材料结构自动化制造的典型代表。自动铺丝技术综合了自动铺带和纤维缠绕技术的优点,基本原理如图 2.3 所示,铺丝头将多束(最多可达 32 根)预浸丝束/分切的预浸窄带(3.175 mm/6.35 mm/12.7 mm),分别独立输送、切断,由铺丝头将数根预浸丝束在压辊下集束成为一条宽度可变的预浸带(宽度通过控制预浸丝束根数调整)后铺放在芯模表面,加热软化预浸丝束并压实定型。

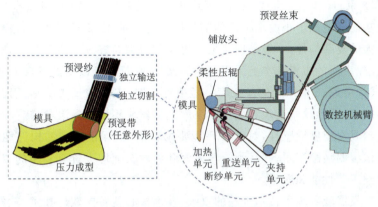

图 2.3 自动铺丝成型技术原理

自动铺丝技术将数根或数十根预浸丝束(或窄带)从各自的卷轴上张力退绕,通过预浸丝束输送系统输送到铺丝头,铺丝头按铺层设计要求生成的铺放轨迹,将预浸丝束加热软化后,在压实机构作用下铺放在模具表面或上一铺层。自动铺丝技术克服了缠绕技术"周期性、稳定性和不架桥"及自动铺带"自然路径"的限制,可实现连续变角度铺放和变带宽铺放。此外,自动铺丝工艺可以根据实际需要,实时的增减铺放预浸丝束的根数。因此,自动铺丝技术可用于各种复杂型面复合材料构件的铺放成型,并可以对铺层进行裁剪以满足局部加厚混杂、铺层递减以及开口铺层等多方面的需要;同时具有表面光洁、精度高、速度快、质量可控和成型效率高等优点。

不同构型的铺丝机具有不同的特点,适用于不同的场合,如机械手臂式铺丝机灵活性高、设备成本低,但受机械手臂末端承载能力限制,机械手臂式铺丝机可同时铺放的丝束少,生产效率较低,且要求机械手臂具有较高的运动精度和定位精度。因此机械手臂式铺丝机更适合于产品验证或尺寸较小、形状较为复杂且对生产效率要求不高的复合材料构件的铺放。

龙门式和卧式铺丝机则可以避免机械手臂式铺丝机生产效率和铺放精度不高的缺点,其铺放精度由机床本身精度决定;且可以通过铺丝头、丝束库分离的方式增加铺丝头可同时铺放丝束的数量,大大提高了生产效率。因此可以轻松地完成大型复合材料构件的成型。但是,上述两种铺丝机的设备成本较为昂贵,且若想利用龙门式铺丝机完成形状复杂、曲率变化大的复合材料构件成型,需为成型模具单独增加旋转主轴;且龙门式铺丝机占用的空间和面积远大于卧式铺丝机所占用的空间。

不同的设备构型,对应的适用对象也不同。一般来讲,机械手臂式铺丝机适用于复杂构件的批量化铺丝成型,龙门式铺丝设备适用于自由曲面类构件的铺丝成型,而卧式铺丝设备适用于回转类构件的铺丝成型。另外还有一些针对特定构件的专用铺丝设备,这些设备的构型针对构件的尺寸、形状而设计,针对性特别强,因此该类设备的实用性、加工效率、加工精度等综合性指标都比较高,比如机身、进气道等构件的专用铺丝设备。

上面讨论的是机床平台,在设备末端加上铺丝头并完成铺丝功能。铺丝头上的丝束路数一般为 4 束、8 束、16 束、24 束或 32 束,每路丝束又具有止丝、送丝、断丝等功能结构模块,用于完成相应功能。适用于小曲率构件的铺丝设备可采用 32 路丝束布置,适用于大曲率构件或曲率变化大的复杂构件,一般采用 4 束或更少的丝束布置。丝束路越多,对应的丝束库就会较大,目前丝束库的布置基本上采用两种方案,8 束及 8 束以下的丝束库放置于铺丝头上,属于随动式丝束库;8 束以上的丝束库一般单独放置,不随铺丝头移动,因此需要另设恒温丝路传输系统,保证预浸丝束顺利地从丝束库到铺丝头不发生翻滚/扭转。

由于预浸料具有温度敏感性,对工作环境要求较高,为保证生产的构件性能,铺丝设备一般置于恒温恒湿的洁净车间,并且预浸丝束库和铺丝头上均设置有专用的温控系统,保证预浸丝束的铺丝工艺性能和质量。

铺丝技术的发展随着装备技术难题的攻破,技术核心就转向软件技术,软件技术将成为决定复合材料构件的铺放质量、生产效率以及复杂构件的轨迹设计能力的关键技术,将成为下一步竞争的核心。西方发达国家经过几十年的研究,特别是专业软件开发商的加入,现已开发了多套商用自动铺放 CAD/CAM 软件,并形成了完备的复合材料设计制造解决方案。但由于技术封锁和装备禁运,复合材料 CAD/CAM 软件关键技术和核心算法未见报道,仅根据相关信息了解其技术研究进展。国内虽已经完成核心算法的研究,但软件鲁棒性不强,在工程化应用方面尚且不足。

2.2 自动铺放技术国内外研究现状

2.2.1 自动铺放装备与软件国外发展现状

1. 自动铺放装备方面

鉴于自动铺放技术在复合材料构件生产制造领域具有广阔的应用空间,国外航空航天飞行器制造大国都积极开展此项技术的研究与应用。例如:美国 Boeing 公司、Hercules 公司(现为 Alliant Techsystems 公司)、Cincinnati Milacron 公司、Northrop Grumman 公司、Raytheon Aircraft 公司、Bell Helicopter 公司,法国 Aerospatiale Matra 公司及荷兰 NLR 实验室。上述公司及实验室一直引领自动铺放技术的发展方向。

自动铺丝系统最早由美国 Cincinnati 公司 1989 年研制成功并投入使用,三十年来机型从 Viper 1200、Viper 3000、Viper 4000 发展到 Viper 6000(图 2.4),数控系统从模拟控制的 A975 升级到全数字控制的 CM100(自动铺放专用系统,控制轴 47 个、运动轴 12 个、I/O 点 1 500 个),拥有专利多达 30 余项;其特点是开发早、历史长、机器构型变化不大、实用性强。

机械	直径/m	丝束根数	丝束宽/mm
Viper1200	2	12	3.2/4
Viper4000	6	32	3.2/6.4
Viper6000	8	32	3.2/6.4/12.7

图 2.4　Cincinnati 公司自动铺丝机及参数

美国 Ingersoll 公司 1995 年研制铺丝机，采用 FANUC 数控系统。Ingersoll 公司开发了系列的各种构型自动铺丝机，包括卧式、立式、高柔性、高效率等多种机型（图 2.5），采用了红外加热技术及丝束自动快速搭接等高效辅助技术。最近的发展包括高效高速铺丝机技术、高柔性铺丝机技术、多种形式的可更换铺丝头技术等，Ingersoll 公司 2009 年获波音公司最佳供应商奖。

（a）卧式铺丝机　　　　　　　　　　　（b）龙门铺丝机

图 2.5　Ingersoll 公司自动铺丝机

美国 Electro Impact 公司是自动铺放领域的新兴力量，该公司首先实现了"模块化铺丝头"的概念，将丝束库集成在铺丝头进行直连送纱，铺丝头与丝束库作为一个完整的工具与机器人独立开,使得更换铺丝头变得更加便捷,可以利用多个铺丝头来实现各类生产需求。采用丝束间隙自动检测技术及多头同步铺放,效率甚高(图2.6)。美国Automated Dynamics公司以机器人小型铺丝机为主,并开发热塑性铺丝技术。

（a）实际铺放效果

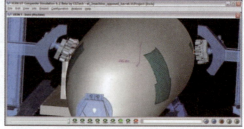
（b）仿真效果

图2.6 ElectroImpact公司自动铺丝机

欧洲Aerospatial公司最早开发自动铺丝机,同时开发的还有BSD公司(图2.7)和Coriolis公司;Coriolis公司以机器人为平台开发自动铺丝机,并将铺丝头技术许可给Forest-line公司制造大型自动铺丝机(图2.8)。

（a）龙门铺丝机1

（b）龙门铺丝机2

图2.7 BSD公司自动铺丝机

（a）机器人铺丝机

（b）卧式铺丝机

图2.8 Coriolis公司及Forest-line公司自动铺丝机

西班牙M.torres公司的自动铺丝机(图2.9)中采用了伺服驱动送丝、旋转切割和快速接丝等技术,使生产效率提高数倍。

（a）整体图　　　　　　　　　　　　　（b）局部图

图 2.9　M. torres 公司自动铺丝机

在机器人铺放设备方面，法国的 Coriolis 公司率先开始设计生产基于工业机器人平台的自动铺放设备。2011 年，该公司向庞巴迪（Bombardier）交付了一台机器人自动铺放设备［图 2.10(a)］用于 C 系列支线客机复合材料零部件的制造，同年与法国 Dassault 公司合作开展了隼式战斗机头锥的铺放实验。2012 年 10 月，该公司与荷兰热塑性复合材料研究中心（TPRC，The Netherlands）合作研制了 8 轴 16 丝束（0.25 英寸）热塑性铺丝设备，用于生产机身舱段或复杂的大型双曲面构件。这套设备采用了一台 Quantec KUKA 机器人、一条机器人导轨和一个模具转动主轴，具有非常好的灵活性；另外采用了外置丝束库独立送丝，减轻了机器人末端负载，使其运动的灵活性和精度有很大提高。2003 年起美国 EI 公司开始提出"模块化铺丝头"的概念，并在自己设计的铺放设备上实现了这一概念。每个铺放头与丝束库直连，这样铺丝头与机器人是相对独立的，更换铺丝头因此变得尤为快捷［图 2.10(b)］。波音公司开发了一套机器人热塑性铺丝设备，铺丝头与丝束库直连。该设备基于一台型号为 Titan 的 KUKA 工业机器人，使用了机器人平移导轨和模具回转轴，形成一个 8 自由度的冗余运动机构。Mikrosam 公司推出的 AFP 多机器人工作单元［图 2.10(c)］，多个机器人同时在特定环境中的不同部分或特定环境中的多个部分上工作，可提供最大的生产灵活性，从而使整体生产率倍增。2012 年，波音公司用其为 NASA 制造了用于新一代航天直径为 5.5 m 的筒状复合材料燃料箱，并通过了 NASA 的测试［图 2.10(d)］。

世界各国相继发展的自动铺丝新技术包括：双向铺丝技术、柔性压辊、超声固结成型、预浸丝束气浮传输、多头铺放、自适应 IR 加热、Fibersteer 设计与分析技术、在线电子束固化等。

2. 自动铺放 CAD/CAM 技术方面

复合材料设计过程独特而复杂，不同于其他材料，其构件涉及到不同的材料、形状、纤维方向和位置。航空航天到汽车行业的实践证明，应用新型复合材料成型仿真软件不仅能够提高工程质量，还可降低风险、成本和生产周期。因此，自动铺丝 CAD/CAM 软件技术决定了铺丝成型的铺放质量和生产效率，并直接影响着材料利用率和制造成本，是自动铺丝的关键技术之一。

(a) Coriolis公司机器人铺丝设备

(b) EI公司制造的自动铺丝机器人

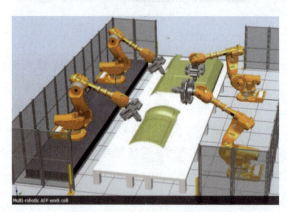
(c) Mikrosam公司多机器人铺丝单元

(d) NASA研制的自动铺丝机器人

图 2.10 各公司自动铺丝机器人实物

国外的自动铺丝 CAD/CAM 软件技术已趋成熟,商业化软件产品种类较多。为防止设计人员设计出违背制造原则的产品结构,理想的自动铺放 CAD 软件应当不仅支持复合材料的设计,还能准确地反应预浸带/丝束在铺放凹凸曲面时的物理极限,以及铺放系统的能力。因此,自动铺丝设备制造商尽早介入设计环节是一个明智之举。

自动铺丝软件最初多由自动铺丝设备制造商所编写,专用性较强,仅适用于专用的或是所在公司生产的铺放设备。ACES® 软件是 MAG 集团开发的适用于 MAG 铺放设备的编程仿真软件,可根据不同机床进行个性化定制。MAG 集团的 CM100 AFP 控制系统[图 2.11(a)]能够实现 CAD 数据到 G 代码的转换,并采用 G 代码控制多达 32 丝束的铺丝过程。Ingersoll 公司的自动铺丝软件为 Ingersoll 复合材料软件套件[Ingersoll Composite Software Suite-iCPS,图 2.11(b)],由四大模块组成,分别用于复合材料的集成编程、后处理、仿真和前端设计。Ingersoll 公司正与美国洛马(Lockheed Martin)公司合作开发第二代专用软件 CPS2,将能兼容更多的 CAD 软件,且带有 FiberSim® 软件直接接口。Coriolis 公司开发的 CADFiber® 软件[图 2.11(c)],可进行铺放轨迹规划、铺放模拟、材料及时间估算、机器代码生成,并可集成于 CATIA V5 和 DELMIA 中。Mikrosam 公司开发的离线编程与分析软件 MikroPlace[图 2-11(d)]提供了铺丝构件的设计环境和设备运行的执行程序,方便设计人员进行自动铺丝产品的开发、仿真和生产。该公司开发的在线控制与数据采集程序 MikroAutomate 将现代化的电脑数控系统、采集与监视控制(SCADA)和实时控制等功能集成到一个简易界面,能够运行铺放程序、实时更改设备参数,跟踪反馈重要数据信息等。

(a) CM100 AFP控制系统

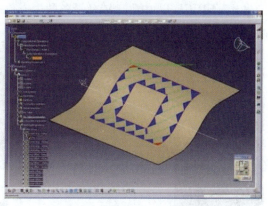

(b) Ingersoll复合材料软件套件iCPS

(c) CADFiber®软件

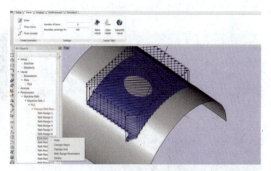

(d) 离线编程与分析软件MikroPlace

图2.11 自动铺丝设备制造商自行研发的自动铺丝专用CAD/CAM软件

随着自动铺丝产业的发展壮大及小规模铺丝设备制造商的出现,一些第三方软件公司通过合作开发的形式加入到自动铺丝CAD/CAM软件的竞争中来。法国达索(Dassualt)公司为M-Torres开发的TORFIBER仿真软件包,采用基于CAA的编程技术,可在CATIA环境内进行轨迹生成、加工、仿真分析。全球领先的专用工程软件供应商美国VISTAGY公司开发了FiberSIM®[图2.12(a)],一款集成于CAD软件的复合材料设计、分析和制造软件,适用于各种主流大型商用3D CAD软件,如CATIA、UG等。FiberSIM®能够采用多种设计与制造方法完成复合材料构件的自动设计,大大节约成本和时间。美国CGTech公司开发的数控加工仿真软件VERICUT®,是当前数控加工程序验证、机床模拟、工艺优化软件领域的领先者。2004年起,CGTech为B787开发适用于自动铺丝设备的软件——VERI-CUT®复合材料应用软件,该套软件独立于CAD/CAM/PLM设计系统,且独立于自动铺丝设备。该软件的编程内容包括:EI多头铺丝机制造大型的整体机身仿真[图2.12(b)];Cincinnati Viper® 1200铺丝机铺放飞机进气道仿真;M-Torres 7轴自动铺丝机铺放U形梁结构仿真[图2.12(c)];模拟6轴铺丝机铺放飞机蒙皮面板。2008年,VISTAGY与CGTech达成战略合作关系,通过FiberSIM®和VERICUT®复合材料编程与仿真套件(VCP)的联用

[图 2.12(d)],能够进行快速设计与制造反复迭代,优化 AFP 复合材料构件生产。在 CATIA V5 CAD 模块中使用 FiberSIM® 进行复合材料机身铺层设计后,设计数据能够快速无缝地传输至 VERICUT® 中生成铺丝设备的生产数据并进行仿真验证。

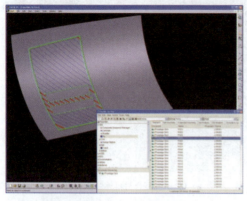

(a) VISTAGY公司FiberSIM®软件

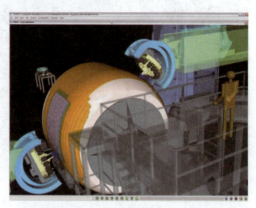

(b) VERICUT EI多头铺丝机制造整体机身仿真

(c) VERICUT M-Torres铺丝机铺放U形梁仿真

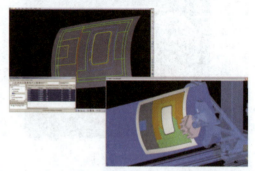

(d) FiberSIM®与VERICUT®联用

图 2.12 第三方软件公司研发的自动铺丝专用 CAD/CAM 软件

2.2.2 自动铺放装备与软件国内发展现状

国内自动铺放技术研究较晚。南京航空航天大学"九五"期间率先开始调研自动铺放成型技术。西安交通大学、浙江大学、武汉理工大学、天津工业大学、哈尔滨工业大学、哈尔滨飞机集团有限责任公司、西北工业大学和内蒙古工业大学等单位也先后在自动铺放技术领域进行了相关研究。

国内自动铺带技术起步于"十五"初期,南京航空航天大学首先从铺带原理样机着手开展了系列研究,设计了具有 3 轴平移、双摆角运动的 5 轴台式龙门机械臂,研制了力矩电机收放—步进电机驱动的预浸带输送、预浸带气动切割与超声辅助切割、主—辅压辊成型等技术,应用开放式数控系统技术开发出 5 轴联动、3 轴随动切割和温度与压力控制的自动铺带控制系统软硬件,实现了预浸带定位、剪裁、热压铺叠基本功能。根据微分几何理论证明了在可展曲面上"自然路径"与测地线的等价性,应用弧长展开变换方法构造了柱面铺带轨迹算法,进而开发了基于 AutoCAD 环境、具有机器代码生成和自动铺带仿真的自动编程软件,实现了给定形状、给定铺层构件的铺带轨迹生成与后置处理与加工指令生成。在此基础上 2005 年成功研制国内第一台自动铺带原理样机(图 2.13),实现了自动铺带的基本功能。北京航空材料研究院应用其开展了预浸带专用环氧(5228 系列)预浸料和双马来酰亚胺(5249 系列)预浸料材料体系研究与工艺性试验(图 2.14),为研制具有自主知识产权的自动铺放成套技术奠定了基础。

图 2.13 国内第一台自动铺带原理样机

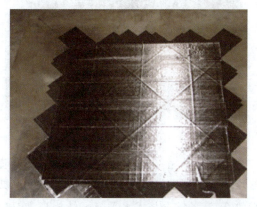
图 2.14 自动铺带工艺试验

在自动铺带原理样机及工艺研究基础上,南京航空航天大学继续开发,设计了中型 5 轴龙门及其与主轴联动的综合运动试验平台,完成了基于 UMAC 的多轴多任务开放式数控系统软硬件;研制预浸带双模式精确进给与张力控制技术,提高送带精度达到 0.1 mm,与数控系统定位精确协调铺带精度可达 0.2 mm;研制了分体压靴与弹性压辊组合施压及根据模具特征的压力自适应调节控制技术,实现了任意曲面自适应均匀加压及其精确控制;研制了 5 轴双超声切割系统技术,实现了一般复杂产品外廓预浸带切割;研制了预浸带缺陷激光检测技术可以检测 3 mm×3 mm 的夹杂、研制了基于预浸带各向异性折光和数字图像方法的预浸带铺叠间隙测控技术,识别精度达到 0.1 mm,实现了自动铺带在线质量检测与测控;以航空航天设计制造环境 CATIA 为平台,提出"自然路径"的直接计算方法、提高了铺带轨迹计算的精度和速度,达到国外同类自动铺带软件水平;并根据圆锥体的特殊性、在国际上首次提出了锥形体自动铺带方法;还根据弹塑性理论提出了基于预浸带有限变形的带隙容差分析新方法,提高了可铺性、实现了复杂曲面和外形构件的数字化设计。

突破上述装备综合技术后,南京航空航天大学 2007 年成功研制国内第一台中型自动铺带工程样机综合试验系统(图 2.15),可以实现 3 m×5 m 小曲率面自动铺带和 ϕ1 m×3 m 筒段/锥壳自动铺带。除效率较低(试验系统)外,主要功能已接近国外自动铺带机水平。以自动铺带工程样机试验系统为平台,南京航空航天大学与北京航空制造工程研究所、航天材料及工艺研究所等合作探索了 QY8911 双马预浸料和 602 环氧预浸料用于自动铺带的工艺性,开展了不同特征构件的铺带工艺试验研究,包括典型插层板、凹凸板、双曲板、翼面蒙皮结构和筒形构件;获得了不同国产预浸料工艺性与铺带工艺规律,为自动铺带工程应用奠定了基础。

图 2.15　自动铺带工程样机试验综合系统与自动铺带试验

为进一步完善自动铺带技术,南京航空航天大学 2008 年研制成功 $\phi 2.5\ m \times 12\ m$ 大型筒段专用自动铺带机及其软件(图 2.16),实现了筒段自动铺带的各种功能,大幅度提高了铺带效率,装备综合技术水平与国外相当,在国内首次实现了大曲率构件自动铺带工程应用,推动了技术进步。

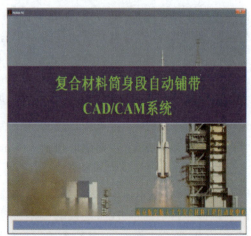

图 2.16　复合材料筒段自动铺带系统

国内自动铺丝技术探索研究早于自动铺带技术,但一方面由于铺丝技术难度远大于自动铺带,另一方面未得到与自动铺带技术研究相当的支持力度,进展逊于自动铺带技术。国内的研究工作主要在自动铺丝轨迹规划与仿真、装备构型、数控系统技术等基础研究层面展开。

以装备理论与关键技术研究为基础,南京航空航天大学 2006 年试制出国内第一台自动铺丝原理样机(图 2.17),架构了基于开放式数控的控制系统和基于 CATIA 及 CAD/CAM 软件原型,原理样机实现了自动铺丝机各轴运动、验证轨迹规划方法的正确性,向设备研制跨出了实质性的一步。南京航空航天大学还尝试了自动铺丝预浸丝束溶剂法试制备及其自动铺丝工艺试验探索,为进一步深入研究自动铺丝技术奠定了基础;目前正在开展小型自动铺丝工程样机研制,并在民机项目支持下开展大型自动铺丝机关键技术研究。

目前南京航空航天大学利用自行研发的自动铺丝机已完成了包括平板开口、自由曲面开孔、口形梁、镜面、锥壳、复杂蛇形进气道等结构自动铺丝成型适应性的验证,并通过固化得到了对应的验证件,如图 2.18 所示,证明了自动铺丝技术对各种复杂结构的成型具有广泛的适用性。

图 2.17　国内第一台自动铺丝原理样机

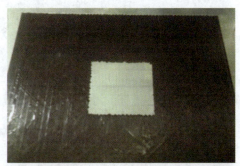

(a) 开孔平板

(b) 双曲面

(c) 翼梁

(d) 镜面

(e) 小锥度锥壳

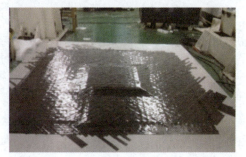

(f) 凸台

图 2.18　自动铺丝技术形面成型适应性验证

西安交通大学从 2005 年开始,先后在国家自然科学基金、科技部"863 计划"、数控机床重大专项(04 专项)等相关项目的资助下,开展了自动铺丝工艺及设备等方面的相关研究工作。经过十余年的技术攻关,西安交通大学研制的具有自主知识产权的自动铺丝设备(图 2.19)已经获得工程化应用,2017 年为中航复合材料有限公司、2018 年为中航通飞华北有限公司分别提供工程化复合材料 8 丝束机器人式自动铺丝设备以及 16 丝束龙门式自动铺丝设备。经过 3 年时间连续运行,设备状况良好,可靠性高,到目前为止完成了中航工业集团公司大型复杂进气道复合材料整体铺放制造 4 套,构件最大长度近 5 m,性能指标满足设计要求。2019 年为北京卫星制造厂有限公司、湖北红阳机电设备有限公司、西安增材制造国家研究院有限公司以及陕西增材制造技术研究中心分别研制成功卧式铺缠一体设备、龙门式自动铺丝设备以及 8 自由度机器人式自动铺丝设备等多套自动铺丝设备。

 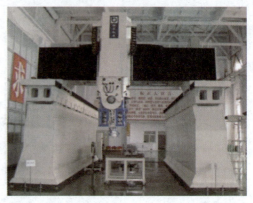

图 2.19　西安交通大学自主研发的自动铺丝装备

浙江杭州艾美依航空制造装备有限公司当前已经成功研发和制造了大型龙门铺丝机(22 m 型)、大型回转体卧式铺丝机(15 m 型回转体卧式铺丝),正在开发双机器人自动铺丝机以及铺丝铺带一体机等。

由于国内缺乏相应的工艺技术和装备条件,目前尚未形成商用的自动铺放 CAD/CAM 软件,相关技术仍处于积极探索研究之中。目前可见报道的自动铺放 CAD/CAM 技术研究主要集中在轨迹规划和加工仿真的基础理论研究,对于自动铺放 CAD/CAM 技术后续模块功能及整体设计的研究鲜有报道。

南京航空航天大学钱钧等以构架式卫星复合材料三角接头为对象,开展了构件数值建模、铺丝路径规划研究,应用机器人 D-H 方法建立了典型 3P-3R 机器人运动学反问题控制方程并实施了成型仿真(图 2.20);邵冠军、龚长斌对自由曲面的铺丝路径及优化设计做了有益探索;许斌、安鲁陵、周燚、王念东等较为系统研究了自动铺丝轨迹规划问题,提出了三种铺丝路径轨迹规划方案、建立了丝束覆盖性分析与断丝束准则、研究了丝束状态量与切断-重启动作量的映射关系,初步形成了自动铺丝设计制造的基础框架,在 CATIA 环境下开展了相关 CAD/CAM 软件原型编写,以 S 进气道的自动铺丝问题做了系统分析与仿真(图 2.21)。党旭丹、李善缘等专门研究了自动铺丝路径的平行等距轨迹规划方法,提高了计算效率。武汉理工大学田会方等开展了自动铺丝装备构型分析,并以锥壳结构为对象开展了成型仿真技术研究。哈尔滨工业大学富宏亚等在缠绕技术研究基础上开展自动铺丝技术基础研究,试制铺丝头原型、在铺丝曲面重构与路径规划、仿真技术方面开展了系列研究。

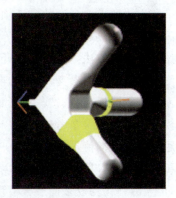

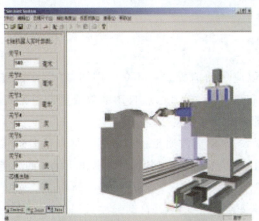
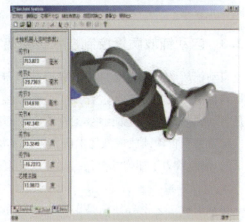

图 2.20　三角接头铺丝轨迹规划与成型仿真

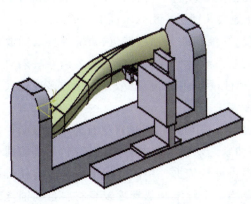

图 2.21　S进气道铺丝轨迹规划与成型仿真

西安交通大学自动铺丝路径规划软件是基于 CATIA CAA 技术进行的二次开发,所开发的自动铺丝路径规划软件具备良好的操作性与较好的功能扩展性。基于第三方平台所开发的后置处理软件适用于机器人式、机床式自动铺丝设备后置处理仿真。

目前，自动铺丝技术的研究主要集中在根据初始参考线在曲面上做等距平移进行轨迹规划和与某一参考轴线成固定角度进行轨迹规划。构造合适的初始参考线、建立适当的曲面平移方法和求取合适的参考轴线并构造曲面上与该参考轴线成固定角度的迭代格式成为了国内研究的热点。如李善缘等提出由一组数据点拟合样条曲线正交投影到铺放曲面作为初始参考线的方法。党旭丹等开展了基于测地线的平行等距规划算法的研究工作，提出利用测地线偏移初始参考线，概念明晰但计算量极大难以实际应用。林福建等探索了利用三角面片进行曲面离散、按与参考轴线成固定角度的方法进行轨迹规划。周燚等提出了基于芯模中心轴线求得参考轴线，按与该参考轴线成固定角度的封闭曲面轨迹规划算法，并利用等距点的投影插值求出等距线。根据当前铺丝路径上各点与等距线的距离关系进行覆盖性分析。邵冠军等提出了按构件主应力的大小和方向构造基于等距线和等分点的轨迹规划设想，但实际结构均以多向层合板形式出现，层合板中每一铺层的应力状态与刚度分配有关、不能预先设定，主应力方向与铺层纤维方向未必一致。

2.2.3 自动铺放质量控制技术研究现状

自动铺放装备仅仅是自铺放成型技术得以应用的前提之一。众所周知，复合材料结构的最终性能与其成型工艺过程及工艺参数控制息息相关。所以，自动铺放成型质量的控制才是自动铺放成型工艺能够被工业化应用的根本保证。

随着关于自动铺放成型技术研究得越发深入，自动铺放质量控制吸引了越来越多研究者的目光，他们致力于如何才能使自动铺放成型工艺制造的复合材料构件发挥出更优良的性能。

1. 自动铺放工艺诱导缺陷研究

自动铺放工艺诱导缺陷是影响成型构件的重要因素之一。自动铺放过程的本质是在模具曲面和铺放轨迹的双重几何约束下、在热场和压力场的耦合作用下，预浸料与基底材料之间形成了一种暂时性的、并不可靠的黏结。实际上受预浸料本身材料性能的限制和自动铺放工艺特点的影响，自动铺放成型工艺不可避免地会在铺层中引入不同类型的缺陷。

目前国外已有诸多学者针对铺放间隙、搭接、纤维翘曲/屈曲、鼓包、架桥等自动铺放成型工艺诱导缺陷的形成机理与影响因素展开研究，系统地研究自动铺放工艺诱导缺陷对复合材料构件力学性能的影响规律，并提出相应的调控手段和措施，有效地避免过多或过大缺陷的出现或削弱其对复合材料构件性能负面的影响。

国内关于自动铺放成型工艺诱导缺陷也开展了一些研究。南京航空航天大学赵聪等人通过研究在非测地线铺放情况下产生的纤维屈曲缺陷对复合材料性能的影响，为自动铺丝成型工艺的成型质量控制、优化及工业化应用提供理论依据。中国商用飞机有限责任公司原崇新等人综述了有关铺丝工艺常见缺陷，并介绍了干纤维和热塑性复合材料自动铺丝的常见缺陷及原因分析。

2. 自动铺放缺陷检测装备研究现状

国内外目前主要采用的缺陷检测方法是由现场人员目视检查（图2.22），及时发现铺放过程中产生的各种类型缺陷。每次铺贴都需要耗费额外的时间进行测量，确认铺层质量是否符合规范要求后,才能进行下一层铺贴,该过程存在精度低、人工强度大、严重影响铺贴效率的问题。例如一层 2 m×2 m 的复材双曲壁板,一层预浸料铺贴时间是 10 min 左右,而缺陷检查时间在 30 min 左右,即每铺完一层需要停机检查,严重影响了铺贴效率。此外,目视检查难以保证很高的精度,而且容易使操作人员产生疲劳。

图 2.22　机翼蒙皮自动铺丝表面质量人工检测

因此,在零件铺丝过程中,采用机器视觉技术来开发一个快速、精确及非接触式的视觉检测闭环控制系统对缺陷进行检测具有重要的现实意义,如果该检测技术成功应用于自动铺放中,会大幅提高铺丝效率和铺放质量。目前 EI 公司等国外先进铺丝机供应商,均已开始尝试将缺陷检测装置配置于最新一代的铺丝机装备(图 2.23)中。国内目前关于缺陷机器视觉检测技术还处于研发阶段,尚未实现工程化应用。

图 2.23　配置缺陷检测装置的 EI 龙门铺丝机

3. 自动铺放工艺质量的评判标准研究

自动铺放工艺质量评价标准合理与否直接关系到材料体系可铺性的判断和后续铺放工艺参数的优化。目前国内外学者已经基于不同的侧重点,提出了多种质量评价标准。Tauseef Aized 等将铺放质量分为差、可以接受、良好、非常好、优 5 个状态,并分别对应 1、3、5、7、9 分值,利用主观评分的方法评价了不同环境条件下的铺放质量,研究了铺放质量与工艺参数的之间关系,并使用响应面法优化了自动铺丝工艺参数。黄文宗等以整体贴合质量、预浸带横向变形、夹杂、气泡数量、是否存在压痕及褶皱等缺陷为标准,同样采用准定量的评分法表征了自动铺带的铺放质量,并使用响应面法探究了压辊压实力、预浸带加热温度、铺放速率及其三者交互作用对铺放质量的影响。黄新杰则提出了以预浸丝束有效贴合长度、预浸丝束横向变形大小表征铺放质量的标准。总结现有铺放质量评价标准可以发现，各评价标准实质上是对铺放质量的定性描述，且某个参数下的铺放质量评分受评分者的主观影响较大，并不具备普适性。

4. 自动铺放工艺参数优化研究

自动铺放成型中，铺放头以某一设定的运动速率和运动轨迹，在特定的压力和温度作用下完成预浸料的自动铺放。预浸料与金属模具或基底材料之间的贴合质量决定着后继层的铺放和最终构件的性能。目前大多数学者认为预浸料与金属模具或基底材料贴合的形成过程是预浸料表面的树脂对基底材料的浸润过程，铺放过程中贴合质量受外加载荷的大小、树脂黏度的高低和加载时间的长短影响显著。而在自动铺放过程中，压辊压力决定了外加载荷的大小，树脂黏度的高低主要取决于预浸料的表面温度，载荷作用时间的长短则与铺放速率直接相关。因此，影响自动铺放成型质量的可控因素主要有压辊压力、铺放速率和预浸料表面温度。

一部分学者通过有限元建模的方法，获得了自动铺放成型过程中压辊压力、预浸料表面温度的分布。Lichtinger等利用试验的方法，以热电偶和红外成像仪作为温度表征方法，研究了以红外灯作为预浸料加热元件时，铺放区域附近的温度分布，并利用正交试验法获得所用预浸料的最佳工艺窗口，最终建立了选用红外灯为加热热源时，铺放工艺过程预浸料热历史的参数化三维模型，为预浸丝束表面温度的准确控制及选择提供了参考。还有一部分学者在自行建立的铺放质量评判准则基础上，考察了上述工艺参数对铺放成型质量的影响。Lukaszewicz与Potter将已铺放的预浸料基底材料视为黏弹性体，分析了铺放过程中铺放压紧力的分布状态及基底材料对其的响应情况，根据预浸料树脂表面分布的情况，首次提出了预浸料表面粗糙度的概念，发现构件越大、预浸料表面越粗糙，构件内部的夹杂气孔含量也就越大。黄文宗等在现有预浸料黏性的评判手段的基础上，选取"平均剥离力"作为预浸料黏性的衡量值，利用试验手段探究了预浸料黏性与铺放工艺参数之间的关系，结果表明铺放压力的提升、铺放速率的降低和预浸丝表面温度的提升都将引起预浸料黏性的增大，该结论为铺放工艺参数的选择奠定了一定技术基础。

如上所述，目前关于自动铺放成型过程中铺放质量的控制，国内外学者已经做了较为充分的研究，但因材料体系、机器构型的差异尚无法形成普适的研究结论以指导铺放。但其提出的优化方法值得借鉴，实际铺放过程中，仍需根据实际选用材料体系和机器构型的特点，调整铺放工艺参数，实现铺放质量的最优化。

2.3 自动铺放技术在航空航天的应用

自动铺放技术是降低复合材料构件制造成本，提高航空航天飞行器复合材料用量的关键技术和重要手段之一。目前国外航空领域已形成完善的自动铺带和自动铺丝工艺规范，国内民机也已形成自己的自动铺带工艺规范，但自动铺丝工艺规范还在验证中。随着大型飞机、大型运载火箭等重大项目的实施,开展自动铺放技术相关研究工作对进一步缩短我国在复合材料自动铺放领域与世界水平的差距,打破西方发达国家技术垄断,扩大复合材料在我国航空航天领域应用具有重要意义。

自动铺带与自动铺丝的共同特点是高速自动化成型、质量可靠,尤其适于大型复合材料构件成型;其中自动铺带主要用于小曲率曲面构件(如翼面、壁板)的自动铺叠,由于预浸带较宽、以高效率见长;而自动铺丝侧重于实现复杂形状双曲面(如机身、翼身融合体)、适应范围宽,但效率逊于前者。

2.3.1 国外自动铺放技术在航空航天领域中的应用

自动铺丝技术主要用于双曲复杂构件制造。在第四代战斗机的典型应用包括S形进气道和中机身翼身融合体蒙皮(图2.24);波音直升机公司率先应用自动铺丝技术研制V-22倾转旋翼飞机的整体后机身,原有后机身由9块手工铺叠的壁板装配构成,改为整体铺放后,减少了34%的固定件、53%的工时,废料率降低了90%;自动铺丝技术在商用飞机机身的首次应用为Raytheon公司,包括PremierⅠ和霍克商务机的机身。PremierⅠ机身采用整体成型蜂窝夹层结构,取消了框架和加强筋、没有铆钉和蒙皮接点。前机身从雷达罩壁板一直延伸到后压力舱壁板(8 m长),包括行李舱、座舱和驾驶舱;后机身从后压力壁板延伸到机尾(5 m长);比铝合金机身减重273 kg,达到40%。

机身

尾椎

S形进气道

翼身融合体

图2.24 自动铺丝典型应用

波音 B787 在机翼制造中,三菱重工和富士重工采用 Forest-line 公司的两步法自动铺带机,实现机翼及中央翼蒙皮的自动铺带成型(图 2.25)。翼梁采用自动铺丝成型(图 2.26),由三菱重工提供。

图 2.25　B787 机翼蒙皮自动铺带成型

图 2.26　B787 机翼梁自动铺丝成型

直到 B777X 的制造,波音终于突破自动铺带,选择与美国 EI 公司合作,引入其创新的带缺陷检测装置龙门式高速自动铺丝设备,制造蒙皮[窄带铺丝,3.81 cm(1.5 in)×20 丝束]和翼梁[1.27 cm(0.5 in)×16 丝束,铺丝头可自动更换](图 2.27);同时,西班牙 M. Torres 公司也在埃弗雷特设立先进制造创新中心,向波音提供机翼长桁自动铺丝设备[1.27 cm(0.5 in)×24 丝束](图 2.28)。波音 B787 和空客 A350 的复合材料翼梁都是分三段制造,然后装配成完整翼梁。而 B777X 则破天荒地采用了整体翼梁的设计,翼梁长达破纪录的 32 m,每架 B777X 上的 4 根翼梁需要几乎 640 km 长的碳纤维丝束。这离不开自动化技术的进步,也是缩短运输物流的考虑,同时,这种设计也可以极大减少紧固件数量和装配工作量,达到减重、缩短生产周期、降低寿命周期成本的效果。

图 2.27　B777X 机翼蒙皮自动铺丝

图 2.28　B777X 机翼长桁自动铺丝

2.3.2　国内自动铺放技术在航空航天领域中的应用

由于先进树脂基复合材料的使用量占飞机结构总质量的百分比已成为飞机技术先进程

度和市场竞争力的重要衡量指标之一,因此在各种类型飞机的复合材料近几年用量迅速增加的同时,虽然我国大飞机项目起步较晚,但复材的用量从 C919 的 12% 左右直接跃升到 CR929 的预计复材使用量 50% 左右(图 2.29),与 B787 和 A350 的复材使用量处于一个水平。

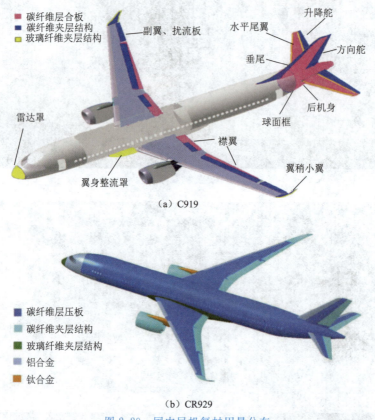

图 2.29　国内民机复材用量分布

上海飞机制造有限公司作为国产民机主制造商,复材中心承担了 C919 和 CR929 复材零部件的研发、验证与生产。在自动铺带方面,通过引进 MAG 自动铺带机[图 2.30(a)],完成 C919 复材平尾蒙皮的自动铺带成型;在自动铺丝技术方面,2014 年通过引进法国 Coriolis 的机器人铺丝机[0.64 cm(0.25 in)×16 丝束][图 2.30(b)]进行了 C919 后机身蒙皮、宽体 C 型梁、宽体隔框、角片及中机身坡度试验件和共胶接试验件的研发试验,并完成了全尺寸前机身蒙皮试验件的自动铺丝成型。

南京航空航天大学基于自主研发的 0.64 cm(0.25 in)×24 丝束卧式铺丝机,开展了 C919 后机身全尺寸尾椎段蒙皮自动铺丝技术的探究工作。在整体双曲率机身筒段模具上,通过自动铺丝工艺试验研究,探索整体复杂型面整体机身筒段构件铺丝技术,同时验证国产卧式铺丝装备在大型整体双曲率机身筒段结构的铺丝能力(图 2.31)。

此外,南京航空航天大学与沈阳飞机设计研究所合作,采用双 C 梁组合成工字梁的方法,进行了复合材料工字型地板梁验证件的自动铺放,重点解决了固定角轨迹铺放缺陷多、过棱铺贴质量差等问题,提出了变角度轨迹规划方法和过棱处轨迹点密化方法,完成了工字梁的自动铺丝成型(图 2.32)。

(a) 上海飞机制造有限公司龙门式自动铺带机

(b) 上海飞机制造有限公司机器人铺丝机

图 2.30　上海飞机制造有限公司自动铺放设备

图 2.31　双曲率机身筒段蒙皮自动铺丝成型

图 2.32　工字型地板梁验证件的自动铺丝成型

中国航空制造技术研究院、中航复材联合国内的科研力量,2015 年通过引进 Coriolis 铺丝技术,集智攻关,突破了多轴联动控制技术、大跨度轻质高刚性横梁结构设计与制造等多项关键技术,研制了工程化应用级别的大型龙门自动丝束铺放设备(图 2.33)。设备 X 向行程 30 m,Y 向行程 6.5 m,能实现 6.35 mm×32 预浸丝束的高效铺放。

图 2.33　中航复材铺丝机

基于此设备,中航复材和上飞公司联手完成了宽体前机身壁板蒙皮的制造。中航复材进行了宽体全尺寸前机身壁板蒙皮自动铺丝技术研究(图 2.34)。

在 2018 年底,CR929 前机身攻关全尺寸筒段顺利实现总装下线(图 2.35),筒段长约 15 m,直径约 6 m,环向壁板分为四块,由纵缝拼接而成,单块最大壁板长约 15 m,弧长约 6 m,最大框弧长约 6 m。机身段结构由壁板、框、长桁、客货舱门框、旅客观察窗、客货舱地板等组成,壁板、框等零件尺寸大、整体化程度高。复材机身筒段下线是以设计牵头、国内各参研单位利用自身优势通力协作,通过设计、材料、工艺、制造、验证一体化研发,克服重重困难取得的成果。这是国内首次采用全复合材料设计理念开展的宽体机身大部段研制工作,在集成壁板等零部件研制关键技术基础上,实现了大部件运输、装配及过程处置等技术,进一步提升了复合材料机身研制技术成熟度。

图 2.34　宽体全尺寸前机身壁板蒙皮自动铺丝

图 2.35　CR929 前机身攻关全尺寸筒段总装下线

2.4　自动铺放技术发展前景预测

　　自动铺放技术依然成为航空航天领域复合材料自动化制造的不可或缺的重要技术,尤其在大型结构件整体成型方面尤为重要,该技术对于充分发挥复合材料的优良性能、制造高性能飞行器具有重要的应用价值。在复合材料自动化成型领域,从最初的缠绕成型、铺带成型,到现在的铺丝成型,经历了技术的提升和制造范围的扩充,已可以从原来单纯的回转体自动化成型、小曲率开曲面成型,提升到现在的各种复杂曲面的自动化成型。先进复合材料在航空航天器的大量应用直接推动自动铺放技术的发展，对于高性能大型复合材料构件，自动铺放技术明显优于现有液体成型技术。国外自动铺放技术发展趋势为铺放装备专门化、材料体系多样化、设计分析制造集成化，更强调成型高效率和高可靠性。在装备技术方面，为提高铺放效率，出现了平板专用铺带机、多头铺带机和单头多带铺带机；铺丝机装备方面研制出模块化铺丝头——预浸丝束库系统、多头同步铺放系统和预浸丝束自动续接装置，减少无效操作时间；另一个趋势是自动铺带与自动铺丝的界限逐渐模糊，形成多窄带铺放技术。在材料技术方面已经形成自动铺放专用预浸料体系（包括热塑性材料）以满足不同要求，自动铺丝预浸丝束/窄带普遍采用分切制备技术，由专门的预浸丝束分切加工商供应。

复合材料自动化成型技术在我国从 20 世纪 80 年代起步，到现在已经实现装备、工艺、软件等相关技术的国产和逐步成熟。当然现在依然存在一些问题，同时通过这些问题我们也能看出铺放技术未来的发展方向和前景。

1. 装备高效化、工程化

迄今，我们基本解决了铺丝技术从无到有的问题，装备效率尚不高，稳定性不足，在工程化应用方面相比国外先进装备尚有差距。预计在接下来几年，装备的高效、高稳定、易操作是研究院所的研究重点，伴随未来大飞机、民用航天、通飞、高铁、风电叶片等领域的大规模量产而逐步成熟和广泛应用。

2. 工艺简化

当前复合材料制件的生产工艺流程是纤维、树脂、预浸料、分切、铺丝、固化、检测、机加等，针对不同的产品要求，可能会有所不同或更多环节介入。相比早些年的缠绕，多了预浸料和分切的环节，增加了材料的储存成本、运输成本，以及分切装备的投入，未来随着连续纤维 3D 打印技术的研发和逐步成熟，具有更灵活的设计空间、更高效的成型效率和更低的工艺成本，未来或可在很多领域取代现行的铺丝技术。

3. 设计智能化

当前关于自动铺放的铺层设计尚没有明确的规范和标准，尤其对于非可展复杂曲面进行铺丝轨迹设计方面。已经有学者开始打通铺层设计与性能分析之间的技术壁垒，将铺层设计与强度、刚度、减振性能、厚度等相联系，进行目标导向性设计。未来的铺层设计将基于一个设计模板，设计者只需要根据需要、约束、边界条件等关注的环节设置相应的控制参数，然后就交给软件系统完成，软件系统内设寻优控制模块，反复比对设计需求不断完善设计，给出最优铺层设计。

参考文献

[1] BLACIT S. Fiber placement enable cost-effective JSF part tabrication[J]. Composites, 2002(1): 34.
[2] TUMKOR S, TURKMEN N, CHASSAPIC C. Modeling of heat transfer in thermoplastic composite tape lay-up manufacturing[J]. Heat and Mass Transfer, 2001, 28(5): 49-58.
[3] GUAN X, PITCHUMANI R. Modeling of spherulitic crystallization in thermoplastic tow-placement process: heat transfer analysis[J]. Composites Science and Technology, 2004, 64(10): 1123-1134.

[4] VASILIEV V V,BARYNIN V A,RAZIN A F. Anisogrid composite lattice structures-development and aerospace applications[J]. Composite Structures,2012,94(3):1117-1127.

[5] GROVE S M. Thermal modeling of tape laying with continuous carbon fibre-reinforced thermoplastic [J]. Composites,1988,19(6):367-375.

[6] HASSAN N,THOMPSON J E,BATRA R C. A heat transfer analysis of the fiber placement composite manufacturing process[J]. Journal of Reinforced Plastics and Composites,2005,24(3):869-890.

[7] TRENDE A,ASTROM B T,Woginger A. Modeling of heat transfer in thermoplastic composites manufacturing:double-belt press lamination[J]. Composites Part A,1999,30(9):935- 43.

[8] 李勇,肖军. 复合材料纤维铺放技术及其应用[J]. 纤维复合材料,2002,37(1):39-41.

[9] LUKASZEWICZ D H J A. Optimisation of high-speed automated layup of thermoset carbon-fibre preimpregnates[D]. University of Bristol,2011.

[10] 熊文磊,肖军,王显峰,等. 基于网格化曲面的自适应自动铺放轨迹算法[J]. 航空学报,2013,34(2):434-441.

[11] 方宜武,王显峰,肖军,等. 基于变角度算法的复合材料翼梁自动铺丝[J]. 航空制造技术,2014,460(16):90-94.

[12] DENG S H,CAI Z H,FANG D D,et al. Application of robot offline programming in thermal spraying [J]. Surface and Coatings Technology,2012,206(19):3875-3882.

[13] 张家飞. 机器人群体协同任务规划与协调避碰[D]. 哈尔滨工程大学,2010.

[14] 宋金虎. 焊接机器人现状及发展趋势[J]. 现代焊接,2012(3):1-4.

[15] 陈祥宝,张宝艳,邢丽英. 先进树脂基复合材料技术发展及应用现状[J]. 中国材料进展,2009,28(06):2-12.

[16] PAN Z,POLDEN J,LARKIN N,et al. Recent progress on programming methods for industrial robots [J]. Robotics and Computer-Integrated Manufacturing,2012,28(2):87-94.

[17] 薛企刚. 高效全自动的碳纤维复合材料铺放设备[J]. 航空制造技术,2008(4):53-56.

[18] JEFFRIES K A. Enhanced robotic automated fiber placement with accurate robot technology and modular fiber placement head[R]. SAE Technical Paper,2013.

[19] LEWIS H W,ROMERO J E. Composite tape placement apparatus with natural path generation means:U. S. Patent 4,696,707[P]. 1987-9-29.

[20] KISCH R A. Automated fiber placement historical perspective[A]. In:International SAMPE Symposium and Exhibition[C]. Seattle:Soc. for the Advancement of Material and Process Engineering,2006.

[21] 还大军. 复合材料自动铺放 CAD/CAM 关键技术研究[D]. 南京:南京航空航天大学,2010.

[22] COLTON J,Leach D. Processing parameters for filament winding thick-section PEEK/carbon fiber [J]. Composites Polymer Composites,1992,13(6):427-434.

[23] GROVE S M. Thermal modeling of tape laying with continuous carbon fiber-reinforced thermoplastic [J]. Composites,1988,19(2)367-375.

[24] BEYELER E P ,GÜCERI S I. Thermal analysis of laser-assisted thermoplastic matrix composite tape consolidation[J]. ASME Journal of Heat Transfer,1988,110(7):424-430.

[25] PITCHUMANI R,RANGANATHANT S,DON R C. Analysis of transport phenomena governing interfacial bonding and void dynamics during thermoplastic tow-placement[J]. International Journal of

Heat and Mass Transfer,1996,39(6):1883-1897.

[26] 肖军,李勇,李建龙.自动铺放技术在大型飞机复合材料构件制造中的应用[J].航空制造技术,2008(1):50-53.

[27] TUROSKI L E. Effects of manufacturing defects on the strength of toughened carbon/epoxy prepreg composites[D]. Montana State University-Bozeman,2000.

[28] 刘雄亚,黄志雄,彭永利,等.热固性树脂复合材料及其应用[M].北京化学工业出版社,2007:69-99.

[29] HOLLAWAY L C. The evolution of and the way forward for advanced polymer composites in the civil infrastructure[J]. Construction and Building Materials,2003,17(6):365-378.

[30] LUKASZEWICZ, ADRIAN H J. Optimisation of high-speed automated layup of thermoset carbon-fibre preimpregnates[J]. University of Bristol,2011.

[31] 韩振宇,李玥华,富宏亚,等.热塑性复合材料纤维铺放工艺的研究进展[J].材料工程,2012(2):91-96.

[32] 宋清华,刘卫平,陈吉平,等.碳纤维增强聚苯硫醚复合材料激光加热原位成型过程中温度场研究[J].复合材料学报,2019,36(2):283-292.

[33] 宋清华,刘卫平,刘小林,等.热塑性复合材料原位成型过程铺层间结合强度研究[J].航空学报,2019,40(4):433543.

[34] 宋清华,刘卫平,肖军,等.热塑性复合材料自动铺放工艺参数分析与优化[J].复合材料学报,2018,35(5):1149-1157.

[35] 宋清华,刘卫平,肖军,等.热塑性复合材料自动铺放过程中红外加热技术研究[J].材料工程,2019,47(1):77-83.

[36] CARROLL G G. Fiber placement process utilization within the worldwide aerospace industry[J]. SAMPE Journal,2000,36(4):45-50.

[37] VASILIEV V V,BARYNIN V A,RAZIN A F. Anisogrid composite lattice structures-development and aerospace applications[J]. Composite Structures,2012,94(3):1117-1127.

[38] BANSEMIR H,HAIDER O. Fibre composite structures for space applications-recent and future developments[J]. Cryogenics 38,1998:51-59.

[39] 肖军,李勇,文立伟.树脂基复合材料自动铺放技术进展[J].中国材料进展,2009,6(28):28-32.

[40] WAGNER P,COLTON J. On-line consolidation of thermoplastic towpreg composites in filament winding[J]. Polymer Composites,2004,15(8):436-441.

[41] TAYLORSVILLE U T. Filament winding vs. fiber placement manufacturing technologies[J]. SAMPE Journal,2008,44(2):54-55.

[42] ZHU W H. On adaptive synchronization control of coordinated multirobots with flexible/rigid constraints[J]. IEEE Transac-tions on Robotics,2005,21(3).

[43] 古托夫斯基 T. G. D.先进复合材料制造技术[M].李宏运,译.北京:化学工业出版社,2004.

[44] 彭金涛,任天斌.碳纤维增强树脂基复合材料的最新应用现状[J].中国胶粘剂,2014,23(08):48-52.

[45] MOREY B. Automating composites fabrication[J]. Manufacturing Engineering,2008,140(4):12-16.

第 3 章 预浸料预成型技术

随着先进复合材料在民用飞机领域应用范围的日益增长,采用先进复合材料制造的零部件愈来愈大型化、复杂化,传统的手工制造方法已经不能满足民用飞机对复合材料构件质量、效率和成本的要求。因此,自动化制造技术是未来先进复合材料结构制造的发展方向。采用先进复合材料制造的民用飞机结构中,机身、机翼部段包含大量的长桁、隔框和梁等结构,这些结构以 C 型、工型、L 型、T 型、帽型、Z 型为主,其特点是数量多、细长、变截面且截面尺寸小,如机翼、尾翼和机身长桁等,另外,机身隔框、门框等结构还具有大曲率特点,传统的手工或自动铺放等方法无法提高铺放效率,因此,该类结构的自动化成型成为影响制造效率的关键问题,而预浸料预成型技术是解决这一问题的有效手段。

预浸料预成型技术是将传统的在模具上直接铺放预浸料得到所需结构形式的预浸料成型技术,改为先通过自动铺丝/铺带工艺技术将设计好的预浸料铺放成二维平面,然后通过真空压力或机械力将二维预浸料片材在模具上变形为三维结构,形成预浸料预成型体,从而得到所需结构形式。该技术属于复合材料变形成型,主要有热隔膜预成型、辊压预成型、模压预成型、折弯预成型等方法,适用于制造厚度变化缓慢、截面积较小的零件。这种预成型技术易于实现自动化生产和流水线作业,可有效控制生产成本,对提高结构制件的生产效率具有重要意义。

本章首先论述预浸料预成型技术的理论基础,然后论述对预成型技术中的热隔膜预成型、辊压预成型和模压预成型等预成型工艺的技术与装备,再论述预成型技术的国内外研究现状和航空航天领域中的应用,最后对预成型技术的发展前景进行展望。

3.1 预浸料预成型技术理论基础

预浸料预成型技术首先是将设计好的预浸料通过自动铺放技术铺为二维预浸料叠层,然后在外力(真空压力、机械力等)作用下将二维预浸料叠层变形为三维结构,这一过程涉及到几何、物理、化学等学科。为准确描述复合材料片材变形过程,国内外许多学者进行了大量研究,开发了多种数学模型,使用计算机对变形过程进行模拟,同时进行了大量实验。但到目前为止,仍然没有一个普适性的复合材料变形成型的完整模型。其主要问题在于,从二维片材到复杂三维形状的转变过程非常复杂,不仅涉及到自由表面的运动、与模具表面的摩擦、单层片材的运动、铺层间的相互滑移以及树脂黏度变化等,而且由于各向异性的复合材料在变形过程中材料的轴向会发生改变,可能会有一个或几个不可伸展方向,因此,预浸料预成型技术的理论分析与研究需主要解决以下问题:

(1) 变形过程中每层纤维的方向与位置关系；

(2) 变形对构件厚度的影响；

(3) 变形对单曲或双曲构件中不可伸展方向的补偿；

(4) 缺陷的产生与消除。

以 L 型长桁为例，图 3.1(a) 为 L 型长桁从二维片材变形为三维预成型体的过程。从图 3.1(b) 可见，当腹板与缘条均为平面时，0° 与 90° 纤维变形时纤维轴向基本不变，而 45° 纤维在外力作用下发生层间滑移，由二维水平方向变为垂直方向时纤维轴向发生了改变。曲面的变形情况则更加复杂，如图 3.1(c) 所示。该长桁缘条为曲面，腹板为平面，在变形过程中腹板不变，缘条变形为三维曲面。与平面的变形情况不同，如图 3.1(d) 所示，在预成型过程中，0°、90°、45° 三个方向的纤维都随缘条曲率而发生变化。其中 0° 纤维在拐角处的曲率变化可能导致 0° 纤维在拐角处出现劈裂或在腹板处出现屈曲；而 90° 纤维虽然不会发生角度变化，但由于缘条带曲率，使得缘条弧长大于腹板长度，可能导致腹板纤维的堆积起皱；45° 纤维由于纤维轴向发生变化，而导致纤维角度变化。

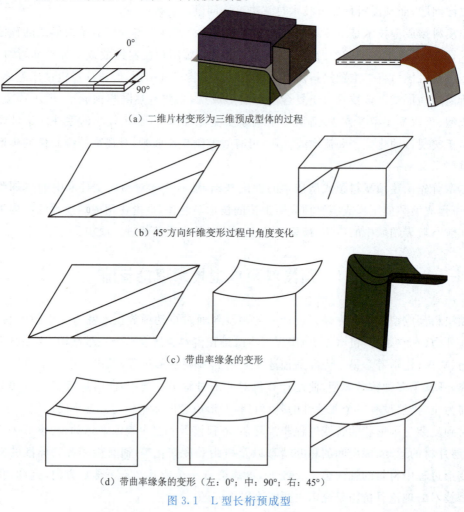

(a) 二维片材变形为三维预成型体的过程

(b) 45° 方向纤维变形过程中角度变化

(c) 带曲率缘条的变形

(d) 带曲率缘条的变形（左：0°；中：90°；右：45°）

图 3.1　L 型长桁预成型

另外,对于多层结构,考虑到树脂的黏滞阻力、模具的摩擦力以及真空压力或机械压力等因素,导致变形过程更为复杂。对于厚度较大并带曲率制件,由于拐角处的内外 R 角不同,导致预成型体内外表面受力不同,可能引起纤维褶皱。带曲率厚制件变形缺陷如图 3.2 所示。

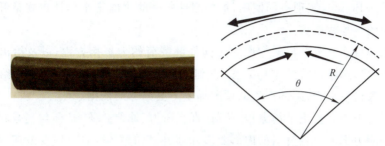

图 3.2　带曲率厚制件变形缺陷

对于预浸料叠层在变形过程中各层纤维的几何变化,T. G. 古托夫斯基在《先进复合材料制造技术》一书中进行了详细的阐述。该书表明目前主要有两种模拟片材变形的方法,分别是映射法(mapping approach)和力学法(mechanics approach)。

映射法集中研究由原始的平面形状变形为最终产品形状过程中几何方面的问题,认为变形一步完成,而不考虑中间步骤。该方法主要得到运动学方面的信息,包括预成型体中的纤维方向以及成型后材料中的应变,然后应用运动学数据推测出相关缺陷信息。

映射法将变形成型看成是一个几何变换的过程,原始二维复合材料片材被映射到模具的三维曲面上。主要假设有:

(1)材料在主纤维方向不可延伸;

(2)复合材料片材光滑地铺贴在模具表面,没有不连续点或褶皱;

(3)两条互相交叉的材料线将如何映射到曲面上是已知的;

(4)在垂直于主纤维的方向上,对于织物而言,横向纤维不可延伸,并且在与主纤维的交叉点不发生滑移;对于规整纤维预浸料而言,纤维间的横向间距恒定。

映射法只提供了预成型工艺的几何信息、预成型体中的纤维方向、材料承受的剪切应变,以及材料的点映射到模具表面的具体位置。但是映射分析中不考虑力的实际情况和相互作用,隐含的假设是这种分析方法可以对材料施加任何完成变形所需的任意大的剪切力。实验证明,当出现的剪切应变很大时,预成型体会产生成型缺陷。根据这一事实,可以通过测量应变来预测可能出现褶皱或其他缺陷的位置。

映射法主要计算初始复合材料片材上的点与模具表面上的点之间的对应关系,该计算在本质上是纯几何的,并主要受纤维不能伸长这一条件约束。对于织物纤维预浸料,经向和纬向纤维都不能伸长,它们可以在交叉点转动,但不能发生滑移。只要织物没有褶皱,织物的映射计算结果能精确地重复实验结果。织物映射计算的主要限制是不能提供任何关于载荷和应力的信息。针对这个问题可以按照 Rogers 和 Pipkin 对单向复合材料所建议的方式处理,即首先解决运动学(映射)问题,然后利用平衡方程(可能还有若干本构信息)算出应力和施加的载荷。

对于单向纤维预浸料,映射方法的计算结果与实际情况并不吻合,这是因为纤维间距恒定或厚度不变的假设并不总是成立,真实制件中发生的剪切总是要小于映射方法所预测的结果。Tam 和 Gutowski 的定理指出了纤维路径的局部曲率与所需的剪切量之间的关系,它可以与 Gauss-Bonnet 定理一同使用,根据制件曲面的全曲率来估计将规整纤维片材配合到该给定曲面的难易程度。

力学方法通过建立复合材料内部应力同外部载荷的力平衡方程,以及给出复合材料内应力的应变或变形速率函数的本构方程,得到材料变形的运动信息。此外还给出了材料中应力状态的有关信息,为缺陷的产生的预测提供了更详尽的依据。

力学模型的中心方程是平衡方程,载荷(真空压力、外部载荷)必须与复合材料内部应力相平衡。这些应力引起复合材料的内部变形,因此材料的力学响应(应变或应变速率函数的应力)是模型的重要部分,而对复合材料位移的约束一般由固定模具确定。在力学模型中,复合材料预浸料层合板任意时刻的瞬间变形被用来计算其稍后的形状,然后重复进行这一过程,迭代求解平衡方程。如果在上一个时间步由于部分层合板与模具接触,变形速率发生变化,则约束条件或许会稍有不同。随着层合板从初始状态变形成最终状态,计算要继续进行许多时间步。

与映射模型相比,力学模型提供了更完整的工艺信息。虽然模型比较复杂,并且计算时间更长、难度更大,但是力学模型没有映射方法的诸多假设。尽管映射方法用于织物很精确,但映射方法中假定横向纤维的间距恒定,因此并不适用于单向纤维预浸料的成型预测。并且实验表明,载荷、加载速率、膜片性能以及温度等都会影响变形成型的工艺结果,而映射方法并未考虑这些因素,同时还忽略了层合板中铺层间的相互作用,没有考虑成型过程中铺层会出现的相互滑移。虽然力学模型可以提供任何特定变形工艺的完整信息,但与映射方法相比它们的发展远远不足。到目前为止,依然没有一个可以完整描述多层预浸料层合板成型的完整的力学模型。

关于映射方法和力学法的详细描述,在《先进复合材料制造技术》一书中有比较详细的描述,在此不过多赘述。

无论是映射法还是力学模型都存在明显问题,映射法的关键问题在于复合材料变形的假设;而力学法的模型还仅仅限于一维或二维的几何形状,或者单层铺层,或两者兼而有之,无法推广到一般情况。随着预浸料预成型技术的需求增长,将会进一步推动理论模型的发展,通过映射法和力学法的相互补充,完善变形成型的完整模型。当前主要的研究方向是:

(1)在三维空间变形的预浸料叠层;
(2)各向异性材料行为,包括沿纤维方向的非延展性;
(3)大变形机理,包括复合材料变形时纤维方向的变化;
(4)铺层的黏性行为,扩展到包括黏弹性或其他行为;
(5)有可能发生铺层间大位移的多层铺层;
(6)膜片或其他辅助材料与预浸料叠层的双向相互影响;
(7)明确定义的缺陷形成的临界判据。

变形过程中工艺参数对预浸料叠层的变形过程也有重要的影响,主要的工艺参数包括:温度、压力(真空压力或机械压力)、成型速率等。温度导致预浸料基体的黏度变化,进而影响变形过程中纤维的层间滑移行为;压力是驱使预浸料叠层由二维平面变形成三维结构的外力,除了影响纤维层间滑移,还会对预成型体的外形尺寸产生影响。在理论模型不完善的情况下,通过实验方法研究工艺参数对变形过程的影响是对理论研究不足的有效补充。

预浸料预成型过程中的变形机制(图 3.3)主要包括:(1)树脂渗透;(2)横向纤维流动与压实流动;(3)沿纤维方向的层内剪切;(4)(多层间)层间滑移等。

成型形式		变形机理	
压实	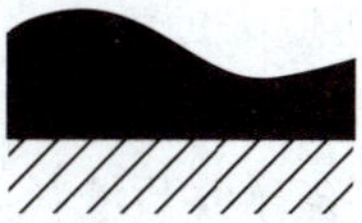	树脂渗透	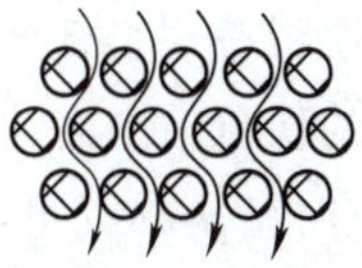
对合模		横向纤维流动与压实流动	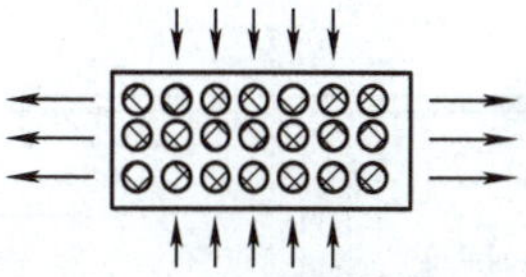
单曲度		沿纤维方向的层内剪切	
双曲度	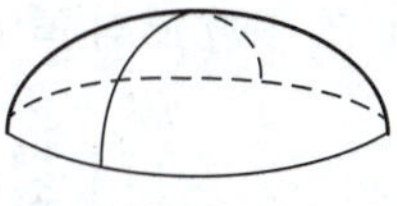	(多层间)层间滑移等	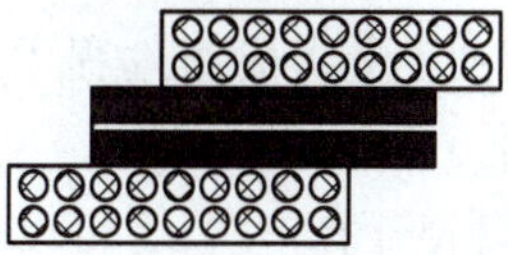

图 3.3 预浸料预成型过程的主要变形机制

树脂渗透、横向纤维流动与压实流动会发生在平面叠层的压实过程中。树脂渗透允许树脂在平面叠层的局部区域内重新分布,这是树脂相对纤维网格的流动。由于纤维造成树脂流程较长,因此树脂沿纤维方向的流动很少,更易于沿着平面叠层的厚度方向渗透。当平面叠层受到一个沿厚度方向的力时,如果没有任何限制条件,这个力趋向于沿平面叠层的横向传递。在压实过程中,这种横向纤维流动与压实是非常重要的,这是一种修复的变形模式,因为它可以修复一些在铺叠过程中形成的裂缝,以及允许在预浸料中发生一些微小的厚度变化。预成型过程中的层内轴向剪切是指纤维沿轴向发生相对运动,这种变形模型允许预浸料弯曲以适应复杂曲率(双曲率)结构中的纤维单丝的面内和面外弯曲。理论上,对于单向预浸料这种剪切变形的程度是没有限制的,但是对于织物来说,其剪切变形的程度受到剪切角的限制。当平面叠层以单曲率方式发生变形时,便会发生层间滑移变形,这种变形存在于预成型体的单/双曲率的任何部位。如图 3.4 所示,在成型过程中发生层间滑移可以避免纤维的褶皱和断裂。

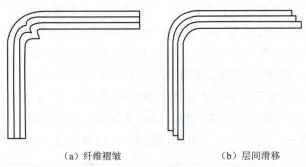

(a) 纤维褶皱　　　　　　　　(b) 层间滑移

图 3.4　层间滑移变形模式的重要性示意

预浸料叠层变形过程中,层与层之间发生滑移时切应力的大小将直接影响滑移后预浸料叠层的质量。一般来说,滑移时切应力较小将会导致预浸料叠层成型困难,纤维出现褶皱,严重时个别预浸料层将断开;滑移时切应力较大将会导致预浸料叠层变形过大,纤维偏转严重,无法很好地保证形状与尺寸。可以使用流体力学理论来计算层与层之间滑移时的切应力,如图 3.5 所示。

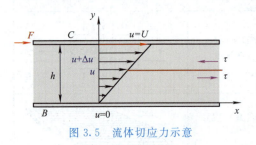

图 3.5　流体切应力示意

由牛顿内摩擦定理 $\tau = \mu \dfrac{du}{dy}$($\mu$ 为流体的黏度;du/dy 为层与层之间的速度梯度)可知,流体黏度增大或者速度梯度增大都会导致切应力的增大。在预成型过程中,不同的切应力会导致各层预浸料的变形情况不同,从而影响预成型体的成型质量。成型过程中的成型压力、温度、速率等工艺参数都对预成型体的质量有重要影响。

树脂的流变行为可以通过测试树脂黏度并建立树脂流变模型来确定。树脂的黏度与温度和时间有关,通过阿雷尼乌斯方程建立模型:

$$\eta(t) = \eta_0 \exp(kt) \tag{3-1}$$

式中,$\eta(t)$ 为 t 时间的黏度;η_0 为初始黏度;k 为一级反应速率常数;t 为反应时间。

假设初始黏度和式(3-1)中动力学参数随温度变化满足阿雷尼乌斯方程,并将热历史考虑其中,则有:

$$\eta_0 = \eta_\infty \exp(E_\eta/RT) \tag{3-2}$$
$$k = k_0 \exp(E_k/RT) \tag{3-3}$$

式中,η_∞ 和 k_0 分别为阿雷尼乌斯流体和固化反应的指前因子;E_η 和 E_k 为流体和固化反应活化能。

合并式(3-1)~式(3-3),并两边取对数可以得到非等温固化的双阿雷尼乌斯流变的流变模型:

$$\eta = \eta_\infty \exp(E_\eta/RT) \exp[k_0 t \exp(E_k/RT)] \tag{3-4}$$
$$\ln \eta(T,t) = \ln \eta_\infty + E_\eta/RT + k_0 t \exp(E_k/RT) \tag{3-5}$$

由于在预浸料预成型体的制备过程中树脂未发生固化反应,仅仅需考虑树脂流动状态时的黏度变化,即图 3.7 中曲线的黏度降低阶段,通过树脂的流变学曲线可以初步确定预浸料变形的温度范围。

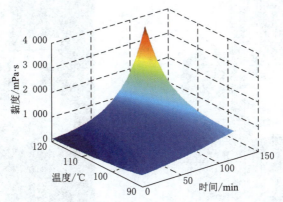

图 3.6　双阿雷尼乌斯方程流变模型对树脂黏度的预测

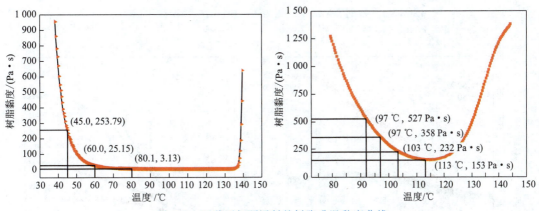

图 3.7　两种环氧预浸料的树脂升温黏度曲线

预浸料在加热变形过程中树脂黏度的变化会导致外部载荷发生改变,为了精确测定外部载荷的变化,段跃新等人设计了一套用于测试预浸料变形过程载荷的测试工装,如图 3.8 所示。

该工装可以实现以下几个功能:

(1) 能够对预浸料叠层进行加热,且加热范围覆盖成型温度所需范围;

(2) 能够设定机械成型过程中的速率,并且对速率参数能够实时控制;

(3) 能够计算或显示机械成型过程中成型载荷/压力,并且能实时记录和采集数据;

(4) 在测量成型载荷过程中,下压装置的下压运动不会因为悬臂梁效应导致成型间距改变或改变较小,从而实现对预成型体纤维体积分数的精确控制。

该工装能够装载在力学试验机上,可以测试在不同温度、速率、厚度、纤维体积分数(通过调节成型间距来控制)条件下的载荷情况,为工艺参数确定及理论研究提供实验依据,如图 3.9 所示。

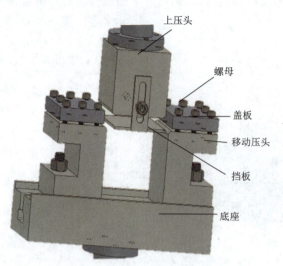

(a) 预浸料变形成型载荷测试工装原理图　　　　(b) 预浸料变形成型载荷测试工装实物图

图 3.8　预浸料变形成型载荷测试工装设计原理图与实物图

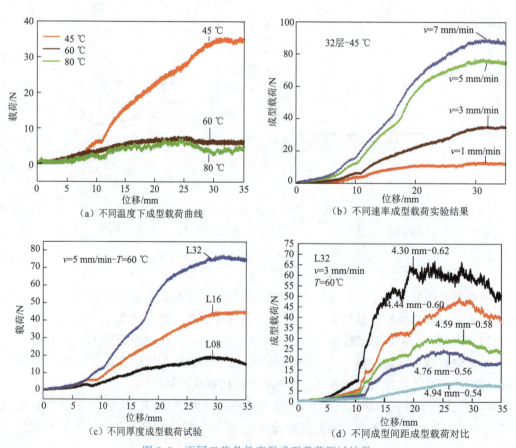

(a) 不同温度下成型载荷曲线　　　　(b) 不同速率成型载荷实验结果

(c) 不同厚度成型载荷试验　　　　(d) 不同成型间距成型载荷对比

图 3.9　不同工艺条件变形成型载荷测试结果

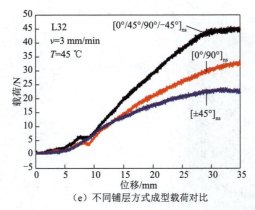

(e)不同铺层方式成型载荷对比

图 3.9　不同工艺条件变形成型载荷测试结果(续)

通过对铺层方式为[90°/45°/0°/－45°]$_{2s}$的16层准各向同性预浸料叠层(纤维体积分数为54.4%)进行成型载荷测试,通过数据拟合得到的成型载荷最大值F_{max}与成型速率v及树脂黏度η的关系为:

$$F_{max}=\left(\frac{-10.69}{\ln \eta/9.83}+6.395\right)v+(-0.24+0.019\eta) \tag{3-6}$$

同时对不同预浸料体系及铺层形式进行实验的结果发现,在铺层层数不变且表层铺层方向为90°的情况下,式(3-6)仍可以较好地预测成型载荷最大值;当表层铺层方向为45°时,表层铺层在成型过程中容易发生纤维的偏转变形,导致成型载荷减小,上述公式将不再适用。

预浸料预成型体变形成型后的缺陷分析主要集中在外形尺寸如缘条、腹板、拐角厚度、轴线度和内部纤维方向等方面。外形尺寸可以通过常规的量具、卡具等手段进行测试得到。但内部纤维状态的测试相对困难,特别是探明内部纤维是否发生方向改变、屈曲等,这些缺陷将直接影响后续固化制件的质量。因此预成型体缺陷的表征不但可以保证固化制件的力学性能,还可以为变形成型模型的缺陷预报建立基础。

目前研究预成型体缺陷方法有:打磨法、示踪法、金相法等。打磨法是将预成型体固化后沿平面方向逐层打磨,观察纤维的变形情况,优点是能够真实反映每层纤维的变化情况,缺点是效率低,人工成本高;示踪法(图 3.10)是将每一铺层内部按纤维方向布放示踪线,变形后观察示踪线的变化情况,推断每层纤维的变化情况,但此方法不适用于实际生产。

金相法是通过分析纤维截面形状,经过统计计算得到纤维的变形情况。通过图 3.11 金相图可以看出不同铺层角度的纤维截面明显不同,根据几何学原理可以通过式(3-7)计算纤维角度,再通过统计分析得到变形过程中内部纤维的变化情况。

$$\alpha=\arccos\left(\frac{S_0}{S_1}\right) \tag{3-7}$$

式中,S_0为纤维统计截面积;S_1为金相测试的纤维统计截面积。

综上所述,预浸料预成型技术在理论模型的建立、实验测试方法、缺陷的预报测试分析等方面研究依然不完善。因此需进一步开展更深入理论分析,加强实验测试方法研究,这将有助于未来预浸料预成型工艺的更大发展。

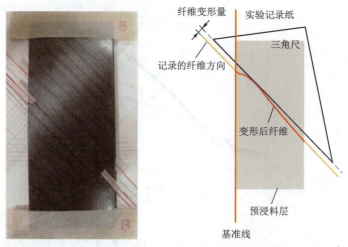

图 3.10　示踪法测试预成型体纤维变形

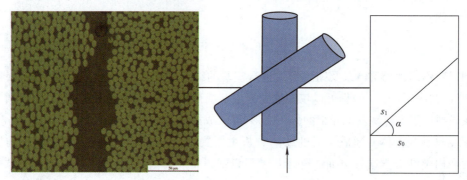

图 3.11　金相法分析内部纤维变形

3.2　预浸料预成型技术与装备

3.2.1　热隔膜预成型

典型的热隔膜预成型工艺是将预浸料通过手工或自动铺放的方式铺叠为二维预浸料叠层,置于热隔膜的模具之上,在真空及加热的作用下,通过隔膜将二维预浸料叠层压向模具,从而得到所需的形状,如图 3.12 所示。

热隔膜预成型工艺需要的设备包括:真空泵、成型模具、真空箱、隔膜以及一些用于控制预成型体附近隔膜变形的临时性辅助工具。为便于模具搬运,在保证使用的条件下,模具质量越小越好。热隔膜预成型可用于制备具有一定曲率的复合材料承力件(如梁和长桁等)。在隔膜的作用下,预浸料叠层可以有效地进行层间滑移,从而减少褶皱及纤维变形,提高产品质量。由英国 GKN 公司生产的 A400M 机翼复合材料前梁(图 3.13),被称为第一个使用热隔膜预成型工艺制备的大型关键部件,自动化程度较高,其生产效率可达手工铺层的 33 倍,可缩短梁类零件 20% 加工周期、降低 30% 成本,被权威部门认为是生产 C 型梁的最理想方法。波音 777 的长桁成型也采用了热隔膜预成型方法,极大地减少了制件表面的褶皱和缺陷。但隔膜成型时平面内压力变化非常显著,导致树脂和纤维由高压区向低压区迁移,因

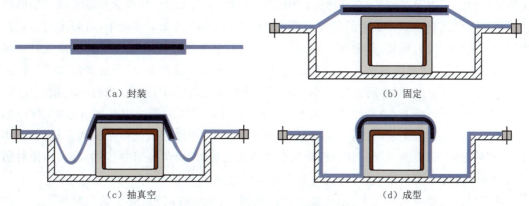

图 3.12　热隔膜预成型过程示意

而可能导致制件截面厚度不均匀。采用聚合物隔膜(多为聚酰亚胺)后,一定程度上减小了零件壁变薄的可能,但同时也造成了成本的上升。

热隔膜预成型从成型方法上看有"正向成型"和"反向成型"两种,前者即热隔膜从上面将材料往下压向模具,后者是热隔膜从下往上包住材料压向模具;从使用的预浸料所含树脂基体来说有"热固性预浸料成型"和"热塑性预浸料成型"之分;从使用隔膜的数量上来说有"单隔膜成型"和"双隔膜成型"之分。正向成

图 3.13　A400M 机翼前梁

型设备的典型结构是:设备底部有一个可抽真空的底座,上部有加热机构,工装放于底座上,隔膜放置在上部。如果用双层隔膜,则根据情况有的是将材料(铺层后的预浸料叠层)放在两层隔膜之间,有的是将两层隔膜置于材料(铺层后的预浸料叠层)之上。隔膜下降,使之紧贴材料和模具,形成密封,并同时压迫材料、抽真空、加热,在负压作用下材料被贴到模具上成型。反向隔膜成型即将材料置于模具下部,隔膜又置于材料下部,抽真空后,隔膜从下面往上包裹材料压向模具,使材料成型。反向成型的设备在原理上与正向设备完全一致,但在具体装置上(如抽真空位置、模具与隔膜的放置等)有所不同。

热隔膜预成型工艺中,预浸料的预成型工艺参数选取、模具材料及设计、隔膜材料和成型设备对最终预成型体的质量产生重要影响,是热隔膜预成型工艺的关键部分。

热隔膜预成型的主要工艺参数包括温度、真空度和真空速率等。预成型过程中,温度决定了预浸料的流动性及其变形能力,进而影响到零件的质量。黄莹等研究了预成型温度与真空速率对成型制件的质量影响。一般情况下,热固性碳纤维预浸料的预成型温度为 45～80 ℃。实验证明,温度为 45 ℃时,零件拐角处纤维屈曲严重,而在 60 ℃和 80 ℃时,拐角处

无褶皱,表面光滑。该现象的主要原因是温度较低时,预浸料的层间滑移能力弱,层间变形能力比滑移能力强,导致拐角处纤维屈曲;相反温度较高时,层间变形能力与滑移能力相当,拐角处不会产生褶皱。因此,在实际生产中,可以选择 60 ℃或 80 ℃作为热隔膜预成型的温度。真空速率是影响零件质量的另外一个主要因素,双隔膜预成型过程中,双隔膜间和真空床形成了两个密闭的环境,其中双隔膜间的真空在整个成型过程中是为了保证预浸料叠层不会因自重变形;而单隔膜预成型只需要控制真空床压力。实验表明,当温度为 80 ℃时,选取 3 种不同的真空速率(分别为 25 kPa/min、50 kPa/min、200 kPa/min)进行 C 型梁预成型,发现在 3 种不同速率下,随着速率逐渐增大,预浸料叠层弯曲的压力也伴随着增大,弯曲的速度加快。同时实验又表明:同一温度下,真空速率越大,零件拐角处褶皱越严重;真空速率较小,零件无褶皱,表面光滑。其原因是当真空速率增加时,拐角处形变速度加快,预浸料的层间滑移能力慢于变形速率,导致拐角处容易产生褶皱。

热隔膜预成型模具材料中,通常选用材料来源广、加工时间短、成本低的材料,如钢、铝等,如果材料为 PEEK 等热塑性预浸料可选用热膨胀系数较小的殷瓦钢。模具的形状根据制件的形状进行设计,可为空腔结构。在热隔膜预成型工艺中,保证隔膜的真空度对制件的成型质量至关重要,因此制造的模具中不应有气孔,同时模具表面要足够平整光滑,避免划伤隔膜造成漏气。

热隔膜预成型中的隔膜直接参与制件的变形,因此要求隔膜在整个变形过程中不发生破坏,要有较高的弹性,可发生较大的变形,同时不易被划伤,刚性好,耐温性好。关于隔膜材料的选择,有以下几种:(1)硅橡胶:国外有用 Moister Rubber Company 的 Moister 1453D 橡胶板,国内某科研机构选用了 Aero rubber company 的 0.062 5 英寸(1.587 5 mm)厚半透明的硅橡胶材料,在通用的热隔膜设备上用热固性预浸料进行一般形状的真空成型试验,证明该材料可以满足要求。但由于隔膜厚度较大,产品的厚度变化也较大。(2)真空袋膜:对于热固性预浸料叠层板,热隔膜预成型温度一般在 100 ℃以下,可以选用聚酰胺(polyamide)的真空袋作为热隔膜。一般双隔膜工艺都用真空袋膜,将铺层后的预浸料放在两层隔膜中间成型。

图 3.14 采用英国 LT 层压技术制造的热隔膜成型机

对于热隔膜设备,目前国外公司已提供专用的热隔膜成型机,匹配相应的加热设备、抽真空设备等,原理与热压机大同小异。成型不同的制件需设计不同的模具,对于特别大的制件需设计制造专用的热隔膜成型机,如长度达 20 m 的 A400M 机翼大梁用的热隔膜成型机。美国康泰公司是供应热成型机的一家比较大的公司,其设备已提供给全球 70 多个国家和地区,图 3.14 是康泰公司采用英国 LT 层压技术制造的最新式热隔膜成型机。康泰公司最早是在20世纪80年代为英国BAE公司鹞式战斗机生产提供加工设备,此后为SAAB公司的Gripen战斗机、直升机和鹞式维修工厂和欧洲战斗机项目、以及波音787提供了类似设备。自由号空间站的一些热隔膜成型件由波音公司生产,同样使用了专用的成型设备。该成型设备用铝质骨架构成,其内有三个红外线加热器,通过数字控制,在铝制工作台上做完准备工作后将其推入设备开始工作。

3.2.2 辊压预成型

辊压预成型工艺是将预浸料铺覆在相应的模具上,加热软化后(可根据实际情况决定是否加热),将其通过一系列特定形状的轧辊,弯曲成需要的截面形状。该工艺适用于连续生产飞机长桁、隔框等形状的制件,生产效率高,质量好。波音公司2012年公开了一项用于采用辊压预成型工艺制造波形轮廓的复合材料筋条的装置和方法,其横截面为T型。同时于2014年公开的一项专利中使用辊压预成型的方式研发了一个可以用于减少不同形状复合材料长桁(包含具有一定曲面的长桁)成型过程中褶皱的工艺技术,对于如图3.15所示的帽型、工型、C型、Z型、L型等多种桁条结构,成型质量很好,成型工艺如图3.16所示。

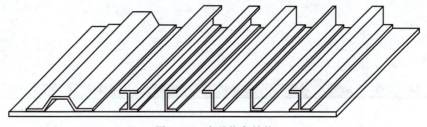

图3.15 多种桁条结构

辊压预成型工艺的关键技术在于成型轧辊与模具间的相对运动,尤其是制件曲率变化处,如何使预浸料层更好地铺覆。因此针对不同的制件,需要匹配不同型号的轧辊,确定轧辊的运行路线、速度以及与模具的间隙等工艺参数,提高制件的成型质量。

辊压预成型的成型设备主要包括成型轧辊、成型模具、加热装置及相关匹配装置,也有公司将自动铺带技术与成型技术进行整合。位于美

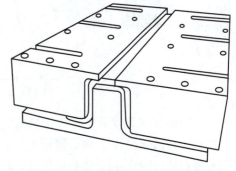

图3.16 波音长桁成型工艺示意

国犹他州麦格纳的艾利安特技术系统公司(简称ATK公司)开发了一套加强筋自动成型技术(automated stiffener forming, ASF),用于隔框成型的设备如图3.17所示,该技术融合了自动铺带技术和预成型技术,其成型原理(图3.18)如下:(1)由滑轮带动纤维织物供给系统沿着固定模具移动,其中供给卷轴用来放置不同类型的纤维织物;(2)通过黏性滚轮把织物粘下来;(3)成型滚轮将织物成型;(4)最后在所需的长度处用刀具将纤维织物切开。

图 3.17　ATK 公司所生产的 ASFM-R 装置

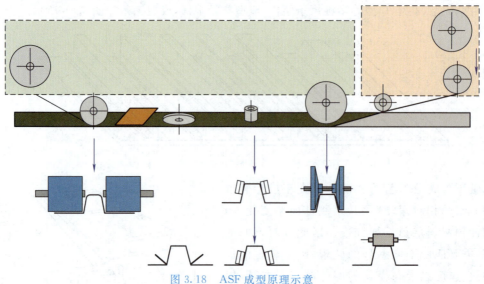

图 3.18　ASF 成型原理示意

ASF 技术区别于其他自动化制造技术的地方在于,其并不是将所有铺层铺放完毕后通过二次加工将其成型,而是逐层铺放并压实。这种加工方式可以减少层压制件在成型后形成褶皱或弯曲的可能性,同时能够进行局部的材料铺叠,还可以对铺层进行更多优化。ASF 成型工艺生产的复合材料部件成型质量很高,在设计性和重复性上都有很大的优势。与传统手工铺放法相比,ASF 工艺可以节约 90% 的生产时间,并通过先进的超声波在线检测系统保证了产品的质量。空客 A350XWB 的纵梁、长桁制件的生产采用的就是 ATK 公司的 ASF 成型技术。

ARITEX 公司所采用的预成型工艺为辊压预成型,首先在平面上按照设计完成预浸料叠层的铺放,之后将叠层放置到成型工装上,通过电加热毯对叠层进行加热,之后通过多个气囊对叠层各个部分先后施加压力。以帽型长桁为例,首先对帽顶位置施压使其贴合模具,之后依次对帽顶拐角、腹板、帽脚拐角以及帽脚施压,使其沿长度方向逐步贴合模具,完成预成型。

Applus+公司同样采用气囊将软化后的预浸料叠层变形并贴合模具的方法,如图3.20所示。与ARITEX不同的是,在成型制件时预浸料叠层并没有整体放置在成型模具上,而是通过一个导向装置进入到加热区域(图3.20中的黑色加热毯),在预浸料受热软化后通过单个气囊将帽顶以及帽顶拐角压实,然后通过放置在气囊之后的压实装置(图3.21)将其余部分压实并贴合模具,完成预成型过程。

图 3.19　ARITEX 帽型长桁预成型设备

图 3.20　Applus+公司成型设备

图 3.21　腹板、帽脚拐角以及帽脚的压实装置

3.2.3　热模压预成型

DeltaVigo 公司与 M. Torres 公司合作,利用机械折弯的成型方式,设计并制造了帽型以及 T 型长桁的自动化预成型设备。首先根据铺层设计,使用自动铺丝或者铺带设备在平面上完成预浸料叠层的铺放,然后将铺放好的预浸料叠层按照指定位置放置到预成型工装上,并加热折弯变形区域,通过机械力将预浸料叠层折弯并贴合预成型工装,完成预成型(图3.22、图3.23)。上海飞机制造有限公司采购了该公司生产的 15 m 帽型长桁预成型设备。

图 3.22　Delta Vigo 帽型长桁预成型

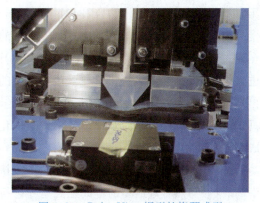

图 3.23　Delta Vigo 帽型长桁预成型

3.2.4 先进拉挤成型

先进拉挤成型（advanced pultrusion，ADP）是一种复合材料低成本自动化制造技术，可以直接对预浸料进行拉挤成型，尤其适合生产各类直线型、固定截面的型材，具有生产效率高、制品长度不受限制、制品孔隙率等优点。早在1995年，日本JAMCO公司就已经通过先进拉挤工艺制造出满足空客公司性能要求的Ⅰ型梁构件，在1996年已开始向空客公司供应ADP成型的加强筋和桁条，并应用于A330-200的垂尾上。空客公司在A380上首次应用ADP型材作为飞机内结构件，该Ⅰ型横梁尺寸为5.92 m，远大于原拉挤制件。Toru K等人相继发明了C型、H型、T型以及Ⅰ型制件的先进拉挤成型设备及相关专利。先进拉挤工艺纤维角度偏差可降低至±1°，制品纤维体积分数可以高达65%，且孔隙率可以控制在1%以下，对于长条形结构件的成型效果优异。但先进拉挤工艺对制件的铺层方式限制较大。

空客飞机用于垂直尾翼
的桁条和加强筋
（图片来源：空客公司）

图 3.24　A380中ADP成型的垂尾加强筋

ADP成型过程主要包括以下五个步骤：(1)将包含单向纤维束或者双向纤维织物的预浸料卷以及成卷的脱模薄膜安放在放卷机构的卷筒上。(2)在进行预浸料的铺叠之前，脱模薄膜的运动要先于预浸料（以保证脱模薄膜先接触到芯模），防止预浸料中的树脂加热后粘贴芯模，影响预浸料沿牵引力方向的运动。每铺叠两到三层需要进行一次预成型和压实操作，在预浸料的最上一层即预浸带与加热模具的接触面之间加入一层脱模薄膜，同样也为了防止预浸料坯粘贴加热模具，便于制品的脱模。在预成型的过程中需要对制品进行加热、加压，以便铺层之间更好地贴合，同时排除铺叠过程中铺层之间裹入的空气。(3)在热压金属模具内对预成型料坯进行加热加压，模具内的压力和温度都维持在一定值并保持一定时间，在此过程中牵拉装置停止牵引。(4)打开热压模具，将部分固化的制品牵拉出热压模具，并进入烘道内完成全部固化，另一段预成型后的叠层预浸料坯再进入热压模具中固化，定型后再牵引出模，如此固化一段牵引一段，形成连续不断的整体制品；每次最大牵拉出与加热模具长度相当的制品。(5)牵拉设备将完全固化成型的制品拉出，与生产线同步的切割锯刀将成型制品切割成所需的长度。

分析上面的成型方法，不难发现先进拉挤成型技术的优势：(1)采用自动化成型，生产效率高。(2)与热压罐成型的不同之处是先进拉挤成型过程不像热压罐那样，毛坯被置于一个类似黑匣子的罐子里，该成型方法具有良好的可观察性，且压力调节范围比较大，适合成型高温固化的预浸料,加热模具的传热效率较热压罐要高。(3)与传统的拉挤成型技术相比,先进拉挤使用的原材料是预浸料,制品纤维含量高,树脂含量得到精确控制,可以通过预浸料铺层的设计实现拉挤型材力学性能的可设计性,采用开合式的模具设计,模具打开后再牵拉制品,热压模具与制品间的摩擦力较小,对制品的损伤降低,且基本上不损伤热压模具。(4)与模压成型相比,先进拉挤成型实现了连续化生产,尤其适合生产长形结构件。

典型的先进拉挤设备如图 3.25 所示,主要分为五个部分:(1)预浸料供带装置:包括供带架和脱模片放卷轮,预浸带通过放卷机构放卷,脱模片供应装置分别在最底层和最上层与预浸带贴合,防止其粘结模具,之后通过压辊铺叠。(2)预成型装置:包括预折弯机构和预成型加热机构,预浸带通过一系列辊轮和折弯导向装置引导,在进预压辊前将预浸带集束成多层"预浸带坯",并铺成预计要求的形状;同时根据选用的预浸带体系,在预成型模具处加热,并施加一定的预成型压力,以便铺层之间更好地贴合;保温一段时间,以保持一定形状进入热压模具。为防止预浸料中的树脂加热后粘贴芯模,影响拉挤过程,需要在预浸料与加热模具的接触面之间加入脱模薄膜。(3)热压装置:在热压模具中对预成型制品进行加热加压,根据材料的工艺要求选择合适的温度和压力。为使制品达到所需的固化度要求,模具内的压力和温度都维持在一定值并保持一定时间。(4)夹持牵引装置:将已经达到固化要求的制品牵引出热压模具,保证型材的连续成型。(5)切割装置:制品拉出后,切割刀根据要求将制品切断成需要的长度。

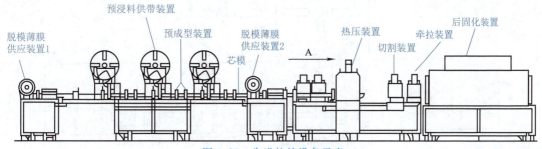

图 3.25　先进拉挤设备示意

日本 JAMCO 公司是先进拉挤设备的开拓者与领军者,至今已申请过多项专利,包括连续成型工型纤维增强复合材料的成型装置、连续成型纤维增强方管的装置、连续成型带曲率的纤维增强复合材料的方法和装置,以及连续形成结构件的方法、连续制造预成型体的方法等。图 3.26 所示是 JAMCO 公司连续成型工型纤维增强复合材料的成型装置中的预浸料供带装置,共有 6 个卷辊。图 3.27 是连续成型纤维增强复合材料方管的装置,图中可清晰看到整个方管后续成型的整个机构;图 3.28 是连续成型带曲率的纤维增强复合材料的装置,图中清晰地显示预浸料放卷装置与成型辊。

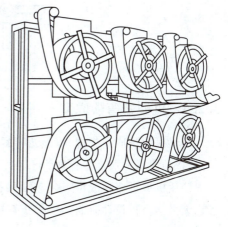

图 3.26　连续成型工型纤维增强复合材料的成型装置

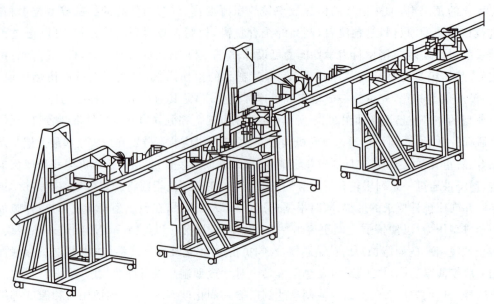

图 3.27　连续成型纤维增强复合材料方管的装置

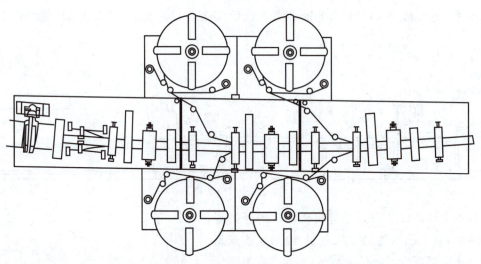

图 3.28　连续成型带曲率的纤维增强复合材料的装置

3.2.5　机械折弯预成型

与热模压预成型相似,机械折弯预成型工作原理是通过机械结构运动使压头(非模具)下压,将预浸料叠层逐步折弯为 L 型、T 型、C 型制件,图 3.29 为 L 型制件成型原理。

使用机械折弯预成型工艺需要根据不同的制件,设计制造专用的折弯成型机。北京航空航天大学自行设计研制的长桁折弯成型机,可在同一台成型设备上实现 L 型、C 型、帽型、T 型、工型五种长桁的预成型,L 型、T 型可以采用如图 3.30 方式,工型采用图 3.31 方式,C 型、帽型采用图 3.32 方式。

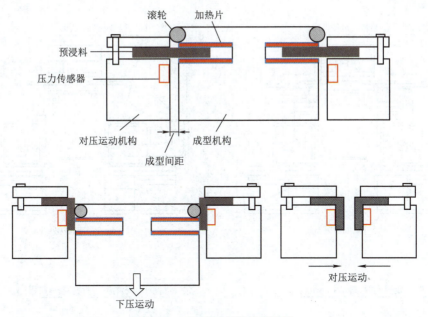

图 3.29　机械折弯预成型原理

T 型长桁成型步骤：
(1)将材料放到放材料的平台上(第一步)；
(2)折弯机构提升,使得三个材料平台在同一水平上,再将材料移入折弯机构中(第二步)；
(3)将待加工的材料移入折弯机构中并夹紧(第三步)；
(4)放材料平台打开(第四步)；
(5)折弯机构在程序控制下下移到指定位置,使材料平置于固定模具上(第五步)；
(6)放材料平台关闭,夹紧材料,然后加热材料到指定温度并保温(第六步)；
(7)折弯材料,然后停止加热(第七步)；

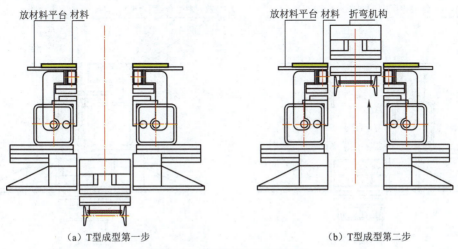

(a) T 型成型第一步　　　　　　　(b) T 型成型第二步

图 3.30　T 型长桁预成型原理

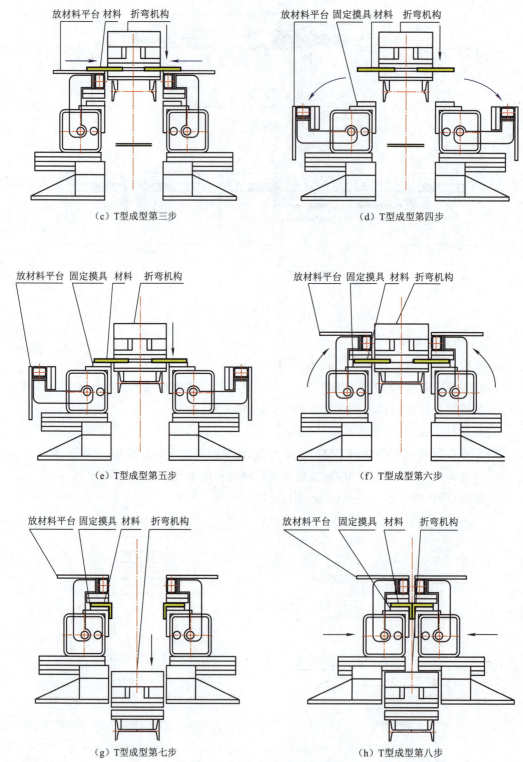

图 3.30 T 型长桁预成型原理(续)

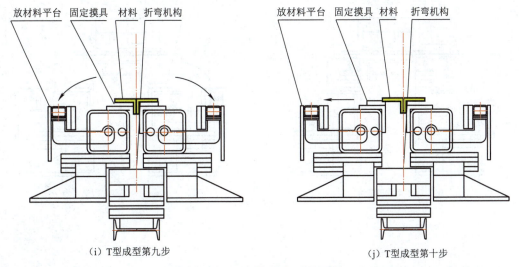

(i)T型成型第九步　　　　　　　　(j)T型成型第十步

图 3.30　T 型长桁预成型原理(续)

(8)两个放材料平台在程序控制下同步向中间移动,将两个 L 型的材料合并成 T 型材料,并且开始冷却材料(第八步);

(9)打开夹紧,并且继续冷却材料;

(10)放开所有夹紧后,取出产品;

(11)机器回到起始位置。

工型结构与 T 型结构成型类似,如图 3.31 所示。其中第八步增加一个二次折弯成型过程。

工型长桁成型:工型结构与 T 型结构成型类似,如图 3.31 所示。其中第八步增加一个二次折弯成型过程。

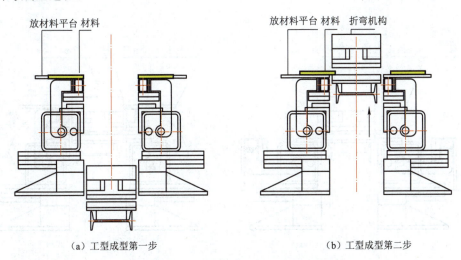

(a)工型成型第一步　　　　　　　　(b)工型成型第二步

图 3.31　工型长桁预成型原理

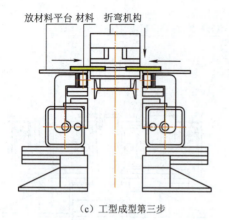

(c) 工型成型第三步

(d) 工型成型第四步

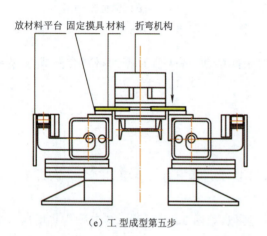

(e) 工型成型第五步

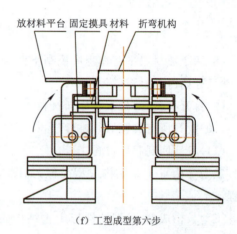

(f) 工型成型第六步

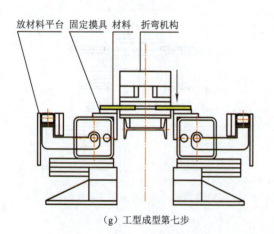

(g) 工型成型第七步

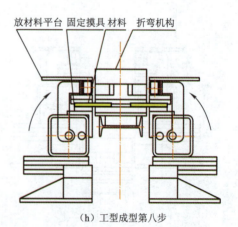

(h) 工型成型第八步

图 3.31　工型长桁预成型原理(续)

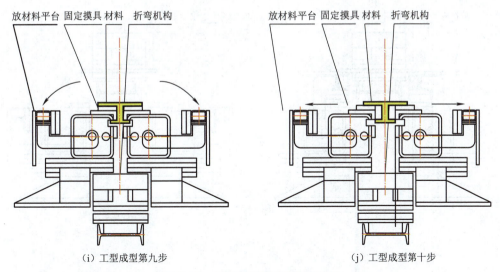

(i) 工型成型第九步　　　　　(j) 工型成型第十步

图3.31　工型长桁预成型原理(续)

帽型长桁成型步骤：

(1) 将材料放到放材料平台上(第一步)；

(2) 折弯机构在程序控制下提升，使得三个材料平台在同一水平上，便于将材料移入折弯机构中(第二步)；

(3) 将待加工的材料移入折弯机构中，并夹紧材料(第三步)；

(4) 放材料平台打开，将材料放到固定模具上(第四步)；

(5) 折弯机构在程序控制下下移至指定位置，使材料平置于固定模具上(第五步)；

(6) 关闭放材料平台，夹紧材料，加热材料到指定温度并保温(第六步)；

(7) 折弯材料(第七步)；

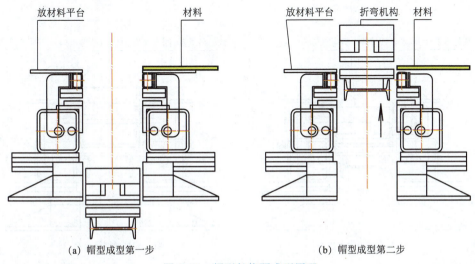

(a) 帽型成型第一步　　　　　(b) 帽型成型第二步

图3.32　帽型长桁预成型原理

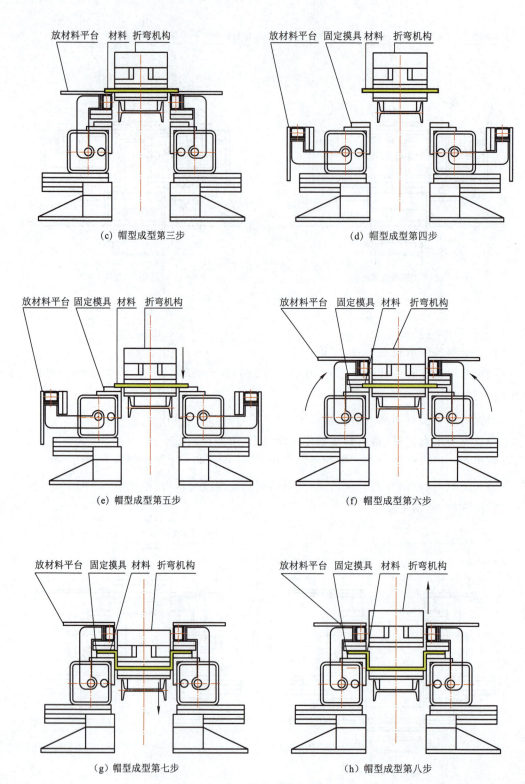

图 3.32 帽型长桁预成型原理(续)

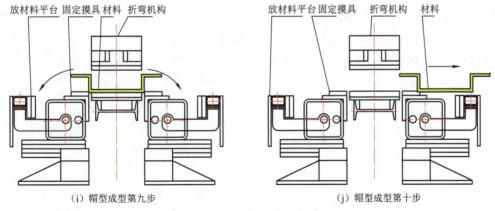

(i) 帽型成型第九步　　　　　　　　(j) 帽型成型第十步

图 3.32　帽型长桁预成型原理（续）

(8) 放开折弯机构的夹紧装置（第八步）；
(9) 打开所有夹紧,并冷却材料（第九步）；
(10) 取出产品（第十步）；
(11) 机器回到起始位置。

三种长桁的预成型方式包括预浸料叠层的转移、固定、折弯等过程,以及对预浸料叠层的加热和预成型后制件的冷却。针对不同形式的长桁,该设备可以实现水平方向、竖直方向的直线运动以及翻转运动,能够完成对预浸料叠层快速稳定的加热及冷却。该设备可以对不同形式的长桁进行预成型,也可以成型变厚度及带弧度长桁。机械设备根据具体零件结构及铺层单独设计模具,以方便成型不同结构形式的长桁,并可以快速更换上下模具。

成型设备主要由四大部分组成,送料装置、成型装置、加热冷却装置及控制装置,其中送料装置、成型装置及部分加热冷却装置构成成型设备机械主体,如图 3.33 所示。

图 3.33　机械折弯预成型试验机

送料装置的作用是将预浸料叠层送入成型装置中，是自动化机械折弯预成型关键的第一步，其送料的定位精度将直接影响预成型制件的外形精度。成型装置实现对预浸料叠层的机械折弯，完成预成型，其运动精度直接影响预成型体的成型质量。加热冷却装置实现对预浸料叠层预成型前的加热、成型过程中的保温及预成型完成后的冷却，加热冷却效率直接影响生产效率。控制装置控制送料装置、成型装置及加热冷却装置的运行，实现快速精确高质量的机械折弯预成型自动化。

3.3 预成型技术国内外研究现状

目前国内外对于复合材料预浸料预成型技术的研究主要集中在纤维变形过程中层间滑移理论和成型设备及工艺生产的研发应用两个方面。

理论方面，由于变形成型技术早期多用于热塑性复合材料成型，因此国内外报导的相关理论研究多为热塑性基体，研究集中在纤维在载荷作用下的层间滑移行为。Scherer 等开发了一种采用静载荷系统测量熔融复合材料层间滑移阻力的测试设备，将一个平面层合板夹持在两个固定平板间，以固定的速度将中间的铺层拉出，通过拉力推断出剪切应力。纤维方向与受拉方向一致的铺层可以被夹持并直接拉出。其他纤维方向的测量是通过将复合材料铺层粘贴在薄钢片的两面，并从层合板中抽出整个组件进行的。研究者利用这个设备测定了层间滑移的屈服应力值，通过实验确定了碳纤维/聚丙烯复合材料的滑移行为。Flanagan R 使用机械加压等手段模拟固化过程，测量了热隔膜成型过程中预浸料和模具表面的摩擦系数。国内孙晶等研究了碳纤维/环氧树脂基复合材料预浸料层的层间滑移能力对制件质量的影响及成型温度对滑移能力的影响。

国内外对成型工艺的研究涉及成型压力、成型温度的影响、纤维变形和成型过程中的摩擦力。热塑性复合材料的成型压力一般为 $0.1\sim1.7$ MPa，热固性复合材料在热隔膜成型时成型压力不大于 0.1 MPa，并可以通过控制抽真空速率来控制成型，先进拉挤工艺成型压力可以达到 0.3 MPa 或者更高，机械方式如热模压成型的压力可以远远超过真空压力。Elgmel H E 等研究了压力对于热隔膜成型过程中隔膜变形的影响，并通过一系列分析得到压力与成型质量的关系。Pantelakis S G 等人定性分析了压力的影响，发现可以通过提高压力值来提高固化质量，但易产生尺寸偏差及纤维堆积的现象。

许多研究者对成型温度对制件质量的影响进行了研究。Cogswell F N 提出，理想热塑性复合材料树脂基体在成型温度下的黏度应该介于 $100\sim10\,000$ Pa·s 之间。文琼华发现，温度对预浸料变形、预浸料层间黏附性及预浸料与模具间的黏附性有较大影响。此外，不少学者还对成型后制件回弹及制件中纤维变形现象进行了研究。K. Joon Yoon 和 Ju-Sik Kim 研究了碳纤维增强环氧树脂复合材料的梁肋结构在热变形过程中的热膨胀性能的各向异性，并在一定温度变化范围内测量表征了材料主要方向上的热膨胀系数和弹性，把表征得到的性能应用到经典的层合板理论中，预测得到 L 型层合板的回弹变形，并将预测结果与实验数据进行了对比。Barnes 等也对变形成型过程中热膨胀系数与回弹之间的关系进行了研究。Keane等通过对制件成型后的回弹行为研究发现,采用阳模制造的制件比阴模制造的制件回弹更严重,而增加制件厚度有利于减小回弹,且模具曲率对回弹的影响不大。

  Gutowski等提出双隔膜成型工艺中热塑和热固复合材料层压板起皱是影响质量的主要原因。他们对比热固性复合材料起皱的实验现象和基本定律,通过对理想运动的假设,针对制件的尺寸效应对运动学的影响进行了研究,提出了关于经验性定律。此外,他们还对热塑性复合材料和热固性复合材料的热隔膜成型进行了比较,提出尽管热塑性复材和热固性复材成型的基本机制相似,但由于其流变性能、隔膜张力和成型周期不同从而使它们在成型时的失效趋势不同。James S等提出了一种新的机理,涉及由复合材料与模具热膨胀系数不等所导致的纤维皱褶,及在成型过程中出现的层间滑移,并采用U型工具检测了复合材料中的缺陷或者褶皱,其成型的缺陷中包含高达750 um的褶皱以及面内纤维从0°到50°的纤维排列混乱,认为通过增加剪切力能阻止褶皱的形成。Hallander等研究了单向预浸料成型过程中未弯曲区域的受拉情况,并研究了面外褶皱在压力作用下的发展情况。对不同铺层顺序、预浸料厚度、层间摩擦力等实验参数下面外缺陷的高度、类型、位置以及数量进行了表征,同时采用微观CT表征了面外垂直于平面方向上以及成型部件内部的形变。发现在未弯曲区域也存在一定的压力,而铺层顺序对褶皱的产生具有决定性的作用,更容易产生剪切应力的铺层在成型过程中出现的缺陷较少。Ylva等研究发现,预浸料层叠板在层间滑移过程当中,层与层之间的摩擦行为属于液体润滑和边界润滑的混合摩擦效应,他们认为,该混合摩擦行为是由表面粗糙度与树脂基体共同作用。

  国外企业及研究单位开展了大量成型设备及成型工艺研发技术工作。ATK、杜肯、Delta Vigo、Aritex、Applus等公司根据不同的预成型方式开发了不同类型的预成型设备,ATK、杜肯和Delta Vigo等公司的设备已经应用于波音787和空客A350等机型复合材料长桁、隔框的制造。随着我国民用飞机的发展,上海飞机制造有限公司、中航复材有限责任公司、北京航空航天大学等单位也相继开展了预浸料预成型工艺技术的研究。上海飞机制造有限公司相继购买了热隔膜成型设备、热模压成型设备,对预浸料工艺参数、模具、预成型构件质量表征等进行了研究和试验。中航复材公司自主研发了热模压成型设备,制备的试验件测试结果满足民机质量要求。北京航空航天大学重点研究了预成型工艺参数对预成型制件的影响规律。

3.4 预成型技术在航空航天领域的应用

  2009年交付使用的A400M军用运输机中,在机翼梁的制造技术上使用了热隔膜预成型工艺(如图3.34所示)。

  英国GKN航空公司承担A400M机翼的制造任务,每个机翼的翼梁分成两段制造,前翼梁分成12 m和7 m两段,后翼梁分成14 m和5 m两段,构件的尺寸比较大。经过大量实验与相关的经验积累后,在机翼部位 GKN 公司决定放弃成本较低的手工铺放工艺,采用自动铺带机在平台上进行预浸料铺层,从而极大地提高了铺层效率,为手工铺放的 30 多倍。铺放完成后的层压板使用热隔膜成型机成型 C 型截面梁。为了更好地使用自动铺带机完成预浸料的铺放,GKN 公司向西班牙 M. Torres 公司购买了 20 m 床身的大型自动铺带机,同时匹配英国 Cytec 工程材料公司生产的 977-2 碳纤维增韧环氧预浸带,铺放出复杂的预成型体。热隔膜成型机由英国 Aeroform 公司生产,并使用红外加热的方式保证了整个梁各个部位的均匀升温。

空客 A350XWB 的机翼壁板桁条生产线中,则使用了折弯成型的方式制备机翼 T 型长桁(如图 3.35 所示)。空客在德国的施塔德工厂负责生产的 A350 上翼板为空客迄今为止生产的最大的碳纤维复合材料整体零件,尺寸达 31.6 m×5.6 m,重量达 2 t,其内部安装的碳纤维桁条最长可达 30 m,单个翼板所需桁条总长度超过 300 m,空客规定施塔德工厂的翼板生产将来必须满足每月生产 7~13 架 A350 客机的效率要求,所需桁条总长度 2 100~3 900 mm。传统的制造工艺无法满足 A350 客机的生产效率。

空客公司联合设备生产企业共同开发了全新的复合材料桁条自动化生产线,如图 3.36 所示。生产线的核心是采用预成型技术成型长桁预形体。此自动化流水线中,前部位均采用统一规格的长度达 40 m 的工作台进行操作,因此桁条的运输采用的是计算机自动控制的厂房吊车直接运输工作台的方式进行的,从而最大限度地减少装卸操作和对部件的意外损伤。整个吊装过程不需要任何人工干预,吊装的最大尺寸不超过 40 m,最大重量不超过 20 t,重复定位精度可达 0.25 mm,生产线全长达 140 m。

图 3.34　A400M 军用飞机

图 3.35　空客 A350XWB 客机复合材料翼板

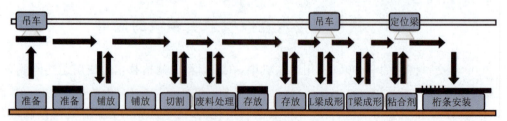

图 3.36　空客 A350 上翼板桁条流水线流程

为有效减少预浸料的浪费以及提高预浸料铺放时的精度,该自动化生产线中使用自动铺丝机代替之前的自动铺带机进行预浸料铺放,由于自动铺丝机铺放的丝束宽度(6.35 mm)远远低于料带,并且可以执行对每条丝束的切割、夹紧和重送等功能,所以可以更加精确地铺放每根桁条所需要的平面形状,不仅减少了材料的浪费,而且大大节省了切割的工作时间,从而大幅提高工作效率。这样的快速生产还使之前生产中的冷冻储存预浸料层压件环节完全可以被去除,从而减少了大量的包装、仓储、解冻和物流运输的时间,使流程大大简化。

为了提高桁条成型效率和质量,该自动化生产线中针对每种类型的桁条,设计了专用的成型机,虽然增多了成型机的数量,但是由此减少模具更换的时间以及避免重复安装模具精度不准的问题。切割好的预浸料层压板,用厂房吊车送至对应的成型机进行成型操作,调控好不同类型桁条的生产顺序可保证生产连续进行,同时增加了单个桁条的加工时间,可有效提高桁条质量。生产完毕的桁条,在高精度定位梁的辅助下,使用机械手将胶粘剂涂覆至需要粘接的表面后,完成高精度的粘接过程,保证了产品质量。图3.37的碳纤维桁条生产线中,制件的每个工序均由自动化设备完成,各工序中的转移使用吊车进行,整个加工产线没有工人参与,降低了人为因素的干扰,人员只负责整个自动化过程的监控与参数设置。连续生产时,工装、工作台与吊车均可实时进行定位与追踪,不断地校准设定的零点位置,从而保证了生产精度及效率,图3.38为生产线中长桁预成型体的自动化制备。

图 3.37 空客 A350 碳纤维桁条生产线

先进拉挤成型技术已用于空客公司的客机,如 A380 客机的垂直尾翼加强筋板和地板横梁等,如图 3.39 所示。拉挤工艺适合成型等截面构件如 L 型梁、槽型梁(Ⅱ 型)、工字梁、T 型梁、帽型梁等。

3.5 预成型技术发展前景预测

国产大飞机 C919 已完成首飞,正式量产指日可待。未来我国将生产制造几千架国产大飞机,如何提高飞机结构件的质量和生产效率将尤为重要。目前从空客以及波音公司应用的成熟技术来看,预成型技术在飞机梁类、长桁类、隔框类等结构的制造中具有不可比拟的优势。鉴于国内大飞机庞大的市场以及某些国家的技术封锁,国内公司和科研单位需投入

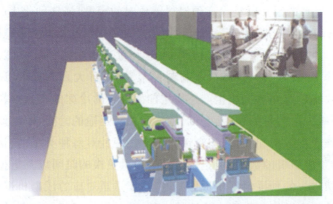

图 3.38　空客 A350 碳纤维长桁生产线中预成型体的制造

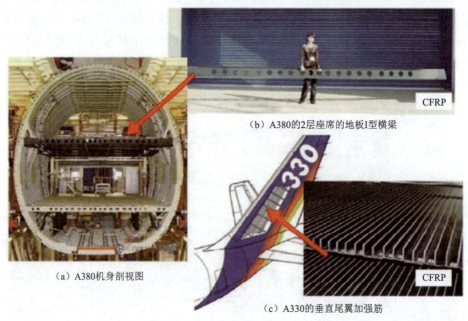

图 3.39　先进拉挤复合材料型材在空客客机中的应用

更多精力研发先进的预成型技术及装备,特别是参照空客德国施塔德工厂生产的 A350 机翼上壁板桁条所建立的自动化生产线,设计制造国产大飞机相应结构的自动化生产线,满足大飞机高效的生产制造需求。本章结合目前国内外预成型技术的发展现状,预测未来预成型技术的发展方向,供相关人士参考。

3.5.1　预成型技术自动化

预成型技术的自动化一直是各大公司不断探索追求的目标,目前实施较好的是空客施塔德工厂为机翼壁板长桁搭建的自动化生产线,整个生产过程没有人工直接参与,高精度的自动化程序控制了预浸料从铺放到最终长桁成型后的安装。未来预成型技术将实现完全的自动化,整个生产过程将全部由自动化设备完成,人为因素影响降至最低,人工更多的负责整个生产流程的监督监控工作。

3.5.2　预成型技术整体化

预成型技术作为复合材料制件制造过程中,制件形状与外形确定的重要过程,更好地整合预成型过程与整个制件的生产过程,将极大地提高制件的生产效率。诸如先进拉挤技术、热隔膜技术等,在完成预成型后即进行固化处理,完成制件的制造。机械预成型机中,一般只进行预浸料的预成型过程,不具备固化功能,故需要后续进行专门的固化操作,如何更好地使预成型机与固化设备进行整合,保证整个过程的连续性将具有重要意义。

3.5.3　预成型技术智能化

预浸料预成型过程相应的理论还不完善,且不同的预浸料与成型方式将会产生不同的结果,因此一般量产之前需要进行大量的实验与调试,消耗大量的人力物力,同时人为因素也在一定程度上影响着结果的准确性与可信性。因此可结合仿真模拟分析、工业互联网、人工智能、VR 虚拟现实等技术,对预浸料预成型过程进行前期验证与指导,降低实际实验次数,减少人为因素影响,提高零件制造效率,有效降低成本。

预成型技术可以更好地确定制件的形状,提高最终成品制件的尺寸精度,融入自动化设备的预成型技术将有效提高飞机零件的生产效率,未来将会在航空领域进行大规模应用。

参考文献

[1] 古托夫斯基 T G. 先进复合材料制造技术[M]. 李宏远,等,译. 北京:化学工业出版社,2004:231-286.
[2] COGSWELL F N. The processing science of thermoplastic composites[J]. Internatl. J. Polym. Process,1987,1(4):157-165.
[3] 宋怡康. 复合材料长桁结构机械预成型研究,北京航空航天大学 2015 年硕士论文,2015.
[4] 匡载平,戴棣,王雪明. 热隔膜成型技术[C]. 复合材料:创新与可持续发展,618.
[5] 陈亚莉. 复合材料成型工艺在 A400M 军用运输机上的应用[J]. 航空制造技术,2008,(10):32-35.
[6] TRUSLOW S B. Permanent press,no wrinkles:reinforced double diaphragm formings of advanced thermoset composites[D]. United States of America:Massachusetts Institute of Technology,2000.
[7] 吴志恩. 复合材料热隔膜成型[J]. 航空制造技术,2009(25):113-116.
[8] 黄莹,复合材料热隔膜预成型分析,机械设计与制造工程,DOI:10.3969/j.issn.2095-509X.2015,09:006.
[9] The Boeing Company. Method for fabricating highly contoured composite stiffeners with reduced wrinkling[P]. US:8795567B2,2014-08-05.
[10] DEREK. Automated Stiffener Forming Machine [EB/OL]. http://mooregoodideas.com/automated-stiffener-forming-machine-2,2012-08-24.
[11] HOOPER W R,BENSON V M,Milenski B B,et al. Advancements in automated fabrication and inspection of aerospace grade composite structures[C]. ATK Aerospace Structures.
[12] DALE B. Advanced pultrusion takes off in commercial Aircraft Structures[EB/OL]. http://www.

compositesworld. com/articles/advanced-pultrusion-takes-off-in-commercial-aircraft-structures,2003.

[13] TORU K,MAKOKO O,SHUNTARO K. Method and apparatus for continuous molding of fiber reinforced plastic member with curvature[P]. US：20050029707,2005-02-10.

[14] TOUU K,AKIYOSHI S,MAKOTO O. Continuous forming device of FRP square pipe[P]. US：20020000295,2003-01-03.

[15] TORU K,MAKOTO O,Shuntaro K. Apparatus for continuously forming FRP square pipe[P]. US：20050126714,2005-06-16.

[16] TORU K,KAZUMI A. Continuous forming device of H-shaped FRP member[P]. US：20010007684,2001-07-12.

[17] MAKKOTO O,SHUNTARO K. Method and apparatus for molding thermosetting composite material[P]. US：20050140045,2005-06-30.

[18] TORU K,MAKOTO O,SHUNTARO K. Method and apparatus for continuous molding of fiber reinforced plastic member with curvature[P]. US：20060083806,2006-04-20.

[19] EDWARD D,PILPEL. Composite laminate and method of manufacture[P]. US：20080044659,2008-02-21.

[20] MASATOSHI A. Method for continuously preforming composite material in uncured state[P]. US：20080053599,2008-03-06.

[21] KATSUHIKO U,KAZUMI A,SHUNTARO K. Method for continuously forming strctural member[P]. US：20080099131,2008-05-01.

[22] VERNON M,BENSON,JASON S,et al. Method for composite stiffeners and reinforcing structures[P]. US：20070289699,2007-12-20.

[23] MAKOTA O,SHUNTARO K. Method and apparatus for molding thermosetting composite material[P]. US：20050140045,2005-06-30.

[24] SCHERER R,ZAHLAN N,FRIEDRICH K. Modelling the interplay slip process during thermoforming of thermoplastic composites using finite element analysis[J]. Proc. CadComp 90, Brussels, Belgium,1990：39-52.

[25] SCHERER R, FRIEDRICH K. Experimental background for finite element analysis of the interplayslip process during thermoforming of thermoplastic composites：Composite Materials(ECCM 90)[C]. 1990：1001-1006.

[26] SCHERER R,FRIEDRICH K. Inter- and intraply-slip flow process during thermoforming of CF/PP laminates[J]. Compos. Mfg,1991,2(2)：92-96.

[27] SHARMA M,RAO I M,BIJWE J. Influence of orientation of long fibers in carbon fiber-polyetherimide composites on mechanical and tribological properties[J]. International Conference on Wear of Materials,2009,267(5-8)：839-845.

[28] FLANAGAN R. The dimensional stability of composite laminates and structures[D]. UK：Queen's University of Belfast.

[29] Sun J,Gu Y,Li M,et al. Effect of forming temperature on the quality of hot diaphragm formed C-shaped thermosetting composite laminates[J]. Journal of Reinforced Plastics and Composites,2012,31 (16)：1074-1087.

[30] ELGAMEL H E. Closed-form expressions for the relationships between stress diaphragm deflection,

and resistance change with pressure in silicon piezoresistive pressure sensors[J]. Sensore and Actuators A,1995,50(1-2):17-22.

[31] PANTELAKIS S G,BAXEVANI E A. Optimization of the diaphragm forming process with regard to product quality and cost[J]. Composite Part A:Applied Science and Manufacturing,2002,33(4):459-470.

[32] COGSWELL F N. The processing science of thermoplastic composites[J]. Internatl. J. Polym. Process,1987,1(4):157-165.

[33] 文琼华,王显峰,何思敏,等.温度对预浸料铺放效果的影响[J].航空学报,2011,32(9):1740-1745.

[34] YOON K J,KIM J S. Thermal deformations of carbon/epoxy laminates for temperature variation[A]. Proc. of the 12th International Conference for Composite Materials(ICCM12)[C]. Paris,France,1999:1205.

[35] BARNES J A,BYERLY J A,LEBOUTON M. C. ,et al. Dimensional Stability Effects in Thermoplastic Composites-Towards a Predictive Capability[J]. Composite Manufacturing,1991.2:171-178.

[36] KEANE M A,MULHERN M B,MALLON P J. Investigation of the effects of varying the processing parameters in diaphragm forming of advanced thermoplastic composite laminates[J]. Composites Manufacturing,1995,6(3-4):135-144.

[37] GUTOWSKI T G,DILLON G,CHEY S,et al. Laminate wrinkling scaling laws for ideal composites[J]. Composites Manufacturing,1995,6(3-4):123-134.

[38] LIGHTFOOT J S,WISNOM M R,POTTER K. A new mechanism for the formation of ply wrinkles due to shear between plies[J]. Composites:Part A,2013,49:139-147.

[39] HALLANDERA P,AKERMOB M,MATTEIC C,et al. An experimental study of mechanisms behind wrinkle development during forming of composite laminates[J]. Composites:Part A,2013,50:54-64.

[40] LARBERG Y R,AKERMO M. On the interplay friction of different generations of carbon/epoxy prepreg systems[J]. Composites Part A,2011,42:1067-1074.

[41] 陈亚莉.复合材料结构在通用飞机上的应用[J].国际航空,2008,(9):63-64.

[42] DALE B. Advanced pultrusion takes off In commercial aircraft structures[Z]. 2003.

第4章 热压罐成型工艺技术

4.1 概　述

众所周知,复合材料的材料成型与结构成型是同时完成的,材料的最终性能要通过制造过程被赋予到结构,因此制造工艺对复合材料结构的性能有着决定性的影响。对于在航空航天复合材料构件制造中被广泛采用的热压罐成型工艺,其产品质量可以控制在较高的水平,工艺适用性和质量稳定性往往是其他工艺方法难以达到的,但是复合材料的性能依然对热压罐工艺方案和参数非常敏感,一旦某个工艺环节不合理,仍然会产生不可接受的缺陷和尺寸偏差,影响其性能、使用寿命和装配性,甚至导致制件报废。由于热压罐提供的制造环境是完全密闭的,成型时无法直接观测复合材料的变化,出现工艺质量问题后有时难以找到真正的原因和解决措施,因此热压罐又被称为"黑匣子"。另一方面,热压罐成型效率较低,由其生产的复合材料结构的制造成本一般要占到总成本的70%以上,使得该工艺技术的应用和推广受到很大限制。为此,如何更科学合理地运用热压罐成型技术,如何使复合材料制造向大、精、省的方向发展,这些问题都是这个传统工艺不断发展、革新的动力。

虽然热压罐工艺高昂的成本和极低的生产效率,被广大研究者和使用者诟病,但是其技术成熟、数据和经验积累量大、工业界接受程度高,在相当长的时间里依然会是航空航天复合材料构件的最重要制造工艺。随着复合材料在民用客机的大面积应用以及新型号民用飞机生产量的大幅上升,热压罐工艺的应用规模也必将进一步扩大。随着数字化、自动化技术在预浸料坯料预成型、铺贴、固化等工艺环节的应用,虚拟制造、智能制造理念的逐渐实现,热压罐成型技术的先进性在不断提升,相关的新材料体系研发、理论建模、工艺仿真、性能评估与工艺优化等报道也持续不断。此外,热压罐工艺主要用于热固性树脂基复合材料产品的生产,也适用于热塑性树脂基复合材料产品的生产。虽然对于航空航天结构用的热塑性复合材料,更期望采用基于自动铺放的原位成型技术(或称原位固结技术)实现非热压罐工艺的制备,但是从工程化角度,热压罐工艺依然是当前首选。综上,热压罐成型工艺无论在科研层面还是工程应用层面,均占据着先进复合材料制造技术的重要地位。

本章首先论述热压罐工艺的基本原理和优缺点,然后围绕热压罐内的工艺过程论述相关的理论模型和研究现状;从热压罐、成型模具、在线监测与控制、数字化与自动化制造、整体化制造等几个方面分析热压罐成型工艺涉及的重要技术和装备;考虑到热压罐工艺主要在航空航天领域应用,因此对相关的复合材料产品进行简述;最后对热压罐成型工艺发展前景进行展望,包括数字化、自动化、整体化、低成本化和智能化的技术发展趋势。

4.2 热压罐成型工艺理论基础

4.2.1 热压罐工艺基本原理及特点

热压罐工艺是将复合材料毛坯、蜂窝夹芯结构或胶接结构用真空袋密封在模具上,并置于热压罐中,利用热压罐内部的高温压缩气体对其进行加热、加压,在真空状态下完成复合材料制件成型固化的方法。

热压罐是复合材料产品制造的专用设备,"罐"指热压罐,是圆筒形的卧式压力容器,其内部尺寸决定了可生产产品的尺寸和数量,或者说产品尺寸决定了所需热压罐的尺度,例如波音787复合材料前机身制造的热压罐直径达到9 m,长达到30 m,波音B777X复合材料机翼采用长36.5 m、直径6.5 m的热压罐制造;"热"指热压罐内可以提供最高为450 ℃或更高的温度;"压"指热压罐内可以提供超过3.5 MPa甚至更高的气体压力。热压罐要能够提供复合材料零件固化或压实所需要的压力和温度。对于环氧、双马、氰酸脂等树脂,热压罐最大工作温度一般为250 ℃,工作压力10个大气压(1.013MPa)以下;而对于热塑性复合材料和聚酰亚胺树脂,其最大工作温度为400 ℃,工作压力在10个大气压(1.013MPa)以上。因此,热压罐是一套能实现温度、压力、真空、加热、冷却、循环等工艺参数时序化、实时在线控制的系统设备,由机械、功能、控制这三大部分组成。机械部分包括罐体、底板与小车、气流控制装置、密封装置等,功能部分包括加热、加压、抽真空以及冷却系统,控制部分包括温度、压力的手动和自动控制系统,如图4.1所示。

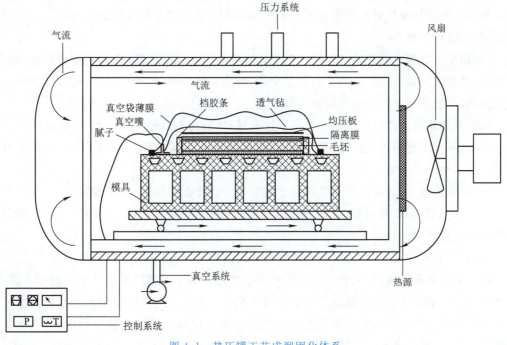

图 4.1 热压罐工艺成型固化体系

在热压罐内,压缩气体与真空袋系统形成了复合材料成型固化的工艺环境。真空袋系统由复合材料零件、模具、抽真空装置和一系列的工艺辅助材料所构成,常用的工艺辅助材料包括真空袋薄膜、透气毡、腻子(密封胶带)、各类隔离膜及脱模布、挡胶条、吸胶材料等,是非重复性使用的材料,品种繁多,用途各异,起到固定、密封、排气、脱模、吸胶、挡胶等作用,对复合材料成型固化质量的控制非常重要。真空袋系统的主要目的是在成型固化过程中固定复合材料零件在模具上的位置并使其始终处于真空状态下,保证复合材料均匀受热、受压,控制合理的树脂流动和纤维密实,并确保挥发性物质和夹杂空气能够顺利地排入真空系统中,获得低的孔隙率和高的密实程度。

热压罐工艺是先进树脂基复合材料非常重要的制造方法,按重量计算,世界上80%以上的航空航天复合材料构件都是采用热压罐工艺成型固化的,包括各类主承力构件、次承力构件、非承力件等,广泛用于飞机机身、机翼、尾翼、发动机短舱、舱门、整流罩、雷达罩、弹箭主体结构、卫星主结构、天线以及金属/非金属胶接构件等,这是因为和其他复合材料制造技术相比,热压罐工艺具有以下优点:

(1)罐内温度场均匀。罐内装有大功率风扇和导风装置,加热(或冷却)气体在罐内高速循环、罐内各点气体温度基本一致。在模具结构设计和罐内摆放方式合理的前提下,可以保证构件在升降温过程中各点温差不大。

(2)罐内压力场均匀。用压缩空气或惰性气体向热压罐内充气加压,作用在真空袋表面各点法线上的压力是相同的,使构件在均匀压力下成型、固化。

(3)适用范围广。适合大面积复杂型面的蒙皮、壁板和壳体的成型。若热压罐尺寸允许,可放置多层模具,一次成型各种结构及不同尺寸的构件。热压罐的温度和压力条件几乎能满足所有热固性和热塑性树脂基复合材料的成型工艺要求,可用于层压结构、夹芯结构、胶接结构、缝纫结构等。

(4)成型工艺稳定可靠。由于均匀的温度场和压力场,可以保证成型制件具有优异的工艺质量,通常热压罐工艺制造的产品孔隙率低、树脂含量均匀、纤维含量高,相对其他成型工艺,热压罐工艺所制备产品的性能稳定性更高。

同时热压罐工艺技术也存在一定局限性和缺点,最为主要的是投资大、使用成本高:

(1)与其他工艺相比,热压罐系统庞大,设备结构复杂,前期投入成本较高,尤其是投资建造一套大型的热压罐费用很高。

(2)能源消耗大,设备运行和维护成本较高,加热/冷却周期长,生产效率低。

(3)每次成型都需要制备真空袋系统,将耗费大量价格昂贵的辅助材料,大部分辅助材料只能一次性使用。

(4)对模具设计要求很高,模具必须具有良好的导热性、热态刚性和气密性。

由于上述缺点,近些年来航空航天工业一直在探寻不使用热压罐的低成本成型方法,但热压罐工艺的诸多优点使其现今乃至未来相当长的一段时间里仍旧牢牢占据着航空航天复合材料构件成型固化方法的主流位置。航空航天复合材料产品的产量相对较小、性能及稳定性要求高、可接受成本较高的制造工艺,这使得热压罐工艺主要应用于该领域。此外,热压罐工艺在高档体育器材、豪华汽车等特殊产品领域也有一定的应用。

热压罐工艺是由一系列工艺环节按顺序进行的,包含了罐外的准备工作、罐内的成型固化以及出罐后的检测、加工等。例如对于采用预浸料制备的复合材料产品,包括预浸料的下料、模具准备、毛坯(预浸料预成型体)的铺贴及预压实、毛坯及模具的组装、打真空袋、进罐成型固化、出罐脱模,以及无损检测、机械加工、装配等工艺步骤。热压罐成型工艺理论主要指毛坯铺贴和罐内成型固化两方面,有关预浸料的自动铺放技术及相关理论见第二章复合材料自动铺放技术,有关预浸料及其毛坯的预成型技术见第三章预浸料预成型技术,本章主要介绍罐内成型固化的内容。罐内成型固化按研究对象的不同可以分为:(1)热压罐内压缩气体与模具或工装的交互作用,决定了罐内的温度场分布,重点关注罐内气体流场设计与温度场控制、模具与罐内气体热交换及温度分布;(2)在热压罐和模具形成的工艺环境下复合材料中发生的物理化学变化,如热量传递、树脂流动、纤维密实、树脂固化反应、气泡形成与生长运动、内应力形成与固化变形等。

4.2.2 热压罐内压缩气体与模具交互作用

热压罐采用电加热、蒸汽加热、热气加热等方式加热罐内压缩气体,并通过风扇促进气流在罐内循环流动,提高传热效率和均匀性。热压罐加热系统的设计及其与罐内空间的匹配性决定了罐内空载时的控温精度和温度均匀性,设计合理的情况下,对于小型热压罐可实现±1℃以内的温度均匀性,对于大型热压罐可实现±2℃以内的温度均匀性,随着热压罐尺寸和使用温度的增大,控温精度及温度均匀性下降。在热压罐工艺实施中,温度均匀性及升降温速度等控温能力会明显低于空载情况,这主要是罐内气体与模具、复合材料零件等发生交互作用所导致的,尤其是气体与模具的热交换会对温度分布产生很大影响。一方面模具及其下部的平台车占据了罐内有效空间的很大部分,显著改变了气体流场,同时模具通常由热容较大的金属制成,重量大、热容大的模具必然要吸收大量热量才能升高到目标温度。罐内空间要留有足够的空余量,才能保证一定的传热效率和均匀性。因此掌握热压罐内压缩气体与模具交互作用规律是模具设计和工艺条件设定的基础。

热压罐工艺采用的成型模具通常为"蛋盒"框架式单面模具结构,如图4.1和图4.2所示,模具背面的支撑结构采用多孔构造(通风孔和均风孔),最大限度提升围绕和穿过模具的气流通量,这种结构既能在较小的重量下提供足够的刚度,又能保证模具被较快速的加热。

图4.2 框架式模具

在热传递机理方面,热传导、对流换热、热辐射中对流换热是模具受热的主要方式,并在模具内部存在热传导行为。因此,热压罐内压缩气体与模具交互作用的研究多集中于压缩气体与框架式模具的对流换热和模具热传导。对于这种流固耦合的传热问题,强制对流换热过程可采用牛顿冷却定律描述,见式(4-1),模具内部热传导过程可采用傅里叶定律描述，见式(4-2)。

$$\frac{\mathrm{d}Q}{\mathrm{d}S} = h \times \Delta T \tag{4-1}$$

式中，Q 为单位时间内传递的热量；S 为传热面积；h 为对流换热系数；ΔT 为模具表面与流体的温度差。此时忽略了热辐射的影响。

$$q = \frac{\mathrm{d}Q}{\mathrm{d}S} = -k\frac{\partial t}{\partial n} \tag{4-2}$$

式中，q 为单位面积单位时间的传热速率，其方向垂直于传热面方向；k 为模具材料的导热系数；t 为模具温度；n 为传热平面的法向单位向量。

目前采用有限元方法对热压罐内压缩气体与模具交互作用过程进行数值计算、流场仿真以及温度场预测已经较为常见，可以较为真实地模拟罐内的温度分布情况，所得结果用于模具的设计、加热系统优化、罐内空间的使用以及工艺参数的制定。目前，多款流体计算软件，如 Fluent、CFX、ACE 等，都可以针对热压罐内气体、模具、复合材料构件进行温度分布的数值模拟分析。主要原理是基于计算流体力学中连续、动量、能量守恒方程以及气体状态方程，建立热压罐内强迫对流换热的温度场三维非定常数值模拟方法，模拟热压罐内的温度分布，并可以对工艺参数、模具结构参数和模具摆放位置等因素进行研究，优化工艺条件，提高传热效率并改善温度均匀性。根据研究对象不同，可归纳为以下几种情况：

(1) 在无模具情况下热压罐内气体温度分布；

(2) 在仅含模具情况下热压罐内模具温度分布；

(3) 含有模具和复合材料构件的热压罐内温度分布。

需要注意的是，对于含有复合材料构件的情况，一方面需要考虑将树脂固化放热作为内部热源项引入到能量方程(傅里叶定律)中，同时还需要考虑工艺辅助材料对热传递的影响。

虽然采用有限元方法分析罐内气体与模具的热交换已有大量研究，但是尚存在一些技术问题。例如，热压罐罐体尺寸在米量级，而模具框架的厚度为毫米量级，复合材料构件属于典型的大长厚比结构(通常厚度在毫米量级，平面尺寸在米量级)，这给有限元网格划分造成了困难，因为高质量的计算网格通常要求单元的边长比例不能太大，而上述不同研究对象或不同部位尺寸的巨大差异使得高质量网格划分难度大，网格划分和计算耗时长，而如果降低网格质量，则计算结果的可靠性降低。此外，目前的流体计算软件通常仅能进行热场分析，无法直接进行复合材料成型固化中树脂流动、纤维密实、固化变形等分析，需要将计算结果作为输入条件引入到复合材料成型固化计算软件或模块中以进行后续计算分析，影响了计算效率和结果可靠性，如何实现各数值计算模块之间高效、准确地数据传递是需要注意的重要问题。

需要指出，热量从热压罐加热元件到模具及复合材料零件有两种途径：风扇作用下循环介质的强对流传热和罐内壁的辐射传热。大部分热压罐工艺传热分析中忽略了辐射传热，但对于高温固化体系，如聚酰亚胺复合材料，辐射传热有可能是热压罐传热的重要组成部分。

4.2.3 复合材料成型工艺理论及模型

复合材料成型固化过程中工艺参数是通过影响各种物理和化学变化的具体进程,进而决定最终制品的工艺质量,因此要科学合理地制定工艺方案、优化工艺参数,必须首先全面且深入地了解所涉及的物理和化学过程及其与工艺条件之间的关系。对于热压罐工艺,工艺参数主要指温度、压力(气体压力和真空压)和时间,工艺条件包括工艺参数、模具方案、真空袋(工艺辅助材料及其铺放结构)、复合材料坯料间的组合方式和固化方式等,物理和化学过程主要包括热传递、固化反应、树脂流动/纤维密实运动、内应力及气泡的产生与发展等,其中树脂流动/纤维密实过程是热压罐工艺有别于其他工艺的最显著特征,一方面它受到热化学变化的影响同时左右着孔隙、分层、树脂分布不均等缺陷的形成过程,另一方面在不同的材料体系、结构形式以及工艺条件下往往有着不同的表现形式。复合材料结构—工艺条件—制造质量或产品性能的关系又受到罐内气体与模具交互作用结果的影响。

复合材料的制造质量是由外部环境、限制条件和制造环境共同作用决定的,对于热压罐工艺,热压罐内的气体和真空系统形成的温度场及压力场视为外部环境,真空袋系统是限制条件,复合材料边界及内部的温度和压力等工艺参数是制造环境,是由外部环境通过限制条件传递给复合材料所形成的,只有三者形成协调的关系,才能确保复合材料在设定、可控的条件下完成成型固化,得到理想的制造质量。外部环境是均匀、与设定值一致的情况下,制造环境则不一定是均匀、一致的。因此在研究复合材料成型固化过程时,需要将罐内温度场、压力场作为边界条件,将复合材料坯料、真空袋、模具作为一个体系进行整体考虑。

4.2.3.1 热传导与固化反应

罐内压缩气体的热量通过真空袋和模具传递给复合材料,并形成复合材料内部的温度场,这一过程认为遵循傅里叶热传导定律。由于复合材料的导热系数往往低于模具,所以其升温和降温速率往往低于模具。复合材料受热后,热固性树脂发生固化交联反应,并放出热量,如果这些热量无法及时从复合材料内部传导到外部(例如固化反应较快、树脂放热量大、复合材料厚度较大的情况),则固化放热会成为对复合材料温度有显著影响的内热源,使得复合材料的温度变化速度和幅度可能会超过模具。因此对于热固性树脂基复合材料,温度分布的研究需要采用热化学模型,即采用含内热源项的傅里叶热传导模型,而根据复合材料制件结构及工艺环境,可以采用一维、二维或三维模型。最为基本的理论是将树脂固化反应放热与热传导模型通过固化动力学模型建立联系,其三维模型如公式(4-3)所示。

$$\frac{\partial(\rho_c c_c T)}{\partial t} = \frac{\partial}{\partial x}\left(k_x \frac{\partial T}{\partial x}\right) + \frac{\partial}{\partial y}\left(k_y \frac{\partial T}{\partial y}\right) + \frac{\partial}{\partial z}\left(k_z \frac{\partial T}{\partial z}\right) + \rho_r (1-\varphi_f) \dot{H} \tag{4-3}$$

式中,T 为绝对温度;φ_f 为纤维体积分数;c_c 为复合材料比热容;k_x, k_y, k_z 为材料坐标系下复合材料导热系数;ρ_r 为树脂密度;ρ_c 为复合材料密度;$\dot{H}$ 为反应放热速率,与固化反应速率有关,即:

$$\dot{H} = H_u \frac{d\alpha}{dt} \tag{4-4}$$

式中，H_u 为树脂总放热量，$d\alpha/dt$ 为反应速率。

描述公式(4-4)的模型称为树脂固化动力学模型，对于掌握树脂的固化反应机制和固化反应规律、工艺方法选取和树脂研制非常重要，通常分为机理模型和经验模型两类。机理模型是建立在固化反应机理和各种参与固化的反应物的化学平衡基础上，考虑了每一步的反应，可以对固化反应进程进行很好地预测和解释，但是由于固化反应的复杂性，模型的建立难度很大，需要较多的动力学参数，应用远不如经验模型广泛。经验模型，即唯象模型，它假定固化反应在恒定的反应级数下进行，忽略固化反应的细节，通过对实验数据的拟合得到模型中的参数，该模型拟合法的基本形式如下：

$$\frac{d\alpha}{dt} = A e^{\frac{-E}{RT}} f(\alpha) \tag{4-5}$$

式中，A 为频率因子；E 为反应活化能；R 为气体常数；T 为温度；$f(\alpha)$ 为反应模型。

模型分析中一般不考虑固化度对反应活化能、频率因子等动力学参数的影响，从数个待选模型中假定一个合适的反应模型形式 $f(\alpha)$ 来描述树脂的反应动力学行为，然后通过对实验数据拟合的方式对模型中的参数进行设置和调整，常用的反应模型形式有 n 级反应模型和自催化反应模型。对于涉及多个反应和扩散过程的复杂固化过程，反应活化能会在反应过程中发生变化，用固定的模型来描述整个反应历程会产生较大偏差，降低预测精度，尤其是反应后期的预测精度。此时，可以采用非模型动力学(model free kinetics，MFK)，其建立在反应活化能和频率因子均为固化度函数的假设之上，其基本形式与公式(4-5)相同，但是不设定 $f(\alpha)$ 的具体形式，而是通过对实验数据中的微分或积分信号进行复杂的数学处理，得到 E、A 和 $f(\alpha)$ 与固化度的定量关系，能更好地描述整个反应历程、分析反应机理的变化。目前很多商业化的差示扫描量热仪(differential scanning calorimetry，DSC)都可以配备专用的非模型动力学计算分析软件，自动求解得到活化能随固化度的变化曲线。

将固化动力学模型代入公式(4-3)则可以对复合材料各位置温度随时间的变化进行预测，为了实现求解还需要输入密度、比热、导热系数等材料参数，其准确性将直接影响模型预测结果的准确性。虽然这些参数受温度和固化度影响，但是通常为了简化处理，将室温下的材料参数作为常数代入，或假设材料参数只与温度有关，代入温度为自变量的函数关系式确定材料参数的变化。目前商业化的热压罐工艺仿真软件，如加拿大 Convergent Manufacturing Technologies 公司的 COMPRO、法国 ESI 集团的 PAM-AUTOCLAVE，均提供包含上述材料参数的数据库，但只有几种传统材料体系的数据，如第一代碳纤维/环氧复合材料 AS4/3501-6，用户需要根据实际产品所用材料体系测试获取相关参数。此外，获得树脂和纤维的物理参数后，需要采用合适的模型计算出复合材料的物理参数，包括混合定律、并联模型、串联模型、几何指数模型等，而且导热系数与方向有关，需要分别计算各方向上的数值。

早期的复合材料热传导过程大多数不考虑工艺辅助材料的影响，然而随着对预测精度要求的提高，辅助材料对传热的影响开始受到关注。Telikicherla 等在研究热传导时将真空袋薄膜、吸胶层和模具假定为热导率恒定的物质，忽略对流的影响，建立了热传导模型，结果表明该模型可更好地预测整个固化周期。Guo 等研究热传导时考虑了辅助材料的影响，发现辅助材料影响了热对流边界。李艳霞研究发现辅助材料会增大复合材料厚度方向上温度梯度及固化度不均匀性。Shin等研究了吸胶层吸收多余树脂后,树脂反应放热对热传导的影响。此外对于夹层结构,芯材的热物理参数对热传导过程有重要影响。陈超在进行蜂窝夹层复合材料热传递过程数值模拟时,将蜂窝夹芯设定为导热特性均匀的介质,发现蜂窝物理参数中导热系数对温度分布的影响最大。

4.2.3.2 树脂流动与纤维密实

复合材料受热后,树脂从不可流动的玻璃态或半结晶状态向黏流态转变,树脂在外压的作用下发生流动,其中一部分流入吸胶材料或零件边缘处,同时纤维会发生运动,纤维间距变小,纤维含量增大,纤维形成的网络结构变得紧密和均匀,称这种同时进行、相伴而生的过程为树脂流动/纤维密实运动。随着温度的升高或受热时间的延长,热固性树脂凝胶、固化度不断提高,失去流动性,此时认为流动/密实运动结束。Gutowski和Dave等将预浸料毛坯视为充满液体的非线性弹性体,纤维和树脂共同承担外压,从而提出了海绵式密实模式,即树脂受压力梯度驱动流入吸胶材料时,纤维层承受一定的载荷从而发生纤维网络结构的变形,随着树脂的流出量增多,纤维承担的载荷也不断增大,纤维铺层的内部结构发生密实,从最初的疏松状态向紧密状态转变,直到树脂凝胶或纤维层到达最终的密实稳定状态,此时外加压力全部由纤维承当,树脂不再承受载荷从而停止流动;不同位置纤维的密实不是同步进行的,其密实程度有一个连续变化的过程,如同海绵受压缩一样。

基于上述过程,采用多孔介质渗流原理和流体力学原理可以建立树脂流动/纤维密实的数学模型,通过连续性方程、动量方程、有效应力方程、达西定律,进行模型的推导,例如三维流动一维密实模型(复合材料厚度方向纤维发生密实):

$$\frac{k_x}{\varphi_f}\frac{\partial^2 p_r}{\partial x^2}+\frac{k_z}{\varphi_f}\frac{\partial^2 p_r}{\partial y^2}+\frac{1}{\varphi_0^2}\frac{\partial}{\partial z}\left(\varphi_f k_z \frac{\partial p_r}{\partial z}\right)=\mu \frac{\partial}{\partial t}\left(\frac{1-\varphi_f}{\varphi_f}\right) \tag{4-6}$$

式中,φ_f 为纤维体积分数;φ_0 为初始纤维体积分数;μ 为树脂的黏度;p_r 为树脂压力;k_i 为 i 向的纤维渗透率;t 为时间;x、y、z 为复合材料层板不同方向的坐标,其中 z 为垂直于复合材料面内方向的坐标。

$$\sigma = p_r(1-\varphi_f)+p_f\varphi_f \tag{4-7}$$

式中,σ 为外加压力;p_f 为纤维应力。

为了求解上述模型,除了设定初始条件和边界条件,还需要得知三个材料属性,即树脂黏度模型(黏度与温度和时间,或黏度与温度和固化度的定量关系)、纤维压缩模型(纤维应力与纤维含量的定量关系)和纤维渗透率模型(纤维渗透率与纤维含量的关系)。这三个模型大多基于材料试验数据,采用唯象模型的形式,其准确性对于流动/密实运动预测结果的影响非常重要,国内外学者已经提出了多种测试方法和模型形式。与热传递的模拟相似,商业模拟软件仅提供少量几种材料体系的黏度模型、压缩模型和渗透率模型,往往需要使用者测定相关材料参数。

由于流动/密实过程决定着复合材料中树脂、纤维的分布,并对孔隙、分层等缺陷的形成有重要影响,因此大量工作集中于流动/密实过程的模拟和预测,分析方法包括有限差分方法、有限体积方法、有限单元方法。早期工作以等厚层板内厚度方向一维流动/密实为主，随后非等厚结构、弧形或带曲率突变结构、加筋壁板、格栅结构等具有复合材料制件结构特征的研究增多，采用二维或三维树脂流动模型，纤维运动也不仅仅局限于厚度方向的密实，还有考虑面内方向发生的纤维剪切变形，导致纤维滑移和纤维屈曲的发生。此外，工艺辅助材料和模具的影响也进行了定量的分析，如孙晶建立考虑预浸料铺层/模具相互作用的带曲率复合材料流动/密实过程数值模拟方法，引入剪切层并用其变形能力表征预浸料铺层/模具之间的滑移程度，分析了金属及橡胶模具与复合材料间相互作用对 L 形层板密实的影响，发现剪切层厚度和剪切模量对树脂压力的影响较大，提高橡胶阳模与层板之间的相对滑移能力有利于拐角区的压力传递。李艳霞建立了包含透气毡、吸胶布、模具的复合材料体系热化学与流动/压缩耦合模型，研究了热传导、固化行为与流动/密实运动的交互作用，发现对于厚制件温度场与流动/密实之间的耦合效应明显，尤其是树脂流动会对温度分布产生影响。陈超通过纤维密实/树脂流动数值模拟仿真方法实现了蜂窝夹层复合材料中蒙皮与蜂窝接触位置胶瘤尺寸的预报，包括胶膜所形成的胶瘤和蒙皮中流出树脂所形成的胶瘤。

以往的真空袋系统中往往采用吸胶层吸收预浸料中多余的树脂，预浸料的初始树脂含量高于复合材料制件的目标树脂含量，高出的部分在树脂流动过程中大部分流入吸胶层，可以起到均匀树脂分布、排除挥发物等作用。为了避免树脂过量流出造成贫胶，施加的压力不能过高，最高压力也不能过早施加，也不能施加过晚，造成富树脂和疏松，因此存在一个适当的加压时间窗口（加压点）。根据流动/密实理论，沿压力梯度方向的不同位置处树脂流动速度和纤维密实程度不同，靠近吸胶层的流动速度和密实程度更大，因此容易造成远离吸胶层的位置（通常为贴模面）纤维含量较低，靠近吸胶层的位置（通常为贴近真空袋薄膜一侧）纤维含量较高。顾轶卓等人在研究环氧 5228 体系时发现，由于该树脂黏度较大，若工艺参数设置不当，容易造成沿层板厚度方向纤维分布明显不均。随着材料技术和工艺技术的发展，目前"零吸胶"热压罐工艺成为主流，采用的预浸料初始树脂含量与复合材料制件的目标树脂含量非常接近，预浸料挥发分含量很小，真空袋系统中不再设置专门的吸胶层，热压罐工艺中虽然依然发生树脂流动，但只有少量树脂流入辅助材料和制件边缘区域。由于树脂黏度适中，施加较高的压力也不会发生明显的吸胶行为，因此最高压力可以在成型开始阶段就施加，形成了"无加压点"或"零时刻加压点"的工艺制度，降低了工艺条件控制的难度，树脂利用率提高，辅助材料用量和真空袋封装时间减少，因此工艺成本降低。

4.2.3.3 纤维屈曲与滑移

在研究纤维密实过程时纤维含量及其分布是关注点，而纤维的取向路径则认为不发生变化，是由预浸料裁剪和铺贴后确定下来而固定不变的。然而在实际工艺中，纤维因受到轴向载荷、剪切载荷等原因，往往会发生纤维弯曲变形（屈曲）和滑移，造成偏离设计的纤维取向路径、纤维直线度降低的现象（图 4.3），无论是手工铺贴还是自动铺贴，复杂型面的复合材料制件发生纤维屈曲和滑移的可能性非常高，既可能在铺贴过程发生，也可能伴随树脂流动/纤维密实过程发生，对复合材料性能会产生显著的影响。

不同的复合材料结构、成型方法、工艺条件下纤维屈曲和滑移的机理不同，对于热压罐

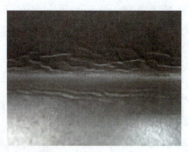

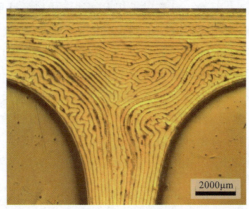

图 4.3 纤维屈曲

工艺而言,主要有以下机理:

(1)纤维长度大于制件设计长度或预浸料的铺覆性不适应制件型面的铺贴要求,在预成型或密实过程中发生纤维弯曲,如:厚层板在弧形模具上成型、复杂双曲面模具上成型、热隔膜成型或机械弯折成型时预浸料层间摩擦力过大或存在不可展区域。

(2)压力不均造成局部富树脂和纤维弯曲。垂直于纤维轴向方向存在压力梯度,导致随树脂流动而发生纤维向低压区的滑移和堆积。

(3)内应力引起的纤维轴向载荷,而树脂基体不能对纤维提供足够的横向支撑,引起纤维弯曲变形。内应力的来源包括纤维与基体或复合材料与模具间的热膨胀系数差异导致的应力,树脂固化收缩引起的应力等。

(4)表面柔软的辅助材料有褶皱造成复合材料表面褶皱;预浸料制备或运输、存储过程中纤维发生弯曲变形;自动铺丝时预浸料侧向弯曲过大等。

对于铺贴或预成型过程产生的纤维屈曲和滑移,可以采用非线性大变形材料力学理论和方法分析,FiberSIM 和 Abaqus 等软件能够通过有限元建模分析给出量化结果。对于密实过程产生的纤维屈曲和滑移,以 L 型结构的数值模拟研究工作较多,阳模成型时容易在拐角处形成纤维屈曲,阴模成型时容易在拐角处形成纤维滑移堆积。

4.2.3.4 孔隙及分层的形成

1. 孔隙

孔隙是复合材料的主要缺陷之一,其形成机制非常复杂。对于预浸料/热压罐工艺,孔隙来源主要有：(1)纤维和树脂的不完全浸润以及纤维束中树脂的不完全渗透产生的细小孔隙；(2)预浸料中残留的溶剂；(3)预浸料存放过程中从环境大气中吸收的水分；(4)固化过程中释放的挥发性小分子；(5)预浸料制备或铺制过程中带入的空气；(6)由于成型模具配合间隙或真空袋泄漏进去的空气。在这些成因中，(2)~(5)是理论关注的重点。在成型固化过程中产生气泡的前提是存在气泡核，主要通过两种途径产生，一种是由机械卷裹或夹杂，往往在预浸料制备或铺贴时裹入空气而形成；另一种是稳定成核，由挥发物(溶剂、吸湿水等)在树脂内均相成核或在树脂/纤维界面异相成核，可由经典成核理论描述，稳定成核速率依赖于温度、表面能和相变热等因素。目前对于挥发物稳定成核的孔隙形成过程，理论较为完善，可以实现孔隙的预测和抑制孔隙方法的制定。

Dave 和 Kardos 等将预浸料中水分产生的孔隙作为考察的重点，对水汽在温度和压力作用下产生的气泡进行了深入的研究，此类孔隙形成分几个阶段，包括气泡核的形成、气泡的生长、气泡的运动以及树脂凝胶后气泡的固定。气泡成核后其尺寸会因为四种主要原因发生改变：(1)水汽通过气泡界面扩散进入引起气泡内水汽含量的改变；(2)预浸料内温度和压力发生改变，使得气泡内压变化；(3)温度梯度引起的热膨胀或收缩；(4)相邻气泡的团聚。Springer 等针对(1)和(2)两个原因建立了气泡生长模型，认为当气泡尺寸处于稳定时，其内压与周围树脂压力满足一定关系：

$$p_v - p_r = \frac{\sigma}{m_{LV}} \qquad (4\text{-}8)$$

式中，p_v 为气泡内压力，即气泡所含空气的压力与水蒸气的压力之和；p_r 为气泡周围树脂内压力；σ 为树脂与气泡之间的界面张力；m_{LV} 为气泡体积和它表面积之比。

该公式表明，如果气泡内压等于或超过周围树脂的静压力和表面张力之和，孔隙会是稳定，甚至可以长大；相反的情况，则气泡会减小、压溃或溶解于树脂中。需要注意的是，当温度升高时，纯水的蒸气压会呈幂指数增长的趋势，则水汽分压会迅速增大，气泡更容易生长。针对这两种影响因素，在忽略表面张力的情况下，基于公式(4-8)Kardos 给出了凝胶点前避免气泡生长的临界条件方程：

$$p_{\min} \geqslant 4.962 \times 10^5 \exp\left(-\frac{4\,892}{T}\right)(RH)_0 \qquad (4\text{-}9)$$

式中，$p_{\min}$ 为阻止气泡通过水分扩散生长的树脂最小静压力，单位为 atm；$(RH)_0$ 为成型前预浸料树脂达到吸湿平衡的相对湿度；T 为固化周期中任意时刻的温度，单位为 K。

Springer 和 Kardos 认为水从周围的液态树脂向孔隙内的扩散过程遵循 Fick 扩散定律，忽略黏性、惯性和表面张力变化对气泡生长过程的影响，建立了相应的气泡生长模型：

$$\frac{d(d_B^2)}{dt} = 4D\beta, t=0, d_B^2=0 \qquad (4\text{-}10)$$

式中，d_B 为孔隙直径；t 为时间；D 为水的扩散系数；β 为生长驱动力，其定义为：

$$\beta = \frac{c_\infty - c_{sat}}{\rho_g} \qquad (4\text{-}11)$$

式中，ρ_g 为孔隙中气体的密度；c_∞ 为无穷远处水的浓度；c_{sat} 为界面处水的浓度。温度和压力

影响 c_{sat} 和 ρ_g，从而影响驱动力 β。

对于常量 D 和 β，式(4-11)表明气泡的直径是随着时间的平方根而线性变化的：
$$d_B = 2\sqrt{D\beta t} \tag{4-12}$$

此外，气泡还可随树脂的流动而运动，因此可以借助树脂的流动将气泡排出预浸料铺层。为使气泡能够运动，树脂流动的动力应大于阻碍气泡运动的阻力，即沿树脂流动方向的压力梯度必须大于某个临界值，若树脂在纤维网络中流动服从达西定律，则可以推导出使气泡随树脂流出体系的近似临界条件。

根据 Kardos 的气泡生长临界模型，可以指导工艺参数优化从而消除孔隙。Dave 等通过数值模拟发现，对于水汽形成的孔隙，可以根据树脂流变特性在层板密实过程中采取降温然后再升温的步骤，来加宽无孔隙的工艺窗口。顾轶卓发展了上述理论，对于扩散控制的孔隙形成机理，须考虑夹杂空气与挥发物共同形成气泡的情况，此时两者共同分担一部分压力，而不是仅仅考虑挥发物所形成的气体承担压力，由此修正了 Kardos 气泡形成模型，并通过含有丙酮和吸湿水的复合材料证明了该模型的有效性。研究发现，树脂压力是控制孔隙形成的关键参量，保证在密实过程中有足够高的树脂压力，并尽可能在较低温度下发生树脂凝胶（降低临界压力），可以有效地抑制气泡的形成和生长。因此，结合流动/密实模型，可以定量地分析树脂流动和固化状态对孔隙形成的影响。

对于热熔法预浸料、树脂固化反应不放出小分子以及环境湿度控制较为严格的情况，挥发性小分子形成孔隙的概率大大降低，而卷裹在复合材料毛坯中的夹杂空气成为了孔隙形成的主要源头。在进罐前对复合材料毛坯进行多次预压实或预吸胶，可以减少夹杂空气的含量，但并不能保证降低到工程上可接受的孔隙率。空气很难在热压罐气体压力范围内完全溶解于树脂或压缩至体积小到可以忽略，因此在预浸料铺层层间形成一定的连通气路，在真空的作用下夹杂空气可以沿气路排出，成为了消除孔隙的关键，尤其对于厚制件和零吸胶工艺。形成气路通道的方法有很多，例如使用表面粗糙或部分浸润的预浸料，在铺层边缘铺设导气的干纤维丝束或透气隔离膜。理论上可以将夹杂空气沿气路通道排出的过程视为理想气体在多孔介质中的流动，用达西定律描述流量与工艺条件的关系，然而在真空、外压以及温度的作用下，气路通道及其渗透率不断发生变化，夹杂空气的初始分布也难以量化，导致无法计算夹杂空气排出过程，因此该理论多用于预浸料铺层气体渗透性的试验研究。

2. 分层

分层是热压罐工艺所制备复合材料较为常见的缺陷形式，对复合材料质量和性能有严重危害，其形成原因可以归纳为加压不到位（加压过晚、压力不均造成复合材料层与层之间未密实）、其他类制造缺陷（孔隙含量较高并在局部富集、在层间存在夹杂物或预浸料表面受到污染造成层间分离）、层间应力所引起（罐内成型固化过程中形成的内应力，出罐后机加、装配时产生的应力等）。根据位置不同可分为内部分层（往往起始于层内裂纹的交界处）和边缘分层（起始于层板边缘）。目前对分层的研究绝大多数是制件在成型后机械加工、装配载荷以及使用中载荷作用下产生的分层损伤及分层扩展，对复合材料成型过程中分层的形成研究较少。谢富原等人对热压罐工艺所制备复合材料构件的分层缺陷特征进行了统计分析,并研究了固化工艺对T型加筋壁板分层缺陷形成的影响,发现胶接共固化和共固化引起的筋条与蒙皮之间的边缘层间应力较大,二次胶接最小,应力来源于固化收缩应力和热应力,这对分层的形成会产生影响,并与复合材料在工艺温度下的层间断裂韧性有密切关联。总体上,复合材料制造工艺过程中分层形成还没有较为完善的理论和模型进行描述,建模方法和分层起始与扩展准则还有待进一步研究。

4.2.3.5 固化变形

复合材料在经历高温成型固化及冷却后,由于残余应力的作用,在室温下的自由形状与预期的理想形状之间存在一定程度的不一致,这种不一致状态称为固化变形。固化变形会导致制件尺寸精度下降、尺寸超差而影响零件的装配,或者制件因残余应力过大而产生损伤(分层、裂纹等),降低了结构的承载能力。从固化变形特征的角度出发,可将变形分为两种形式:弯扭变形和非弯扭变形,例如翘曲和回弹,翘曲是指结构在平直部分的弯曲或扭转变形,回弹是指结构在拐角处变形所导致的夹角变化(截面角度发生收缩)。根据变形原因或残余应力来源不同,可将固化变形分为两类:热变形和化学收缩变形。

热变形是因材料本身热胀效应导致的一种构件变形现象。由于复合材料构件的成型固化温度一般高于室温,构件在常温下的形状与成型形状之间因热胀效应造成差异是普遍现象。复合材料构件在高温下固化、定形时,其形状与同一时刻的模具形状相一致,若继续升温固化,模具与复合材料之间热膨胀系数的差异将导致内应力产生;在降温阶段,模具形状回复到原形,而复合材料若与模具热膨胀系数不同,复合材料形状无法随模具同步回复,产生残余应力,产品脱模后,一部分残余应力得以释放,促使构件产生变形。工程中模具与复合材料之间的热胀效应是热压罐工艺主要的固化变形机理之一,为了减小变形,采用热膨胀系数与复合材料一致的模具材料是非常有效的途径,如对于碳纤维复合材料产品,尽量采用碳纤维复合材料、殷钢制备的模具。同样,热胀效应还会发生在纤维与树脂基体之间、不同铺层之间、不同结构单元之间。此外,复合材料热膨胀系数各向异性导致的固化变形是铺层设计必须考虑的内容,采用均衡对称的铺层方式能够很大程度上减小结构变形程度。

热固性树脂交联反应过程中体积发生收缩,产生固化收缩应力,相比热膨胀系数的不匹配,固化收缩对固化变形和残余应力的影响相对较小,但也不能忽略,这取决于材料种类和构件尺寸。将热应变和化学收缩应变叠加,与材料模量的乘积可得到残余应力。

除了上述两个原因,温度梯度、固化不均匀、纤维含量分布不均等原因也能引起内应力,导致固化变形。在树脂凝胶前,树脂处于黏流态,复合材料尺寸不固定,因各种原因产生的内应力会很快被松弛,应力难以累积,因此一般认为树脂有足够高的固化度,进入玻璃态后才会形成能够导致固化变形的内应力,但也有学者认为树脂凝胶过程对残余应力和固化变形也有着不可忽视的影响,固化变形需考虑橡胶态和玻璃态两个阶段。

针对热压罐工艺复合材料固化变形行为的预测,国内外学者已经做了大量工作,固化变形的基础理论研究已经较为成熟,也发展了多种解析方法和数值模拟方法,实现了固化变形量的计算,用于铺层设计、模具结构设计与补偿系数计算、工艺参数优化等,但对于具有复杂型面结构的大型复合材料构件,预测精度和计算效率尚有待提高。与其他工艺过程的研究类似,固化变形预测时需要输入大量的材料性能参数和边界条件数据,对于实际复合材料产品,往往无法获得全面、准确的材料参数和边界条件,使得计算结果可靠性的提高受到制约。有关复合材料结构变形的相关理论、预测方法和控制技术见第九章复合材料结构变形预测与控制技术。

4.3 热压罐成型工艺技术与装备

4.3.1 热压罐系统组成与功能

作为热压罐工艺的核心制造设备,热压罐是一个复杂的系统,因此其设计制造也具有较大的难度,世界上能够提供大型航空航天复合材料构件制造用热压罐的国家屈指可数。国外比较大的热压罐生产厂商有美国 ASC 公司、德国 Scholz 公司、日本羽生田公司、韩国 SFA 公司等。随着我国航空航天等领域大量复合材料产品的生产,热压罐需求量增长明显,国内生产厂商较多,如西安龙德科技发展有限公司、浙江美洲豹特种设备有限公司、山东中航泰达复合材料有限公司、中航工程集成设备有限公司、大连樱田机械有限公司、西安神鹰复合材料有限公司等,经过多年对进口热压罐的仿制和技术研发,已具备了大型热压罐、高温热压罐等各类热压罐的设计生产能力,但是一些关键技术仍然存在一定差距,如核心控制系统、快关门门环的整体锻造、冷却器预冷和主冷结构、耐高温高压轴承等,长期运行的稳定性、耐久性有待进一步提高。

热压罐是一个具有整体加热加压能力的大型密闭压力容器,为实现温度、压力和真空等工艺参数的时序化和实时在线控制,热压罐通常由多个不同功能的分系统组成,包括壳体、真空系统、加热系统、加压系统、冷却系统、控制系统、温度循环系统等。各部分主要的组件与功能见表 4.1。

表 4.1 热压罐系统组成和功能

分系统名称	各分系统主要的组件和功能
壳体	由罐体、罐门机构、密闭电机和隔热层等组成,形成一个耐高温、高压的密闭腔体
真空系统	由真空泵、管路、真空阀、真空表组成,给封装的复合材料预制件提供真空条件
加热系统	主要包括加热管、热电偶、控制仪、记录仪等,电热管分布在罐体尾部,加热功率满足腔体的最高温度要求和升温速率要求
加压系统	由压缩机、储气罐、压力调节阀、管路、变送器和压力表等组成,用于调节罐体内部的气体压力
冷却系统	包括冷却器、进水及加水截止阀、电磁阀、预冷装置,用于控制固化完成后的复合材料构件降温
控制系统	由温度、压力记录仪、真空显示仪及记录仪、各种按钮、指示灯、超温报警器、超压报警器、计算机系统组成,采用 PLC 与模糊控制相结合,实现对温度和压力全程高精度控制和实时记录
温度循环系统	由风机、导风板、导流罩组成,加速热流传导和循环,形成均匀温度场
安全联锁装置	由压力自动联锁、手动联锁、超高压报警装置组成
其他附件	拖车、滑轨,用于制件的输送

壳体：压力容器壳体的主要功能是提供能满足复合材料构件成型压力要求的工作环境，通常是由碳钢制造；其内层绝热层通常由陶瓷纤维絮片和镀铝钢板或不锈钢板组成。陶瓷纤维絮片紧贴压力容器内壁，然后在纤维絮片内衬上镀铝钢板或不锈钢板。陶瓷纤维絮片起着防止传热的作用，内衬铝钢板一方面起防止热辐射损失的作用，另一方面起防止热气窜入绝缘陶瓷纤维层的作用。有了这一内绝热层就没必要再进行罐外保温，即使在最高温度压力下容器外表面温度也不会超过 60 ℃。

加热系统：目前有几种加热方式适用于热压罐系统，对于大型热压罐，其最常用的方式是间接气体点火法。在此加热方式中，在外部燃烧室内燃烧产生的热气体被送入罐内的螺旋状不锈钢换热器而加热热压罐内的气体，最高使用温度在 450～540 ℃。蒸气加热方式常用在工作温度在 150～180 ℃ 的热压罐，其利用过热水蒸气通过热压罐内换热器加热罐内循环气体。由于其工作温度低，该加热方式也很少被采用。对于直径小于 2 m 的热压罐通常采用电加热方式。加热元件安装在气流循环系统中并应避免热量直接辐射到罐内制件上，其主要缺点是运营成本高，故很少用于大型热压罐系统。上述的加热方式对于模具和复合材料制件而言，均属于表面加热，存在加热时间长、能耗高及资源利用率低的问题。微波固化技术属于体积加热，是一种重要的低成本加热方法，微波为频率在 300 MHz～300 GHz 的电磁波，树脂中的极性基团对微波具有吸收转化作用，将电磁能转化为热能，具有加热速度快、加热均匀、热惯性极小、加热选择性强、能源利用率高等优点。已有研究者在热压罐设备基础上搭建了高压微波固化平台，成功制备了高质量的复合材料，为改变传统热压罐的高能耗加热方式进行了有意义的尝试。

温度循环系统：热压罐后部的鼓风机能保证热压罐内温度场均匀性和加工制件的热传导，保证罐内气体的循环流动，在罐内的气体流速最好保持在 1～3 m/s 之间。如果气体流速高于 3 m/s，气流可能撕开真空袋，将对制件成型质量和加工造成不利后果，气体流速太低达不到使罐内温度均匀的目的。

加压系统：空气、氮气、二氧化碳三种压缩气体是热压罐常用的加压气体。在 0.7～1.0 MPa 压力范围内，空气是相对低成本的加压气体，其工作上限温度在 300 ℃ 以下。空气气源的主要弊端在于其助燃性，因此在高温下使用是危险的，实际工作温度往往远低于上限温度以保证安全。氮气气源是热压罐最常用的加压气源，氮气常以液氮形式储存，在使用时挥发约产生 1.4～1.55 MPa 的氮气。氮气的优点在于其抑制燃烧和易于分散到空气中，但其成本较高。另一种常用的气源是二氧化碳，液体二氧化碳挥发约产生 2.05 MPa 压力，其缺点在于二氧化碳密度大，对人体有害且不易于在空气中分散。因此在使用 CO_2 作为加压气源时，当热压罐打开后，一定要确认罐内有足够的氧气方可进入热压罐。

真空系统：真空系统是热压罐最重要的辅助系统，它为封装于真空袋内制件提供真空环境，使预浸料内的溶剂型挥发分、反应产生的小分子、夹杂空气等被抽出制件，同时真空袋的存在使压缩气体不直接作用于制件上，避免其进入复合材料内。最简单的真空系统是三通阀体系，三通的一端接真空袋内的制件，一端接真空泵，另外一端通往大气环境。这种真空系统主要用于成型简单的层板或金属胶接件等。对于敏感复杂的树脂体系、外形复杂的构件或者制造质量要求高的制件,就必须使用更为先进的真空系统。这种系统由计算机操作与控制,它通过两个独立可调节供给头控制真空袋内的真空度,不同真空度水平的转换由计算机通过热压罐的压力和制件的温度函数控制。真空泵是真空系统的一个重要单元。实践证明,水封型真空泵是最可靠的,因为它不会被固化反应产生的挥发性副产物所腐蚀,而油泵却容易被这些副产物所腐蚀。

控制系统:现在各种热压罐的工艺过程控制,普遍采用计算机控制/PLC(可编程逻辑控制器)人工控制双重模式,根据需要可随时切换,极大地提高了热压罐的使用效率、可靠性和被加工复合材料产品的质量。随着计算机技术的发展,热压罐固化工艺监控能力也得到了极大提升,可通过计算机设定多种控制参数,显示和连续记录热压罐各点状态,显示各实时工艺曲线与各历史数据曲线,可设定多种报警参数,能实时报警,能实现所有开关、阀门顺序控制,处理模拟量信号并控制和数字信号的逻辑关系,使固化工艺参数更为合理。

总体上,热压罐的设计理念、基本结构、所使用的材料、控制方法和维修工艺等已相当成熟,其技术发展趋势是通过提供更先进的控制系统、高质量的元器件、性能更优越的软件和更良好的人机界面,使热压罐的控制性能、可靠性和易用性等得到提升。

4.3.2　成型模具及其设计方法

成型固化模具无疑是热压罐工艺中最为重要的工装,其设计、制造、使用、维修涉及了非常宽广的技术领域,对复合材料的制造质量和成本都有着尤为重要的影响。成型固化模具设计的一般流程为:(1)工程输入分析及概念设计,包括分析零件的结构形式、零件的质量要求、零件的工程界面(气动面、装配面、胶接面等)及零件的成型工艺方法(热隔膜预成型与固化模具一体通用、自动铺丝与固化模具一体通用等)等,全面了解工程及工艺对模具各方面的需求,从而对成型该产品所需的模具材料、模具结构、模具精度等形成初步的设计概念。(2)详细设计、细节设计,该阶段主要为落实工程及工艺需求,绘制模具结构图。(3)优化设计,依据设计经验和有限元分析不断优化模具设计结果,包括考虑尺寸补偿、回弹变形、强度刚度及温度场分布等。(4)模具制造及反馈,在模具实际制造过程中可能会对设计提出新的要求,需根据实际情况做出合理调整,直至模具最终验收交付。

对热压罐成型模具的首要要求是模具材料在成型温度和压力下保持适当的性能,同时模具在设计和制造中也要考虑其他因素,例如成本、寿命、精度、强度、质量、机械加工性、热膨胀系数、尺寸稳定性、表面处理及热导率等。根据使用温度要求,模具材料可分为以下几类:(1)金属材料,用于室温至高温固化的复合材料成型;(2)树脂基复合材料,用于室温及中温固化的复合材料成型;(3)陶瓷和石墨材料,用于更高温固化的复合材料成型;(4)橡胶模具,用于不易加压、不易脱模等情况的使用。此外,石膏和木头等低成本材料也被用作复合材料缩比工艺件模具材料。目前,金属材料(铝、钢、殷钢)和碳纤维增强环氧树脂基复合材料作为热压罐工艺模具材料使用最广泛。

铝模具具有成本低、易加工、导热率高、重量轻等优点,但是耐温相对较低、热膨胀系数较高,当然高的热膨胀系数在组合模时可以加以利用,采用铝模块或铝芯模升温时产生热胀力,对复合材料难以受外压的部位施加压力。钢模具使用最为广泛,其耐久性高、机加尺寸精度高、耐高温高压,热膨胀系数低于铝,但是成本高、重量大、导热率低于铝而热容大,较高的热膨胀系数依然容易引起固化变形问题。殷钢是一种含镍的低碳奥氏体合金钢,在拥有钢模具所有优点的同时,热膨胀系数与碳纤维复合材料非常接近,但是殷钢的机械加工性能差,焊接困难,材料和加工成本比较高。复合材料模具与所成型复合材料制件有着热膨胀系数匹配的显著优点,并且密度低、重量轻,但制造成本较高,耐划伤性、耐温性和耐久性低于金属模具,不适用于高温和高压的工艺条件。复合材料模具和殷钢模具都非常适合于有较高精度要求的大型构件的成型。橡胶模具属于弹性体模具,包括硅橡胶、丁基橡胶、氟橡胶等,具有随形好(与成型构件型面易于贴合)、传递成型压力可靠、易脱模等特点,一般与刚性模具(金属、复合材料模具)配合使用,尤其是在共固化整体成型中被大量使用。由于其使用寿命短、材料性能和尺寸稳定性差、尺寸精度低等问题,其使用效果非常依赖于工程经验。此外,由于硅橡胶的热膨胀系数比较大,受热后能够产生较大的热胀压力,可实现对复杂型面复合材料构件难加压部位或压力不可达区域的施压,如多腔体、封闭结构。

　　成型固化过程模具在支撑复合材料制件、保证尺寸公差的同时,主要起到传递热量和压力的作用。鉴于热压罐工艺的加压方式,通常采用开放式的模具形式,成型时模具并未形成一个尺寸固定的封闭空间,包括单面模具形式的阳模和阴模,以及双面模具的组合模。单面模具经常在复合材料的非贴模面使用均压板或均压垫,以提高加压的均匀性和非贴模面的成型质量。组合模则涉及多种模具材料和结构的组合,以兼顾加压均匀性、尺寸精度、脱模等目的,如金属模具与橡胶模具组合,刚性模具与膨胀芯模组合等。

　　热压罐集成的加热系统使得模具不需要有自身的加热系统,但是必须充分考虑模具与热压罐加热系统的相互作用和模具的热响应情况,影响因素包括模具材料吸热传热性能、模具结构及尺寸、模具的位置等。基于重量和传热效率的考虑,热压罐工艺多采用"蛋盒"框架式模具结构,由模具体(模板或成型面板)、支撑板(含通风孔和均风孔)、底座、辅助装置(吊装结构、叉车孔、轮子等)组成,纵横向隔板焊接为一体成型框架,隔板上有大的通风孔,隔板与成型面板接触部位开小的均风孔,以利于通风和传热。通风孔典型开口形式为矩形、三角形、操场形等,均风孔多为半圆形。

　　框架式模具结构设计参数包括模具长度、模具宽度、框架隔板间距、框架隔板厚度、模具通风口间距、模具通风口长度、模具通风口宽度等,其模具结构设计的关键要素包括以下几个方面:

　　(1)合理的模具型面。因为模具型面直接和制件接触,对制件形状影响最大,以往中小幅面制件并不考虑用模具型面补偿制件固化变形,只是将制件所需型面作为模具型面。大幅面制件往往固化变形量大,需要采用模具型面补偿法控制制件形状精度,因此模具设计关键内容之一是合适的模具型面。同时模具材质的选取也十分重要,为了消除热膨胀系数不匹配对复合材料构件外形精度的影响,应采用与复合材料线膨胀系数接近的材料来制造成型模具。

　　(2)合理的换热结构。模具型面温差过大会造成制件各部分受热不均和固化不同步,内部产生热应力，在脱模时造成制件变形，因此需要合适的换热结构设计使模具型面温差尽量小。可以通过有限元模拟分析模具的传热效率和温度场，并结合工装热分布测试结果，确定工装温度领先区域和滞后区域，优化工装结构及热电偶的布置方案，实现复合材料零件的升温速率、降温速率，以及保温、固化温度在相关规范要求的范围内。

(3) 合理的支撑结构。模具在工作时受到压缩气体施加的压力，造成模具一定的弹性变形，变形会传递给制件，因此需要设计合适的支撑结构，满足刚度要求，使模具变形不至于造成制件的尺寸和形状的超差。在工装设计和制造过程中应合理分布支撑柱，在保证工装结构稳定及承压能力的情况下，尽量减少支撑柱的数量，从而降低模具重量和成本。

模具设计同时要考虑多种因素对模具重量和制件质量的影响，需要对多个设计目标进行综合平衡，仅靠经验设计难以获得最优设计结果。设计人员需要一套设计工具，既能够综合利用以往设计经验快速形成设计方案，又能够预测到所设计模具各目标结果，形成最优设计方案。目前采用数字化设计方法进行框架式模具的设计已被广泛采用，其主要步骤为：首先根据产品数模提取成型曲面，进行孔洞修补、曲面延伸等一系列操作得到模具型面曲面，对其进行加厚得到成型模具具体数模；然后选取基准面，绘制支撑板，拉伸到模具体下表面得到支撑板实体，在支撑板上绘制通风孔、均风孔，设计凹槽、卡槽特征；根据支撑板的位置设计底座支撑；根据模具搬运需求，设计叉车口或吊装装置。上述工作可以在CATIA等商业软件上完成。为了缩短模具设计周期，利用CAD技术进行工装参数化建模可以实现快速建模。此外，运用CAE技术可以分析所设计工装的各项性能，并发展CAD/CAE集成技术，实现CAD-CAE数据交换，进行模具性能的综合评价和对设计结果的反馈、筛选，获得更优的设计。例如，鲁成旺针对蒙皮类复合材料构件热压罐成型模具，开展了工装参数化建模、工装有限元建模及后处理自动化、工装—热压罐流热耦合分析及后处理自动化、工装参数优化设计的工作，最终采用遗传算法，得到满足使用要求且重量最小的工装。

复合材料零件质量很大程度取决于成型模具的质量，复合材料成型模具的检测与验收是交付使用前的最后一道工序，也是最重要的一道工序。一般验收流程如下：

(1) 模具检测，包括模具光洁度检测、气密性检测和型面检测等。

模具光洁度检测：模具工作面和非工作面在设计时都会规定其粗糙度要求，模具使用往往关注模具工作面的粗糙度，通常要求为 $Ra1.6$，良好的模具工作面粗糙度可以保证复合材料零件表面平整光滑。目前一般采用手持式粗糙度仪进行检测。

气密性检测：当复合材料零件通过真空袋封装在模具上时，为了保证模具在高温高压下还能保持良好的密封性，需对模具进行常温(室温)和高温(材料固化温度)气密检测。

型面检测：为了满足零件尺寸公差和工艺细节要求，模具设计图纸上会对模具型面的精度和检测基准进行标识，模具制造完成后需要制定检测计划，并按检测计划在模具基准上建立检测基准，进行模具型面精度检测。根据精度和实际生产需要，可以采用激光跟踪仪、三坐标检测、激光扫描检测等不同的检测设备和方法进行检测。

(2) 质量控制，包括设计标准检查、制造工艺过程检查、制造检测符合性检查、图纸尺寸检测检查和状态检测(表观状态和连接可靠性等)等。若有必要还需开展试模检测，即在新制模具上开展零件试制,以确认工装达到设计质量。

设计标准检查:模具设计需采用使用方提供的设计标注要求、国标、航标等设计标准。若制造方采用企业标准或其他标准时,需得到使用方认可。

制造工艺过程检查:制造方制造模具的工艺过程需满足使用方要求,若制造方的制造过程与使用方要求发生偏离,并产生质量问题,需形成文件记录提交使用方,由使用方进行评估。

制造检验符合性检查:制造过程中的检测记录,每份零件图纸与模具实物均需对应,并具有唯一标识。

图纸尺寸检测检查:检查零/组件图纸/总图及图纸上技术要求/附注等标注尺寸的检测信息,检查激光跟踪仪及三坐标测量仪等数字化测量的原始数据和报告,所有测量要求和测量基准需与模具图纸保持一致。

状态检测:模具零/组件齐全,状态良好,表面无缺损、锈蚀等;紧固件连接牢固;喷漆完好;各坐标值标准准确清晰等。

4.3.3 在线监测与控制技术

当前的热压罐系统都可以实现压缩气体温度、压力以及真空的控制与自动调节。通过计算机控制系统及数据采集系统,可以对热压罐的每一个元器件(包括所有的阀、电机、各类传感器和热电偶)实现有效的监控,并单独对各种参数(温度、压力、真空、时间)进行快速设定和控制。智能温度和压力控制器是实现上述功能的核心器件,智能温压控制器包含温度传感器、压力传感器、转换器、存储器、信号处理器以及接口电路,有的产品还包括中央处理器、只读存储器、随机存取存储器和多路选择器。国外温压控制器正朝着网络化、微型化方向发展,能够在很大程度上与微处理器技术相融合,提升了仪器仪表的智能化、自适应水平。国内的智能温压控制器朝着多功能、高可靠性、安全性、总线标准化、高精度以及开发网络温压控制器、虚拟温压控制器、研制单片测温控温系统等方向发展。

热压罐提供的工艺环境通过真空袋系统传递给复合材料是一个非常复杂的过程,复合材料的温度场和压力场与热压罐工艺环境通常存在差异,热压罐提供的工艺环境往往是均匀、可控的,而复合材料制件表面及内部的制造环境是不均匀、与外部环境不一致的。为此,有必要监测复合材料成型固化的状态,并反馈给热压罐温压控制系统,做出及时、相适应的工艺参数调整,这对保证复合材料制件的质量有非常重要的意义。

固化过程中实时监测能反映复合材料成型过程的材料及工艺参量,为工艺参数的调整提供依据,结合专家系统可以实现工艺参数的有效调节和优化。监测的材料及工艺参量包括温度、压力、树脂介电常数、应变等,其中温度监测技术比较成熟,将热电偶置于模具表面或制件边缘位置,获得模具和制件的温度,广泛用于实际生产中。其他的监控技术,如介电、光纤及压力监测技术还处于发展中。动态介电分析技术将介电传感器置于复合材料内部,根据树脂固化反应引起的介电场变化,可以得到粘度和固化状态的信息,从而确定加压时机。光纤光栅传感器在成型阶段可以监测树脂温度或黏度的发展历程,在固化与降温阶段可以监测复合材料的应变从而推测残余应力变化。压力监测技术包括：模具内部嵌入压力传感器，测试面位于模具表面，用于测试复合材料与模具接触面的树脂压力；对于复合材料内部树脂压力的测试，可以在复合材料内部埋入探针，基于帕斯卡定律利用液体传压特性，通过探针、储液腔内的液体（硅油）将预浸料铺层内树脂压力传递到压阻式压力传感器（图 4.4），实现树脂压力的在线监测，适用于高温高压的热压罐工艺环境的应用；采用耐高温薄膜压力传感器、压敏纸可以实现复合材料表面压力分布的测试。

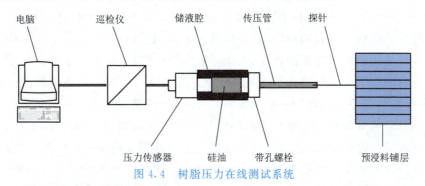

图 4.4　树脂压力在线测试系统

固化监测技术目前主要用于复合材料试件的制备中或产品研制阶段，还可以用于工艺仿真的验证，但鲜有用于复合材料产品的生产。这主要是因为这些监测设备需要将传感器埋于复合材料内部，一方面增加了工艺环节和制造成本，另一方面成型固化后传感器作为夹杂物留在复合材料产品中，对性能及使用可靠性必然产生影响。此外，对于大型及复杂结构的复合材料构件，如何设置传感器的位置能够具有代表性，以哪些传感器的监测数据为依据进行工艺参数调整都是尚未解决的技术问题。

4.3.4　数字化与自动化制造技术

自 20 世纪 60 年代以来，热压罐成型技术取得了长足重大进步，主要体现在融入大量的自动化和数字化制造技术，提高了复合材料构件的制造效率和质量。例如，从最初的主要依靠手工裁剪和样板铺贴到预浸料自动裁剪、激光定位辅助铺贴等数字化技术相结合，显著提高了预浸料裁剪和铺贴的速度及精度，已被国内外的航空航天企业广泛采用。

数字化装备本质上是"数据驱动"和软件控制的自动化制造装备。数字化制造是制造技术与计算机网络技术交叉与应用的结果，它将产品结构特征、材料特征、制造特征统一起来，通过数字化表征，实现不同层面的数字化仿真。以数字化为核心的制造技术已经成为制造业发展的重要支撑和基础。数字化制造不但缩短了制造周期、提高了制件的质量，而且可以大幅降低生产成本，因此是制造企业和生产系统发展的必然趋势。在传统的复合材料研制模式中，设计、分析及制造之间的数据是通过模拟量传递，构件质量在很大程度上依赖于工人的经验和熟练程度。而通过在复合材料构件研制过程中引入数字化技术，可以保证设计、分析、制造数据源的唯一，做到复合材料 CAD/CAE/CAM 一体化，便于数字量传递，减少研制时间，加快研制进度。复合材料构件数字化制造过程涉及到的技术主要包括：可制造性分析、复合材料构件铺层展开、模具和夹具的快速设计、模架的选型及快速设计、工装零组件的快速装配技术、铺层排样技术、数控下料技术、激光定位技术、成型工艺的仿真及优化技术、工程数据管理系统、数据传递接口技术等。

预浸料铺贴是形成和决定复合材料性能、质量、成本的重要环节，也是工艺过程中耗时最多的工艺环节。一方面，复合材料零件由多层不同方向预浸料组成，每层方向误差超过要求值就会影响产品性能；另一方面，根据产品需要往往会设计许多加强铺层，其位置和形状基本都是不规则的，所以铺层顺序和位置的准确尤为重要。早期复合材料制造过程中，预浸料的裁剪和铺贴都是手工完成的，首先将每层预浸料的设计形状做成样板，然后将预浸料按照样板进行切割与标记，在模具上进行铺贴，由于预浸料切割和铺叠等环节都是依靠样板实物进行尺寸量的传递，其误差较大，给产品质量与批次稳定性带来不利影响。复合材料制造过程和数字化技术相结合，实现了预浸料的自动裁剪和激光辅助定位铺贴，是复合材料数字化制造的一个重要组成部分，是连接复合材料数字化设计与实际生产的桥梁。首先复合材料构件每层预浸料的尺寸直接生成数模，将构件的三维数模展开，生成铺层排料的二维数据，由下料机数控裁剪成所需的预浸料裁片与标记，然后由激光投影将预先设计好的铺层边界投影到三维成型工装上，然后按照投影线进行铺贴，实现精确铺贴。预浸料的自动裁剪和激光辅助定位铺贴的应用，可消除人为的误差，铺层的位置精度得到保证，明显提高生产效率和铺贴质量的一致性。此外，所有这些形成的数据资料都是可重复调出与传递的，满足网络化的基本条件。传统手工作业与数字化生产流程对比如图 4.5 所示。

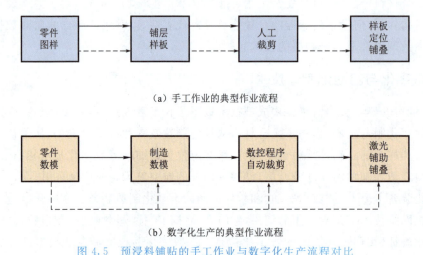

（a）手工作业的典型作业流程

（b）数字化生产的典型作业流程

图 4.5　预浸料铺贴的手工作业与数字化生产流程对比

热压罐成型技术进一步与自动铺放技术相结合，满足了大型复杂复合材料制件优质高效的制造需求，详见第 2 章复合材料自动铺放技术。

数字化生产的理念根本在于将所有的流程变成可控的可追溯的数字量传递，利用先进的数字化技术（依托 CAD/CAM 软件的支撑）从设计源头获取制造数据，同时将制造数据、工艺参数通过相应的数据接口进行文件转换，传递给自动下料机、激光投影仪和自动铺带机等制造生产设备，有效地保证设计、分析、制造数据源的唯一性，真正做到复合材料 CAD/CAM

一体化。目前国内方面在产品与铺层设计、工装设计与生产、无损检测、装配等方面已经实现了数字化并用于实际生产，在自动铺放方面的能力也在形成中。然而与国外相比，我国距离将制造工艺全过程实现数字化、自动化，将设计和制造高度融为一体的水平还有一定距离。以大型民用客机复合材料构件生产为例，除了上述的数字化制造技术，国外已经实现工装清理及涂脱模剂、制真空袋及检漏、预成型体转移及定位、捻子条拉挤、脱模及转移、加工工艺环节自动化和数字化。

热压罐内复合材料成型固化过程的计算仿真和工艺优化也属于数字化制造的重要内容。在实际生产中热压罐工艺参数的制定更多的是靠经验和大量试验来制定，即试错法，这种方法优选出的工艺参数适用性较差，即使原材料不变而只改变制件的几何结构，也要重新摸索新的工艺参数，也难以做到工艺参数的最优，这无疑导致了研制周期长、成品率低以及可靠性差等问题。另一种是将专家系统和传感器监测技术相结合，通过设置在固化体系内的传感器实时采集温度、压力等被加工材料的信息并反馈给计算机内的实时监控系统，实时监控系统根据一定的原则对工艺参数及时进行调整，从而对成型过程进行有效控制，称为在线固化监控方法。该方法在一定程度上消除了经验法的盲目性，提高了制件质量稳定性，但是传感器一般会留在制件内部从而影响其性能，而且许多传感器和监测设备价格昂贵，使得这种方法难以迅速推广。此外，专家系统在线监控的质量取决于其原则的完善程度，而对于复杂的制件，制定合理的原则是十分困难的。随着热压罐工艺过程理论模型、计算方法、优化算法等方面的发展，在脱离生产线的条件下，实现工艺过程参量和工艺质量的预测，进而优化工艺方案成为了可能。工艺仿真发展的重点是计算效率、仿真程度、与其他数字化装备和软件的结合以及面向工程的易用性。目前工艺仿真技术多用于产品研发阶段，或当出现制造问题时进行事后分析，还难以和实际生产线数据进行同步的结合，这一方面是因为工艺仿真的准确性和可靠性还达不到工程要求、数据库支撑不够等问题，另外对于大型、复杂结构的复合材料产品，涉及的计算量非常大，往往计算时间明显大于实际生产时间，因此如何大幅提高计算效率是一个关键问题。

国内的一些航空航天企业已经尝试将工艺仿真引入到数字化生产线中，包括 COMPRO、PAM-AUTOCLAVE 等专用的热压罐工艺仿真软件，一般包括热—化学模块、流动—密实模块、应力—变形模块，使用"虚拟制造"方法对复合材料成型固化过程进行模拟，考察工艺参数对产品质量的影响，评估不同结构设计对产品制造的影响等。国外正在考虑将工艺仿真技术与在线传感器系统、机器学习技术、数据库技术相结合，开发工艺人员使用的零件仿真和决策支持工具，能够基于实际生产线数据预测制造后零件性能，以决策对于制造缺陷的处理方法，最终实现零缺陷复合材料的制造。例如，德国航空航天中心提出一种"Masterbox"作为热压罐工艺在线控制系统，该系统建立在大量数据采集系统和数值模拟的基础上，是一种自适应控制的热压罐系统，与之相关的参数主要通过传感器测试和数值模拟计算得到，数值模拟可预测多种状态以达到可控的效果，获取所需要的构件质量、优化工艺循环周期、确保产品质量和防止产品报废。传感器检测直接的工艺参数，不能直接测试的参数（如三维温度、固化度分布、化学收缩及翘曲）由数值模拟计算获得，相当于采用了虚拟传感器。不同于传统的传感器系统，虚拟传感器嵌入的物理—数学数值模拟模型可以计算直接或不能直接测量的参数，一旦传统的传感器系统数据丢失，丢失的数据还可以通过虚拟传感器的计算值进行补偿。整个工艺过程中，系统获取的数据将被记录在中央数据库中。对于传统系统，数据库的所有信息仅用于后期处理，而对于这项新技术，数据将在整个工艺周期中被反馈，用于生成关键参数，接下来对这些数据进行分析评价以评估整个工艺，最后反映出构件在整个生产过程中任意时间的质量信息。这些数据和信息将用于决策过程。基于PLC，该热压罐工艺控制理念可控制热压罐内温度和压力周期。通过分析和评估系统的信息流，当实际值和目标值偏差太大时，"Masterbox"就会干预PLC，并做出控制策略，设定新的工艺过程。

将仿真模拟技术与热压罐工艺的结合有利于全面提升热压罐的数字化及自动化水平。如通过对热压罐内的流场进行研究，建立空气流动-对流传热-固化放热之间的耦合关系模型，建立复合材料内部温度、固化度的预测方法；同时，结合影响复合材料变形的诸多因素，建立零件固化变形仿真方法。总的来说，通过积累大量的仿真数据，则可利用仿真方法建立热压罐工艺的知识库和数据系统，从而指导热分布测试、零件摆放、工装设计以及诸多热压罐工艺参数优化，这是改进大型复合材料结构零件制造水平的必然选择。

4.3.5 整体化制造技术

整体化制造技术是复合材料制造的重要特点和优点，是热压罐工艺常用技术，从国内外整体化复合材料构件的研制和生产应用来看，主要采用预浸料—热压罐工艺。热压罐工艺整体化制造以共固化、共胶接、二次胶接工艺为基础。共固化是两个或两个以上的零件经过一次固化成型而制成的一个整体制件的工艺方法，该工艺只需要一次固化过程，工艺周期短，零件间易协调，结构整体性好，但是对模具、材料工艺性、制造技术水平要求高，构件的尺寸精度控制难，工艺风险大。共胶接是把一个或多个已经固化成型而另一个或多个尚未固化的零件通过胶黏剂（一般为胶膜）在一次固化中固化并胶接成一个整体制件的工艺方法，其优点在于可以保证先固化零件的质量，工艺难度降低，工艺风险低于共固化，固化零件与未固化零件配合协调性好，胶接质量易于保证；其缺点是：与共固化相比，制造周期长，工艺成本高，胶膜导致构件重量增加。二次胶接是两个或多个已固化的复合材料零件通过胶接而连在一起，其间仅有的化学或热的反应是胶膜的固化，该工艺的优点在于二次胶接无应力集中现象，提高了结构的疲劳寿命，结构完整性和密封性能较好，零件分次固化，工艺风险小；其主要缺点有：固化次数较多，制造周期较长，工艺成本较高，对复合材料构件表面状态（如清洁程度、配合间隙、铺层角度等）要求高，对操作环境要求也比较高。

整体化工艺可以大量减少零件、紧固件数目，是实现复合材料结构设计到制造一体化成型的重要技术途径。复合材料结构大面积整体成型在满足结构总体性能要求的前提下，可以进一步减轻结构重量、降低成本，特别是装配成本。整体化制造首先要求整体化设计为前提，需要根据整体化结构的承/传载特点并考虑工艺可行性优化结构单元并进行结构集成，实现结构高效化。整体化技术的突破口是用机械化、特别是自动化制备代替传统的手工操作,如自动铺丝、自动铺带技术的运用。

经过多个研究计划的实施验证,国外整体化成型技术已较为成熟,广泛应用于大型复合材料结构的制造。例如,美国 F-35 战斗机大量使用复合材料,为达到高度的翼身融合设计,采用了左右上蒙皮与机身为一体的翼身融合壁板,整个壁板采用整体化成型技术制造;美国全球鹰战略无人侦察机机翼结构采用 4 梁式承扭盒,翼展超过 34 m,主结构采用预浸料—热压罐固化成型,梁和蒙皮分别固化后二次胶接,无紧固件,简化了密封和装配,提高了飞机的隐身性。在民机方面,A340 垂直安定面较早地采用了整体成型技术,零件数 2 000 件减少到 100 件,简化了装配流程;B787 大型客机机身采用整体筒状结构,蒙皮与长桁采用共固化或二次胶接成型,整体成型的机身段省去 1 500 块铝合金板料零件和 4 万~5 万个连接件。此外 B787 机翼翼展最长可达 63 m,为复合材料加筋壁板结构,采用共胶接整体成型。A350XWB 的复合材料机身壁板采用蒙皮与长桁共固化成型,然后机械装配成筒段,减小了机身制造的难度和风险,而其机翼长 32 m,翼根部分宽 6 m,重约 2 t,机翼壁板上的长桁总长度约 300 m,采用与蒙皮共胶接成型工艺制造。

近几年国内的复合材料整体化制造技术也发展迅速,在航空航天领域多种型号的复合材料构件已经采用整体化成型技术。在我国自主设计的军民机上,整体化成型的复合材料构件包括:整体化机身、机身球面框、尾椎壁板、机翼、平尾、垂尾和鸭翼等部件,实现了帽型加筋壁板、工型加筋、T 型加筋壁板、多墙整体壁板/盒段等大尺寸整体化结构的制造,突破了大型、多曲面、变厚度、异型长桁类复合材料构件的整体成型技术。但是和欧美等发达国家相比,我国复合材料整体成型技术的运用相对较少,多处于研制阶段,自动化水平和工艺技术成熟度相对较低,制件质量、性能以及制造成本的控制有待提升。

值得一提的是,中国商飞成功研制了大型客机水平尾翼样段。该样段采用多梁盒段的结构,如图 4.6、图 4.7 所示,由上、下蒙皮与 5 根工字型梁一次共固化成型。与传统的密肋结构(由上、下壁板,前、后梁和多根肋组成)相比,整体多梁盒段将零件数量由多个降为一个,简化了盒段的装配过程,减少了紧固件数量和热压罐使用次数,从而达到减重和降低成本的效果。

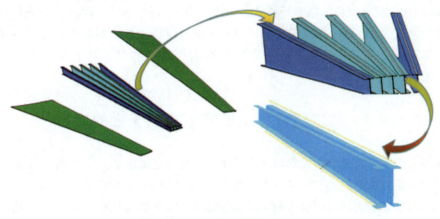

图 4.6 复合材料多梁盒段结构

图 4.7　研制成功的大型客机平尾多梁盒段样段试验件

虽然复合材料构件逐渐向整体化发展已经成为必然趋势,对于发挥复合材料的应用效益有诸多益处,但是整体化制造技术难度大,一旦技术成熟度低或应用经验不够成熟时,往往会明显增加制造质量问题和成本的风险,主要体现在:(1)整体成型中用到的工装模具较为复杂,分体模和整体模的设计要求高、模具定位精度控制难度大、模具成本高;(2)整体构件的尺寸相对较大,需要昂贵的大型热压罐,导致前期投入的设备成本和日常维护费用极高;(3)对材料工艺性要求提高,如树脂、预浸料、胶黏剂等,这无疑会提高材料的研制难度和生产成本;(4)整体化构件容易存在无损检测探头不可达的区域,增大了实施自动化无损检测的难度;(5)大型复合材料构件在装配过程中需考虑子系统集成时运载装置的问题和集成安装的问题,整体结构装配空间有限,同时对装配的要求更高,装配工序的容错率低;(6)整体化、大型化的构件运输和周转的风险增大;(7)在制造中出现缺陷超标或使用中出现损坏,大型整体结构部件的相关修补、维修或更换费用更高,结构报废的代价更大。由此,如何在复合材料构件成型和装配的技术难度及成本上实现平衡是一个重要问题,应基于性能与成本间的权衡,优化复合材料结构和整体化制造工艺方案。例如,叶金蕊针对飞机典型的复合材料整体化结构-加筋壁板,建立了基于整体化成型热压罐工艺的制造工艺时间估算模型和制造成本估算模型,并结合结构承载约束要求和可制造性,提出了基于成本-重量平衡的典型加筋壁板结构设计方法。

4.4　热压罐成型工艺在航空航天上的应用

热压罐成型工艺是航空航天领域内复合材料,尤其是树脂基复合材料构件成型过程中应用最广泛也是最成熟的工艺之一。热压罐工艺是高成本、高质量、低生产率的制造技术,主要用于生产航空航天领域的复合材料产品和胶接件,例如飞机机身、机翼、尾翼、方向舵、襟副翼;航空发动机外涵道等冷端部件;导弹弹翼、头锥和壳体;人造卫星本体结构、天线结构。热压罐及围绕热压罐工艺的设备设施也成为了航空航天复合材料构件生产企业的标配。

4.4.1 热压罐成型工艺在航空上的应用

随着热压罐工艺在航空主承力复合材料结构上的应用,结构设计也逐渐趋于大型化和整体化,其目的是为了更好地发挥复合材料的优势、降低成本和减轻重量。以碳纤维复合材料为代表的先进复合材料在军用和商用飞机上大量使用,其中大部分产品采用热压罐工艺制造,下表给出了典型的战斗机和大型民用客机的应用情况。此外在运输机、直升机、商务机、无人机、发动机冷端部件等复合材料构件上,热压罐工艺也是主要的制造方法。

表 4.2 热压罐成型复合材料构件在各型飞机中的应用情况

飞机型号	F-22	F-35	波音787	空客A380	空客A350	飞机型号	F-22	F-35	波音787	空客A380	空客A350
舱门	√	√		√		扰流板			√	√	√
方向舵	√	√	√	√	√	襟翼		√	√	√	√
升降舵	√	√				中央翼盒					
垂尾	√			√		机身			√	√	
平尾	√	√	√			机翼	√	√	√		
副翼				√							

热压罐工艺以其独特的优点,在国内商用飞机的复合材料结构上占有统治地位。无论是 ARJ21 新支线飞机的方向舵、整流罩、雷达罩等次承力构件,还是 C919 大型客机的平尾盒段(图 4.8)、垂尾盒段、后机身等主承力构件,均采用热压罐工艺。同时,据了解,未来大型远程宽体客机 CR929 的所有机身部段(图 4.9)也将采用热压罐工艺进行制造。

图 4.8 采用热压罐工艺制造的 C919 大型客机平尾壁板

图 4.9 采用热压罐工艺制造的 CR929 机身壁板试验件

4.4.2 热压罐成型工艺在航天上的应用

自 20 世纪 80 年代,复合材料结构在卫星上,特别是在国内外高性能军用卫星上广泛应用,卫星本体结构,除因温控限制外结构件几乎全部结构采用高模量碳纤维复合材料,如中心承力筒、结构板、太阳翼基板、连接架、天线及其支撑结构等,高模量碳纤维复合材料结构占整星结构的90%以上,使得卫星结构重量大幅降低。国外方面卫星结构重量仅占卫星总重量的4%~5%,国内方面卫星结构重量占整星重量约10%。这些复合材料结构大部分采用热压罐工艺制造,由于卫星结构的特点,夹层结构和胶接结构比重较大,这充分发挥了热压罐工艺适用范围广的优点。我国卫星用复合材料结构件见表4.3。

表 4.3 我国卫星用复合材料结构件

制件名称	制件结构组成情况	应用情况
波纹承力筒	由碳纤维复合材料波纹筒、对接框、环框和纵桁组成	DFH-3 卫星
夹层结构板	碳纤维复合材料面板,铝蜂窝芯子	DFH-3、ZY-1 及某型卫星
太阳电池阵基板	碳纤维复合材料网络面板,铝蜂窝芯子	DFH-3、ZY-1 及某型卫星
连接架	碳纤维复合材料方管,钛合金接头	DFH-3、ZY-1 及某型卫星
消旋支架	8根碳纤维复合材料管,铝合金接头	DFH-1、DFH-2A 卫星
电池梁	碳纤维复合材料和钛合金混杂结构	返回式卫星
喇叭天线	本体碳纤维复合材料,镀铜、金等	DFH-1 卫星
支撑筒	碳纤维复合材料,双锥梁端法兰	DFH-1

对于运载火箭、战略战术导弹的承力结构和防热结构,大量采用了模压工艺、液体成型工艺等非热压罐工艺制造复合材料产品,与飞机和卫星相比,热压罐的应用比例相对较低,但是依然是必不可少的工艺方法,尤其是各类壁板类、格栅类结构和夹层结构大多采用热压罐工艺制备,如舱段、筒段、整流罩等。

4.5 热压罐成型工艺发展前景预测

发展高品质低成本的非热压罐工艺以取代热压罐工艺是当前复合材料制造领域的热门,也是学术界、工业界共同努力的方向。国内外各种复合材料低成本计划、制造技术研究项目中,非热压罐技术往往是重点。然而热压罐工艺技术成熟,数据和经验积累丰富,可供选择的经充分验证的材料体系较多,设施及软硬件方面的建设较为完善,因此热压罐工艺在相当长的时间里依然会是航空航天复合材料构件的主要制造工艺,有人预测即便是20年后非热压罐工艺开始大量应用于承力构件,按构件重量计算的热压罐使用率仍然高达60%~70%。

根据《2019全球碳纤维复合材料市场报告》,全球范围内碳纤维增强树脂基复合材料在航空航天领域的用量占总用量的23%(3.62万t),并且呈逐年增长趋势,而我国碳纤维增强树脂基复合材料在航空航天领域的用量仅占总用量的3.7%(2 154 t),随着我国复合材料技术的发展,先进复合材料在航空航天的应用比例必将大幅提高。鉴于波音787、空客350等大量应用复合材料民机的产能增加以及我国C919、俄罗斯MS-21等民机在未来的投产,热压罐工艺的应用也必然会持续增长,伴随而来的科技革新和进步也会赋予这个传统工艺更多的技术内涵。下面简述热压罐工艺技术发展的几个方向。

4.5.1 热压罐装备

虽然热压罐的设计和制造技术已经非常成熟,但是复合材料结构大型化、整体化的趋势和生产效率提升的需求,使得热压罐依然有升级的空间,尤其是向着能源节约型、环境友好型、效率最大化方向发展。例如,加热系统方面,采用多方位、多层次、多种类热场耦合加热方式,优化循环风系统,保证热场环境呈现多维均匀固化,保证大型热压罐的控温精度及温度均匀性;冷却系统方面,热压罐使用温度接近500 ℃时,水的快速蒸发及其对设备的腐蚀性,使其不再适合作为设备的冷却剂,若采用液氮作为冷却剂,较高的消耗速度会超出液氮生产设备的生产能力,因此需要研制用于高温热压罐的新型冷却剂体系;控制系统方面,发展集中控制系统并与通信网络连续,实现一套控制系统同时控制多台热压罐,达到高可靠、良好控制性、低故障率等效果,降低设备制造成本和人员成本;引入先进的传感技术、工艺过程计算机仿真系统、数据库及专家系统,发展新型的数字化热压罐,实现多参量成型固化信息的采集和控制,达到工艺参数最优化;开门结构方面,为了适应更大尺寸的构件和更大批量制件的生产,在热压罐两端均设有罐门,使已固化的制件不需要反向卸载到准备固化的制件工作区,使制件的流转更为高效。

我国已具备设计生产超大型热压罐、高温高压热压罐的能力,但是技术水平与国外相比还有一定差距。随着我国大型客机的发展,复合材料构件的种类和生产量将迅速增长,必然会带动国内热压罐设计制造技术水平的提升,有望替代价格高昂的进口热压罐。

4.5.2 整体化成型

大面积采用大型、整体化结构是国外发达国家复合材料构件制造的重要特点之一,尤其是以共固化、共胶接为主的整体成型技术,实现壁板、盒段、梁、肋和墙等复杂结构一次性制造。整体化成型促进了设计/制造一体化和自动化制造技术的发展。对于大型复杂构件,如大尺寸变厚度结构、多筋厚蒙皮结构和整体框、梁等结构的整体成型技术,如何实现整体化成型与结构设计分析相结合,是目前以及未来的研究重点。另一方面,结合自动铺放技术的整体化成型技术已成为航空复合材料结构的首选工艺,充分发挥自动铺带和自动铺丝的优势,对于实现整体化结构的可制造性和提升工艺质量控制精度至关重要。

随着我国军机和大型客机大量采用复合材料结构,整体化成型技术得到了长足发展,成功研制了翼面/机身加筋壁板、多墙整体化壁板/盒段、全高度蜂窝整体舵面等大型复杂整体化构件,并实现了小批量生产,在部分关键技术上已经达到世界先进水平。然而在工艺质量及稳定性、生产效率、自动化水平等方面还存在差距,在批量生产中能否保证质量一致性,尤其是能否持续满足适航要求还有待检验。由此可见,我国的复合材料整体化成型技术从研制走向成熟应用还有相当长的一段路要走。

4.5.3 数字化与自动化制造

数字化制造技术和基于数字化的自动化技术已经在航空航天领域热压罐成型复合材料

制品生产中实现了广泛应用,尤其是自动下料、激光辅助定位铺层等,实现了复合材料产品从三维设计模型到车间制造的无缝集成,同时随着复合材料构件尺寸越来越大,外形越来越复杂,整体化程度越来越高,依靠手工铺贴难以满足其制造技术要求和生产效率经济性要求,自动铺带和自动铺丝技术等自动化预成型技术得到了快速发展,在缩短研制周期、降低成本、提高产品质量方面都有显著作用。

作为热压罐成型的罐内工艺环节,数字化技术的应用还较为薄弱。虽然工艺模拟和优化技术得到了长足发展,一些主机厂已经购置了热压罐工艺仿真软件进行产品的研发,但是所起到的作用往往是辅助性质的,与实际产品的结合程度还比较低,还难以给出完整可靠的制造工艺方案和参数。对于热压罐工艺虚拟制造而言,成型工艺模拟和优化技术是关键。为了实现真正的工程应用,需要注意以下几点:(1)热压罐成型工艺中热和压力在多相材料体系间复杂的相互作用,需要在充分掌握工艺过程物理化学作用机制基础上,建立高可靠的数值模型和高效的计算方法,并能够与CATIA等常用工程软件之间形成无缝链接,实现几何模型、材料属性等参数的传递以及多物理场之间网格数据和场参数的传递与集成。(2)建立材料工艺性能数据库,形成相应的标准体系,为工艺仿真提供充足、准确的材料参数。目前复合材料、芯材、工艺辅助材料、模具材料等工艺性能数据不全甚至无法获取,测试方法、标准不统一或缺失,严重影响了仿真结果的可靠性。(3)基于仿真数据和工程统计数据(如工艺因素与制造缺陷的关联),建立相关的知识库和工艺优化判据,实现工艺方案快速评价。(4)建立工艺过程在线监测方法,实现复合材料成型固化过程关键参量的实时监测,并反馈给仿真优化系统,实现在线的工艺参数调整和优化,大幅提升仿真技术的实用性与生产线的结合程度。

对于预浸料/热压罐工艺,美国、欧洲、日本等已实现制造工艺全过程的自动化,并从以往的重视自动化技术普适性变为了重视自动化技术的专用性,最大限度地提升自动化生产效率。多铺放头铺放机、针对特定构件的专用化铺带机、超声切割复合化、在线检测系统成为了自动铺带和铺丝技术的发展核心;针对梁、长桁结构发展了各种自动化预成型技术,如热隔膜技术、机械变形成型技术等。围绕某一类特定产品,开发相应的自动化制造装备和软件已成为趋势。

国内方面,虽然引进和研发了大量的自动化制造装备,但是对于装备和软件的运用、配套的材料体系开发及应用方面,与国外相比还有相当距离,真正挖掘出自动化制造技术带来的效益是我国热压罐工艺发展的重点。

4.5.4 智能制造

智能制造是先进传感、仪器、监测、控制和过程优化的技术和实践的组合,它们将信息和通信技术与制造环境融合在一起,实现工厂和企业中能量、生产率、成本的实时管理。所谓复合材料智能制造是将人工智能融进复合材料制造过程的各个环节,通过模拟专家的智能活动,对制造过程的物理、化学行为进行分析、判断、推理、构思、决策,自动实时监测复合材料成型过程任意位置的状态,并通过专家系统自动调整其工艺参数,以实现复合材料成型质量最佳状态的制造。此外,建立通用性、兼容性、功能性强大的虚拟制造软件集成平台,通过构件制造全过程的模拟技术,实现完整制造工艺方案的优选。

鉴于热压罐工艺的技术成熟性和在数字化、自动化方面的基础,热压罐成型是有望最先实现智能制造的工艺之一,这涉及基于准确制造过程数学模型的虚拟工艺、包含完整的设计和制造信息的数字产品定义模型、下一代机器人和自动化制造技术、计算进程与物理进程高度协调的信息物理系统以及整合制造环境所有元素中数据的模型操作系统。这种智能制造技术集成及其在车间实践,便形成了智能化车间。

4.5.5 低成本化

热压罐工艺是高成本制造方法的典型代表,但是在一定范围内控制或降低其工艺成本,依然有着强烈的需求和现实意义。数字化与自动化制造技术、热压罐装备的升级、整体化成型都是热压罐工艺降低成本的重要方式。除此之外,还有一些低成本化的途径,比如,开发热熔法制备的"零吸胶、常温加压"预浸料,可以节约材料成本,利于工艺控制;采用低温预固化的预浸料,降低模具成本和能源消耗;采用3D打印(增材制造)技术制造金属和复合材料模具,实现热压罐成型模具的自动化、智能化、精确化以及高效化制造;采用新型的模具结构,提高传热效率,如在框架式模具通风孔处安装风扇的方法来增强热空气对流;工艺辅助材料的低成本化;产品进罐的合理组合以及随炉件测试项目的合理化等。

参考文献

[1] 李艳霞. 先进复合材料热压罐成型固化仿真技术研究进展[J]. 航空制造技术,2016,15:76-86.

[2] 牛春匀. 实用飞机复合材料结构设计与制造[M]. 航空工业出版社,2010.

[3] 顾轶卓,李敏,李艳霞,等. 飞行器结构用复合材料制造技术与工艺理论进展[J]. 航空学报,2015,36(8):2773-2797.

[4] 蒲永伟. 关于先进复合材料制造体系的几点思考[J]. 航空制造技术,2014,15:26-29.

[5] HALLEY P J, MACKAY M E. Chemorheology of thermosets-an overview[J]. Polymer Engineering and Science,1996,36(5):593-609.

[6] YOUSEFI A, LAFLEUR P G, GAUVIN R. Kinetic studies of thermoset cure reactions: A review[J]. Polymer Composite,1997,18(2):157-168.

[7] VYAZOVKIN S. Model-Free kinetics staying free of multiplying entities without necessity[J]. Journal of Thermal Analysis and Calorimetry,2006,83(1):45-51.

[8] TELIKICHERAL M K, ALTAN M C, LAI F C. Autoclave curing of thermosetting composites: process modeling for the cure assembly[J]. International Communications in Heat and Mass Transfer,1994,21(6):785-797.

[9] GUO Z S, Du S Y, ZHANG B M. Temperature field of thick thermoset composite laminates during cure process[J]. Composites Science and Technology,2005,65(3):517-523.

[10] 李艳霞. 先进复合材料热压流动/压缩行为数值模拟与工艺质量分析[D]. 北京航空航天大学,2008.

[11] SHIN D D, HAHN H T. Compaction of thick composites: simulation and experiment[J]. Polymer Composites,2004,25(1):49-59.

[12] 陈超. 蜂窝夹层复合材料热压成型数值模拟方法与工艺优化研究[D]. 北京航空航天大学, 2017.

[13] GUTOWSKI T G, MORIGAKI T, CAI Z. The consolidation of laminate composites[J]. Journal of Composite Material, 1987, 21(2): 172-188.

[14] DAVE R, KARDOS J L, DUDUKOVIC M P A model for resin flow during composite processing: part 1-general mathematical development[J]. Polymer Composites, 1987, 8(1): 29-38.

[15] 古托夫斯基 T G. 先进复合材料制造技术[M]. 李宏运, 等, 译. 北京: 化学工业出版社, 2004.

[16] 孙晶. 带曲率复合材料热压成型密实过程理论与实验研究[D]. 北京航空航天大学, 2013.

[17] GU Y Z, LI M, ZHANG Z G, et al. Numerical simulation and experimental study on consolidation of toughened epoxy resin composite laminates[J]. Journal of Composite Materials, 2006, 40(24): 2257-2277.

[18] DAVE R, KARDOS J L, CHOI S J, et al. Autoclave vs. non-autoclave composite processing[C]. 32nd International SAMPE Symposium and Exhibition. Anaheim: SAMPE, 1987: 325-337.

[19] 顾轶卓. 先进复合材料热压工艺流动/密实表征分析与理论预测[D]. 北京航空航天大学, 2007.

[20] Xie F, Wang X, Li M, et al. Statistical study of delamination area distribution in composite components fabricated by autoclave process[J]. Applied Composite Materials, 2009, 16(5): 285-295.

[21] Wang X, Xie F, Li M, et al. Influence of tool assembly schemes and integral molding technologies on compaction of T-stiffened skins in autoclave process[J]. Journal of Reinforced Plastics and Composites, 2010, 29(9): 1311-1322.

[22] 郑锡涛, 刘振东, 梁晶. 大型复合材料构件固化变形分析方法研究进展[J]. 航空制造技术, 2015, 14: 32-35.

[23] 丁安心, 王继辉, 倪爱清, 等. 热固性树脂基复合材料固化变形解析预测研究进展[J]. 复合材料学报, 2018, 35(6): 1361-1376.

[24] 文友谊, 文琼华, 李帆, 等. 碳纤维增强树脂基复合材料微波固化技术[J]. 航空制造技术, 2015, 增刊S1: 61-64.

[25] 鲁成旺. 复合材料构件热压罐成型工装参数化设计及优化[D]. 浙江大学, 2018.

[26] Campbell F C, Mallow A R, Browning C E. Porosity in carbon fiber composites: an overview of causes[J]. Journal of Advanced Materials, 1995, 26(4): 18-33.

[27] Xin C B, Gu Y Z, Li M, et al. Online monitoring and analysis of resin pressure inside composite laminate during zero-bleeding autoclave process[J]. Polymer Composites, 2011, 32(2): 314-323.

[28] 刘小龙, 顾轶卓, 李敏, 等. 采用薄膜传感器的树脂基复合材料热压罐工艺密实压力测试方法[J]. 复合材料学报, 2013, 30(5): 47-53.

[29] 邢丽英. 先进树脂基复合材料自动化制造技术[M]. 北京: 航空工业出版社, 2014.

[30] 潘利剑. 先进复合材料成型工艺图解[M]. 北京: 化学工业出版社, 2016.

[31] Hakan Ucan. 世界最大实验室用热压罐的固化工艺优化[J]. 航空制造技术, 2012, 18: 62-63.

[32] 周长庚, 苟国立, 邱启艳, 等. 航空复合材料整体成型技术应用现状与分析[J]. 新材料产业, 2016, 5: 52-57.

[33] 叶金蕊. 面向制造成本的复合材料加筋壁板结构设计方法研究[D]. 哈尔滨工业大学, 2009.

[34] 益小苏, 杜善义, 张立同. 复合材料手册[M]. 北京: 化学工业出版社, 2009.

[35] 陈祥宝. 树脂基复合材料制造技术[M]. 北京: 化学工业出版社, 2000.

[36] 林刚. 2019 全球碳纤维复合材料市场报告. 广州赛奥碳纤维技术有限公司. www.atamachinery.com.

第 5 章 干纤维预成型体制备技术

随着先进复合材料在航空航天领域应用的不断扩展,其制造成本偏高的缺点也逐渐暴露出来。传统的复合材料零件制造采用热压罐工艺,其设备投资巨大,使用成本较高,同时,所用的预浸料制造成本也偏高,并需低温储存和运输,这些都导致复合材料总的制造成本相对较高,限制了在其他领域的应用与发展。针对这一问题,复合材料低成本化成为复合材料技术发展的研究核心,其中复合材料液体成型(liquid composite molding,LCM)工艺是复合材料低成本制造技术发展的重要方向之一,而该工艺的关键技术之一就是干纤维预成型体制备技术,该技术就是通过一定的预成型技术,把经向、纬向及厚度方向等纤维束(或纱线)制备成一个干纤维整体,即为干纤维预成型体,然后以预成型体作为增强材料进行树脂浸渍固化而成型复合材料结构。

干纤维预成型体制备方法主要有手工铺贴、编织、机织、针织、缝合、铺缝及自动铺干丝(automated dry fiber placement,ADFP)工艺。早期采用较广泛的是手工铺贴方法,该方法应用灵活,能实现复杂型面的铺贴,但操作效率低,且成型质量精度和可重复性较差。编织、机织、针织及缝合方法形成的预成型体都存在一定的优缺点。编织预成型体可以实现变密度、变截面等异型结构件,但是难以实现大尺度结构,并且成本较高;机织预成型体有固定的纱线系统,但大部分结构中纱线有屈曲,影响纤维束模量和强度的发挥,并且各向异性严重;针织预成型体中纤维束保持了伸直,提高了预成型体的模量和强度,但是,由于绑定线圈需要针刺形成,从而限制了预成型体的厚度,并且绑定过程中易于损伤纤维;缝合能实现较高效率的纤维铺放,但由于导致面内纤维变形,缝合针脚对预成型体的面内性能损伤较大。所以不同的预成型体制备方法应该根据产品的性能需求、产量需求和成本需求等综合比对选择。自动铺干丝工艺目前是一种比较新的预成型体制备方式,采用铺丝机铺放干纤维丝,铺放效率高,能实现复杂型面的成型,且纤维排布比较致密,能实现高纤维体积分数零件的成型,并且制造精度较高。

5.1 干纤维预成型体工艺理论基础

干纤维预成型体通常用于复合材料液体成型工艺中,通过定型剂、编织、机织、针织、缝合、自动铺干丝等方法将增强材料制备成二维(2D)或三维(3D)形式。

5.1.1 编织技术

编织技术是干纤维预成型体的主要成型技术之一。编织就是由若干携带编织纱的编织锭子沿着预先确定的轨迹在编织平面上移动,使编织纱相互交织构成空间网络状结构。有二维(2D)编织和三维(3D)编织之分,二维编织是指编织物厚度不大于编织纱直径3倍的编织方法;三维编织是指所加工的编织物厚度至少超出编织纱直径的3倍,并在厚度方向上有纱线相互交织的编织方法。三维编织技术是二维编织技术的延伸,三维编织结构是通过纤维束或者纱线在立体空间上交织而形成的整体结构。编织结构复合材料的一体成型特性在三维整体编织技术中得到真正的体现,保证了复合材料制品的整体特性,同时可以根据构件预成型品的几何形状编织各种复杂的纤维预成型件。

2D编织与3D编织的差别在于2D编织仅实现平面、简单管状编织,而3D编织可实现立体整体编织结构;在一些文献中也常提到2.5D编织,该编织结构实际上以2D编织为基础,实现2层、多层或者空间构型的2D结构的编织方法,从严格定义上讲依然为2D编织结构。编织技术的最大优点就是可以实现变厚度、变密度、变纤维角度编织,使实现复杂曲线形状编织成为可能;3D编织产品是真正意义的增强材料三维结构。图5.1为2D编织结构参数,宽度 L 称为一列,长度 w 称为一纬,d 指编织纱的直径,其编织结构由 L 和 w 的个数决定,α 为编织角,它是指纱线与织物纵向的夹角。与干纤维预成型体密切相关的典型三维编织结构有二步法三维编织、四步法三维编织、多步法三维编织等。表示三维编织物的几何结构参数一般有:编织节长、编织角、纤维纱直径、纤维体积分数、编织物的外形尺寸等。典型的四步法三维编织的细观结构和单胞模型如图5.2所示。图5.3和图5.4分别为2D和3D编织物。

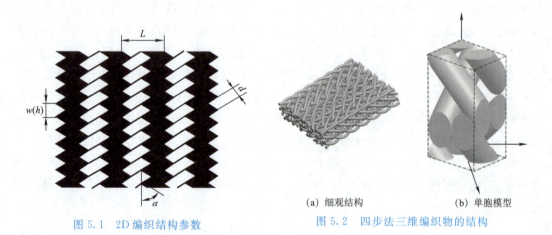

图 5.1　2D编织结构参数

(a) 细观结构　　(b) 单胞模型

图 5.2　四步法三维编织物的结构

3D编织物具有其他预成型体和预浸料不具备的优点:

1. 复杂形状产品切割浪费较低

目前,许多复合材料预成型体是由形式简单的2D平面织物制得。除了切割、铺叠和缝纫等制成3D预成型体外,成本昂贵、无法获得最优机械性能以及性能预测都是2D织物制备3D预成型体的缺点。3D编织技术制备的织物,能实现复杂预成型体部件的净成形,即预成型体成形后,仅需少量加工或不再加工,就可用作复合材料构件的成形技术,生产效率高,减少纤维切割浪费。

图 5.3　2D 编织物

图 5.4　3D 编织物

2. 编织能承担复杂载荷

3D 编织可以实现复杂预成型体,纤维形成真正的 3D 结构,特别是可以按最终用户要求(机械载荷标准、安全标准、环境标准)设计满意的织物结构,纤维角度可以贯穿整个预成型体进行变换,包括 0 镶嵌纱,为横观各向同性体,能够承担复杂载荷。

3. 能实现变截面的复杂构件

3D 编织工艺中,编织参数可以改变,使复杂形状编织成为可能,包括任意截面和变厚度均可实现,同时保持纤维角度的连续。大的交叉截面也可以实现,包括中空形状。

应用三维编织技术制造复合材料,从编织、复合到成品,不分层,无机械加工,或仅做不损伤纤维的少量加工,从而保持了材料的整体性,克服了层合板复合材料层间强度和刚度不足的缺陷,显著地提高了材料的整体强度和刚度,也极大地提高了材料综合性能。目前,编织结构复合材料已广泛应用于许多高科技领域,例如体育用品、工业设备、医疗器械、汽车制造以及国防和航空航天领域。

5.1.2　机织技术

机织预成型体是二维或三维机织物的总称。机织复合材料中由于经纬纱相互交织,具有比 $0°/90°$ 编正交铺层压复合材料更好的结构稳定性和 $±45°$ 铺层方向的剪切强度。Cox 等根据加工方式和生产过程对机织预成型体进行分类,如图 5.5 所示。

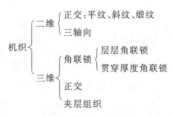

图 5.5　机织预成型体分类

机织物通过经纬纱交织,使纱线形成起伏或屈曲,借助纱线间摩擦成为稳定结构。图 5.6 是机织物的三种基本组织:平纹、斜纹和缎纹。纱线浮长的不同形成不同的织物组织形式。图5.6中织物差异来源于经纬纱交织结构和参数的不同,如织造密度、经纱张力、纬纱张力和织造过程中的打纬力。

先进纺织生产技术使三维机织预成型体种类和可设计性得到很大提高。通过改造传统二维织物的织造技术,可以织造出沿厚度方向整体性更高的立体织物。如纱线贯穿厚度方向的角联锁机织和正交机织是两种主要的三维织造方法。三维角联锁机织物可以用多臂织机和提花织机织造。经纱可以贯穿多层纬纱,也可以织造包含直线填充纱的纺织结构。通过改变纱线层数、接结方式和填充纱位置,可以织造多种不同几何结构的织物。典型的三维机织结构如图5.7所示。

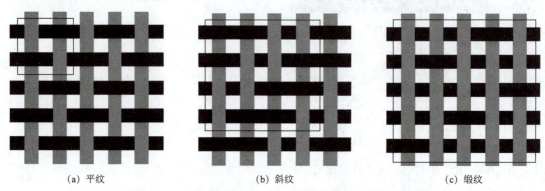

(a) 平纹　　　　　　(b) 斜纹　　　　　　(c) 缎纹

图5.6　机织物基本组织(黑框中代表织物最小重复单元)

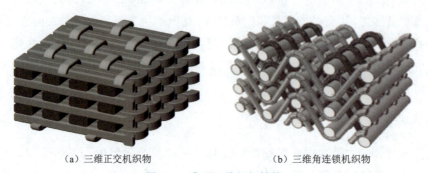

(a) 三维正交机织物　　　　　　(b) 三维角连锁机织物

图5.7　典型三维机织结构

5.1.3　针织技术

针织技术又分为经编技术和纬编技术,如图5.8所示。在复合材料的预成型体制备技术中,常用针织技术为经编技术,但是图5.8中的结构却很少直接使用,因为该经编结构中仅有线圈结构,其高性能纤维不易成圈,且复合材料中的纤维最好为伸直状态,以提高复合材料的刚度和强度,所以在复合材料预成型体中,图5.8中的结构仅为预成型体的绑定部分,其主体部分为伸直的高性能纤维纱线,主要结构如图5.9所示,称为多轴向经编织物或者非卷曲布(NCF),是20世纪90年代末欧美先进工业国家针对低成本复合材料LCM工艺开发的一种新型碳纤维织物。

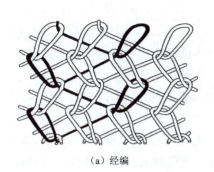
(a) 经编

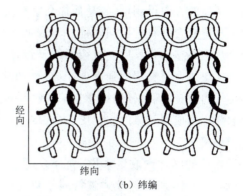
(b) 纬编

图 5.8 针织物

与传统机织布相比，经编织物将多层单向纤维按照一定的角度排列，然后用经编线将它们束缚起来，这种结构中纤维纱束无褶皱，具有较高的轴向强度。由于经编织物（NCF）中纤维呈无屈曲平行排列，能充分发挥纤维的力学性能，同时具有良好的变形性与铺覆性，故 NCF 多用于液态成型工艺，且

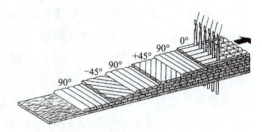

图 5.9 多轴向经编织物

其制备的复合材料力学性能较其他类型织物优良。然而，NCF 由于多层相互锁结作用更强，虽整体性大大提升，但面内弯折等工艺性难以保证，织物弯折变形后较其他类型织物更易回弹影响定型预制效果，因此 NCF 织物更需要采用定型处理。此外，定型剂处理既保持织物的整体可操作性，还为织物赋予了优良的表面黏性，这样才能满足液态成型工艺过程中的层层黏结铺覆要求。

相对于单向纤维的预浸带，虽然其复合材料的拉伸强度略低，但它没有适用期限制，不需冷藏保存，纤维铺放简单省时，且一次可铺放多层材料，无须采用真空袋热压罐固化，从而提高生产效率，使得复合材料制造总体成本更低廉。而且这种纺织增强体尺寸稳定性非常好，适合成型复杂形状的部件（如双曲率部件）。

经编织物在 RTM 工艺中可作为高纤维体积分数的预制体，它具有力学性能优异、制造成本低、工艺性好等优点，现已广泛地应用于各种高性能复合材料中，如航空航天、造船业、汽车工业、体育用品、建筑、能源和医疗等领域中。目前，在航空领域，多轴向 NCF 织物在液体成型工艺零件中的应用较为广泛。主要的 NCF 供应商有 SEARTEX 公司，国内的常州宏发纵横科技有限公司在 NCF 的编织和生产方面也已具备相当的能力与规模。

5.1.4 缝合技术

复合材料缝合技术是指采用缝合线使多层织物结合成准三维立体织物或使分离的数片织物连接成整体结构的一种复合材料预制体制备技术。该技术起源于 20 世纪中后期，是针对传统工艺方法不足而开发的一种全新的技术。其原理是通过缝合手段，使复合材料在垂直于铺层平面的方向得到增强,从而提高材料层间损伤容限,穿过增强织物厚度方向的缝线可以大大改善复合材料的层间性能。不仅如此,缝合技术应用于复合材料液体成型工艺可提高制件成型的整体化程度。缝合纤维预制体可用于制造大型复杂结构复合材料构件,不仅克服了传统复合材料层间强度弱、易分层的缺点,抗冲击损伤性能大大提高,而且减少了金属连接件的数量,既减轻结构质量,又减少制造总成本。

影响缝合预成型效果的主要工艺参数包括:缝合方式、缝合密度、缝针形式以及缝线等。

1. 缝合方式

对于常见的缝合预成型来说,缝合方式主要有三种:锁式缝合、链式缝合、改进后的锁式缝合,如图 5.10 所示。锁式缝合属于双面缝合,上线和底线的接套处于预制件体中间,而改进的锁式缝合中,缝线被缝针从预成型体一侧带入,与底线结套后再由缝针带出进行下一个循环,上线与底线的结套处位于预成型体表面,最大限度地减少了预成型体厚度方向上的缝线、纤维弯曲及应力集中效应,具体如图 5.10(c)所示。锁式缝合一般要求预成型体具有较小的曲率变化,目前广泛应用于大尺寸壁板边缘缝合及加强筋与蒙皮的连接缝合,缝合厚度可达 20 mm。链式缝合属于单面缝合,弯月形的缝针与摆线钩针位于同一边,随着缝针沿缝线方向移动,弯针反复穿透预制体并使绕套相连,具体如图 5.10(b)所示。链式缝合通常适用于曲率较大较薄的预成型体缝合,缝合厚度一般不超过 10 mm。两种缝合方式都适合纤维预成型体的缝合,但两者本身又都存在一定的不足。锁式缝合方式的不足主要表现在上线和底线的结点在缝料厚度的中间位置,这对一般意义的缝合来说没有问题,但对复合材料来说,结点处的应力集中会对复合材料的性能产生较大影响,故而出现了改进式的锁式缝合,如图 5.10(c),结点在制件表面,而留在制件内的缝线是一段直线,从而有助于保障最终制件的力学性能。链式缝合的不足是当缝线断裂时,会发生连锁的脱散。

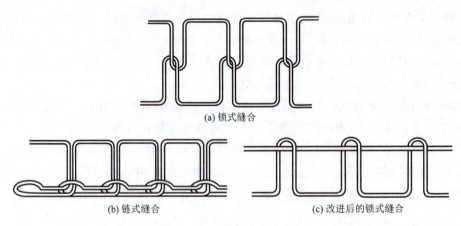

(a) 锁式缝合

(b) 链式缝合   (c) 改进后的锁式缝合

图 5.10　三种缝合方式对比

2. 缝合密度

通过缝合可以提高复合材料层合板的层间性能,对 CAI 值有较大贡献。但在对干态纤维预成型体进行缝合的同时,缝针也会对层合板 x、y 方向的纤维造成一定程度的损伤,而且缝合密度越大,纤维被损伤的程度越严重,因而选择恰当的缝合密度显得尤为重要。缝合密度主要包括缝线的针距和行距2个参数,缝合密度越大,预制体内部的纤维损伤及纤维屈曲现象越严重,预成型体内部的富脂区域也越多,对制件面内性能影响也越大;反之,缝合密度越低,制件层间性能改善也越小。因此,应合理设计缝合密度,以提高复合材料制件整体性能。

3. 缝针形式

由于缝合过程中缝针会对纤维造成一定程度的损伤,针尖太锋利,纤维容易被切断,针尖太钝,针尖进入预成型体的阻力太大,缝合效率降低,甚至无法缝合,因此,针尖的锋利程度要适中。对于缝针的粗细,在保证缝针刚度的同时缝针越细越好,尤其对纤维泡沫夹芯预制体进行缝合时,越细的缝针对泡沫的损伤越小。

4. 缝线

在航空复合材料构件中,由于制件性能的要求,一般采用高性能纤维作为缝线。目前多采用芳纶材料,因为其特殊的耐磨性、良好的抗冲击韧性和较低的纤维密度,在缝合过程中得到了广泛应用。在复合材料预成型体缝合时通常应用不加捻的 Kevlar 纤维纱线。这种不加捻的纱线和加捻线相比耐磨性较差,且有缝合过程中有易松散起毛等缺点,但是加捻线由于纤维束弯曲,纤维强度会有所下降,通常 Kevlar 纱线加捻后纤维强度下降35%左右。

5.1.5 预成型体铺贴定型技术

干纤维预成型体的主要制备方法之一是纤维织物的手工铺贴,其中最重要的预成型体制备技术为铺贴定型剂的使用。

1. 纤维织物表面自带定型剂

目前,一些材料供应商结合手工操作需要,在纤维织物表面均匀分撒粉末定型剂,定型剂一般和成型树脂体系具有良好的材料相容性,但这种定型剂的含量较低,且需采用加热辅助定型。对于大曲率变化的结构铺贴,铺贴定型的效果较差。因此,在该项技术的研究中,进行了其他定型方法的尝试,由于要避免定型剂的材料相容性问题,研究均基于本体注射用树脂进行。

2. 注射用树脂制备定型剂粉末

要将树脂制备成定型剂,首先必须对树脂进行预聚处理,使其具有相应的预聚度,在常温下具有较高的黏度,再对其进行分散处理。试验中,首先对树脂进行不同工艺条件预聚,待冷却至室温后,将其进行粉碎分散,并将分散状态树脂溶于四氢呋喃,将定型剂溶液涂覆于纤维表面,并以 U 型回弹结果评价定型效果。同时将分散状态树脂撒于纤维布之间,加热预定型,观察纤维层间树脂熔融状态,如图 5.11~图 5.14 所示。

3. 注射用树脂制备定型剂溶液

在液体成型工艺中,纤维预成型体铺放是保证产品最终成型质量的最重要步骤。纤维预成型体的铺放定位要借助定型剂,一般处理方法有两种:第一种是将定型剂预先熔融处理,使其分布在纤维布表面,在预成型体铺贴时局部加热预定型;第二种是采用额外的定型剂,在纤维布铺贴时涂洒在纤维布表面,进行局部加热预定型。这两种方法均有其局限:采用第一种方法时,纤维布上定型剂分布量一般都较小,使得进行大曲率变化面铺贴时定型效果不好;第二种方法使用时则需考虑额外定型剂与本体树脂的相容性和预聚度问题,避免定型剂在制件固化成型后可能残留在内部,从而影响制件成型质量,同时,采用粉末定型,需同时进行反复加热辅助,操作效率较低,且在手工铺贴过程中,粉末难以实现均匀分布,如图 5.15 所示,因此难以实现较好的预成型体整体定型效果。

图 5.11　U 型回弹结果

图 5.12　加热处理后的树脂状态

图 5.13　预聚树脂熔融后的状态

图 5.14　预聚树脂的粉末状态

图 5.15　粉末定型剂效果

定位胶喷射方法可以起到较好的静态定型效果(在预成型体不移动前提下),但若预成型体涉及后续的缝合转运操作时,纤维仍会出现松散,定型剂的黏接效果有限,且定位胶容易引入新材料,导致材料体系相容性问题。

因此,可采用定型溶液配置方法,配制本体树脂溶液进行喷射定型,配制时不需进行预聚,可操作窗口较宽,并且能通过调配溶剂配比调整所需粘度,通过喷射方法能使定型剂均匀分布在纤维表面,达到较好的整体定型效果,同时可通过后期预定型调整预成型体所需的定型效果,如图 5.16 所示。

图 5.16 溶液定型剂喷射

5.1.6 干纤维自动铺放技术

随着干纤维丝束材料技术的逐步发展,在自动铺丝技术的基础上,改进铺放设备,使干纤维自动铺放预成型技术得到了应用。目前较成熟的干纤维丝束主要有 Hexcel 公司的 HiTape 和 Solvay 公司的 TX1100,相关文献显示干纤维技术+液体成型树脂可以达到预浸料相当的力学性能。HiTape 干纤维丝束是 Hexcel 专门为非热压罐成型技术设计的,适应干纤维的自动铺放工艺,配合 HexFlow 树脂,零件厚度可达 30 mm,纤维体积分数为 58%~60%,Hexcel 与 Stelia Aerospace、Coriolis Composites 及 Composite Adour 公司一起获得了 2015 年 JEC 创新奖,同时说明了 HiTape 能达到飞机主承力结构的要求。Solvay 公司的 TX1100 干丝束配合 EP 2400 树脂用于 MS-21 飞机外翼及中央翼,实现自动铺放+非热压罐技术在主承力构件上的应用。

目前国际上只有日本、美国等少数几个国家掌握了用于干纤维自动铺放的专用纤维制备技术,并提供了相应产品。目前,常采用中模高强碳纤维丝束,在纤维丝的表面直接带有一层 Binder 材料和少量环氧树脂。Binder 为热塑性增韧材料,有两个作用,一是在干丝铺贴阶段,与环氧树脂共同用于层间黏结定型;二是可以起到层间增韧的作用。

5.2 干纤维预成型体工艺技术与装备

随着复合材料产量和质量需求的提高,对生产效率的要求也越来越高,干纤维预成型体的制备从传统的手工铺贴逐步向自动化制备转变,在自动化程度提高的过程中,自动化技术和装备的发展是必不可少的。

5.2.1 编织技术与装备

应用于复合材料液体成型工艺的编织预成型的实现需要专门的编织设备,最常见的是二维和三维编织,二维编织机器结构较简单,主要有平带编织、圆形编织、径向编织等,从纱锭方向上可以分为外环式编织机和内环式编织机。三维编织机器主要有两步法编织机、四步法编织机、三维旋转编织机等。典型的编织机如图 5.17 所示。三维编织可以用于较复杂构件的预成型体制备,应用范围更广,也是当前国际上研究开发的重点方向。

(a) 外环式2D编织机

(b) 内环式2D编织机

(c) 四步法3D编织机

图 5.17 典型编织设备

四步法三维编织预成型体的机构及简单编织步骤如图 5.18 所示。图 5.18 中编织机床和纱锭在 $x\text{-}y$ 平面上,x、y 方向各有 4 根纱线,而编织预成型体在 z 方向编织成型。在图 5.18 所示编织过程中,纱锭首先沿 y 方向运动一次,纱锭移动一个纱锭的距离。第二步则是纱锭沿 x 方向运动一个纱锭的距离,紧接着纱锭再次沿 y 方向运动。最后一步纱锭沿 x 方向运动完成一个编织过程。经过四次移动后编织机床中纱锭分布将回到原来位置即为一个编织循环。完成一个编织循环后,在 z 方向上编织而成的预成型体长度则成为一个编织节长。

1×1 则是指纱锭在 x 方向移动一次后,紧接着 y 方向的纱锭再移动一次。这样纱锭依次在两个方向上移动可以获得最高的编织紧密度同时形成的三维编织预成型体结构紧密规则,表面平整。任何四步法 1×1 方法编织而成的编织物都是通过以上方法循环编织而成的。

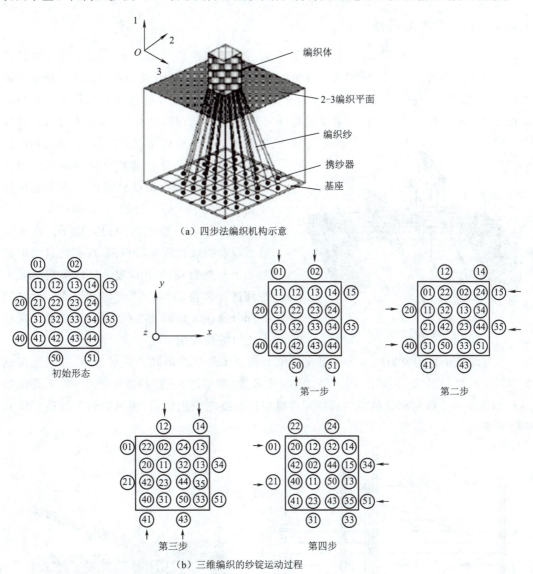

图 5.18 四步法三维编织结构及纱锭运动过程

三维编织复合材料的编织工艺有四步法、二步法、多层联结编织法和多步法等,其中四步法和二步法是该领域内目前使用的最主要的两种方法。四步法是在 Florentine 于 1982 年发明的一种编织工艺的基础上发展起来的,它可以编织许多不同截面的结构,如板状、管状、半柱状和柱状等;二步法由 Pipes 等人研究发明,适宜于编织非常厚的结构,可以编织板状、管状等结构;多层联结编织法的预成型体与四步法和二步法的差别较大,这种方法不像四步法、二步法那样使编织纱穿过编织件整个厚度,而是仅穿越相邻的两排纱线。这种编织方法的一个显著优点就是可以编织多功能三维纤维复合材料,即按照不同功能的需要选用不同的纤维,再利用三维分层整体编织工艺把具有不同功能的层整体编织在一起,形成三维多层整体织物。

5.2.2 机织技术与装备

二维的机织装备在市场上已经非常多了,虽然二维机织机构非常多,但是基本原理都是基于二维平纹织物,图 5.19 所示为二维机织物的织造过程。经纱被储存在称作经轴的织轴上,然后依次穿过织机上各导纱元件至位于织机前端的卷布辊。纬纱从各纱管退绕并引入垂直于纬纱的经纱片之间。机织装备主要分为开口、引纬、打纬、送经、卷曲五大部分。现代织机基本上都是自动织机,即自动完成补纬运动的织机。自动补纬装置分成自动换纤和自动换梭两大类。自动换纤是由纤库中的满纤子去替换梭子中的空纤子,自动换梭是由梭库中的满梭子去替换梭箱中的空梭子。由于换纤过程较换梭过程难以控制,现在的自动织机基本上都是自动换梭装置。自动换梭装置由探纬诱导和自动换梭两大部分组成。探纬诱导部分是在织机的开关侧,而自动换梭装置是在织机的换梭侧。

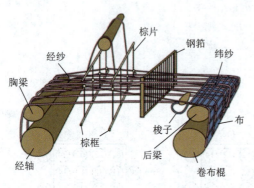

图 5.19 二维机织物成型原理

三维织机中最为典型的为三维正交机织预成型体和三维角联锁预成型体,三维正交机织其织造示意如图 5.20 所示,由经纱、纬纱及 Z 纱(绑定纱)三组纱线系统组成,其设备如图 5.21 所示。三维角联锁机织物可以用多臂织机和提花织机织造,也可以通过改造传统的织机织造。

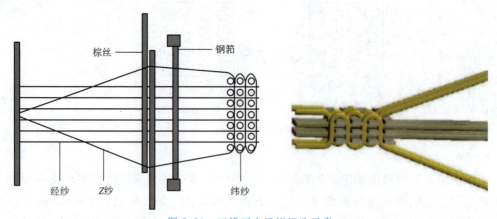

图 5.20 三维正交机织织造示意

5.2.3 针织技术与装备

利用织针把纱线绑定在一起的机器称为针织机。针织机根据成圈方式的不同分为纬编针织机和经编针织机。复合材料中常用的为经编针织机,经编针织机除按针床数量分为单针床经编机和双针床经编机,按针型分为钩针经编机、舌针经编机和复合针经编机外,还按织物引出方向和附加装置分为特里柯脱型经编机、拉舍尔型经编机和特殊类型经编机(钩编机、缝编机、管编机等)三大类,其中广泛使用的是前两类。针织机一般都具备给纱机构、编织成圈机构、牵拉卷取机构、传动机构及一些辅助装置。典型的双轴向经编机和多轴向经编机如图5.22和图5.23所示。

图5.21 三维正交机织设备

图5.22 双轴向经编机

图5.23 多轴向经编机

5.2.4 缝合技术与装备

缝合技术已有近30年的应用历史,它可以对复合材料结构件进行厚度方向的增强,主要用于改善复合材料结构件的损伤容限。目前,缝合设备已经从第一代人工控制的工业缝纫机,第二代计算机控制的平面缝合设备发展到了第三代多台计算机控制的多针头缝合设备,可实现多种结构的二维及三维缝合。近几年来,液体成型工艺的迅速发展,更为缝合技术的广泛应用奠定了良好的基础,固体火箭发动机喷管喉衬、扩张段、延伸锥、刹车盘、螺钉、飞机机翼等都采用了复合材料缝合技术。

缝合机主要分为二维及三维缝合设备。根据缝合类型又可分为锁式缝合机、链式缝合机等。主要的缝合机制备商有德国KSL公司等。缝合机可对缝合对象进行精确定位及缝合轨迹设计。缝合的厚度太大,需配备较尖锐缝针,而缝针的尖锐程度直接对纤维造成不同程度的损伤,因此一般来说,缝合厚度不超过25 mm。

缝合机一般具备缝线张力监测系统,可自动监测缝线的张力。如果缝线张力超过设置要求,控制系统就会自动停止设备运转。上线张力可通过电气控制,下线通过针数记录监视;缝线张力调试方式为电子控制。通过线性阀门控制缝线张力,并可直接通过计算机输入张力值来设定和控制缝线张力。缝合机具有去张力装置,可根据要求减小缝线张力,从线团到拨线器后缝线张力可为零。

缝合机同时具备缝线轨迹编程设计功能,根据设计数模能够对所缝合的路径、缝合轨迹进行过程模拟,检验缝合路径是否有冲撞。典型的三维缝合机如图 5.24 所示。

美国以及欧洲一些国家早已开展了缝合设备的研制,在缝合技术的工程应用方面也取得了一定的成果。自从开始出现复合材料的缝合技术,从单头单针工艺技术发展到目前的机器人技术、计算机控制、多头多针等先进缝合技术。波音公司已经研制出可以缝合大型、形状复杂的纤维预成型体的第三代缝合设备,并用于机身和机翼等部件的制造;德国 KSL 公司已研究出多种型号二维/三维缝合设备,并已应用到航空复合材料生产中。

图 5.24 三维缝合机

5.2.5 干纤维自动铺放技术与装备

干纤维自动铺放预成型技术是最新发展的一种先进的预成型体制造技术,代表着航空复合材料制造业最新的技术发展前沿。干纤维自动铺放预成型的实现,需要专门配套的自动铺丝(AFP)设备,典型的自动铺丝设备如图 5.25 所示,主要由机床主体、纱架系统、铺丝

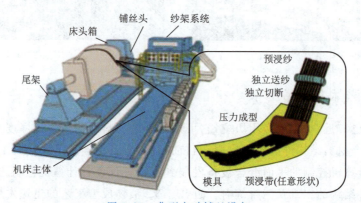

图 5.25 典型自动铺丝设备

头三部分组成。机床主体的主要功能是实现铺丝头的快速移动和空间坐标的定位;纱架系统实现预浸丝束料卷的存储、放卷、薄膜回收、张力控制、传输和导向等功能;铺丝头主要实现丝束的压紧、送进、切割、导向、加热、辊压等功能,将丝束铺放在模具上。

目前只有国际上一些大型数控机床制造商,在其大型数控机床结构设计技术的优势上,才有能力开发出先进的 AFP 设备,如图 5.26 所示。

图 5.26 自动铺丝设备实例

AFP 设备的核心部件是其铺丝头,如图 5.27 所示,通过铺丝头控制干丝铺放的幅宽、路径、裁剪,并在铺放的同时实现定型。

目前应用在纤维铺放中的热源主要有激光热源、红外线热源和高温热源 3 种。激光热源具有加热时间短的优势,但是受到自身价格高昂、质量与体积较大等不利因素的限制,热固性复合材料预浸料的铺放多采用红外加热的方法进行加热,但是对于干纤维丝束材料通常需要采用激光加热,在铺丝头内带有专门的激光加热设备,加热温度可达 500 ℃,升温速率极高,在干丝铺放的过程中及时定型,如图 5.28 所示。

图 5.27 自动铺丝头实例

图 5.28 干丝铺放过程中的激光加热定型

当前,用于航空飞机制造业的大型复杂复合材料整体构件铺放的高端 AFP 机床,进一步向大型化、高速化、自动化和集成复合化方向发展,以提供高生产率、高自动化、高性能和更宽铺放应用范围的 AFP 机床。

截至目前,自动铺丝技术已经得到了快速发展并日趋成熟,其中美国自动铺带技术已经发展到了第五代,其研究的重点是开发多铺带头和针对特定构件的专用化铺丝机。美国的 MAG Cincinnati、ElectroImpact、Ingersoll 等公司是目前国际上先进的自动铺丝设备制造公司。欧洲从 20 世纪 90 年代开始已经对自动铺带机展开研究,现有法国的 Frest-line 和 Coriolis 公司以及西班牙的 M. Torres 公司等主要制造商。目前各种类型的自动铺放设备绝大部分基于预浸料,若采用干纤维则易使纤维从铺贴的位置移动。为解决这一问题,M. Torres 公司开发出能够铺放干纤维的新型自动铺放系统,通过在干纤维铺放位置放置一层轻质热塑性薄纱作为黏合剂以实现自动铺放过程中干纤维的精确定位。在铺带头安装热增压装置加热薄纱后,确保纤维铺放后不会发生滑移,另外薄纱的网格结构还能充当导流介质。

5.3 干纤维预成型体工艺国内外研究现状

5.3.1 编织技术

编织结构复合材料由于增强体为净成形整体结构,大大提高了其静态和动态性能,可以制造外形复杂的部件,目前已在现代工程技术的各个领域显示了独特优势,成为理想的高性能结构材料。二维编织成形技术在原来基础上,发展了三轴向和多轴向技术。三轴向主要是在编织纱线基础上添加轴纱,多轴向编织技术是指在添加轴纱的同时,也引入0°纱线。由于两维编织纱线会发生交织,纱线相应的产生屈曲,进而影响了编织纱刚度和强度的利用率,所以近几年国外和国内都开发了单向编织技术,就是由传统编织的两组相同纱线,换成一组是高性能纤维,一组是极细的热塑性纤维,热塑性纤维起固定纱线系统和黏结作用,因为一组纱线相对高性能纤维较细,所以在结构上可以近似认为只有一组纱线的编织,即和传统的铺层相似,纱线就会相对伸直,刚度和强度利用率也大大提高。在单向编织技术基础上,东华大学和中国商用飞机有限责任公司开发了多层多向编织技术,该编织工艺实现了±0°纱的机器编织、90°纱的机器缠绕、0°纱的机器铺放。

三维编织技术发展最快为四步法三维编织,为满足不同制件的性能需求,多向三维编织技术得到进一步发展,三维四向、三维五向、三维七向等技术被开发;为了满足不同制件的形状需求,变截面工艺和异形截面工艺被开发,变截面三维编织技术主要运用编织工艺及其设备上的技术特点,通过编织过程中改变参与编织纱线的数量或细度,而不影响后续的编织进程,进而实现变截面预成型体的整体编织。当前,实现变截面编织中参与编织纱线的细度与数量的增减纱工艺有单元尺寸缩减法和单元数量减少法。异形截面编织主要是区别于常规的矩形截面编织。异形编织工艺主要编织各种由矩形截面组成的复杂形状的预成型体,如T形、工字形截面等预成型体。在编织该预成型体时由于携纱器的排列不同于矩形截面排列形式,通过"四步法"编织时使携纱器位置发生错乱,不能按照要求进行编织。因此传统的"四步法"编织工艺对于横截面复杂的预成型体并不适用。对于这种预成型体的编织通常采用通用法和混合法两种编织技术。目前,国内研究变截面和异形界面三维编织相关技术的单位主要是东华大学、天津工业大学、南京玻璃纤维研究院及国防科技大学等单位,先后研制了不同类型的三维编织机,已经具备一定的水平。

5.3.2 机织技术

二维机织技术在常用天然纤维和化纤上都比较成熟,但是针对高性能纤维,织造时有许多困难,因为和传统纤维相比,高性能纤维,尤其是碳纤维在织造时容易发毛、断线、损失率高等。所以近年来,对两维织机进行了改进,以便适用复合材料干纤维机织织造,优化张力控制和打纬机构是改造两维机织设备的主要方向。高性能纤维剑杆织机是两维织机进展的代表,该类织机织造碳纤维等运行稳定、生产效率高、产品质量好、幅宽大。由于机织的织物结构非常广泛,所以不同的公司根据对结构的要求,设计开发了不同的专用织机,其原理基本相同,主要是打纬结构不同。从目前的进展来看,两维织机打纬结构为摆动打纬机构。摆动打纬机构又分为六连杆摆动打纬机构和共轭凸轮式摆动打纬机构,前者在工艺允许的条件下通过减小打纬动程,降低筘对纤维的摩擦损伤;后者,比连杆式打纬机构有诸多优势,更容易满足引纬时间的要求,且打纬动力学性能更优、主轴同转速下输出的打纬力更大,更适用于宽幅织机,在高速织机上共轭凸轮式打纬机构表现更佳,响应快、惯性小、织机振动小。

三维织机的发展主要分为改进型织机和立体三维织机,为了节约设备成本,大多数高性能纤维的三维织造采用改造传统机织进行。改造主要分为：使用筒子架进行送料，以便解决多层织造时张力不一致问题，但该方法送料数量受到筒子架限制；增加定位分层装置，使经纱穿过分层装置时，一方面减少碳纤维纱线与综眼之间的磨损，另一方面减少纱线之间的相互粘连、磨损；采用间歇卷绕装置和平行打纬机构，采用间歇卷绕装置和平行打纬机构可使上下层的纬纱处于同一垂直面上。采用传统织机织造碳纤维三维织物时，具有机械化程度高，织造方便等特点。新型的立体三维织机都是在两维织机的原理上设计的，其核心都是打纬系统，由于三维机织结构样式多，所以三维织机都是根据具体结构需求进行设计。

5.3.3 经编技术

因为对于复合材料来讲，经编技术主要是绑定伸直的纱线，所以经编技术的发展和编织及机织有较大区别，主要是根据经编机对高速度、精度的共性需求，协调机械机构、控制系统及各功能单元间的配合。电子齿轮技术、电子凸轮技术、无轴传动技术及电子提花技术是经编机的主要进展技术。针对复合材料预成型体，经编最主要的进展是电子凸轮技术，电子凸轮的工作原理来源于机械凸轮，即利用其外轮廓曲线实现凸轮从动件的任意曲线运动，但其又利用机械凸轮所不具备的任意压缩和拉伸性及可无限制延长的非闭合特性，从而突破机械部件对循环花高的限制。在双轴向和多轴向等产业用经编织物加工设备上的全幅铺纬机构中，铺纬小车在可变的指定位移区间内（幅宽）进行频繁的加减速完成往复铺纬运动，其完成位移的时间与主轴编织速度同步，因此为保证小车加减速的平滑性、铺纬速度对主轴的可变跟随性以及往复定位精度，必须借助电子凸轮控制技术来完成。可见，电子凸轮控制技术已经成为现代经编复合材料预成型体装备实现高响应柔性电子横移、电子送经、电子铺纬等功能的关键技术。

5.3.4 缝合技术

随着被缝合件的复杂性要求，缝合技术主要在缝合方式和缝合工艺上得到较好的发展。除了常见的三种缝合方式，目前，被使用的缝合方式还有：Tufting 缝合、暗缝和双针缝合，每种缝合方式都有各自的优缺点和适用范围。常见的三种缝合都是双边缝合，而 Tufting 缝合、暗缝和双针缝合属于单边缝合，单边缝合的引线针和勾线针都位于被缝合件的上侧，由一根缝合线穿过复合材料再形成互锁线圈。传统的双边缝合技术由于需要在两侧安置装备，易受平台限制，比如缝合曲面复杂的结构件时，在底部放置勾线针机构比较麻烦。单边缝合与之相比，则具有更高的灵活性和适应性。

缝合工艺技术主要是随着缝合复合材料制件的研制而进展。早在 20 世纪 80 年代中期，美国道格拉斯公司和 NASA 兰利研究中心首先用缝合/RFI 技术制造了机翼，并对其力学性能进行了系统的试验，为缝合复合材料机翼的设计建立了数据库。后来 NASA 启动 ACT 计划，主要研制缝合复合材料机翼和机壳主结构。成功设计、制造和测试了缝合复合材料机翼是 ACT 计划的主要成就，该计划还促进了缝合复合材料技术的转化应用。如麦道公司利用先进的缝合机,将缝合/RFI 技术应用于制造大型整体缝合的翼板和其他飞机机翼的主承力结构,从而达到改善结构抗冲击损伤能力的目的。另外,美国最新研制的 F-35 战斗机就因为采用了这些先进的复合材料成型工艺和制造技术,提高了复合材料制件的整体性,并减低了复合材料结构的成本。ACT 计划之后,美国又起动了先进的次音速缝合机翼计划 AST,该计划的目标是制造比铝机翼重量减轻 25%、制造成本降低 20%、航运费用减少 4% 的复合材料机翼。波音公司通过发展缝合/RFI 技术参与了 AST 计划,制造了长达 40 ft 的大型飞机的机翼,并对它进行了详细的机械性能测试,最终使 AST 的目标得以实现。目前,波音 B787 的操纵面结构和空客 A380 的球面端框结构采用缝合技术已经得到了成功应用,大大促进了缝合技术由理论转化工程应用。

国内缝合复合材料的研究起步相对较晚,北京航空制造工程研究所于 20 世纪 90 年代中后期开始了缝合/RTM(RFI)复合材料的研究,对复合材料三维增强和 RTM、RFI 等液体成型技术开展了大量的研究工作,在专用基体材料开发、复杂构型预成型体缝合工艺和液体成型技术方面均取得了突破性进展。目前,国内对缝合技术的研究主要集中于缝合复合材料的细观结构模型与模拟、缝合结构力学性能和缝合参数(如缝合方式和缝合工艺参数等)对其结构的影响,并逐渐向工程应用上进行拓展。近年来,我国在复合材料缝合技术研究与应用方面也给予了高度的重视,"十五"期间就将缝合与织物预成型体/RTM(RFI)技术作为主要研究内容,"十一五"发展规划指出:推广使用缝编织物,鼓励开发自动化程度高、工艺性能好的工艺设备。在国产大型客机 C919 上,也曾经采用该技术进行平尾升降舵样件的开发研制,典型应用缝合升降舵壁板如图 5.29 所示,并且采购了大型二维及三维缝合设备以发展该技术的应用。

图 5.29　缝合升降舵壁板

5.3.5　干纤维自动铺放技术

作为一种新兴的复合材料低成本制造技术,干纤维自动铺放—液体成型技术使用自动铺放技术制备预成型体后再液体成型,综合了自动铺放和液体成型的优势,同时避免了液体成型时预制体的制备问题，展现了极强的应用前景。

近年来，欧美等国在航空航天领域已开展此类新技术的研究，俄罗斯率先应用在其大型商用客机 MC-21 的机翼部分制造上，波音和空客公司都已成立专项研究课题。Rudd 等使用粉末喷涂法首先进行了干纤维自动铺放—液体成型技术的可行性验证；Matveev 等提出一种干丝变角度铺放过程中丝束褶皱的预测模型，通过转向半径的变化来预测起皱概率，并进行实验验证；Robert 等则比较了两种不同铺放工艺超声固结和热压对预成型体性能的影响；Belhaj 等研究了三种干丝丝束排布形态（无缺陷、搭接、间隙）预制体的力学性能以及树脂渗透率。

目前中国商飞北京民用飞机技术研究中心、上海飞机制造有限公司等通过进口的方式也拥有了带有激光加热的自动铺丝机，并在 2017 年首次实现干纤维丝束的自动铺放，随后基于干纤维自动铺放预成型技术成功研制了 3 m 级液体成型 VARI 工艺帽型加筋壁板试验件和 L 型窗框液体成型 RTM 工艺试验件，如图 5.30 和图 5.31 所示。

图 5.30 基于干纤维自动铺放预成型的加筋壁板试验件

图 5.31 基于干纤维自动铺放预成型的机身窗框试验件

5.4 干纤维预成型体在航空航天的应用

复合材料自问世以来已逐步发展成为航空工业具有独特竞争优势的重要战略材料。在国际国内工业领域节能减排、绿色制造的高要求下，顺应智能化、数字化、低成本化制造的趋势，复合材料制造技术中的液体成型技术因其低成本和环保等优势受到飞机设计师及航空制造企业的青睐。

三维编织复合材料首先在航空航天领域得到应用。其中包括机体梁、维编型截面机身框、机身圆筒、尾翼轴、夹筋板、火箭头锥和火箭尾喷管等。美国 Brunswick 公司用编织结构复合材料制作了多个导弹弹翼和航天器接头。目前，三维编织复合材料已应用于以下部件：飞机雷达罩、飞机螺旋装叶片、碳纤维三维编织管接头及管材如火箭尾喷管和碳纤维编织物环氧板材、片材及异形材等。

三维机织复合材料在工程界受到普遍关注，成为航空、航天和航海领域的重要结构材料,如涡轮发动机的止推转向器、转子、叶片结构的增强,机身框架的"井"字形部件、十字形叶片、复叶片的加强板,机翼的前缘部件。最近将机织的"H 形的连接件用于蜂窝夹芯机翼板的连接,这种结构改善了力的传递,减少了剥离应力。采用三维正交机织预成型体新技术可以制造出净尺寸的机翼整体加筋壁板,与蒙皮整体成形机身框架和舱窗带板以及翼身融合体大部件,从而提高复合材料飞机结构设计许用值。通过取消多零件组件和金属紧固件来提高飞机结构的减重效率,为先进复合材料在飞机结构上的大量应用,实现下一代飞行器的减重目标提供有效途径。LEAP-X1C 发动机的风扇叶片采用了三维角联锁预成型体,经过 RTM 成型,叶片具有良好的安全寿命、减重、降噪等特点。

经编织物作为一种能够充分发挥纤维特性的织物结构,首先是在航天航空领域被开发应用。美国 NASA 在 20 世纪 80 年代末提出了 ACT(advanced composites technology)计划,集合了许多著名公司,如 Boeing、Corning、Hexcel、Milliken 等,目的就是利用经编织物制造一种用于航空主结构件的复合材料,后来的报道表明他们已经取得了相当好的进展,研制出了长达 20 多米的全复合材料飞机半机翼。20 世纪 90 年代中后期,经编织物在欧美等国的民用领域得到大量推广,航空工业、风机叶片、高性能船舶、体育用品、汽车等行业都得到了大量应用。经编织物复合材料在国内的应用正处于逐步发展之中,航天材料及工艺研究所在国内率先引进了多轴向经编设备,通过消化吸收引进技术,创新发展了多种经编织物产品,包括以碳纤维和玻璃纤维混编及芳纶纤维和玻璃纤维混编的多轴向织物,同时,航天材料及工艺研究所在应用研究方面也在逐步取得进展,国内应用研发的一些典型产品包括高速船艇、风机叶片以及航空航天领域的众多产品。

缝合复合材料具有抗分层能力强、抗冲击损伤容限高、疲劳性能优良、构件的整体性能好等特性。它既可用来制作板材,又可将织物叠层后缝合在一起,制作立体结构的制件。如制作大型、复杂型面、带加强筋条及带加强梁的结构件,在飞机的机壳、翼板和叶片的加强件以及民用结构的工字梁、汽车部件都具有广阔的应用前景。

波音、空客在襟、副翼等非主承力结构及后压力球面框、机身隔框、扰流板接头等复杂结构中采用液体成型工艺。其中 A380 后压力球面框、A380 窗框、A330/340RTM 扰流板接头、A400M 货舱门、B787 襟、副翼等均采用干纤维织物制备干纤维预成型体,而 B787 机身部分隔框预成型体采用干纤维丝束编织成型。其应用如图 5.32~图 5.37 所示。

图 5.32 A380 后压力球面框

图 5.33 A380 窗框

图 5.34　A330/340RTM 扰流板接头

图 5.35　B787 后压力球面框

图 5.36　B787 襟翼副翼

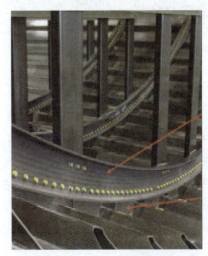
图 5.37　B787 机身隔框

俄罗斯 MS-21 单通道客机机翼的翼梁、蒙皮壁板和中央翼盒的 6 个截面壁板采用了干纤维树脂浸渍成型工艺,这是民用客机历史上首次采用非热压罐成型技术制造复合材料机翼主承力构件,如图 5.38 所示。该工艺采用两种宽度的干纤维带,利用干纤维自动铺放设备制备预成型体,然后在先进的热浸渍自动中心(TIAC)完成树脂浸渍和固化。干纤维树脂浸渍成型工艺的一个标志性成果,是作为机翼联合开发伙伴之一的钻石飞机公司所制的机翼原型件达到了 0.3% 的孔隙率,可以说完全具备了热压罐固化的高质量水平。

图 5.38　俄罗斯 MS-21 液体成型机翼及中央翼

庞巴迪 C 系列也采用液体成型技术制造了复合材料机翼主承力构件,机翼蒙皮和长桁采用干纤维织物手工铺贴,在热压罐中压实预成型体。长桁先铺成平板,预压实后切割,弯成"C"型,并在蒙皮上组装成"T"型,如图 5.39 所示。

图 5.39　庞巴迪 C 系列液体成型机翼

5.5　干纤维预成型体成型工艺发展前景预测

在国际范围内,液体成型技术的航空应用呈现出一些最新的发展趋势,先进自动化辅助技术得到了有效应用,有力保证了制件的纤维体积分数,使得液体成型技术的应用由次承力结构向主承力结构不断突破,由小型制件向大型制件不断发展,而且在研发过程中,材料供应商、设备供应商与航空制造企业的协作愈发深入,也为液体成型技术的发展应用提供了强大助力。

首先,自动化预成型等先进自动化辅助技术在液体成型技术中的不断应用,使得制件的纤维体积分数等核心参数得到了有效保证。目前的代表技术包括干纤维自动铺放和干纤维三维编织等。这些先进技术的应用,为液体成型技术的进一步应用发展奠定了基础。荷兰 NLR 国家实验室通过 AUTOW 计划(automated preform fabrication by dry tow placement project),与法国 Dassault Aviation、EADS-IW、Hexcel、以色列 Israel Aircraft Industries 等多家单位合作开发,成功通过干纤维自动铺放预成型技术实现了形状复杂的正弦波纹肋的预成型,并通过 VARI 工艺实现了注胶固化。干纤维自动铺放(ADFP)预成型技术对于形状复杂零件的适用性较强。空客 CTC 复材技术中心采用干纤维预成型和 RTM 成型技术成功研制了 A350 的复合材料窗框。其预成型体采用干纤维自动铺缝 TFP 技术制备,由德国 HIGHTEX 公司提供预成型体。干纤维自动铺缝 TFP 技术又被称为纤维变角度牵引铺缝技术,通过控制干纤维的牵引/铺放,设计各单层内连续变化的纤维取向,从而对复材结构件的强度和刚度进行优化设计。该技术在变截面等复杂制件的预成型应用方面有较大优势,但制件尺寸不宜过大。

其次,由次承力结构向主承力结构不断突破,由小型制件向大型制件不断发展。自动化辅助技术的应用有力保证了制件的纤维体积分数,从而使制件可设计性、工艺及质量可控性得到了显著提升,使得更大尺寸制件的液体成型制造成为可能。俄罗斯目前发展的 MS-21 飞机实现了整体机翼的干纤维自动铺放液体成型技术制造。其机翼蒙皮、梁、中央翼等大尺寸结构件,均采用干纤维自动铺放预成型,有效地提高了最终制件的纤维体积分数。液体成型工艺在 MS-21 机翼结构中的应用将带来成本的大幅降低,这是因为一方面机翼结构的尺寸较大,飞机量产后带来的材料及设备上的成本降低会十分可观;另一方面,通过液体成型整体化设计、制造,大幅度减少了紧固件的使用以及工人的劳动量,从而可有效地节约成本,提高效益。

第三,材料供应商、设备供应商与航空制造企业在研发过程中的协作愈发深入。值得一提的是,在 MS-21 液体成型机翼项目的干纤维预成型体研制过程中,材料供应商 CY-TEC 公司、自动铺丝设备供应商 CORIOLIS 公司等,深入参与了制造商的工艺研制过程,通力配合,协同攻关,这也是液体成型机翼成功研制的一个重要经验。在欧洲 AUTOW 计划的研制过程中,航空制造企业(Dassault Aviation、Israel Aircraft Industries)、材料供应商(Hexcel)、设备供应商(EADS-IW)以及技术研究院所(NLR)密切配合,深入合作,有力带动了干纤维产品和自动化铺丝设备的开发。而且,随着先进液体成型技术优势的逐步显现,各国际主流航空企业都在不断加大研究力度,力图提升相应技术水平,保持技术领先优势,这也带动了材料、设备等产业相关单位的研发投入。Hexcel 公司作为主要的航空复材原材料供应商,也积极开展液体成型技术研究,其研发了可用于干纤维自动铺放的干纤维丝束材料,用于帽型长桁机身壁板试验件,尽管该制件尺寸较小,长度仅 1 m,但采用 ADFP 预成型,纤维体积分数达 58%~60%,更实现了帽型长桁与壁板的一体化注胶成型,进一步展示了液体成型技术的应用可能性,该项目获评了 2015 年的 JEC 国际复材展览会创新奖。德国 Premium Aerotec 公司作为空客公司复材零部件的主要供应商,为储备技术优势,也开展了复材机身的液体成型研制攻关,目前已完成了机身筒段缩比件的初步研制。这种多元参与、密切协同的攻关模式,值得国内产业界及相关单位在开展复材液体成型技术的研发攻关时学习借鉴。

我国复合材料研究起步较晚,不仅体现在国产客机与国外先进机型复合材料使用量的差距,还体现在复合材料低成本制造水平的差距。我国复合材料液体成型技术可持续研发与应用中,干纤维预成型体的制备亟待攻克以下多项难题。

(1)复合材料原材料的开发。国内虽已初步形成自己的材料体系,但国产材料的规格、性能、质量相对较低,不能满足所需性能的要求,大部分高性能复合材料仍需国外进口。美欧等国已形成自身完备的原材料体系,并形成了规范化的检测手段。我国是世界上复合材料用量最多的国家之一,但相关技术储备不足,同时还面临国外的技术封锁,目前高性能碳纤维主要由美国和日本等国的生产厂商提供,材料成本高,所以必须加大设备资金投入,总结经验,逐步形成自身完备的原材料体系。

(2)干纤维预成型体的自动化制备。国内应坚持自主创新,重视先进数字化、自动化、智能化制造技术在干纤维预成型体制备中的应用,解决我国液体成型技术中遇到的大尺寸制件纤维织物手工铺贴困难、一致性、质量稳定性难以保证等突出问题。

在 C919 首飞成功后,中俄国际商用飞机有限责任公司继而又确定完成了 CR929 远程宽体客机指标的初步定义和基本航程与座级。相关资料表明,CR929 复合材料结构使用率将超过50％,达到B787与A350的复合材料结构使用率。这对中国复合材料产业的未来发展有着极强的拉动作用,而液体成型工艺技术必将朝着型号应用的方向发展,干纤维预成型体制备技术的研究任务非常紧迫,相关工艺规范研发、验证工作已经纳入计划,即将建立中国民机液体成型工艺的工艺规范和行业标准。

低成本化制造是先进复合材料制造技术发展的必然趋势,复合材料先进液体成型技术未来的发展潜力和市场前景巨大,干纤维预成型体制备技术作为复合材料液体成型工艺的关键技术需要不断升级发展,编织、机织、针织、缝合、干纤维自动铺放等自动化干纤维预成型体制备技术的优势将愈加显现,应用的领域和范围将被不断拓展。另一方面,随着全球化合作进程的加速,工业4.0的推进以及国内外技术互动交流的深化,"主制造商＋材料供应商＋设备供应商"的联合研发、深化合作模式,在未来的液体成型技术应用攻关中将发挥更加突出的作用,在突破适航验证、成果应用转化等方面通力合作,技术应用的配套支持能力将不断提升。伴随着先进液体成型研究的继续推进,纤维体积分数等关键指标的不断提升,液体成型技术的航空应用将由次承力结构向主承力结构不断突破,由小型制件向大型制件发展,市场将不断被拓展,也将带动新一轮的复合材料产业升级发展。

参考文献

[1] KADIR B. Multiaxis three-dimensional weaving for composites: A review[J]. Textile Research Journal,2012,82(7):725-743.

[2] 俞建勇,胡吉永,李毓陵.高性能纤维制品成形技术[M].北京:国防出版社.2018.

[3] 李嘉禄,阎建华,萧丽华.纺织复合材料预制件的几种织造技术[J].纺织学院,1994,11:34-39.

[4] YANG J M,MA C L,CHOU T W. Fiber inclination model of three-dimensional textile structural composites[J]. Journal of composite materials,1986,20(9):472-484.

[5] 顾伯洪,孙宝忠.纺织结构复合材料冲击动力学[M].北京:科学出版社,2012.

[6] COX BN, FLANAGAN G. Handbook of analytical methods for textile composites[R]. NASA Contractor Report 4750,1997.

[7] CHOU T W. Microstructural Design of Fiber Composites. UK: Cambridge University Press;1992.

[8] VERPOEST I,IVENS J,VUURE AWV. Textiel voor composieten: een oude technologie voor een modern constructiemateriaal[J]. Het Ingenieursblad. 1992(12): 20-32.

[9] HEARLE J, DU G. Forming rigid fibre assemblies: the interaction of textile technology and composites engineering[J]. Journal of the Textile Institute,1990,81(4): 360-383.

[10] YURGARTIS S,MOREY K,JORTHER J. Measurement of yarn shape and nesting in plain-weave composites[J]. Composites Science and Technology,1993,46(1):39-50.

[11] BAILIE J A. Woven fabric aerospace structures[A]. Handbook of Composites-2: Structure and Design. London: Elsevier Science;1982.

[12] Dictionary of Fibre and Textile Technology[R]. Charlotte,NC: Hoechst Celanese Corporation;1990.

[13] 顾伯洪,孙宝忠.纺织复合材料设计[M].上海:东华大学出版社,2018.

[14] BYUN J H,CHOU T W. Elastic properties of three-dimensional angle-interlock fabric preforms[J]. Journal of the Textile Institute,1990,1(4):538-548.

[15] RAMAKRISHNA S, HAMADA H, CHENG K. Analytical procedure for the prediction of elastic properties of plain knitted fabric-reinforced composites[J]. Composites Part A: Applied Science and Manufacturing,1997,8(1):25-37.
[16] 陈静,王海雷.复合材料缝合技术的研究及应用进展[J].新材料产业,2018,6:38-41.
[17] 乌云其其格,益小苏.复合材料低成本成型用预制件的制备[J].高技术纤维与应用,2015,30(1):28-33.
[18] 周晓芹,曹正华.复合材料自动铺放技术的发展及应用[J].航空制造技术,2009:1-4.
[19] 胡吉永.纺织结构成型学2:多维成形[M].上海:东华大学出版社,2016.
[20] 顾伯洪,孙宝忠.纤维集合体力学[M].上海:东华大学出版社,2014.
[21] VALERIY V C, PALITHA B, ELENA V C. Mechanisms of flat weaving technology[M]. Cambridge: Woodhead Publishing Limited in association with the Textile Institute Woodhead Publishing Limited, 2014.
[22] KADIR B. Three-dimensional braiding for composite: A review[J]. Textile Research Journal,2013,83(3):1414-1436.
[23] CHEN L,TAO X M,CHOY C L. On the microstructure of three-dimensional braided preforms[J]. Composites Science and Technology,1999,59(3): 391-404.
[24] KYOSEV Y. Braiding Technology for Textiles[M]. UK: Woodhead Publishing Limited,2015.
[25] CHEN X G. Advances in 3D Textiles[M]. UK: Woodhead Publishing Limited,2015.
[26] 陈培伟.平面四轴向机织物的制备与力学性能研究[D].上海:东华大学,2013.
[27] CHERIF C. Textile materials for lightweight constructions[M]. New York: Springer-Verlag Berlin Heidelber,2016.
[28] HANADA H,RAMAKRISHNA S,HUANG Z M. Knitted fabric composites[A]. In: 3-D textile reinforcements in composite materials, edited by Professor Antonio Miravete, Woodhead Publishing Limited, Abington Hall, Abington Cambridge CB1 6AH, England,1999:180-216.
[29] BANNISTER M. Challenges for composites into the next millennium-a reinforcement perspective[J]. Composites Part A,2001,32(7): 901-910.
[30] 王永军,何俊杰,元振毅,等.航空先进复合材料铺放及缝合设备的发展及应用[J].航空制造技术,2015,58(14):40-43.
[31] 王显峰,张育耀,赵聪,等.复合材料自动铺放设备研究现状[J].航空制造技术,2018,61(14): 83-90.
[32] TAN P, TONG L, STEVEN G P. Modelling approaches for 3D orthogonal woven composites[J]. Journal of Reinforced Plastics and Composites,1998,17: 545-577.
[33] KANG T J,KIM C. Energy-absorption mechanisms in Kevlar multiaxial warp-knit fabric composites under impact loading[J]. Composites Science and Technology,2000,60(5): 773-784.
[34] 弭俊波,杨建成.碳纤维织物打纬机构国内外发展综述[J].纺织器材,2019,46(6): 451-455.
[35] 陈晨,刘站,高维升,等.碳纤维织物的织造与发展[J].纺织报告,2018,9: 11-14.
[36] 王显峰,高天成,肖军.复合材料缝合技术的研究进展[J].纺织学报,2019,40(12): 169-176.

第6章 树脂基复合材料液体成型工艺技术

复合材料液体成型技术（liquid composite molding，LCM）是指将液态聚合物在压力作用下注入铺有纤维预成型体的闭合模腔中（或加热熔化预先放入模腔内的树脂膜），液态聚合物在流动充模的同时完成对纤维的浸润并经固化成型成为制品的一类复合材料成型工艺技术。复合材料液体成型技术作为复合材料热压罐成型技术的重要补充，其主要具有以下优势：适合于复杂结构整体化制造，降低了制件的综合制造成本，提高了复合材料结构的减重效率；能够生产近净尺寸零件，降低二次修整和装配成本；采用对模成型，产品尺寸精度高、稳定性好和表面质量高；可以生产高纤维体积分数（55%～60%）的零件，易于在零件中嵌入金属零件；主要设备相对价廉，无需类似预浸机和热压罐这类昂贵的专用设备，投入成本低、门槛低；省却了预浸料工艺和热压罐固化所耗费的时间，降低了成本。

复合材料液体成型工艺包括一系列的工艺方法，主要有树脂传递模塑成型（resin transfer molding，RTM）、真空辅助树脂传递模塑成型（vacuum assisted resin transfer molding，VARTM）、高压树脂传递模塑成型（high pressure resin transfer molding，HPRTM）、真空辅助树脂浸渗成型（vacuum assisted resin infusion，VARI）、树脂膜熔渗成型（resin film infusion，RFI）、真空浸渍成型（vacuum infusion process，VIP）、结构反应注射模塑成型（structural reaction injection molding，SRIM）、热膨胀树脂传递模塑（thermal expansion resin transfer molding，TERTM）、压缩树脂传递模塑成型（compression resin transfer molding，CRTM）等等。本质上 VARTM、VARI、SCRIMP 和 VIP 等都是同一种工艺方法，只是不同地域对其叫法不同或工艺细节稍有不同，在后续的章节中把这类工艺统称为 VARI。

复合材料液体成型工艺过程主要包括以下三个步骤：(1)预成型体制备：这个过程是将增强纤维按要求或铺设、或编织、或缝纫成一定形状的预成型体。(2)充模：预制件放入模具并闭合之后，在一定条件下将树脂注入模具（RFI 工艺是将树脂膜直接放置在模腔的预制件下面），树脂在浸润纤维增强体的同时将空气排出，直到树脂完全浸透预成型体。(3)固化：在充模完成之后，通过加热使树脂发生交联反应，固化成型。

6.1 液体成型工艺技术与装备

6.1.1 液体成型工艺方法与装备

目前，复合材料液体成型工艺应用最广泛的是 RTM、VARI 和 RFI 三种工艺。

1. 树脂传递模塑成型工艺(RTM)

RTM 成型工艺是将干纤维预成型体铺放到闭合模具的模腔内,通过压力将低黏度树脂注入闭合模腔中,通过树脂的流动充分浸渍预成型体,最后固化得到复合材料制件(图6.1)。

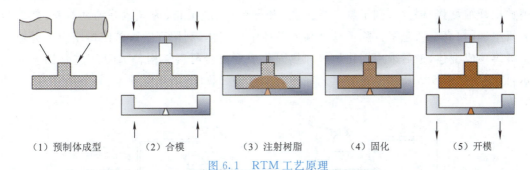

(1)预制体成型　　(2)合模　　(3)注射树脂　　(4)固化　　(5)开模

图6.1　RTM 工艺原理

RTM 注射机如图6.2所示,通常用来注射单组分或预混的树脂体系。

与其他复合材料成型工艺相比,RTM 成型工艺具有以下优点:

(1)由于采用闭合模具成型,RTM 成型技术能够制造具有高表面质量、高尺寸精度、较高纤维体积分数的复杂结构复合材料产品。

(2)RTM 成型技术中,纤维增强体是以预成型体的形式使用的,这些预成型体可以是单向/双向机织布、短切毡、非屈曲织物(NCF)、三维针织物、2D/3D 编织物等,还可根据性能要求进行择向增强、局部增强、混杂增强以及采用预埋及夹芯结构等,充分发挥复合材料可设计性。此外,还可以借三维纺织或缝合改善复合材料的层间强度。

图6.2　RTM 注射机

(3)RTM 成型复合材料的成本基本上只取决于选用的树脂体系和预成型体,原材料的价格很大程度上决定了零件的价格,因此采用 RTM 成型工艺成为降低复合材料成本的合理选择。而上文中提到的各类先进纺织预成型体,其制造成本只比原材料碳纤维高出5%~20%,却能显著减少准备预成型体所需的工时和投入的人力,从而进一步降低复合材料制件的制造成本。

目前,以 RTM 技术为代表的液体成型技术已经逐渐成为复合材料低成本制造技术的主流。美国基本形成了较为成熟的材料体系、制造工艺、技术装备、验证和应用技术,并在先进武器装备上得到了批量应用,应用范围也从次承力构件发展到主承力构件。

图6.3为采用 RTM 工艺成型的飞机加强肋结构件。

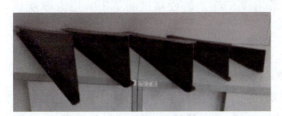

图6.3　RTM 成型肋结构零件

2. 真空辅助树脂浸渗成型工艺(VARI)

真空辅助树脂浸渗成型工艺是一种在 RTM 工艺的基础上演变而来的复合材料低成本成型技术,是一种采用半开放式模具进行复合材料成型的工艺。该成型工艺在模具上铺放干纤维增强材料(有别于真空袋工艺)和导流网、脱模布、透气毡等辅助材料,然后封装真空袋,在真空状态下排除干纤维预成型体中的气体,利用真空压差使树脂流入并渗透干纤维预成型体,最后采用固化炉等加热固化成型复合材料结构,VARI 工艺如图 6.4 所示,固化炉如图 6.5 所示。这种工艺在命名上有多种称呼,如真空导入、真空灌注、真空注射等。

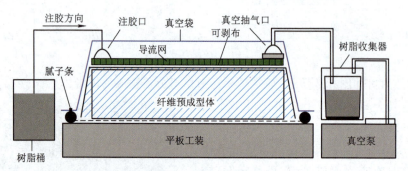

图 6.4　VARI 工艺示意

VARI 工艺仅仅需要一个单面的刚性模具,其"上模"为柔性的真空袋薄膜,简化了模具制造工序,节省了费用;树脂注射过程也只需一个真空压力,无需额外的压力。对于大尺寸、大厚度的复合材料制件,VARI 是一种十分有效的成型方法。复合材料 VARI 成型工艺中由于将 RTM 工艺中 x、y 向的树脂流动通过导流网改变成 z 向流动,大大缩小了树脂的流程,因此凡是适合于 RTM 工艺的树脂均可用于 VARI 成型工艺,该工艺对树脂黏度的要求比 RTM 工艺低,一些不适合于 RTM 工艺黏度相对较大(如 1 000 mPa·s)的树脂仍可用于 VARI 工艺。

图 6.5　固化炉

上海飞机制造有限公司结合我国民机研制任务,采用 VARI 工艺成功制备了夹芯结构的升降舵壁板,如图 6.6(a)所示,制件尺寸达 5.5 m,属于国内复合材料领域尺寸较大的碳纤维 VARI 工艺制件;另外,相关技术团队还采用 VARI 工艺成功试制了 100 层大厚度试板、机翼口盖等制件,如图 6.6(b)所示。

3. 树脂膜熔渗成型工艺(RFI)

RFI 工艺也是在 RTM 工艺的基础上发展起来的,它是一种树脂熔渗和纤维预成型体相结合的工艺技术,它结合了液体成型和热压罐成型的一些技术特点。RFI 工艺通常是将预先制备的树脂膜或稠状树脂块铺放在成型模的底部,其上层铺放增强材料预成型体,按照真空袋成型工艺的要点将模腔封装,在热环境下使树脂膜熔化流动并在真空和压力下使树脂由下向上浸透预成型体,固化成型,得到复合材料结构的工艺。RFI工艺封装如图6.7所示。

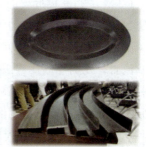

(a) 升降舵壁板制件　　　　　(b) 100层大厚度试板、机翼口盖和隔框试验件

图6.6　VARI工艺制备的试验件

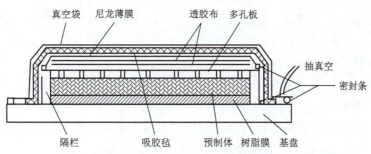

图6.7　RFI工艺封装示意

RFI工艺介于VARI工艺和热压罐工艺之间,一般认为树脂基体为预浸料树脂,只是省去了预浸料的制备工艺。该工艺将预浸料树脂制备成树脂膜后铺在增强材料之下或增强材料层之间,然后在热压罐内加热和加压使树脂渗透浸润增强材料并固化成型。RFI工艺的树脂基体通常为预浸料树脂(如8552、R6376、977-3等树脂),且在热压罐中固化成型,因此RFI复合材料的性能,尤其是抗冲击损伤能力优于常规的RTM和VARI成型的复合材料。但是,适合于RFI的预浸料树脂必须是具有均相特征的预浸料树脂(如8552、977-2、977-3等中等韧性的复合材料基体树脂),对于高韧性预浸料,其增韧方法主要是层间增韧,其树脂中含有不溶于热固性树脂的热塑性颗粒,树脂是非均相的,在RFI工艺过程中热塑性颗粒将被纤维过滤而不会渗透到预成型体中,因此具有层间增韧特点的高韧性复合材料基体树脂不适合于RFI工艺(如M21、3900-2、M91、X850等)。

RFI工艺适合于制作大型、复杂型面、带加强筋条乃至带加强墙和梁的结构件。为确保结构的型面公差与结构完整性,先要制作出符合要求的预成型体。此时纤维按预定方向取向以满足承载要求,并可安置各种加筋形式,如T形、C形、L形和I形,与蒙皮连成整体,从而获得较高的整体承载能力。预成型体可以是2D、3D编织物,也可以是经编、缝纫织物,目前最受关注的预成型体制作技术是铺叠加缝纫的技术。

6.1.2 液体成型工艺关键技术

6.1.2.1 充模过程和固化过程模拟技术

RTM 工艺充模过程的数值模拟主要是计算树脂在预先铺放好的纤维预成型体内的流动情况,预测压力在模腔内的分布情况、树脂流动前沿的形状及位置、干斑等缺陷的位置、以及树脂完成充模需要的时间,主要目的是确定树脂注射口及出胶口位置,确定合适的注射压力或流量以及树脂黏度等工艺参数,以使增强纤维充分浸润。RTM 工艺充模过程的数值模拟可分为等温过程和非等温过程两种。等温过程模拟主要是忽略了注模过程中发生的化学反应,模拟压力场和树脂流场。非等温过程模拟需要求解树脂流场、压力场、温度场、固化度场。预先了解 RTM 工艺树脂流动过程特别是树脂流动前沿曲线对优化模具设计和工艺设计非常重要。

RTM 工艺固化过程的数值模拟主要是计算树脂在特定温度下固化程度随时间的变化,预测固化完成时间,得到制件不同部位温度场和固化度场的时间历程,主要目的是确定合适的固化工艺,尽量避免形成较大的温度和固化梯度,为研究残余应力的产生和制件固化后变形提供重要信息。

1. 数学模型

RTM 工艺充模过程是树脂注入模具腔体时液体在多孔介质中的瞬态三维流动过程,存在力、热耦合效应,充模过程模拟非常复杂并可能涉及树脂的流变学和固化反应动力学内容;固化过程主要涉及树脂的固化动力学内容。在 RTM 工艺中一般将树脂流过预成型体的过程当作流体流经多孔介质的过程,这个过程遵循广义 Darcy 定律:

$$v = -\left(-\frac{K}{\eta}\right) \cdot (\nabla p) \tag{6-1}$$

式中,v 为流动速度;K 为渗透率张量;η 为树脂黏度;p 为液体压力。

对于稳态流动,可以应用质量守恒定律:

$$\nabla \cdot v = 0 \tag{6-2}$$

将式(6-1)代入式(6-2)可得到以树脂压力定义的控制方程:

$$\nabla \cdot \left(\frac{K}{\eta} \cdot \nabla p\right) = 0 \tag{6-3}$$

根据求解的流动是流经薄壳还是全三维几何体,此方程可以是二维或者三维,必须注意流速 v 是体积平均流速,并且此方程仅对饱和流动有效。

式(6-3)的边界条件是自由流动前沿末端压力为 0,如果模具壁没有泄漏,模具壁法向速度分量为 0,对于各向异性介质此边界条件可变为:

$$n \cdot \left(\frac{K}{\eta}\right) \cdot \nabla p = 0 \tag{6-4}$$

式中，n 为垂直于模具壁的矢量。

此外，注胶口处的压力或者流速可预先指定，后一条件转化为流速的某种测定，或者借助方程(6-1)转化为压力梯度的测量。

由于充模并不一定是等温过程，模具的温度和注射的树脂温度可能不同。如果已经开始固化，反应产生的热也同样会影响温度。因为树脂黏度很大程度上取决于温度和固化程度，温度和固化程度分别又对充模方式影响很大。

应用局部平衡模型(也就是树脂局部温度与预成型体温度相同)，可得到如下能量方程：

$$[\phi(\rho\cdot c_p)_f+(1-\phi)(\rho\cdot c_p)_s]\frac{\partial T}{\partial t}+(\rho\cdot c_p)_f \mathbf{v}\cdot\nabla T=\nabla\cdot[(\mathbf{k}_e+\mathbf{K}_D)\cdot\nabla T]+\phi\dot{s}+\eta v\cdot\mathbf{K}^{-1}\cdot\mathbf{v} \tag{6-5}$$

式中，k_e 为有效传导率；K_D 为热扩散系数；$\dot{s}$ 为固化反应热生成率；c_p 为恒压下的比热容；ρ 为密度；ϕ 为多孔介质孔隙率；下标 s 和 f 分别为流体(树脂)和固体(预成型体)特性，温度和流速都是体积平均值。

在 RTM 工艺固化过程模拟时，假设固化反应热生成率与反应速率成正比：

$$\dot{s}=R_a E_a \tag{6-6}$$

式中：α 为固化度；R_a 为反应速率；E_a 为反应热。

描述反应速率 R_a 与温度 T 和反应程度 α 的函数关系的树脂动力学模型有很多，例如 Kamal Sourour 模型：

$$R_a = A\cdot\alpha^m\cdot(1-\alpha)^n\cdot e^{-E/RT} \tag{6-7}$$

式中，R 为普适气体常数；参数 A、m 和 n 依赖树脂体系并必须由试验确定。

还有很多其他的动力学模型，这些模型的应用范围变化很大，有些对某些体系特性描述非常好，但对不同体系的特性的近似却很差。

固化度依赖于时间及其在模具里的位置，并且服从质量守恒定律，因此也服从连续性方程：

$$\phi\frac{\partial\alpha}{\partial t}+\mathbf{v}\cdot\nabla\alpha=\phi R_a \tag{6-8}$$

树脂黏度依赖树脂温度，并且温度的微小改变会引起树脂黏度的急剧变化。因此，如果充模过程是非等温的，黏度应定义为温度的函数。树脂化学流变学模型对这种依赖关系可以表述为：

$$\eta=Ae^{E/RT} \tag{6-9}$$

式中，E 为活化能；A 为指前系数。

$$E=a+b\alpha \tag{6-10}$$

$$A=\alpha_0 e^{-b_0\alpha} \tag{6-11}$$

式中，a、b、α_0、b_0 为材料参数。

与固化动力学模型一样,公式(6-9)～(6-11)的化学流变学模型的应用也没有获得一致的认可。绝大多数的模型都是经验的,并通过修正以使其适应某种类型的树脂。

2. 数值模拟

常用的 RTM 工艺充模过程数值模拟方法包括贴体坐标/有限差分法、有限元法和边界元法,有限元方法又可分为控制体积有限元和纯有限元方法。研究者采用控制体积有限元方法来研究树脂充模过程的较多。控制体积有限元法先计算树脂流场的压力分布,同时采用控制体积单元方法求解树脂流场任意时刻的树脂流动前沿。控制体积有限元方法克服了网格再生的困难,有很多研究者利用通用有限元程序强大的前后处理功能结合控制体积有限元方法进行研究。复合材料固化过程的模拟也大多采用有限元方法。

目前 RTM 工艺的模拟仿真技术发展迅速,等温和非等温条件下 1 维、2 维、2.5 维到 3 维的模拟仿真模型已被提出,对边缘效应、干斑缺陷等现象也有一定程度的研究。随着流动模拟理论越来越完善,相关商业软件也越来越成熟,比如 RTM-Worx、PAM-RTM 等专业液体成型模拟软件,促进了实际工程中的推广应用。

PAM-RTM 的用户界面如图 6.8 所示,主要有四部分组成:(1)工具栏;(2)模拟窗口;(3)图形窗口;(4)信息栏。

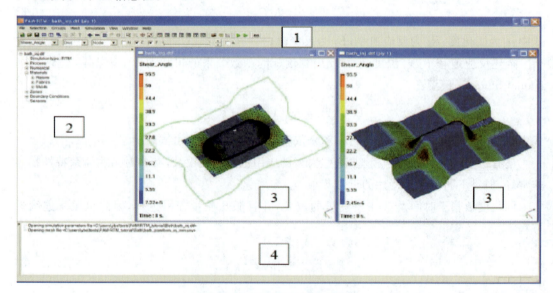

图 6.8　PAM-RTM 的用户界面

PAM-RTM 的主要输出结果包括填充过程(动画显示)、压力分布(动画显示)、固化度、温度、孔隙率、渗透率、速度、剪切角,如图 6.9 所示。

6.1.2.2　纤维体积分数(厚度)控制技术

制件的厚度(纤维体积分数)是设计需要实现的重要技术指标,也是制造过程中需要控制的重要技术指标。RTM 工艺为闭模工艺,零件厚度由模腔厚度决定,而 VARI 工艺为单面模低压工艺,零件厚度受各种因素影响,并且由于其为低压工艺,如何提高纤维体积分数一直是较受关注的一项技术。

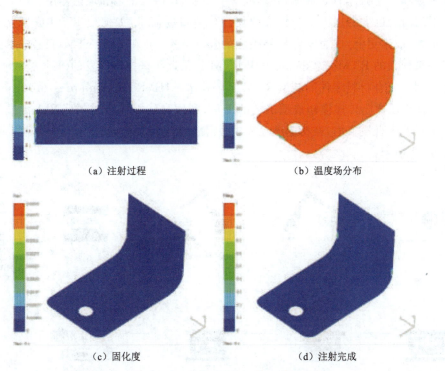

(a) 注射过程　　　　　　　　　　(b) 温度场分布

(c) 固化度　　　　　　　　　　　(d) 注射完成

图 6.9　PAM-RTM 主要输出结果

在 VARI 成型工艺过程中,复合材料厚度主要受增强材料结构形式、成型压力、树脂黏度三大因素影响。对于特定的结构零件,增强材料结构形式是固定不变的,不受任何工艺参数的影响。树脂的黏度不仅与树脂本身的化学结构相关,也与外界环境相关,如温度、剪切速率和压力等,但是在成型工艺规范化后,树脂黏度可以认为是没有变化的。因此,影响复合材料厚度(纤维体积分数)的主要因素是压力。对于 VARI 成型工艺来说,影响复合材料厚度的压力因素的实质就是真空度。因此保证复合材料的成型压力就是保证复合材料成型系统的真空度,控制复合材料厚度(纤维体积分数)主要是采取措施控制复合材料成型工艺过程中的真空度。研究表明,主要采用两种措施确保成型过程中的真空度:

1)将具有透气不透胶的单向透气特种织物置于真空嘴和注胶嘴之间(第一层真空袋的内侧),防止注入的树脂溢出进入真空嘴而堵塞真空管路,防止系统内形成假真空或降低系统的真空度。

2)采用双真空袋封装,确保在第一层真空袋的真空管路被堵塞后,第二层真空袋仍能保证复合材料制件受到大气压所施加的压力。

6.1.3　液体成型工艺新技术与装备

6.1.3.1　高压 RTM 成型工艺

复合材料 RTM 成型工艺技术相比其他成型工艺有其独特的技术优势,经过多年的研究，RTM 成型工艺技术日趋成熟，并形成一个完整的材料、工艺和理论体系。但是面对当前高速发展的潜力巨大的以汽车为代表的复合材料市场需求，如何使 RTM 成型复合材料生产效率更高、成本更低，成为复合材料关注的焦点之一，并在传统 RTM 工艺技术的基础上开发了一系列新的 RTM 成型技术。HP-RTM 就是近年来推出开发的一种应对大批量生产高性能热固性复合材料零件的新型 RTM 工艺技术。HP-RTM(high pressure resin transfer molding)是高压树脂传递模塑成型工艺的简称，利用高注射压力将树脂注入预先铺设有纤维增强材料的闭合模具内，经树脂流动充模、浸渍、固化和脱模，获得复合材料制品。工艺过程如图 6.10 所示。

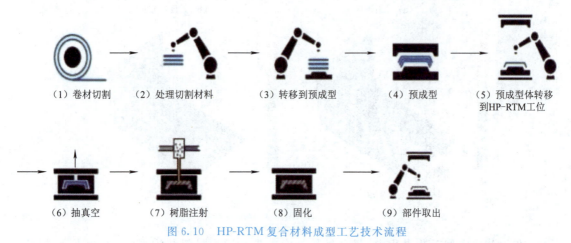

图 6.10　HP-RTM 复合材料成型工艺技术流程

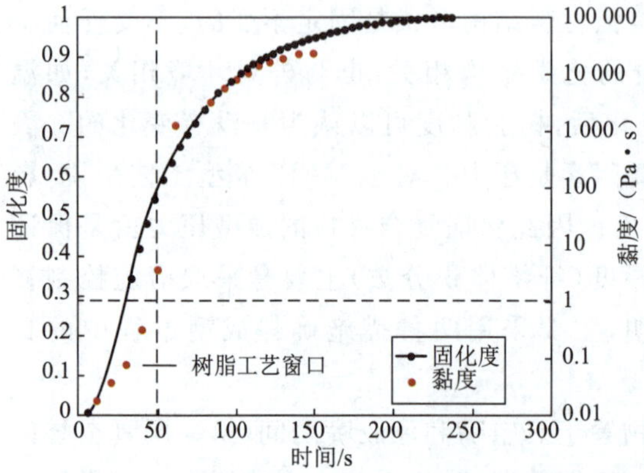

与传统 RTM 成型工艺相比，HP-RTM 工艺具有以下几个优点：(1)树脂注射压力高；(2)充模速度快，浸润效果好；(3)使用高活性树脂，缩短了固化周期；(4)使用内脱模剂和自清洁系统，制件表面光洁度高。因此，HP-RTM 成型工艺可实现液体成型复合材料的低成本、短周期(大批量)、高质量生产。如图 6.11 所示，DOW 的 VORFORCETM 快速固化环氧树脂，在 100 ℃下，40 s 后树脂的黏度就达到了 1 Pa·s 以上(也就是说其充模时间必须小于 40 s)，其凝胶时间仅

图 6.11　VORFORCETM 5300 快速固化环氧树脂在 100 ℃下的固化度和黏度与时间的关系

有 50~60 s，而且仅需 250 s 即可完成固化。也就是说，HP-RTM 成型 VORFORCETM 环氧树脂复合材料从充模到完成固化仅需 5 min。如果在 130 ℃固化，仅需 60 s 完成固化，固化度可达到 98%以上，见表 6.1。

表 6.1　VORFORCETM 5300 快速固化树脂固化度与固化温度和时间的关系

模具温度/℃	固化时间/s	固化度（从第一次加热）	T_g/℃（从第二次加热）
110	120	94.4%	125
120	60	93.9%	123
120	120	98.9%	122
130	60	98.9%	122
130	120	Approx. 100%	123
140	30	99.5%	120
140	60	Approx. 100%	120

对 HP-RTM 成型工艺技术与装备研发最成功的当属 Krauss Maffei，其实现了增强织物裁切、预成型体铺贴、树脂计量与混合、合模、树脂注射、固化、脱模和修边的全套自动化，并在宝马 i3 汽车上实现了批量生产。

HP-CRTM 工艺技术则是在 HP-RTM 成型工艺技术的基础上衍生的高压压缩树脂传递模塑成型工艺技术（high pressure compression RTM）。在树脂注射前，密封模腔内预留了一定的间隙，使树脂在面内实现快速流动充模，注胶完成后再加压使模具完全闭合，树脂体系随闭合压力流动完成 z 向对增强材料的浸润与充模（图 6.12），提高了树脂对纤维的浸渍速度，有效避免了复合材料干斑的产生，缩短了制件成型周期。HP-CRTM 树脂注射压力相对较低，可缓减高注射压力对增强材料的冲刷变形。

虽然通过 HP-RTM 成型工艺技术大大降低了复合材料制造成本，但这套技术尚需进一步完善和优化以实现复合材料综合成本满足汽车行业对复合材料成本的要求。同时，现在开发的基于 HP-RTM 成型工艺技术的液体成型树脂基体的耐热性能等仅能满足汽车等地面交通的要求，难以满足更高性能碳纤维复合材料的应用要求。

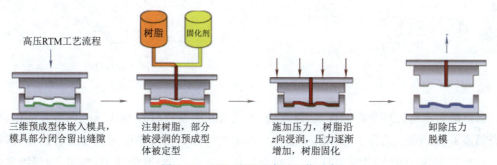

图 6.12　HP-CRTM 成型工艺示意

6.1.3.2　热塑性树脂基液体成型工艺

热塑性树脂基复合材料由于其韧性好、可回收、成型周期短、生产效率高等特点，近年来再次受到各应用领域的关注。但是，热塑性聚合物的分子量大、黏度高、纤维体积分数难以提高，需要高温高压成型，其成型工艺条件比热固性复合材料要求更高，这也在一定程度上限制了热塑性复合材料的推广应用。针对这些问题,结合树脂基复合材料液体成型工艺技术要求,研究人员想到了采用单体或齐聚物原位聚合液体成型工艺制备热塑性复合材料,其液体成型工艺方法与热固性复合材料完全相同。目前,能满足液体成型树脂低黏度要求的单体或齐聚物主要有己内酰胺和对苯二甲酸丁二醇酯环状齐聚物(cyclic butylene terephthalate,CBT)。己内酰胺为 PA-6 的单体,其熔程 68~71 ℃,熔点低,熔体黏度低(小于 100 mPa·s)。CBT 的熔点根据结构单元数(2~7)不同(图 6.13),熔点约在 150~185 ℃ 之间,熔体黏度也很低,低至 20 mPa·s。因此,从树脂黏度的角度看,己内酰胺和 CBT 都非常适合于液体成型工艺。

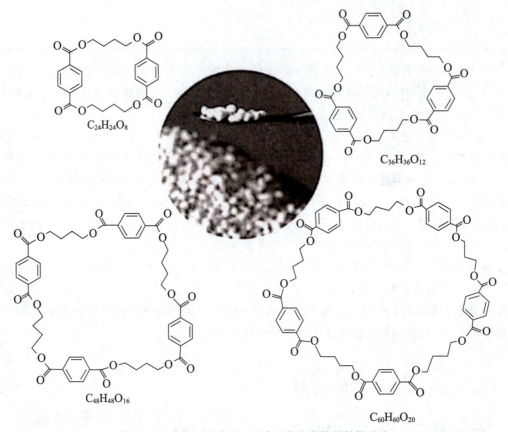

图 6.13　对苯二甲酸丁二醇酯环状齐聚物的结构示意

己内酰胺水解开环聚合温度高、速度慢,不适合作为复合材料基体。己内酰胺的阴离子聚合温度低、效率高,适合于液体成型复合材料工艺。影响己内酰胺阴离子聚合的主要因素有:(1)催化剂:碱金属或其氢氧化物、有机金属化合物等。(2)助催化剂:酰氯、异氰酸酯等,它们的分子结构,即在酰胺环上的叔碳原子上有极性取代基 X,易形成酰亚胺类似结构,易被内酰胺阴离子所攻击起反应。(3)单体的纯度及杂质:对单体的含水量要求高,微量的水不仅使己内酰胺钠盐回复,并使己内酰胺水解,因此水分控制是己内酰胺阴离子聚合的关键。(4)催化剂、助催化剂的用量及配比:催化剂用量增加,将加快聚合反应速度,而对聚合物的分子量影响不大,而且碱量过多,会使产品老化变黄;助催化剂用量增加,能加快聚合反应速度,但会使聚合物分子量显著下降。

CBT 的聚合反应通常以钛或锡的金属有机化合物作为催化剂,这类催化剂通常比较容易水解,因此 CBT 的聚合反应对齐聚物或环境的水分控制要求也很高。CBT 作为液体成型树脂有以下优点:(1)齐聚物熔体黏度低;(2)聚合反应速度快,根据聚合反应温度不同,短则数十秒,长不过几十分钟;(3)由于 CBT 为多元环状齐聚物,其反应放热基本可以忽略不计。

6.1.3.3 自动铺放液体成型工艺

国外先进复合材料供应商 Hexcel、Cytec 公司都向市场推出了自己的干态纤维铺放材料,分别为 HiTape® 和 DryTape®,其技术内涵类似。其技术的目的都是既可采用自动铺放技术实现预成型体的自动化稳定制备,又可利用低成本的液体成型工艺实现复合材料高韧化,从而获得同时具备低制造成本和稳定高性能的主承力复合材料。

根据 HiTape® 铺放材料的组成可知,其单向碳纤维带/丝束在内层,具备一定的内在强度,可满足自动铺放的要求,表层(铺放后在复合材料层间)为热塑网膜,既可实现层间增韧,也可保护内层碳纤维在铺放时避免损伤。由于无须预先浸渍含固化剂的树脂,HiTape® 可在常温下贮存,几乎没有贮存期限制,同时无须隔离膜或隔离纸用于带/丝束间的隔离,可降低辅料成本并省却材料的贮存成本,而复合材料韧性性能接近 Hexcel 最新一代的自动铺放/热压罐成型高韧复合材料。

DryTape® 的技术方案与 HiTape® 极为类似,所不同的只是在单面采用热塑网膜,而另一面主要采用定型剂进行黏结,其表面黏性更优,可能更适用于自动铺放成型工艺对干纤维的铺覆性要求。

俄罗斯的新型大型客机 MC-21 采用了 DryTape® 材料及液体成型技术,成功制备了 MC-21 大型机翼结构,制造成本下降了 30%以上,图 6.14 为 MC-21 机翼梁的干纤维铺放和 VARI 成型过程。而国内的中国商飞也正在对该材料进行相关工艺研究和验证,已经取得了初步的研究成果。上海飞机制造有限公司已从国外引进了三功能铺丝机(图 6.15),可用于干纤维自动铺放预成型技术研究,目前成功研制了 3 m 级干纤维自动铺放 VARI 工艺帽型加筋壁板试验件和 L 型机身窗框干纤维自动铺放 RTM 工艺试验件,如图 6.16 所示。

图 6.14 干纤维自动铺放翼梁及 VARI 成型过程

图 6.15　上飞公司干纤维自动铺放设备

图 6.16　基于干纤维自动铺放预成型的帽型加筋壁板和机身窗框试验件

6.1.3.4　SQRTM 成型工艺

SQRTM(same qualified resin transfer molding)是一种新型的低成本、整体化成型工艺,该工艺是一种设计用来制备热压罐级别质量制件却不使用热压罐的工艺技术。SQRTM 是由 Radius Engineering Inc 发展并商业化的一种融合了 RTM 和预浸料工艺的用来生产净尺寸、高度整体化复合材料制件的成型工艺。

SQRTM 和标准 RTM 工艺的不同之处在于它部分采用预浸料铺层代替了干态纤维预成型体。可以利用自动铺带技术完成预浸料预制结构的铺覆,预制结构进行热定型处理后装模,再将少量的 RTM 树脂在压力辅助下注入闭合模具内,并提供预浸料固化所需要的固化压力,其主要工艺过程如图 6.17 所示。

SQRTM 工艺与传统的热压罐成型工艺相比具有以下几点优势:(1)复合材料层合板的内部质量更容易控制,这主要是由于在 SQRTM 工艺中,提供预浸料压实固化的液态压力可由注射机精确控制(图 6.18),压力稳定性更好,同时通过注射机输出的液态压力可实现大范围调节,有效抑制预浸料树脂中挥发物及水蒸气的挥发,从而抑制孔隙的形成。(2)由于 SQRTM 工艺中采用了双面的闭合模具,因此,制件的变形控制及尺寸精度较热压罐成型工艺高。

(3) 由于 SQRTM 工艺中使用的压机和模具的热导率较高,这使得复合材料在固化时可以实现更快的升温和冷却,因此,相比热压罐工艺,SQRTM 的固化时间成本明显降低。(4) SQRTM 工艺以完全浸渍的预浸料为主要原材料,可以避免 RTM 注射过程中干斑的产生,无需在液态树脂中加入增韧剂来提高复合材料的韧性,具有与热压罐成型复合材料相近的抗冲击性能。

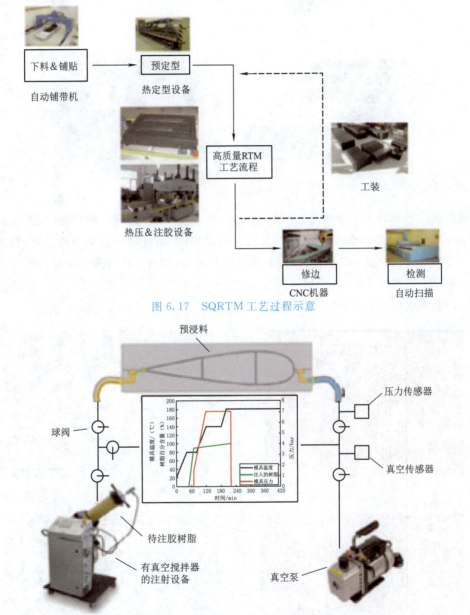

图 6.17 SQRTM 工艺过程示意

图 6.18 SQRTM 工艺过程控制技术

SQRTM 成型工艺已经成功应用于全球鹰无人机(UAV)的加长翼尖,并在 SARAP (survivable affordable repairable airframe program)项目的支持下制造了直升机起落架舱(图 6.19)和整体式黑鹰直升机机身典型结构件(图 6.20)。

图 6.19　SQRTM 成型工艺制造的复合材料起落架舱

图 6.20　黑鹰直升机机身典型结构件

国内也针对 SQRTM 成型工艺开展了研究，先进复合材料国防科技重点实验室开展了与 SQRTM 工艺相关的基础研究工作，通过对预浸料/干态纤维预制结构的优化，利用干态纤维作为排气导流介质，实现了对预浸料的排气和压实，制备了内部质量完好的复合材料层合板，图 6.21 是两种不同织物/预浸料复合材料的内部成型质量，建立了与 SQRTM 工艺相关的闭模整体成型工艺体系。

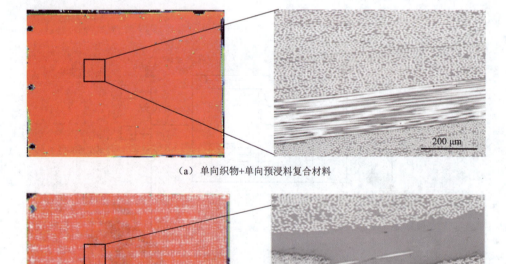

（a）单向织物+单向预浸料复合材料

（b）平纹织物+平纹预浸料复合材料

图 6.21　两种不同织物/预浸料复合材料的内部成型质量

6.2 液体成型工艺在航空航天领域的典型应用

随着树脂基复合材料制造技术的成熟,高性能树脂基复合材料在航空航天领域得到了广泛应用。复合材料液体成型工艺作为树脂基复合材料低成本制造技术的重要方面,在国内外航空航天领域中获得了较为广泛的应用。

6.2.1 国外大型民机结构应用

A380 的肋、梁、机身框和悬挂接头等细长结构、形状复杂的部件采用了低成本 RTM 工艺制造,采用的织物主要是碳纤维机织物或多向非屈曲织物(NCF),树脂体系为 RTM6 环氧树脂。A380 后承压框尺寸 6.2 m×5.5 m×1.6 m,采用 RFI 工艺(树脂膜渗透)制造,织物为日本东邦的 6 k、12 k 碳纤维 0/90 经编织物,树脂体系为 977-2 环氧树脂,由 15 根填充 DEGUSSA 公司 PMI 泡沫的加强筋加强,是迄今为止世界上最大的用 RFI 工艺成型的整体制件。图 6.22 为复合材料液体成型工艺在 A380 飞机上的典型应用。A380 窗框采用经编碳纤维织物缝纫加强筋,液体成型工艺制造。

图 6.22 复合材料液体成型工艺在 A380 飞机上的典型应用

B787 飞机副翼、襟翼、扰流板等次承力构件采用真空辅助树脂浸渗工艺(VARI 或 VARTM)制造。其树脂基体为 HexFlow RTM6 树脂,增强织物为 Hexforce 机织 12K 碳纤维缎纹织物,如图 6.23 和图 6.24 所示。B787 的后承压球面框也采用 VARI 工艺成型,其树脂采用 Cytec 公司具有自主知识产权的满足民机阻燃性能要求的树脂体系,从而可以取消机舱内的防火墙,达到减重之目的。在 B787 中,其主起落架后撑杆采用 RTM 工艺制造(图 6.25),增强体采用三维编织工艺制备的 IM7 碳纤维三维立体织物,树脂基体为 Hexcel 公司的环氧树脂。

A350 是迄今为止复合材料用量占机体结构重量比例最大的一款大型客机,复合材料结构重量占机体结构重量的 52%。其后机身的压力框在德国的空客 Aerotec 工厂生产,采用了与 A400M 和 B787 相似的真空渗渍工艺,也就是 VARI 工艺。此外,乘客舱门与窗框也均采用了液体成型工艺制造(图 6.26)。

图 6.23　VARI 工艺成型的 B787 内副翼壁板

图 6.24　VARI 工艺制备的 B787 外副翼加筋壁板

俄罗斯的 MC-21 单通道客机机体结构复合材料用量达到了 40%，其中央翼盒、机翼蒙皮壁板和翼梁采用干纤维自动铺丝和液体成型技术，所用树脂基体为 Cytec 公司的 Prism EP2400。MC-21 单通道客机非热压罐成型复合材料试验翼盒成功通过耐久性测试，这是大型客机首次采用非热压罐成型技术制造机翼主承力件（图 6.27）。庞巴迪采用手工铺贴 NCF 织物 VARI 注射树脂热压罐加压固化制造了 C-Series 飞机的机翼。

图 6.25　B787 主起落架复合材料后撑杆

图 6.26　A350 整体化乘客舱门

图 6.27　MC-21 客机机翼

6.2.2　国外航空发动机结构应用

Snecma 公司采用 3DW/RTM（3D Woven，三维编织）技术来制造 LEAP 发动机的风扇叶片（图 6.28），即首先用碳纤维三维编织成具有叶片形状的预成型体，然后放入模具中采用 RTM 工艺成型,相比采用预浸料/模压工艺的铺层复合材料风扇叶片,采用这种工艺成型的复合材料叶片具有非常优异的层间性能,其损伤容限与抗外物损伤性能大大提升。

图 6.28 三维编织树脂传递模塑成型复合材料风扇叶片

相对于金属叶片,复合材料叶片在脱落冲击风扇机匣时会分裂成更小的碎片,有利于机匣的包容。伴随着树脂基复合材料风扇叶片在航空发动机上的应用,全树脂基复合材料风扇机匣开始在航空发动机上推广应用。GEnx 发动机即同时采用了复合材料风扇叶片和全复合材料风扇机匣,使树脂基复合材料的减重优势得以充分发挥。GEnx-1B 的风扇机匣采用二维三轴编织物复合材料 RTM 工艺成型(图 6.29),直径为 3.05 m、轴向长度为 1.22 m。全速条件下的叶片飞出试验表明,风扇机匣的包容性满足要求,包容效率提高大约 30%。

风扇帽罩是航空发动机上最先使用的复合材料制造的部件之一,使用复合材料制造的风扇帽罩可以提供更轻的重量、简化的防冰结构、更好的耐蚀性以及更优异的抗疲劳性能。目前,在 R.R 公司 RB211 发动机、PW 公司 PW1000G、PW4000 发动机上已经采用液体成型树脂基复合材料制备风扇帽罩。PW4084、PW4168 发动机采用 RTM 成型 PR500 环氧树脂基复合材料制造风扇出口导流叶片,PW1000G 发动机采用 RTM 成型 AS7/VRM37 环氧树脂基复合材料制备风扇。GEnx 发动机的可变排气活门管道也采用了 RTM 成型编织双马树脂基复合材料。惠普公司的 PW4084 和 PW4168 发动机风扇静子叶片采用 3M 公司 RTM 成型 PR500 环氧树脂基复合材料制造,其中,PW4084 发动机直径为 3.04 m 的静子质量减轻 39%、成本降低 38%。PW 公司在树脂基复合材料风扇机匣技术上已经比较成熟,PW4000 发动机采用了 RTM 工艺成型的风扇机匣。TP400-D6 发动机复合材料叶片也采用编织预成型体 RTM 工艺成型。

图 6.29 GEnx 二维三轴编织 RTM 复合材料包容机匣

6.2.3 国外军用飞机上的应用

四代战机如美国的 F-22 和 F-35 等已大量应用 RTM 复合材料,例如 F-22 共有 400 多个复合材料件用 RTM 工艺制造,其机身隔框、油箱框架、弹舱门、帽型加强件、尾翼梁和肋(IM7/PR500RTM),以及机翼中介梁、后梁(IM7/5250-4RTM)等结构中大量使用了液体成型复合材料,约占复合材料用量的 1/4,最典型的构件是机翼内的各种正弦波形梁(图 6.30);F-35 中也大量应用了 RTM 工艺,并发展了 RTM 整体成型技术,如 RTM 整体成型复合材料垂尾(图 6.31),大大减少垂尾的零件数,总成本降低 60% 以上。

而 NH-90 直升机的起落架摇臂采用预浸料卷管工艺与三轴编织工艺结合制备预成型体,然后采用 RTM 工艺一体化制造(图 6.32);F-16 战斗机的起落架后撑杆也是采用 RTM 工艺制造(图 6.33)。

图 6.30　RTM 成型 F-22 正弦波梁

图 6.31　RTM 整体成型 F-35 复合材料垂尾

图 6.32　NH-90 直升机起落架摇臂

图 6.33　RTM 成型 F-16 起落架后撑杆

A400M 飞机共用 4 台螺旋桨发动机,每台发动机 8 片全复合材料桨叶,共 32 片桨叶,据说共用复合材料约 2 000 kg,采用编织/RTM 工艺成型。同时,其螺旋桨桨毂盖也采用碳纤维复合材料液体成型工艺制造,如图 6.34 所示。

A400M 的上货舱门是目前使用 VARI 工艺成型的最大的复合材料制件(长 7 m,宽 4 m),由舱门加筋外壁板、高约 203 mm 的侧壁板、九个横向梁和加筋内壁板组成。外壁板尺寸最大,其内侧带 16 根纵向加强筋。内壁板呈窄长形,处于舱门内侧的中间位置,起到局部提高舱门刚度的作用,如图 6.35 所示。加筋壁板采用碳纤维 NCF 织物和单向帘子布作为增强材料,Hexcel 公司的 RTM6 环氧树脂为基体,应用 VARI 工艺整体成型内外加筋壁板。采用这种工艺缩短了生产周期、减少了数以千计的紧固件。上货舱门的侧壁板和横向梁也采用 VARI 工艺成型。此外 A400M 的起落架舱门结构壁板、运动翼面等结构也采用 VARI 工艺成型。

图 6.34　A400M 发动机复合材料桨叶及桨毂盖

图 6.35　VARI 成型 A400M 复合材料上货舱门

6.2.4　国内航空应用

经过多年的技术积累与发展,国内复合材料液体成型工艺技术也日益成熟,建立了比较完善的材料涵盖环氧树脂、双马来酰亚胺树脂和聚酰亚胺等液体成型材料体系以及涵盖 RTM、VARI 和 RFI 等液体工艺技术体系,并在飞机活动翼面/罩体、框/梁/肋结构、发动机叶片等等结构实现了考核验证和批量应用(图 6.36～图 6.39),实现了飞机复杂结构的整体化、高精度制造和结构减重和综合制造成本降低。

作为国内民机制造企业,中国商飞上海飞机制造有限公司十分重视复合材料液体成型工艺技术的研发和应用储备,针对预成型体制备、注胶仿真分析及控制、注胶成型、典型结构件研制等液体成型工艺技术进行了系统的攻关研究。目前,上飞公司采用 RTM 和 VARI 液体成型工艺,成功研制了 5.5 m 平尾升降舵壁板、3 m 帽型加筋壁板及机身窗框、Z 型隔框、工型肋、C 型肋、机翼口盖等试验件(图 6.40,图 6.41)。

图 6.36 国产复合材料液体成型框、梁类结构件

图 6.37 国产复合材料液体成型翼面、罩体类结构

图 6.38 RTM 成型复合材料发动机螺旋桨桨叶

图 6.39　液体成型聚酰亚胺复合材料制件

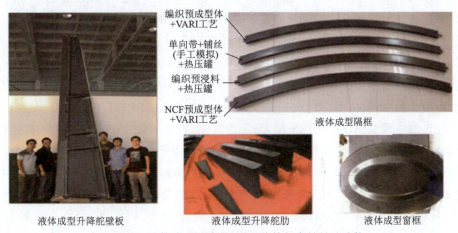

图 6.40　液体成型升降舵壁板、肋等复合材料试验件

图 6.41　液体成型复合材料机身壁板、窗框、隔框试验件

6.3 复合材料液体成型技术未来发展展望

经过数十年的技术发展,复合材料液体成型技术日益成熟,应用范围越来越广泛,推动航空航天高性能复合材料液体成型技术及其应用向以下几个方向发展:

(1)高性能复合材料液体成型制件逐步从小尺寸向大尺寸结构延伸。复合材料液体成型结构尺寸不断突破,由早期的适合于 RTM 工艺特点的小尺寸制件向大型结构发展,借助自动化设备辅助 VARI 成型,庞巴迪 C Series 飞机和俄罗斯 MC-21 飞机机翼尺寸达到了 16 m 以上。

(2)从次承力结构不断向主承力结构延伸。早期的复合材料液体成型主要应用于舱门、活动翼面和整流罩等次承力或不承力结构,目前逐步向起落架、机翼、翼梁和机身等绝对主承力结构应用延伸,如 B787 起落架撑杆、MC-21 机翼与翼梁等,M. Torres 公司也通过干纤维铺放 VARI 成型工艺尝试制造了通用飞机整体化复合材料机身。

(3)液体成型复合材料的综合性能不断提升,逐步向预浸料热压罐成型复合材料性能靠近,作为液体成型复合材料的性能短板之一的冲击后压缩强度已经达到了新一代预浸料热压罐成型复合材料的水平,如 Hexcel 公司的 HiTape® 和 Cytec 公司 DryTape® 干纤维铺放复合材料的冲击后压缩强度达到甚至超过了 300 MPa。

(4)自动化成为复合材料液体成型工艺主要发展方向。早期液体成型制件主要面向尺寸小、外形复杂的结构,主要采用效率低下、质量可控性差的手工工艺。随着应用范围的扩大,复合材料液体成型制件尺寸越来越大,生产效率、质量一致性和生产成本要求越来越高,实现复合材料液体成型的自动化制造是解决问题的主要手段。

(5)结构功能一体化也是复合材料液体成型工艺的发展和应用方向之一。目前的液体成型主要以结构复合材料为主,未来将继续向结构/隐身、结构/阻燃、结构/导电、结构/烧蚀、结构/抗弹和结构/防热等结构功能一体化方向拓展。

参考文献

[1] 古托夫斯基 T G.先进复合材料制造技术[M].李宏运,等.译.北京:化学工业出版社,2004.

[2] 拉德 C D,等.复合材料液体模塑成型技术[M].王继辉,等.译.北京:化学工业出版社,2004.

[3] 克鲁肯巴赫,等.航空航天复合材料结构件树脂传递模塑成型技术[M].北京:航空工业出版社,2009.

[4] F22 raptor materials and processes[EB/OL]. http://www.globalsecurity.org/military/systems/aircraft/f-22-mp.htm.2004.

[5] 陈祥宝.聚合物基复合材料手册[M].北京:化学工业出版社,2004.

[6] 梁子青.复合材料制件预成型体制备技术研究[R].北京:北京航空材料研究院,2005.

[7] 乌云其其格.先进的预成型体定型技术与定型剂的设计与制备[D].北京:北京航空材料研究院,2006.

[8] INOUE T. reaction-induced phase decomposition in polymer blends[J]. Progress Polymer Science,

1995,20:119-153.

[9] 张朋,周立正,包建文,等.耐350 ℃ RTM聚酰亚胺树脂及其复合材料性能[J].复合材料学报,2014,31(2):345-352.

[10] 包建文,蒋诗才,张代军.航空碳纤维树脂基复合材料的发展现状和趋势[J].科技导报,2018,36(19):52-63.

[11] 杨士勇,高生强,胡爱军,等.耐高温聚酰亚胺树脂及其复合材料的研究进展[J].宇航材料工艺,2000,30(1):1-6.

[12] 张尧州,刘刚,唐邦铭,等.RTM成型过程中微观缺陷在线检测技术研究[J].材料工程,2009,(S2):462-465.

[13] 包建文.高效低成本复合材料及其制造技术[M].北京:国防工业出版社,2012.

[14] 包建文.耐高温树脂基复合材料及其应用[M].北京:航空工业出版社,2018.

[15] 张朋,刘刚,胡晓兰,等.结构化增韧层增韧RTM复合材料性能[J].复合材料学报,2012,(4):1-9.

[16] 王跃飞.碳纤维增强复合材料HP-RTM成型工艺及孔隙控制研究[D].湖南:湖南大学,2017.

[17] LOLEÏ K, DAMIEN 1 M, MARTIN N B. Effect of process variables on the performance of glass fibre reinforced composites made by high pressure resin transfer moulding[C]. USA:12th Annual Automotive Composites Conference & Exhibition(ACCE 2012),2012.

[18] CHAUDHARI R, ROSENBERG P, KARCHER M, et al. high-pressure rtm process variants for manfuacturing of carbon fiber reinforced composites[C]. the 19th international conference on composite materials.

[19] 包建文,陈祥宝.发动机用耐高温聚酰亚胺树脂基复合材料的研究进展[J].航空材料学报,2012,32(6):1-13.

[20] YING G, LIU A D, YANG G S. Polyamide single polymer composites prepared via in situ anionic polymerization of ε-caprolactam[J]. Composites Part A-applied Science and Manufacturing,2010,41(8):1006-1011.

[21] 《碳纤维复合材料轻量化技术》编委会.碳纤维复合材料轻量化技术[M].北京:科学出版社,2015.

[22] Aircraft. Solvay composite materials(USA)[EB/OL].[2018-09-25]. http://www.airframer.com/direct_detail.html?company=111088.

[23] Composites Word. Resins for the Hot Zone, Part II: BMIs, CEs, benzoxazines and phthalonitriles[EB/OL].[2018-09-25]. https://www.compositesworld.com/articles/resins-for-the-hot-zone-part-ii-bmis-ces-benzo xazines-and-phthalonitriles.

[24] Composites Word. Lockheed Martin extends Cytec contract for F-35 prepreg[EB/OL].[2018-09-25]. https://www.compositesworld.com/news/lockheed-martin-extends-cytec-contract-for-f-35-prepreg

[25] RUDD C D. Liquid Molding Technologies[M]. New Delhi: Woodhead Publishing Ltd,1997.

[26] CONNELL J W, HERGENROTHER P M, Criss J M. High temperature transfer molding resins: composite properties of PETI-330[C]. CA: Proceedings of the 48th International SAMPE Symposium and Exhibition,2003:1076-1701.

[27] SHAMA RAO N, SIMHA T G A, RAO K P, et al. Carbon Composites Are Becoming Competitive and Cost Effective[R]. Infosys Limited,2018.

第7章 缠绕成型工艺技术

复合材料管道、压力容器、传动轴、绝缘子等制品具有强度高、质量轻、耐腐蚀、可设计等诸多优点，使其在能源、汽车、化工、船舶、军工、航空航天等领域获得广泛应用。纤维缠绕成型是将预浸带、干纤维或浸渍树脂的纤维逐层缠绕在模具表面从而实现复合材料制品成型的一种增材制造工艺。由于纤维缠绕工艺具有成型效率高、材料性能利用充分、生产成本低、产品质量一致性好等优点，使其成为纤维增强轴对称回转复合材料壳体成型的首选工艺。

随着材料工艺、装备和设计理论与方法的进步，作为复合材料行业开端的纤维缠绕技术快速发展，缠绕设备经历了机械缠绕机、数控缠绕机、微机控制缠绕机、机器人缠绕的发展历程，缠绕基础理论逐渐趋于成熟、辅助设备不断更新与改进，生产率大幅度提高、自动化程度高且产品质量稳定的缠绕装备及全自动生产线得到发展和应用；机器人技术应用于高效、高精度、柔性化缠绕成型；缠绕与编织、拉挤、铺放等工艺复合形成新的复合材料成型工艺及装备，使缠绕制品应用领域不断拓宽，新型缠绕制品不断出现。为满足纤维缠绕复合材料制品多样化、高性价比、低碳环保等市场需求，复合材料缠绕设备不断创新，并向着高度自动化、低成本、模块化、专机集成化、多功能化、柔性化、信息化、智能化及多工艺复合化的方向发展。本章主要介绍纤维缠绕成型工艺、技术、装备基本原理，国内外现状及未来发展趋势。

7.1 概　　述

7.1.1 纤维缠绕成型工艺原理及分类

纤维缠绕工艺具有成型效率高、材料性能利用充分、生产成本低、产品质量一致性好等优点，成为纤维增强轴对称复合材料回转壳体成型的首选工艺。在复合材料成型技术中，纤维缠绕是最早开发且使用最广泛的加工技术之一，亦是目前生产复合材料的重要工艺和技术。纤维缠绕成型工艺如图7.1所示，在控制纤维张力和预定线型的条件下，将连续的纤维粗纱或布带浸渍树脂胶液连续的缠绕在相应于制品内腔尺寸的芯模或内衬上，然后在室温或加热条件下使之固化制成一定形状制品的方法。

纤维缠绕成型工艺相对其他生产成型工艺具有更高生产效率。几种不同工艺制造的高性能复合材料部件的制造成本、重量和生产效率的比较见表7.1。

从上表中可以看出纤维缠绕成型工艺的生产效率更高，成本更低。与其他成型方法相比，采用缠绕工艺获得的复合材料制品具有纤维排列整齐、准确率高等特点，因此比刚度和比强度均较高。纤维缠绕成型工艺按其工艺特点、纤维浸胶方式可分为以下三种。

1. 干法缠绕成型工艺

将连续的玻璃纤维粗纱浸渍树脂后,在一定的温度下烘干一定时间、除去溶剂,然后收卷制成纱锭,缠绕时将预浸纱带按给定规律直接排布于芯模上的成型方法,称为干法缠绕成型工艺。此法的优点是质量易控制。

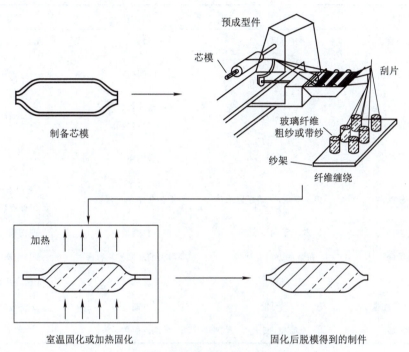

图 7.1　纤维缠绕成型工艺示意

表 7.1　不同生产工艺的比较

成型工艺	典型成型效率/(kg·h⁻¹)	相对部件质量	相对部件成本
手铺单向带	1.1	1.0	1.6
手铺织物	3.4	1.4	1.2
自动铺带机	4.5	1.0	1.2
纤维缠绕	9.0	1.3	0.8
带缠绕	6.8	1.0	1.0

2. 湿法缠绕成型工艺

将连续玻璃纤维粗纱或玻璃布带浸渍树脂胶后,直接缠绕到芯模或内衬上然后固化的成型方法称为湿法缠绕成型工艺。湿法缠绕工艺的设备比较简单,对原材料的要求不是很严格,便于选择不同的材料。

3. 半干法缠绕成型工艺

此种工艺与湿法缠绕工艺相比,增加了烘干程序;与干法缠绕工艺相比,缩短了烘干时间,降低了绞纱烘干程度,可在室温下进行缠绕。这种成型工艺既除去了溶剂,提高了缠绕速度,又减少了设备,提高了制品质量,产品中的产生气泡、空陷等缺陷的几率都会大大降低。

缠绕成型各个工艺方法的制定都是根据现实生产条件的限制,以及对工艺制品的质量要求决定的。表7.2为三种缠绕工艺方法的比较,可以看出不同工艺方法的优缺点。

表 7.2 各种缠绕工艺方法的比较

项目	干法	湿法	半干法
缠绕场所清洁状态	最好	最差	几乎与干法相同
增强材料规格	较严,不是所有规格都能用	任何规格	任何规格
使用碳纤维可能引发的问题	不存在	碳纤维飞丝可能导致机器故障	不存在
树脂含量控制	最好	最困难	并非最好,黏度可能有少许变化
材料储存条件	必须冷藏,有储存记录	不存在储存问题	类似于干法,但储存期较短
纤维损伤	取决于预浸装置	损伤机会最少	损伤机会较少
产品质量保证	在某些方面有优势	需要严格的品质控制程序	与干法类似
制造成本	最高	最低	略高于湿法
室温固化可能性	不可能	可能	可能
应用领域	航空/航天	广泛应用	类似于干法

7.1.2 纤维缠绕成型工艺的特点

纤维缠绕成型工艺作为一种常用的复合材料成型方法,其主要特点如下:

(1)易于实现高比强度制品的成型。与其他成型工艺方法相比较,以缠绕工艺成型的复合材料制品中纤维按规定方向排列的整齐度和精确度高,制品可以充分发挥纤维的强度,因此比强度和比刚度均较高。

(2)易于实现制品的等强度设计。由于缠绕时可以按照承力要求确定纤维排布的方向、层数和数量,因此易于实现等强度设计,制品结构合理。

(3)制造成本低,制造质量高度可重复。缠绕制品所用增强材料大多是连续纤维、无捻粗纱和无纬带等材料,无须纺织,从而减少工序,降低成本,同时可以避免布纹交织点与短切纤维末端的应力集中。纤维缠绕工艺容易实现机械化和自动化,产品质量高而稳定,生产效率高,便于大批量生产。

(4)适用于耐腐蚀管道、储罐和高压管道及容器的制造,这是其他工艺方法所不及的。

7.1.3 原材料

纤维缠绕成型工艺中用到的原材料主要分为两种:增强材料(即纤维材料)以及树脂系

统。常用的纤维包括玻璃纤维、碳纤维和芳纶纤维。常用的树脂为热固性聚酯、乙烯基酯、环氧和酚醛树脂。目前大量生产的纤维缠绕制品主要是使用玻璃纤维/聚酯（或乙烯基酯），以湿法缠绕生产。

7.1.3.1 缠绕用纤维

纤维缠绕制成的压力容器的强度和刚度主要取决于纤维的强度和模量，所以缠绕用纤维应具有高强度和高模量。它还应易被树脂浸润；具有良好的缠绕工艺性（如缠绕时不起毛和不断头），同一束纤维中各股之间的松紧程度应该均匀，并具有良好的储存稳定性。

1. 玻璃纤维

缠绕用玻璃纤维是单束或者是多束粗纱。单束玻璃纤维粗纱是通过许多玻璃纤维单丝在喷丝过程中并丝而成，其纱支一般在 47～470 m/kg。一般玻璃纤维都经硅烷偶联剂处理。目前最常用的玻璃纤维是 E 或 S 玻璃纤维，以内抽头或外抽头锭子包装。

2. 芳纶纤维

在战略导弹（火箭）发动机壳体制造中广泛使用的杜邦公司的 Kevlar 纤维是目前使用最多的芳纶纤维。和玻璃纤维相比，芳纶纤维的比强度得到了很大的提高。芳纶纤维具有的原纤结构使其具有高的耐磨性，因此它在最外层使用可明显改善制件的耐磨性和持久性。但在和其他材料接触时，芳纶纤维可使这些材料擦伤。

3. 碳纤维

缠绕用碳纤维为 3 k、6 k、12 k、48 k 单束纤维。与玻璃纤维和芳纶纤维不同，碳纤维是脆性材料，容易磨损和折断，因此操作时必须倍加小心。为减少碳纤维单纤的断裂，在生产过程中应尽可能地减少弯曲次数和加捻数目。

7.1.3.2 缠绕用树脂体系

目前，缠绕制品的树脂系统多用环氧树脂。对于常温使用的内压容器，一般采用双酚 A 型环氧树脂，而高温使用的容器则需采用耐热性较好的酚醛型环氧树脂或脂肪族环氧树脂。应当指出，不是任何纤维都可使用同一树脂体系配方，尤其对高级纤维，应有与之相匹配的树脂体系配方。当前环氧基体存在的问题是体系的韧性偏低。近年来国外推出了一些改性环氧树脂体系；国内在提高环氧韧性方面做了许多工作，取得一定进展。

纤维缠绕可以使用三种形态的树脂体系：第一种是液态树脂体系，纤维通过树脂槽时浸渍，这在湿态缠绕中使用；第二种形式是使用预浸丝束（带）；第三种是热塑性树脂粉末，在缠绕时利用静电粉末法使树脂浸渍纤维。

7.1.4 缠绕制品及应用

纤维缠绕复合材料制品具有强度高、质量轻、耐腐蚀、可设计等优点，在能源、汽车、化工、船舶、军工、航空航天等领域获得广泛应用。典型缠绕制品及主要应用领域如下。

航空航天及国防军工领域：纤维缠绕是最早开发并广泛应用于飞机复合材料构件的自动化成型工艺及技术，亦是最成熟的生产技术，由于缠绕制品的高强度、质量轻、耐腐蚀等性能,目前在航空领域的应用为发动机短舱、燃料储箱、副油箱、过滤器、小型飞机与直升机机身、桨叶、起落架等零部件的成型,现代大型喷气客机上为飞机提供气动控制动力源的高压气瓶均采用缠绕成型工艺制造。航天领域的主要应用为飞船承力构件、机械臂、返回舱,空间系统压力容器、固体火箭发动机壳体、喷管、烧蚀衬套等。国防军工领域的主要应用为导弹、鱼雷发射管、姿控系统、枪架、火箭发射筒、轨道炮身管等。

船舶及海洋工程领域:对复合材料需求最多的是复合材料管道,缠绕成型的复合材料管道由于具有耐腐蚀、质量轻等特性被广泛应用于海洋平台及船舶上的管道、疏浚管道、海底输油软管等。同时,纤维缠绕潜艇耐压壳体、深海探测器、潜水呼吸气瓶、船桅杆等逐渐取代传统钢制品获得应用。缠绕制品在水利及化工领域主要应用包括复合材料管道与压力容器、玻璃纤维复合材料管、罐、冷却塔、呼吸气瓶、化学流体输送工程。

能源领域:主要应用为长距离高压油气输送管道、复合材料钻井管、立管、油水分离罐、运输罐、天然气气瓶、复合材料连续管、风机叶片、塔杆、电线杆、绝缘子等。随着汽车复合材料应用水平的不断提高,复合材料单车用量将逐渐增加,为了提高汽车轻质、高强的性能,复合材料的应用逐渐取代传统汽车制造应用材料,缠绕技术在汽车制造上的主要应用为传动轴、车载气瓶、排气管、涡轮增压管、吸能器、保险杠等。

7.1.5　纤维缠绕技术的发展历程

纤维缠绕技术最早起始于 20 世纪 50 年代的美国,被用于军事武器的生产中。最早的纤维缠绕制品为 1945 年制成的玻璃纤维复合材料环,被用于原子弹工程。1946 年纤维缠绕成型工艺在美国取得专利,1947 年美国 Kellog 公司成功地研制了世界上第一台缠绕机,随后缠绕了第一台火箭发动机壳体。

20 世纪 60 至 70 年代,纤维缠绕技术进入了飞速的发展阶段,在这一时期,纤维缠绕用的纤维仍然是以玻璃纤维为主导,但是,各种新的纤维也不断问世,使纤维缠绕领域得到了不断拓展,渐渐从军事领域扩展到化工、污水处理、石油及风能系统等重要的民用领域。商用纤维缠绕机也开始在市场上销售,美国的多家公司都在生产各种高压管、污水管等,并缠绕出体积巨大的复合材料产品,如直径 10 m、容积 1 000 m³ 的巨型储罐等。

20 世纪 80 年代,纤维缠绕仍然以航空和国防为主,但在民用领域进一步扩展,如水力工程中用于制造各种压力管道、压力容器等。在这期间,第一台计算机控制的纤维缠绕机问世,使缠绕精度更高、形状更复杂的产品成为可能。进入 20 世纪 90 年代,纤维缠绕技术发展速度明显加快,进入新的高速发展阶段。商用领域进一步扩展到用于生产汽车、救生设备、运动器材的多轴缠绕机已出现并得到发展。

缠绕成型装备经历了机械式、数控式、微机控制、机器人缠绕的发展历程,设备的自动化程度、自由度数量及专业化水平不断提升。目前缠绕设备的研究主要集中在多自由度、多工位、连续缠绕、复杂异形件缠绕、机器人缠绕、高速高精度缠绕控制、多工艺复合、清洁制造等方向,这些缠绕装备的研究和应用提高了缠绕复合材料制品生产效率、质量及柔性,降低了生产成本。

在缠绕软件方面,目前国外已经形成了较为成熟的 CAD/CAM 软件,不仅具有完善的回转体纤维缠绕线型及轨迹设计功能,同时还具有异型件纤维缠绕线型及轨迹设计,可实现缠绕过程中纤维用量、缠绕厚度预测及可视化缠绕过程仿真、后置处理和缠绕制品力学性能分析接口等功能。

缠绕成型工艺中辅助设备的性能会直接影响缠绕制品的质量。随着缠绕工艺及装备的发展,缠绕辅助设备也不断改进,如快速浸胶装置、多丝嘴及模块化导丝头、高精度张力控制器、内加热固化模具等。将 RFID 技术、光栅检测、超声无损检测等技术应用于缠绕成型装备提高了制造系统的检测及控制水平,进而提高了缠绕制品的生产质量。

7.2 缠绕成型工艺理论基础

7.2.1 缠绕规律

缠绕规律是指导丝头与芯模之间相对运动规律,研究这一规律的目的在于设计合理的工艺以满足纤维均匀、稳定、规律地缠绕在芯模上。

缠绕制品的规格、形状种类繁多,缠绕形式千变万化,但缠绕规律可以归结为以下三种:环向缠绕、纵向缠绕和螺旋缠绕。

1. 环向缠绕

环向缠绕是指沿容器圆周方向进行的缠绕。缠绕时芯模绕自身轴线做匀速运动,导丝头在平行于芯模轴线方向的筒身区间运动。芯模每旋转一周导丝头移动一个纱片的距离,如此循环往复,直至纱片均匀布满芯模圆筒段表面位置,如图 7.2 所示。

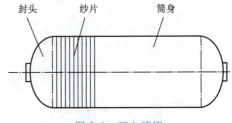

图 7.2 环向缠绕

2. 纵向缠绕

在进行纵向缠绕时,导丝头在固定平面内做匀速圆周运动,芯模绕自身轴线慢速旋转。导丝头每转一周,芯模转过一个微小的角度,反映到芯模表面是一个纱片的宽度。纱片与芯模纵轴之间的交角在 0°~25°之间,并与两端的极孔相切,依次连续缠绕到芯模上。纵向缠绕的纱片排布是彼此间不发生纤维交叉的,纤维缠绕的轨迹是一条单圆平面封闭曲线。纵向缠绕如图 7.3 所示。纵向缠绕规律主要用于球形、椭球形及长径比小于 1 的短粗筒形容器的缠绕。

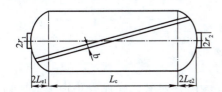

图 7.3 纵向缠绕

纱片与纵轴的交角称之为缠绕角(α),缠绕角的计算公式为

$$\tan \alpha = \frac{r_1 + r_2}{L_c + L_{e1} + L_{e2}} \tag{7-1}$$

式中,r_1、r_2 为芯模两端封头的极孔半径;L_c 为筒身段长度;L_{e1}、L_{e2} 为芯模两端封头的长度。

如果芯模两端的极孔相同,且封头具有相同的高度,则缠绕角公式为

$$\tan \alpha = \frac{2r}{L_c + 2L_e} \tag{7-2}$$

即

$$\alpha = \arctan \frac{2r}{L_e + 2L_c} \tag{7-3}$$

假设纱片宽度为 b,缠绕角为 α,则其在芯模圆周平行圆上所占的弧长为 $s = \frac{b}{\cos \alpha}$,与此弧长对应的芯模转角 $\Delta \theta = \frac{s}{\pi D} \times 360° = \frac{b}{\pi D \cos \alpha} \times 360°$。

纵向缠绕的速比是指单位时间内芯模旋转与导丝头旋转的转数比,记为 i。假设导丝头旋转一周的时间为 t,则纵向缠绕的速比 i 为

$$i = \frac{\frac{\Delta \theta}{360°} \times \frac{1}{t}}{\frac{1}{t}} \tag{7-4}$$

将 $\Delta \theta$ 代入上式得

$$i = \frac{b}{\pi D \cos \alpha} \tag{7-5}$$

3. 螺旋缠绕

螺旋缠绕也被称为测地线缠绕,在缠绕时芯模绕自身轴线做匀速运动,导丝头按特定速度沿芯模轴线方向作往复运动,从而实现在芯模筒身和封头上的螺旋缠绕。螺旋缠绕的缠绕角 α 通常为 $12° \sim 70°$,如图 7.4 所示。

螺旋缠绕的特点是每束纤维都对应极孔圆周上的一个切点;相同方向邻近纱片之间相接而不相交,不同方向的纤维则相交。这样,当纤维均匀缠满芯模表面时,就构成了双层纤维层。相对于其他两种缠绕方式,螺旋缠绕的规律较为复杂。

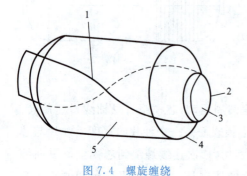

图 7.4　螺旋缠绕

1—螺旋缠绕纤维;2—切点;3—极孔圆;
4—封头曲线;5—筒身段

7.2.2　缠绕工艺设计

7.2.2.1　内压容器的结构选型

1. 内压容器的结构形状

现在应用纤维缠绕工艺生产的多为内压容器,内压容器的形状通常为球形或圆筒形。对于球形容器而言,由于其特定的形状,决定了它在各向受力均等,且在相同容积条件下,其

表面积最小,因此,球形最省材料;而对于圆筒形容器,其环向与纵向的内力比为 1∶2,即纵向有多余的强度储存,所以较球形来说,它不能够充分利用材料。

目前,对于纤维缠绕玻璃纤维复合材料压力容器来说,由于缠绕线型的可调性,筒形容器很容易实现等强度,且成型工艺简单。而对于球形容器,为实现其等强度,就必须具备有各向同性的铺层,但实现这种铺层的缠绕线型与设备均较复杂。从发展的角度来看,球形容器未必不是追求的形式。就目前情况而言,采用具有封头的筒形容器是比较适宜的,并且其长径比(筒长与直径之比)以 2～5 为好。

2. 筒形容器的封头外形

玻璃纤维复合材料内压容器通常采用测地线缠绕等张力封头、平面缠绕等张力封头、椭圆形封头。

(1)测地线缠绕等张力封头

纤维缠绕玻璃纤维复合材料封头,不论球形还是椭圆形,要实现等强度都是困难的。有这样一种封头曲线,只要纤维沿着短程线缠绕并与极孔相切,经纬向的强度亦能同时得到满足。这样的封头曲线叫等张力封头曲线。

在等张力封头里的纤维的任一点的应力都相等,纤维的单向强度得到了充分的利用,这就实现了等强度结构。这种材料用量最少,重量最轻,因此等张力封头是比较理想的封头形式。

在生产工艺上,只有满足了下述两个条件,方能实现等张力封头:

①纤维缠绕的轨迹必须是测地线。

②封头曲线必须是等张力曲线。测地线缠绕的等张力封头曲线方程为:

$$y = \int_x^l \frac{x^3 \mathrm{d}x}{\sqrt{\frac{x^2 - x_0^2}{1 - x_0^2} - x^6}} \tag{7-6}$$

式中,x、x_0、y 均为整化值。

$$x = \frac{r}{R} \quad x_0 = \frac{r_0}{R} \quad y = \frac{z}{R} \tag{7-7}$$

当 $x_0 = 0$ 时,则:

$$y = \int_x^l \frac{x^2 \mathrm{d}x}{\sqrt{1 - x^4}} \tag{7-8}$$

我们称此式为"零周向应力"封头曲线。

(2)平面缠绕封头

平面缠绕封头的纤维轨迹是一个倾斜平面和封头曲面相交的交线。平面缠绕封头仍要满足纤维抗力和壳体因受压力产生的内力平衡这一条件,即满足:

$$\frac{R_2}{R_1} = 2 - \tan^2 \alpha_0 \tag{7-9}$$

式中，α_0 为封头缠绕角；R_1 为封头曲面子午线方向的曲率半径；R_2 为封头曲面平行圆方向的曲率半径。

当缠绕角确定后，就必须选择调整封头曲面各点的曲率半径（R_1 与 R_2）的关系，使之满足上式。平面缠绕时，封头上各点的缠绕角是由平面缠绕的几何条件确定的。封头缠绕角的表达式为：

$$\alpha_0 = \arctan \frac{\cos \phi (B \tan \phi + R_N)}{x} \tag{7-10}$$

式中，α 为壳体圆筒身缠绕角；R_N 为封头纤维与经线交点处的平行圆半径。

由此将式(7-4)、式(7-5)组成联立方程式，可求得平面缠绕封头曲线的解析式：

$$B = (L_N + k) \tan \alpha \tag{7-11}$$

$$\tan \phi = \frac{\mathrm{d}R_N}{\mathrm{d}L_N} \tag{7-12}$$

式中，L_N 为封头纤维与经线交点处到赤道圆距离；k 为筒身纤维与中心线交点到封头赤道距离。

对于给定的极孔半径和筒身半径，测地线封头曲线只有一个解。这也就决定了容器圆筒部分的缠绕角。在平面缠绕中，缠绕角除了和极孔半径有关外，还和 L/D 有关，对不同的 L/D，封头曲线也不同。

(3) 椭圆形封头

曲线方程一般采用两种，即 $y = \frac{1}{2}\sqrt{R^2 - x^2}$ 和 $y = \frac{\sqrt{2}}{2}\sqrt{R^2 - x^2}$，两种曲线仅矢高不同。椭圆形封头矢高一般选为 $\frac{1}{2}R \sim \frac{\sqrt{2}}{2}R$。

几种封头曲线如图7.5所示。

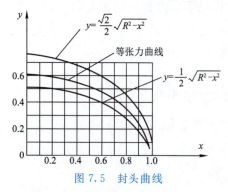

图 7.5 封头曲线

7.2.2.2 缠绕类型的选择

制品的缠绕类型选取，一般考虑以下几个方面。

1. 制品的结构形状和几何尺寸

螺旋缠绕应用于长形管状结构是理想的，平面缠绕主要用于球形、扁椭圆形以及长径比小于4的筒形容器的缠绕。此外，也适用于两端不等开口容器的缠绕。

2. 强度要求

对于螺旋缠绕，由于在纤维束交叉点处，纤维在受力状态下要变直，特别是充分受载情况下，纤维不是完全直的就可能产生分层和损坏。再者，由于线型交叉，树脂含量可能偏高。而纵向缠绕，纤维在筒体部分不通过交叉而是以完整的缠绕层依次逐层重叠、排列较好。因此纵向缠绕可望获得高强度并因而减轻重量。

3. 载荷特性

缠绕制品，其纵向和环向组合缠绕的设计灵活性较大，只要改变各方向上的玻璃纤维含量就能独立和方便地调整纵向和环向强度。

螺旋缠绕结构,对于不平衡加载的适应性较差,以圆筒形压力容器为例,当受内压时,缠绕角为55°44′的螺旋缠绕,其环向应力是纵向应力的两倍,但若受弯曲或其他载荷时,实际所承受的应力则不是2∶1,这时应改变纤维缠绕角以适应不平衡的载荷。否则必然导致树脂分担较大部分的载荷,树脂基材的蠕变和疲劳特性将趋于恶化,在较低的纤维应力时,就将发生破坏,这种效应在持久载荷下变得更为严重。而在纵向缠绕结构中,这种倾向将会减轻。

4. 其他因素

要根据制品的使用环境及设备情况综合考虑决定。实际生产中,通常采用以下3种类型缠绕:多循环螺旋缠绕,纵向缠绕与环向缠绕的组合,低缠绕角多循环螺旋缠绕与环向缠绕的组合。

7.2.2.3 缠绕张力制度设计

纤维缠绕内压容器的爆破强度、体积变形率、疲劳次数、含胶量等都与所选择的初始张力及递减张力制度有关。选择张力制度必须考虑的因素如下:内衬的刚度、保证各层纤维初始张力相同、纤维本身的强度和磨损、张力装置的能力、胶液的流失。

环向缠绕张力递减制度的计算过程如下:

1. 假设

(1)内衬和环向缠绕纤维在内压力作用下具有相同的变形。

(2)树脂固化时的收缩性,不致使纤维产生压缩变形,玻璃纤维复合材料中纤维的应力仍等于树脂固化前的初始应力。

(3)玻璃纤维的拉力载荷使内衬产生等量压缩载荷。

(4)壳体厚度很小,因此采用金属圆筒的半径作为组合壳体的半径。

2. 纤维预应力的选定

如果所选定的纤维预应力使内衬的预应力达到内衬失稳的临界压缩应力 σ_{kp},或内衬材料的压缩弹性极限 σ_c,那么此预应力为最大值。显然,该预应力只考虑内衬不失稳这一个因素。如果内衬刚度足够大时(大多数情况都是如此),就应该考虑纤维本身的强度损失以及含胶量的要求等因素。

3. 张力制度计算

通过模量关系折算成当量纤维层厚度的内衬,内衬和内层纤维一起承受外层纤维的缠绕张力。而外层纤维的缠绕张力可使内衬和全部内层纤维同时产生压缩。这样,内衬上的每层纤维的张力会随着它上面缠绕纤维层数的增多而递减。控制各层纤维的缠绕张力的目的,就是使各层纤维的初始应力都相等。

为了叙述方便,假定环向和螺旋向缠绕层交错排列。最外层环向缠绕张力为 $T_{n\theta} = \sigma_{G0} t_\theta$;最外层螺旋向缠绕张力为 $T_{n\alpha} = \sigma_{G0} t_\alpha$。其中 t_θ 与 t_α 分别为环向缠绕和螺旋缠绕的单层纤维厚度,σ 为纱片应力。

$$t_\theta = \frac{t_{G\theta}}{n_\theta}, \qquad t_\alpha = \frac{t_{G\alpha}}{2n_\alpha} \tag{7-13}$$

式中,n_θ 为环向缠绕总层数;n_α 为螺旋缠绕总循环数。

第 n_θ 环向纤维缠绕层(最外层)迫使第 $(n_\theta - 1)$ 环向纤维层的张力减少 $\Delta T_{(n_\theta - 1)\theta}$:

$$\Delta T_{(n_\theta - 1)\theta} = \frac{T_{n\theta} t_\theta}{\frac{E_0}{E_G} t_\theta + (n_\theta - 1)t_\theta + 2(n_\alpha - 1)t_\alpha \sin \alpha} \tag{7-14}$$

第 n_α 螺旋缠绕循环(最外层)迫使第 $(n_\theta - 1)$ 环向纤维层的张力减少:

$$\Delta T_{(n_\theta - 1)\alpha} = \frac{2T_{n\alpha} \sin \alpha t_\theta}{\frac{E_0}{E_G} t_\theta + (n_\theta - 1)t_\theta + 2(n_b - 1)t_\alpha \sin \alpha} \tag{7-15}$$

第 $(n_\theta - 1)$ 环向缠绕纤维层的缠绕张力为 $T_{(n_\theta - 1)}$,则:

$$T_{(n_\theta - 1)} = T_{n_\theta} + \Delta T_{(n_\theta - 1)\theta} + \Delta T_{(n_\theta - 1)\alpha} \tag{7-16}$$

将式(7-6)、式(7-7)代入式(7-16):

$$T_{(n_\theta - 1)} = \frac{\frac{E_\theta}{E_G} t_0 + n_\theta t_\theta + 2 \frac{T_{n\alpha}}{T_{n\theta}} t_\theta \sin \alpha + 2(n_\alpha - 1)t_\alpha \sin \alpha}{\frac{E_o}{E_G} t_0 + (n_\theta - 1)t_\theta + 2(n_\alpha - 1)t_\alpha \sin \alpha} \times T_{n\theta} \tag{7-17}$$

由于 $n_\theta t_\theta = t_{G\theta}, 2n_\alpha t_\alpha = t_{G\alpha}, \frac{T_{n\alpha}}{T_{n\theta}} = \frac{t_\alpha}{t_\theta}$

所以
$$T_{(n_\theta - 1)} = \frac{\frac{E_0}{E_G} t_0 + t_{G\theta} + t_{G\alpha} \sin \alpha}{\frac{E_0}{E_G} t_0 + (n_\theta - 1)t_\theta + 2(n_\alpha - 1)t_\alpha \sin \alpha} \times T_{n\theta} \tag{7-18}$$

同理,第 $(n_\theta - 2)$ 环向的纤维缠绕张力为:

$$T_{(n_\theta - 2)} = \frac{\frac{E_0}{E_G} t_0 + t_{G\theta} + t_{G\alpha} \sin \alpha}{\frac{E_0}{E_G} t_0 + (n_\theta - 2)t_\theta + 2(n_\alpha - 1)t_\alpha \sin \alpha} \times T_{n\theta} \tag{7-19}$$

第 j 环向层的纤维张力为 $T_{j\theta}$:

$$T_{j\theta} = \frac{\frac{E_0}{E_G} t_0 + t_{G\theta} + t_{G\alpha} \sin \alpha}{\frac{E_0}{E_G} t_0 + j t_\theta + 2 j t_\alpha \sin \alpha} \times T_{n\theta} \tag{7-20}$$

或
$$T_{j\theta} = \frac{\frac{E_0}{E_G} t_0 + t_{G\theta} + t_{G\alpha} \sin \alpha}{\frac{E_0}{E_G} t_0 + j t_\theta + 2(j-1) t_\alpha^0 \sin \alpha} \times T_{n\theta} \tag{7-21}$$

式(7-8)适用于最内层为纵向缠绕的情况;式(7-9)适用于最内层为环向缠绕的情况。其中 j 取 $1,2,3,\cdots$。

第 j 层环向中每股纤维的缠绕张力为:

$$\frac{T_{j\theta}}{t_\theta}A = \frac{\frac{E_0}{E_G}t_0 + t_{G\theta} + t_{G\alpha}\sin\alpha}{\frac{E_0}{E_G}t_0 + jt_\theta + 2jt_\alpha\sin\alpha} \times A\sigma_{G0} \qquad (7\text{-}22)$$

$$\frac{T_{j\theta}}{t_\theta}A = \frac{\frac{E_0}{E_G}t_0 + t_{G\theta} + t_{G\alpha}\sin\alpha}{\frac{E_0}{E_G}t_0 + jt_\theta + 2(j-1)t_\alpha\sin\alpha} \times A\sigma_{G0} \qquad (7\text{-}23)$$

式中,A 为每股纤维的横截面积。式(7-20)、式(7-21)分别与式(7-22)、式(7-23)对应。逐层递减的张力制度在使用时较麻烦,因此通常采用 2～3 层递减一次,递减幅度等于逐层递减几层的总和。

7.2.2.4 缠绕线型设计

1. 缠绕规律选择的要求

(1) 缠绕角 α 要求与测地线缠绕角相近,为更好地发挥玻璃纤维的强度,缠绕角 α 应近于 $55°$。

(2) 为避免在极孔附近纤维的架空,影响头部强度,所选缠绕规律在封头极孔处的相切次数不宜过多。

(3) 头部包角 β 应接近于 $180°$ 为好,一般选用 β 在 $160°\sim180°$ 之间,否则会使纤维在头部引起打滑。

2. 选择缠绕规律的步骤

以筒形压力容器为例,把筒身圆周分为 4 等分,即取 $n=4$,若分别取 $K=1$、2、3、4、5,则缠绕规律便有 5 种类型:

由公式

$$i = 1 + \frac{K}{n} \qquad (7\text{-}24)$$

可求的相应的 5 个速比。

由公式

$$d_i = \frac{L_c R_x - \frac{K}{n}\pi D R_\gamma}{2R_x + \frac{K}{n}\pi D} \qquad (7\text{-}25)$$

或

$$d_i = \frac{1}{2}\left[L_c - \frac{\frac{K}{n}\pi D}{\tan\left(\arcsin\frac{R_x}{R}\right)}\right] \qquad (7\text{-}26)$$

可求出各自的 d_i 值。

由公式

$$\alpha = \arctan \frac{\frac{K}{n}\pi D}{L_c - 2d_i} \tag{7-27}$$

可求出缠绕角 α 的值。

头部包角 β 的计算求得。

由公式

$$\beta = 180° - \frac{K}{n} \times 360° \frac{2d_i}{L_c - 2d_i} \tag{7-28}$$

可求出头部包角 β 的值。

经以上计算,将上述 5 种线型计算得出的相应缠绕参数列表。再按照缠绕规律的 3 个选择原则,结合实际工作经验进行分析比较,经筛选后,可以得到一种比较合理的缠绕规律,这就是此产品的真正缠绕线型。

3. 封头缠绕包络圆调节方法

在封头缠绕过程中,为防止或减轻纤维在封头极孔附近产生堆积和架空现象,封头极孔的纤维缠绕包络圆应逐渐扩大。随包络圆的改变,缠绕角将发生变化。这也符合"避免采用单一缠绕角缠绕同一产品"的原则。

7.3 缠绕成型工艺技术与装备

7.3.1 缠绕成型工艺技术

7.3.1.1 芯模或内衬

芯模的形状决定制品的几何尺寸。对芯模设计的基本要求是:具有足够的强度和刚度,能够承受制品成型加工过程中施加于芯模上的各种载荷(自重、缠绕张力、固化时的热应力、制品二次加工时作用于芯模的切削力等);能满足制品内腔形状尺寸和精度要求(如同心度、不直度、椭圆度、表面光洁度等),能顺利地从已固化的制品中脱出,取材方便,制造简单。

1. 芯模制造

1)湿法芯模

湿法芯模与干法芯模不同之处是湿法芯模不需设置加热装置,而干法芯模中要求设置加热装置。可采用低熔点金属、低熔点盐类、石膏等进行芯模制造。

2)干法芯模

干法缠绕成型要求对芯模加热,通常要在芯模里埋置加热元件(如蒸汽管、电阻元件和过热油管等)。其设计和制造成本比湿法缠绕芯模高得多。可采用低熔点金属、石膏、铸铝、敲碎法脱模的石膏芯模、蜡模等进行芯模制造。

2. 芯模的类型

芯模的结构形式和制造方法与所取材料密切相关。如不可拆卸式金属芯模、金属可拆卸芯模、可敲碎式芯模、橡皮袋芯模、组合芯模等。最近日本、德国、美国、俄罗斯等国家研制了许多可供弯曲成弯管的芯模，有的甚至还可通热空气以协助固化，如螺旋状钢带芯模和高弹高强橡胶芯模等。

3. 内衬

缠绕成型获得的复合材料制品往往是非气密性的，因此需要在内部加入具有保证气密性作用的内衬。另外，还要求内衬材料具有耐腐蚀和耐高低温等性能。还必须与缠绕壳体牢固粘接、变形协调、共同承载，具有适当的弹性和较高的延伸率。目前可以用作内衬的材料有铝、橡胶、塑料等。

7.3.1.2 浸胶方法及浸胶量的控制

浸胶是纤维缠绕工艺的重要环节，决定了缠绕纱的浸透程度、纤维强度和含胶量，其中含胶量对缠绕制品性能的影响很大。由于不同的缠绕工艺方法，纤维的浸胶方法也各不相同。下面介绍一下不同工艺的几种浸胶方法。

1. 干法缠绕中的浸胶技术

预浸带的制备方法按树脂浸渍纤维的方法不同大致分为：溶液浸渍法、热熔浸渍法和胶膜碾压法、粉末工艺法等。

2. 湿法缠绕的浸胶技术

湿法缠绕工艺是采用液态树脂体系，使纤维经集束浸胶后，在张力控制下直接缠绕在芯模上，然后再固化成型。

由于湿法缠绕工艺不采用预浸带技术，也没有预固化过程，因而制品的含胶量是在浸胶和缠绕过程中进行控制。浸胶技术的优劣直接影响缠绕制品的好坏。湿法缠绕工艺的浸胶通常采用直浸法和胶辊接触法。

3. 半干法缠绕的浸胶技术

半干法缠绕的浸胶技术与湿法缠绕大致相同，只是在纤维浸胶到缠绕至芯模的途中增加了一套烘干设备，将纱带胶液中的溶剂基本上清除掉并达到一定程度的凝胶。与干法相比，省去了预浸胶工序和设备；与湿法相比，可使制品中的气泡、孔隙含量降低。

7.3.1.3 张力控制

缠绕张力是缠绕工艺的重要参数。张力大小、各束纤维间张力的均匀性，以及各缠绕层之间纤维张力的均匀性，对制品的质量影响极大。

1. 对制品机械性能的影响

研究结果表明，玻璃纤维复合材料制品的强度和疲劳性能与缠绕张力有密切关系。张力过小，制品强度偏低，内衬所受压缩应力较小，因而内衬在充压时的变形较大，其疲劳性能就越低。张力过大，则纤维磨损大，使纤维和制品强度都下降。此外，过大的缠绕张力还可能造成内衬失稳。

各束纤维之间张力的均匀性、对制品性能影响也很大。从表 7.3 的数据可以看出,各纤维束所受张力的不均匀性越大,制品强度越低。因此,在缠绕玻璃纤维复合材料制品时,应尽量保持纤维束之间、束内纤维之间的张力均匀。为此,应尽量采用低捻度、张力均匀的纤维,并尽量保持纱片内各束纤维的平行。

表 7.3　缠绕张力的均匀性对环形试件弯曲强度的影响

张力	性　　能	弯曲强度/MPa
16 根纤维中	8 根均匀受力共 29 N	567.8
	8 根均匀受力共 4.9 N	567.8
16 根纤维中	8 根均匀受力共 1.5 N	625.7
	8 根均匀受力共 4.9 N	
16 根纤维中	全部均匀受力共 7.8 N	690.4

2. 对制品密实度的影响

制品致密的成型压力与缠绕张力成正比,与制品曲率半径成反比。对于干法生产,为了生产密实的制品,必须控制缠绕张力。对于湿法缠绕,树脂黏度对所需预定密实度的结构采用的成型压力有很大影响。黏度越小,所需的成型压力就越小。或者说,在固定的成型压力下,可使玻璃纤维复合材料制品具有较高的密实度。

3. 对含胶量的影响

缠绕张力对纤维浸渍质量及制品含胶量的大小影响非常大。随着缠绕张力增大,含胶量降低。在多层缠绕过程中,由于缠绕张力的径向分量的作用,外缠绕层将对内层施加压力。胶液因此将由内层被挤向外层,因而将出现胶液含量沿壁厚方向不均匀——内低外高的现象。采用分层固化或预浸材料缠绕,可减轻或避免这种现象。

4. 对作用位置的影响

纤维张力可在纱轴或纱轴与芯模之间某一部位施加。前者比较简单,但在纱团上施加全部缠绕张力会带来如下困难:对湿法缠绕来说,纤维的胶液浸渍情况不好。而且在浸胶前施加张力,将使纤维磨损严重而降低其强度。张力越大,纤维强度降低越多。对于干法缠绕来说,如果预浸纱卷装得不够精确,施张力后易使纱片勒进去。一般认为,湿法缠绕宜在纤维浸胶后施加张力,而干法缠绕宜在纱团上施加张力。

7.3.1.4　纱片宽度及缠绕速度

纱片间隙会成为富树脂区,是结构上的薄弱环节。纱片宽度很难精确控制,这是因为它会随着缠绕张力的变化而变化,通常纱片宽度为 15~35 mm。

缠绕速度通常是指纱线速度,应控制在一定范围。因为纱线速度过小,生产率低;而纱线速度过大,会受到下列因素限制:

湿法缠绕,纱线速度受到纤维浸胶过程的限制。而且当纱线速度很大时,芯模转速很高,有出现树脂胶液在离心力作用下从缠绕结构中向外迁移和溅洒的可能。干法缠绕,纱线速度主要受两个因素的限制,应保证预浸纤维用树脂通过加热装置后能熔融到所需黏度;避免杂质被吸入玻璃纤维复合材料结构中。

7.3.1.5 固化制度

玻璃纤维复合材料固化有常温固化和加热固化两种,这由树脂系统决定。固化制度是保证制品充分固化的重要条件,直接影响玻璃纤维复合材料制品的物理性能及其他性能。加热固化制度包括加热的温度范围、升温速度、恒温温度及保温时间。

1. 加热固化

高分子物质随着聚合(即固化)过程的进行,需要加热到较高温度下才能反应。加热固化可使固化反应比较完全,因此加热固化比常温固化的制品强度至少可提高20%~25%。此外,加热固化可提高化学反应速度,缩短固化时间,缩短生产周期,提高生产率。

2. 保温

保温一段时间,可使树脂充分固化,产品内部收缩均衡。保温时间的长短不仅与树脂系统的性质有关,而且还与制品质量、形状、尺寸及构造有关。一般制品热容量越大,保温时间越长。

3. 升温速度

升温阶段要平稳,升温速度不应太快。升温速度太快会导致化学反应激烈,使溶剂等低分子物质急剧逸出而形成大量气泡。

4. 降温冷却

降温冷却要缓慢均匀。由于玻璃纤维复合材料结构中顺纤维方向与垂直纤维方向的线膨胀系数相差近四倍,因此,制品若不缓慢冷却,各部位各方向收缩就不一致,特别是垂直纤维方向的树脂基体将承受拉应力,而玻璃纤维复合材料垂直纤维方向的拉伸强度比纯树脂还低,当承受的拉应力大于玻璃纤维复合材料强度时,就发生开裂破坏。

5. 固化制度的确定

不同树脂系统的固化制度不一样。如:环氧树脂系统的固化温度,随环氧树脂及固化剂的品种和类型不同而有很大差异。对各种树脂配方没有一个广泛适用的固化制度,只有根据不同树脂配方,制品的性能要求,并考虑到制品的形状、尺寸及构造情况,通过实验确定出合理的固化制度,才能得到高质量的制品。

6. 分层固化

较厚的玻璃纤维复合材料层压板,需采用分层固化工艺。其工艺过程如下:先固化内衬,然后在固化好的内衬上缠绕一定厚度的玻璃纤维复合材料缠绕层,使其固化,冷却至室温后,再对表面打磨喷胶,缠绕第二次。依次类推,直至缠到设计所要求的强度及缠绕层数为止。

7.3.2 缠绕成型工艺装备

7.3.2.1 缠绕机的类型

作为缠绕生产工艺必备的设备,缠绕机也经历了几个不同的发展阶段。从原来的机械式、数字控制式、微机控制式到现在的计算机控制式,缠绕机的发展经历了半个世纪。目前比较常用的缠绕机为机械式和计算机控制式两种。

1. 机械式缠绕机

按实现纵向缠绕规律的特征,机械式缠绕机大致上分为平面缠绕机和螺旋缠绕机两大类。

(1) 绕臂式缠绕机

绕臂式缠绕机(图 7.6)属于平面缠绕机,其运动特点是绕臂(丝嘴装在绕臂上)围绕芯模做匀速旋转运动。适于短粗筒形容器的干法缠绕。

(2) 卧式轨道缠绕机

卧式轨道缠绕机(图 7.7)的芯模轴线和小车运行轨道均呈卧式布置。轨道式缠绕机适于大型构件的干法或湿法缠绕。

(3) 立式轨道缠绕机

立式轨道缠绕机(图 7.8),当芯模和轨道皆为立式放置时常称作立式轨道缠绕机。但这种缠绕设备更适用于球形或扁球形构件的干法缠绕。

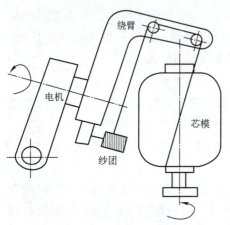

图 7.6 绕臂式缠绕机

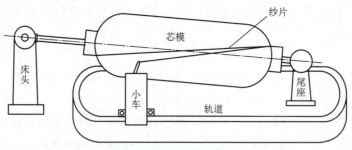

图 7.7 卧式轨道缠绕机

(4) 滚转式缠绕机

滚转式缠绕机(图 7.9)的运动特点是芯模装在一个旋转工作台的悬轴上,芯模绕自身轴线作慢速自动旋转(实现排线),旋转工作台带着芯模公转(实现缠绕),丝嘴位置固定不变,只适宜于小型容器的干法或湿法缠绕。

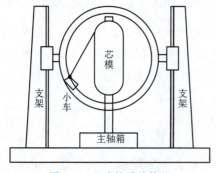

图 7.8 立式轨道缠绕机

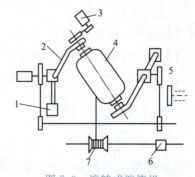

图 7.9 滚转式缠绕机

1—平衡铁;2—摇臂;3—电机;4—芯模;
5—制动器;6—离合器;7—纱团

(5) 螺旋缠绕机

螺旋缠绕机(图 7.10)一般为卧式,它适于缠绕细长筒形容器。该机结构简单,操作调整比较方便,多用在湿法缠绕,但也可进行干法缠绕。

(6) 小车环链式缠绕机

小车环链式缠绕机(图 7.11)包括卧式和立式两种,它的芯模水平放置,以环链和丝杆带动小车运动,适合于纵向只有单一角度的管、罐形制品生产。

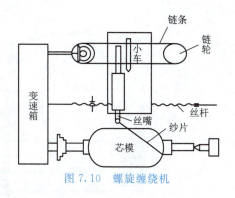

图 7.10　螺旋缠绕机

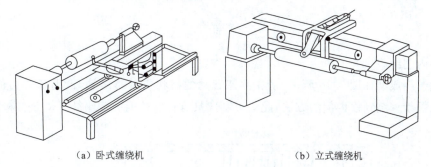

(a) 卧式缠绕机　　　　(b) 立式缠绕机

图 7.11　小车环链式缠绕机

(7) 行星式缠绕机

行星式缠绕机(图 7.12)芯轴和水平面倾斜成 α 角(即缠绕角)。缠绕成型时,芯模作自转和公转两个运动,绕丝嘴固定不动。这种缠绕机适合于生产小型制品。

(8) 电缆机式纵环向缠绕机

电缆机式纵环向缠绕机(图 7.13)适用于无封头圆筒形容器或定长管的缠绕。

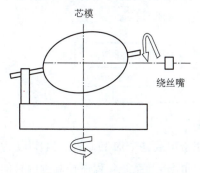

图 7.12　行星式缠绕机

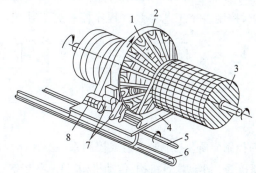

图 7.13　电缆机式纵环向缠绕机

1—纵向层纱盘;2—转环;3—芯模;4—小车;5—小车丝杆;
6—小车导轨;7—转环旋转传动机构;8—环向缠绕纱架

(9) 球形容器缠绕机

球形容器缠绕机(图 7.14)可使用无捻粗纱和玻璃布带,芯模轴可直立或横卧放置。这种机器广泛用于球形发动机壳体和压缩空气用的容器的缠绕。

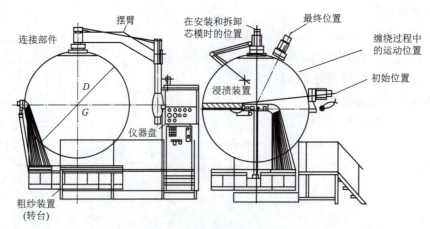

图 7.14 球形容器缠绕机

(10) 内侧缠绕机

内侧缠绕成型如图 7.15 所示，是在高速转动的筒状成型模内侧，借助离心力的作用将玻璃纤维粗纱缠绕到模内侧的方法，此法可制成具有特殊性能的玻璃纤维复合材料制品。

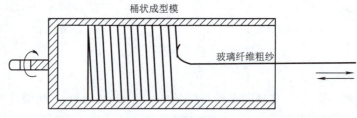

图 7.15 内侧缠绕成型

2. 程序控制缠绕机

程序控制缠绕机一般具备两种功能：控制程序的转换使其做出规定的动作，根据加工工艺要求，控制各个工艺参数。程序控制缠绕系统如图 7.16 所示。

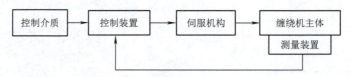

图 7.16 程序控制缠绕机系统

由控制介质及控制装置组成控制系统。控制介质用于记载整个加工工艺过程，以便为控制装置所接受。驱动执行机构、传动机构、检测装置等组成伺服传动系统。程序控制缠绕机的控制方式分为以下四种：开环控制系统、闭环控制系统、半闭环控制系统、开环补偿型控制系统。

3. 计算机控制缠绕机

计算机控制缠绕机与机械式缠绕机的根本差别在于，它的执行机构动力源均采用独立的伺服电动机，各个机构（运动轴）间的运动关系不是由机械传动链确定的，而是由计算机控制的伺服系统实现，因此可以实现多轴缠绕。在纤维缠绕成型工艺中，称纤维的每一个可以移动的方向为一个自由度,也称作一个轴。自由度越多可以实现的缠绕方式就会越复杂。计算机控制缠绕机的发展,使多自由度的运动变得越来越简单。也使各种多轴缠绕机不断被研制出来。目前在国际市场上实现商品化的缠绕机达到了 6 轴。如图 7.17 所示,该缠绕机具有以下几个自由度:

(1)主轴(x),使芯模做回转运动。

(2)小车水平轴(y),使丝嘴沿芯模轴向做往复运动。

(3)小车伸臂轴(z),使丝嘴沿芯模做径向运动。

(4)丝嘴翻转轴(u),使丝嘴绕伸臂轴转动。

(5)降轴(v),使丝嘴做垂直于伸臂轴和主轴方向的运动。

(6)扭转轴(w),使丝嘴绕升降轴转动。

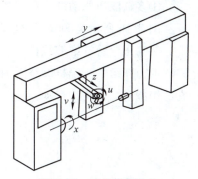

图 7.17 缠绕机运动的各个自由度示意

计算机控制缠绕机具有控制和伺服传动两个系统,其执行机构多采用精密的传动器件,落纱准确、张力控制稳定。计算机控制缠绕机和机械式缠绕机相比具有无可比拟的优点:它可以使缠绕工作变得更加科学,如对工艺参数的优化组合不需再进行常规实验,借助于计算机就可以直接完成,不仅减轻了过去烦琐实验、数据归纳、分析计算的工作量,也扩大了缠绕制品的应用领域。

4. 弯管缠绕设备

(1)干法缠绕玻璃纤维复合材料弯管的设备

这类设备要将玻璃纤维复合材料纤维预先织成带并浸渍树脂,使之成为预浸胶带。图 7.18 所示是 Plastrek-manurhin 公司研制的设备。

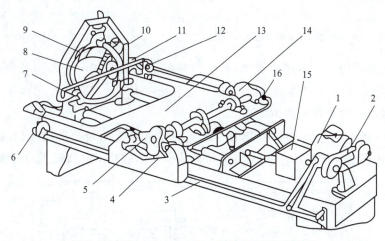

图 7.18 Plastrek-manurhin 公司干缠绕弯管设备

1—电机;2、6—带传动;3—驱动轴;4—轴;5、14—凸轮;7—辊轮;8—芯模;
9—轮圈;10—胶带盘;11—摆杆;12—齿条;13—活动平台;15—变速箱;16—推杆

(2)湿法生产玻璃纤维复合材料弯管的设备

干法缠绕须预浸胶带,工序多,成本高,且只有环向缠绕,没有螺旋缠绕,缠绕可设计性差,纤维强度未充分发挥,为此不少国家研制了湿法纤维缠绕玻璃纤维复合材料弯管设备,现介绍两种。

①多缸液压驱动纤维缠绕弯管机

图 7.19 所示是 Dunlop 公司研制的多缸液压驱动纤维缠绕弯管机。

②高压弯管纤维缠绕机

前面介绍的缠绕机缠绕平面是固定的,图 7.20 所示的弯管缠绕机缠绕平面是变化的,它的缠绕台既回转又移动。

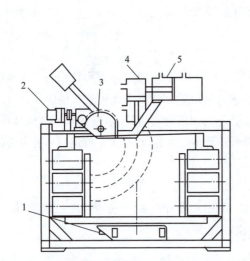
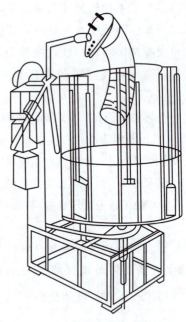

图 7.19 Dunlop 公司多缸液压驱动纤维缠绕弯管机　　图 7.20 缠绕平面变化的弯管缠绕机

1、2—液压马达;3—扇形齿轮;4、5—油缸

湿法纤维缠绕弯管设备还有很多,我国也研制了一种只用一台电机控制,能缠 $\phi50\sim\phi300$ mm 管径的 $90°$ 弯管纤维缠绕机,其制品可承受内压 1.0 MPa。

③一次成型多件弯管的缠绕机

如图 7.21 所示是 Ciba 公司研制的一次成型多件弯管的缠绕机,缠绕时,芯模静止不动,绕丝头一边围绕芯模回转,一边沿靠模板的槽作水平移动。在缠绕头的边缘装有纤维纱

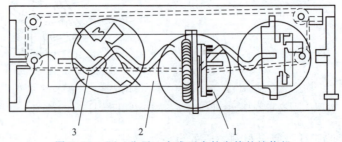

图 7.21 Ciba 公司一次成型多件弯管的缠绕机

1—缠绕头;2—靠模;3—制品

筒、涂树脂装置和一系列导纱辊,当绕丝头做上述运动时,浸渍树脂实现弧管段的缠绕。

④连续成型弯管缠绕机

日本研制了一种连续成型弯管的缠绕机,如图7.22所示,可自动控制,生产效率高。

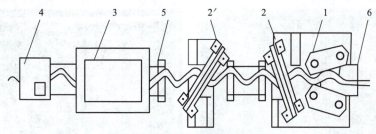

图7.22 连续成型弯管的缠绕机

1—折弯机;2、2′—缠绕机;3—固化炉;4—切割装置;5—传送带;6—塑料管

⑤计算机控制的弯管缠绕机

随着微处理计算机和数控设备不断发展,用微机控制的纤维缠绕机也用于缠绕弯管。由于用微机进行数据采集及控制,运动精度高,误差在长度方向上为±0.02 mm,在旋转方向为±0.96°,编程灵活。德国亚琛大学研制的计算机控制弯管缠绕机如图7.23所示。

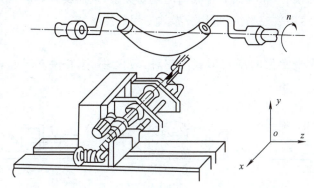

图7.23 德国亚琛大学研制的计算机控制弯管缠绕机

微机控制的缠绕机出纱速度快,纱团数多且纤维支数、股数不限,因而生产效率高。加上纤维浸渍、胶槽较热、预张紧力、纱带随动的特点,可制造高质量、高精度的产品。

⑥基于机器人技术的缠绕机

工业机器人具有自由度多、作业空间大、柔性好等优点,基于机器人抓取芯模和导丝头两种模式的多自由度机器人缠绕工艺及装备,不仅解决传统数控机床式缠绕机在应用中存在自由度少,制品上下料不方便、可缠绕适应性及柔性差等缺点,而且能够实现复材制品柔性、高效、快速缠绕成型,如图7.24所示。

7.3.2.2 缠绕设备部件

作为缠绕成型工艺中最重要的设备,缠绕机主要由机身、传动系统和控制系统等几部分组成,此外还包括浸胶装置、张力测控系统、纱架、芯模和加热器、预浸纱加热器及固化设备等辅助设备。

1. 机械系统

无论是机械式缠绕机还是计算机控制式缠绕机,机械系统是相同的。它包括机架、动力系统、传动系统、运动系统和芯模夹持系统等。

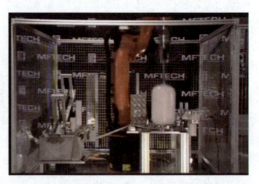

图 7.24　基于机器人的纤维缠绕机

2. 运动控制系统

机械式缠绕机的运动控制系统简单,运动关系是由机械系统确定的。数控缠绕机运动控制系统是缠绕机的核心,靠其完成各轴间的运动关系,从而实现各种线型的缠绕。主要有以下两种方案:采用通用数控系统,采用分布式专用数控系统。

3. 浸胶装置

纤维缠绕工艺中最常见的浸胶形式有三种:浸胶法、擦胶法和计量浸胶法,如图 7.25 所示。

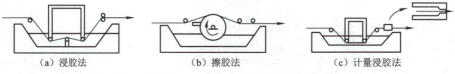

（a）浸胶法　　　　　　（b）擦胶法　　　　　　（c）计量浸胶法

图 7.25　三种不同的浸胶形式

4. 张力控制装置

在纤维缠绕中纤维张力控制是获得优良性能复合材料的关键,缠绕张力的控制精度很大程度上决定了缠绕制品的质量。张力控制系统有机械式和电子式两种,均由张力传感器、张力控制器和张力测控系统组成。张力装置应具有以下功能:缠绕张力可变、可控;缠绕张力便于调整;张力器有绕紧功能,避免纤维松弛;随着纱管尺寸的变化张力可自动补偿,大多数高级增强材料多采用纱管形式包装,因此张力器常常安装在纱管上,这样便于远距离控制张力。

5. 其他

1）纤维铺展装置

缠绕中纤维的覆盖状况取决于纤维束宽度,在纤维束宽度方面的变化能导致缠绕缝隙或不希望的纤维重叠。实际上,纤维宽度是利用不同的绕丝嘴来控制的,图 7.26 为几种常见的绕丝嘴形式。

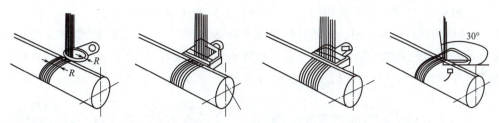

图 7.26　几种常见的绕丝嘴

2) 纱架

纱架是储存纤维、安装后置张力器的部件,重量较大,主要有以下三种类型:

① 纱团较少时,纱架直接安在小车上,张力波动小。

② 纱团较多时(6 团以上),纱架重量大,直接装在小车上稳定性不好,因此纱架固定,但由于小车运动,会使张力波动。

③ 为减少由于纱架固定引起的张力波动,采用随动纱架,即纱架由另一套系统驱动,与小车同步。

3) 加热装置

电加热或气加热烘箱是传统的固化设备,投资少,可做成不同的尺寸和形状。加热灯也可提供一个最高在 170 ℃ 左右的固化温度。而对于航空航天用高质量制件而言,树脂基体往往采用高性能环氧树脂、双马来酰亚胺或聚酰亚胺,有必要采用真空袋/热压罐固化纤维缠绕件。热压罐固化能提供 400 ℃ 的固化温度和 3.5 MPa 的固化压力。热压罐固化的主要缺点是长的固化周期以及尺寸等方面的限制。许多缠绕管材的厂家还使用蒸汽作为树脂固化的热源。此外,电子束、激光、射频、超声波、微波和诱导固化方法都在纤维缠绕工艺中被试用且具有不同程度的成功。

随着技术的不断成熟,现在缠绕成型工艺制品已经不只局限在圆柱形等回转体,各种异型件的缠绕技术已经逐步走向成熟。近几十年来,随着纤维缠绕技术的发展,纤维缠绕技术从 2 轴经典车床式发展到 6 轴床身式或目标后置式,后者利用越来越多的自由度来发展纤维缠绕。工业机器人将纤维缠绕技术嵌入到纤维缠绕机器人技术中,使缠绕机发展到新的阶段。机器人纤维缠绕技术实现了复杂的形状、缠绕方式和新颖的缠绕方法,突破了数控轴的局限性。纤维缠绕技术发展趋势如图 7.27 所示。

(a) 2007年,2轴

(b) 2010年,6轴

(c) 2018年,多轴

图 7.27　纤维缠绕结构发展

纤维缠绕机的发展方向主要有以下几个方面:

(1) 纤维缠绕机开始配备精密张力控制系统,以提高缠绕精度。在缠绕过程中,缠绕张力与制品的强度、疲劳性有着密切的关系,对缠绕制品的性能影响很大。

(2)多轴缠绕机得到应用。多轴缠绕机既能提高生产率,也使得缠绕形状更为复杂的产品成为可能。为提高缠绕效率,开发了垂直布置的多轴缠绕机,如图7.28所示。ENTEC公司缠绕叶片的计算机控制缠绕机可以达到11个轴。

(a) (b)

图 7.28 垂直布置多轴缠绕机

(3)与工艺复合化发展方向相适应,缠绕机上也增加了一些辅助装置,如带铺放头、加热装置、压辊装置和切断装置等。

7.4 缠绕成型工艺国内外研究现状

目前,缠绕工艺的研究集中于缠绕张力、缠绕线型、纤维堆积等对制品性能的影响,缠绕工艺与铺放、拉挤、编织等工艺的复合及缠绕成型工艺中辅助设备如快速浸胶装置、多丝嘴及模块化导丝头、高精度张力控制器、内加热固化模具等的改进。

缠绕设备的研究经历了机械式、数控式、微机控制、机器人缠绕的发展历程,目前主要集中于多自由度、多工位、连续缠绕、复杂异形件缠绕、机器人缠绕、高速高精度缠绕、多工艺复合、清洁制造等方向。

在缠绕软件的研究方面,目前国外已经形成了较为成熟的 CAD/CAM 软件,不仅具有完善的轴对称回转体纤维缠绕线型及轨迹设计功能,同时还具有异型件纤维缠绕线型及轨迹设计功能,可实现缠绕过程中纤维用量、缠绕厚度预测及可视化缠绕过程仿真、后置处理和缠绕制品力学性能分析接口等功能。

7.4.1 国外研究现状

7.4.1.1 成型工艺研究现状

缠绕成型工艺的研究多集中于张力大小和梯度缠绕线型分布及纤维堆积对复合材料物理和力学性能的影响,早期的研究多采用缠绕过程应力和张力场分析的简化解析计算公式,而有限元法由于具有良好的普适性,因此获得了广泛的应用,针对缠绕工艺过程也出现了多种分析方法。

Akkus 等研究了一种基于网络分析原理的新方法,嵌入的纤维束模型,对复合材料压力容器结构的纤维布置进行预测分析。Geng 等研究了缠绕角度对纤维与芯轴表面发生滑移的影响,用网格分析法计算纤维的箍圈和螺旋厚度。Sedighi 等利用遗传算法对复合材料的厚度分布和叶片内部结构布置进行优化。Fowler 等采用一阶剪切变形理论和非线性几何方程,研究了在热压载荷下纤维增强结构锥形板的厚度和纤维方向的变化。Han 等人对复合材料缠绕轨迹设计及优化开展了研究,提出了在不滑纱的条件下将缠绕方向尽可能接近主应力方向以便承受最大载荷方法用于纤维缠绕轨迹设计。Sorrentino 等设计了由多个球形壳橡胶构成的高存储效率压力容器并应用薄膜理论及有限元方法分析其缠绕层厚度变化。Hu 等对压力容器芯模基于逆过程的稳定性纤维缠绕轨迹的生成进行了研究。Francescato 等对纤维缠绕过程中纤维分布不均匀进行优化,有效减少缠绕过程中存在的缺陷。Fu 等提出了在缠绕方向尽可能接近主应力方向以便承受最大载荷的方法用于纤维缠绕轨迹设计。Sedighi 等建立有限元模型获取复合材料压力容器封头处各单元厚度。Nguyen等以层间剪切强度为优化目标,建立了工艺参数耦合对剪切强度的回归模型,进而获得缠绕成型最优工艺参数。Chen 等通过纤维缠绕角和纤维波动倾角的优化,很好地解决了纤维缠绕过程中的纤维波动和非正交性的交叉。

7.4.1.2 缠绕设备研究现状

1. 多轴缠绕机研究现状

缠绕设备的研究主要集中在多主轴缠绕(目前已经研发出 7 轴甚至 11 轴)(图 7.29)、多丝嘴缠绕(图 7.30)、纱带同缠、连续缠绕、多维缠绕、复杂异形件缠绕、机器人缠绕以及高速高精度缠绕的方向上,这些缠绕设备的研究应用提高了设备生产柔性并大幅度提高生产率。

图 7.29　多主轴缠绕

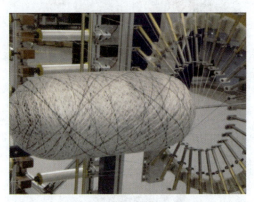

图 7.30　多丝嘴缠绕

在提高了设备本身的高精度制造及柔性制造的基础上,目前针对设备运动过程中的控制精度进行理论和算法上改进的研究也层出不穷。国外知名的缠绕机制造商主要有美国的 ENTEC 公司、McClean Anderson 公司、X-winder、德国的 BSD 公司、Autonational composites BV 公司、荷兰的 ALE 等。在连续缠绕技术上,意大利 VEM、英国 TECHNOBELL 以及挪威 FLOWITE 公司自主研发了生自动化程度高、劳动强度低、规格齐全、能耗低的玻璃纤维复合材料管道连续缠绕生产线。

2. 机器人缠绕装备研究现状

国外对缠绕机器人的研究趋于成熟且相对较早，最初是由法国的 MFTech 公司研究并将其商业化，机器人的使用提高了生产的灵活性，由 MFTech 提供的 ARMC 设备可以工作在传统的缠绕生产线上也可以将缠绕前后的操作集成到机器人单元中。在 2013 年初，MFTech 的机器人已经广泛用于实际生产中，如图 7.31 所示。

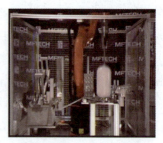

图 7.31　法国的 MFTech 公司研究的机器人缠绕生产线

加拿大专门从事复合材料开发和制造的 Compositum 公司自主研发了可用于多种品牌机器人和数控系统的全自动缠绕控制系统，配合 ABB 机器人、KUKA 机器人以及 Entec 缠绕机完成复材容器的生产，如图 7.32 所示。

图 7.32　加拿大 Compositum 公司研发的机器人缠绕数控系统及全缠绕控制系统

荷兰 Taniq 公司自主研发了 Scorpo 机器人，如图 7.33 所示，搭载自主开发的工艺设计软件，用于内嵌芯模的橡胶产品的自动化生产，可更换缠绕工具分别进行增强层、橡胶层和包装胶带层的缠绕。

图 7.33　荷兰 Taniq 公司自主研发的 Scorpo 机器人

意大利的 Comec 公司研发了纤维缠绕机器人实现复杂形状制品高速缠绕。比利时鲁汶大学用一台 PUMA-762 机器人与两轴数控缠绕机联接,缠绕了多种零件。加拿大渥太华大学也用机器人成功缠绕了 T 型管。德国亚琛工业大学建成了一个复合材料柔性制造单元,已成功生产出机床主轴、飞机机身等零件;研制的 MFW-48 多丝缠绕机可缠绕具有单切点缠绕结构的压力容器,如图 7.34 所示。

荷兰代尔夫特理工大学也建成了一个机器人辅助缠绕/缝合/焊接工作间,如图 7.35 所示。

图 7.34　单切点缠绕结构的压力容器

图 7.35　机器人辅助缠绕/缝合/焊接工作间

为了提高缠绕效率提出了多丝嘴缠绕方式。多丝嘴装置的缠绕设备应满足自由悬纱长度恒定和出纱装置垂直于芯模旋转轴的对称设计两个要求。英国的 Cygnet Texkimp Ltd 研制了世界上第一台机器人 3D 缠绕机,该缠绕机能够生产复杂弯曲复合材料部件,如悬臂导轨、飞机翼梁和风叶。图 7.36(a)为缠绕机的结构,由多丝嘴装置和工业机器人组成;图 7.36(b)为对单通道飞机翼梁采用干法缠绕方式进行的自动缠绕。

(a) 缠绕机结构

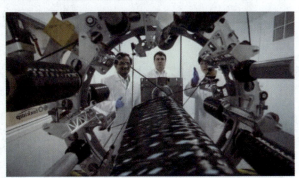
(b) 单通道飞机翼梁采用干法缠绕方式

图 7.36　机器人 3D 缠绕机

马其顿的 MIKROSAM 公司研制的复合 CNG 储罐自动化生产线在奥地利格拉茨市已投产,如图 7.37 所示,用于制作各种不同尺寸的 LPG 和 CNG 储罐。德国的 WBK 生产科学研究所 J. Fleischer 推出了一款机器人缠绕设备,具有恒定的纤维张力和柔性的缠绕方式,可实现 T 型管的缠绕,如图 7.38 所示。纤维增强热塑性管道由多层组成,中间层是管道的纤维增强层。

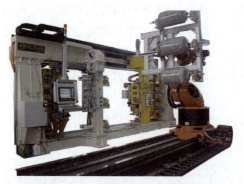 

图 7.37　CNG 储罐自动化生产线　　　　　图 7.38　T 型管缠绕

3. 热塑性缠绕成型

在热塑性连续缠绕成型技术上,英国 Ridyway Machines Ltd 公司等可以提供连续纤维增强热塑性塑料生产线,如图 7.39 所示。

图 7.39　纤维增强热塑性管道及产品

加拿大 Flexpipe Systems、美国 TherCoil、荷兰 Airborne 公司、美国 DeepFlex、英国 Magma Global、美国 Composite Fluid Transfer(CFT)等公司都应用连续缠绕成型技术与生产线实现连续纤维增强热塑性塑料管的生产与应用。

4. 拉挤—缠绕工艺

拉挤—缠绕工艺是在拉挤工艺固化成型之前的适当环节之间引入缠绕工艺,构成一个以拉挤和缠绕工艺复合的复合材料成型系统。拉挤—缠绕工艺可简示为粗纱—浸渍—预成型—缠绕—二次浸渍—成型—牵引拉挤—成品。拉挤—缠绕复合成型工艺制品具有良好的韧性和很强的可设计性,相对于单向纤维拉挤制品的性能极大改善,典型制品包括型材和管件等。在连续复合工艺成型技术上,20 世纪 80 年代英国 PULTREXLTD 开发出拉挤—缠绕成型工艺,后来得到广泛应用。

5. 张力控制系统研究现状

在缠绕过程中,缠绕张力与制品的强度、疲劳性等有着密切的关系,对缠绕制品的性能影响很大,因此张力控制器是最重要的缠绕成型辅助设备。美国的 INFRANOR、Entec、

Warner Electric、Dover Flexo Electronics(简称 DFE),瑞士的 ABB、英国的 Pultrex 等都致力于张力控制器的研究并不断进行创新,目前最高精度可达到 2% 以内。

7.4.1.3　国外缠绕软件研究现状

国外在纤维缠绕 CAD/CAM 软件的研究上已经发展到很高的水平。CAD/CAM 软件不仅具有完善的回转体纤维缠绕线型及轨迹设计功能,还具有异形件纤维缠绕轨迹设计功能。

对于三通、弯管等典型异形件,已经开发出完善的 CAD/CAM 软件进行芯模设计、线型设计、轨迹规划以及后置处理,可以根据具体的数控系统生成相应的控制代码。如德国的 IKV 公司曾开发过相关的缠绕过程模拟程序,该程序能用计算机模拟几何形状零件的制模、缠绕和生产。IKV 于 1970 年建立的用计算机获取控制数据的基本原理亦被开发成为纤维缠绕过程的实际模拟软件,其目的是建立一个三维 CAD/CAM 程序包,以便从复杂几何表面的纤维缠绕控制数据中确定系统配置、工时消耗及机器成本。除此之外还有比利时 MATERIAL 公司的 CADWIND(图 7.40)、英国 Crescent Consultants Ltd 的 CADFIL(图 7.41)和美国 McClean Anderson 公司的 SimWind 软件。其中 CADWIND 历时 12 年研制成功,该 CAD/CAM 系统受到用户的广泛欢迎,经多年实践,开发了多个版本,至今仍不断改进完善。

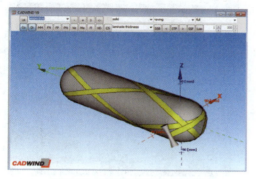

图 7.40　CADWIND 软件界面

图 7.41　CADFIL 软件界面

7.4.2　国内研究现状

7.4.2.1　成型工艺研究现状

目前在缠绕成型工艺及装备方面,国内学者在纤维缠绕结构几何形状、缠绕线型、铺层结构、缠绕轨迹设计及优化等方面取得了很多有意义的成果。兰州空间技术研究所李玉峰等人采用一种螺旋缠绕与环向缠绕组合线型的缠绕设计方法获得了复合材料气瓶合理的有限元分析模型,并能够有效地掌握气瓶固有的变化规律。穆建桥等提出了非测地线纤维缠绕压力容器的纤维线型方程,给出了非测地线型模式和缠绕参数的最优化设计方法,分析了环形缠绕机芯模和丝嘴的相对缠绕速比,结合均匀布满条件对优化线型进行了调整。韩小平等基于所建立的层合板理论及细观模型提出了缠绕容器交叉起伏区域的等效刚度计算方法。史耀耀等基于复合材料缠绕成型工艺过程研究,提出影响复合材料缠绕制品质量关键工艺参数,获得缠绕成型最优工艺参数。矫维成等提出了一种新的滑线系数测量方法,利用该方法及其装置对碳纤维和玻璃纤维在不同缠绕速度、缠绕张力和胶液黏度等条件下与铝质芯模间的滑线系数进行了测量表征。

7.4.2.2 缠绕设备研究现状

1. 国内多轴缠绕机研究现状

国内目前的纤维缠绕技术已经处于成熟发展时期,纤维缠绕设备基本实现了微机全伺服控制,两轴、三轴、四轴微机控制纤维缠绕机制造技术和缠绕工艺已经成熟,并在管道、储罐、各种压力容器、电绝缘产品,以及体育休闲产品的缠绕成型方面发挥了重要作用,六轴微机控制纤维缠绕机已用于复合材料制品的研制和生产。如哈尔滨工业大学致力研发的大型龙门数控四轴、五轴联动缠绕机和工程应用的六轴联动纤维缠绕机,如图7.42所示。武汉理工大学研发了四轴四、八工位数控缠绕机及五轴、七轴纤维缠绕机。哈尔滨复合材料设备开发公司研制了龙门、卧式多工位、多轴缠绕机。江南工业集团研制了大直径、多功能、高精度数控缠绕机。哈尔滨玻璃钢研究院、西安航天复合材料研究所等在拥有丰富的缠绕理论及装备的基础上研发了环形缠绕机、球形缠绕机等特种缠绕机,如图7.43所示。

图7.42 工程应用的六轴联动纤维缠绕机

图7.43 特种缠绕机进行圆环的缠绕

西安龙德采用西门子数控系统控制、交流同步伺服电动驱动,实现两轴、三轴、四轴联动,设备具有运行平稳、可靠性高、噪声低的特点。连云港唯德致力于复合材料产品缠绕设备的研究和制造,既能为航天、军工、核工业提供高精度缠绕机,又能为民用提供通用型纤维缠绕级及整套生产线,如图7.44所示。哈尔滨理工大学研制了全自动内固化高压玻璃纤维复合材料管道生产线。青岛朗通机械有限公司、泉州路通管业等自主研发夹砂玻璃纤维复合材料管道纤维缠绕生产线设备及生产技术。虽然,近些年我国缠绕技术高速发展,但是缠绕设备自动化、产业化、创新化发展速度照比国外发达国家相差较大。国内目前涉及缠绕机器人的研究较少,主要是机器人缠绕概念的提出、国外进展的报道,及采用双臂机器人用于弯管缠绕的运动学分析等理论研究。哈尔滨理工大学与哈工大机器人集团合作研发了国内首套机器人缠绕工作站,用于弯管、三通等复杂形状复合材料制品缠绕,如图7.45所示。

图 7.44　连续管道生产线及产品

图 7.45　机器人缠绕工作站

2. 国内热塑性缠绕装备研究现状

在热塑性连续缠绕成型技术上，国内南京晨光欧佩亚复合管工程有限公司、广州励进和上海金纬等公司进行相关技术研发及生产线研制。在拉挤—缠绕复合成型工艺与设备方面，国内外诸多学者进行了研究，并对其制品进行了横向抗压能力、弯曲弹性模量、抗扭转矩等力学性能测试，证明拉挤—缠绕复合成型工艺提高了拉挤管状制品的力学性能。20 世纪 80 年代末，上海玻璃钢研究员从美国 PTI 公司引进 UZSTAR2408 型带有缠绕部件拉挤机，开启了中国拉绕制品及设备的研究，拉绕产品不断获得应用，如山东胜利新大集团以拉挤—缠绕法生产碳纤维复合材料防偏磨连续抽油杆，石家庄飞翔公司以拉挤—缠绕法制造的变电站采用脚手架玻璃纤维复合材料管。中国复合材料工业协会陈博提出纤维增强薄壁环氧玻璃纤维复合材料绝缘管在线编织—拉挤成型制造技术，哈尔滨玻璃钢研究院利用这种技术成功开发直径 20 mm 玄武岩薄壁支撑管。

3. 张力控制系统研究现状

在缠绕过程中，缠绕张力与制品的强度、疲劳性等有着密切的关系，对缠绕制品的性能影响很大。为了提高生产效率及成型制品质量，国内纷纷研究纤维张力系统、原位加热固化系统等缠绕工艺辅助设备。国内哈尔滨复合材料设备公司、哈尔滨工业大学和哈尔滨理工大学等已研制出精密张力控制系统，稳定状态时波动率小于 2.8%；天津核三院、武汉理工大学和航天一院 703 联合研制碳纤维大张力缠绕系统。缠绕制品的固化设备除传统的固化炉和热压罐等外固化设备外，在红外加热、电磁加热（图 7.46）、紫外线固化、电子束固化、激光固化、内加热固化等新型固化技术的研究上也取得了显著的成果及应用，并开展了多种不同加热方式进行缠绕复合材料固化成型的技术及理论研究，研究方向集中在纤维缠绕复合材料固化工艺过程的数值模拟和实验研究，成型复合材料性能测试及对比分析等。

图 7.46　内加热 HPTE 芯模和感应线圈

7.4.2.3 缠绕软件

我国拥有自主版权的 CAD/CAM 软件很少或是水平不高，与国外相比差距较大。国外对缠绕机器人的研究相对较早且已趋于成熟。国内在机器人缠绕轨迹设计、分析及后处理，以及机器人缠绕 CAD/CAM 软件研究等方面还处于起步阶段。哈尔滨工业大学结合缠绕设备的研制，正积极开发缠绕仿真软件平台 SimWind 1.0 和缠绕软件 Windsoft 并不断完善与改进，现已经推出第三个版本，逐渐形成比较成熟的纤维缠绕 CAD/CAM 软件。

综上所述，我国在多轴联动缠绕、缠绕 CAD/CAM 软件、精密张力控制系统、重型缠绕设备研发等关键技术方面获得了多项成果，已完全掌握机械主机、多轴联动缠绕、CAD/CAM 软件、张力控制、模具设计、加热固化等技术。纤维缠绕工艺、技术、设备等方面的研究和应用已经形成规模，某些方面已接近或达到世界先进水平，但在缠绕设备整体自动化及自主创新等方面与发达工业国家仍有较大差距。目前，在缠绕工艺及装备研究方面将逐渐完善批量较大的工业用复合材料制品（如管道及压力容器等）的高效、低成本全自动生产线，研制功能完善的 CAD/CAM 软件，基于机器人、多轴联动等技术的异形件缠绕成型，针对新型缠绕制品的特殊要求而进行缠绕工艺及装备研究，同时新的传感、检测、控制、信息化技术也将在缠绕成型装备中获得应用，从而提升缠绕装备整体水平。

7.5 缠绕成型工艺在航空航天的应用

近年来，世界各国的航空航天事业取得了飞速的发展和进步，这在一定程度上得益于复合材料成型工艺在航空航天领域的广泛应用。纤维缠绕成型作为复合材料结构件主要成型方法之一，具有线型可设计性强、可靠性高、质量稳定、生产效率高和成本低等诸多优点，在航空航天领域也越来越受到青睐。纤维缠绕成型工艺不仅可以有效提升航空航天器的性能，而且能够大幅度进行减重，进而降低航空航天器的制造和发射成本。

7.5.1 纤维缠绕技术在航空领域应用

纤维缠绕复合材料压力容器形状一般为圆筒形、球形、环形等，具有重量轻、强度高、可靠性高、负载工作寿命长等许多优点。纤维缠绕气瓶自问世以来便受到航空航天等部门的极大关注，先进复合材料压力容器与同规格、同压力等级的金属气瓶相比，减重效果可达 40%～60%，采用复合气瓶减轻飞行系统重量已成为重要技术手段，它应用于航空系统可大幅节约运行成本。

美国自 20 世纪 50 年代率先在 F-84 飞机上采用了玻璃纤维增强复合材料气瓶，随后又在 F-101、F-102、F-106 等机型上推广使用。其中 SCI 公司为美国军机研制了多种型号的碳纤维铝合金复合材料气瓶，作为军用飞机的喷射系统，紧急动力系统和发动机重新启动应用系统、便携式储氧系统、惰性气体发生器系统等的气源已经在 B2 轰炸机、F22 战斗机以及波音 777 等飞机上得到大量应用。在 F-111 配挂的空—空导弹红外制导装置中热敏元件冷元件的冷源容器中得到应用，作为逃生滑梯充气装置和航空吸氧装置在波音、空客等民用飞机上也得到广泛应用。俄罗斯也在苏 27 及其后续型号如苏 30、苏 35、苏 37 等多种型号歼击机上采用了先进复合气瓶作为冷源容器和开启舱盖动力源。

我国战斗机的应急系统也大量采用复合材料高压气瓶。哈尔滨玻璃钢研究院研制的复合材料气瓶已经应用于空军和海军战机,但复合材料气瓶在军用飞机各系统中的应用比重与国外还存在一定差距,目前中国部分复合材料气瓶研制单位技术水平和所研制产品可靠性、安全性能够满足航空军用飞机用复合气瓶的技术要求。

现代化的飞机无一不配备雷达,雷达罩制造方法有如下类型:真空袋模压法、高压釜模压法、常压袋模压法、纤维缠绕法以及最近很时兴的 RTM 法。早在 20 世纪六七十年代,对电气性能要求甚严的 F-104J、F-4EJ 幻影式战斗机装备的火器控制用雷达罩就是由布鲁斯威克公司用纤维缠绕法制造的。该罩的结构共三层,内层和外层由玻璃纤维环向缠绕成形,而中间层则要求具有轴向强度,因此玻璃纤维需要按轴向配置。纤维缠绕雷达罩就其方法而论应归于一类特殊的平面缠绕。但是对于锥体却有一个在锥顶尖端处的纤维如何固定的问题;另外沿锥体母线布纱会形成缠绕层厚度不均匀状况,即锥底最薄而锥顶堆积过厚。如果要实现锥壳层等厚,单纯依靠大圆形成的平面缠绕是行不通的。除了最终严格地按照设计要求对外形进行精密的机械加工外,在缠绕成型时期就应使缠绕层达到基本等厚的要求。这就是雷达罩锥体缠绕不同于其他的几何形体之处,如图 7.47 所示。

图 7.47　雷达罩

在国内,飞机发动机进气道大多采用金属材料制成,而目前美、欧等国在高性能军用飞机上已用复合材料发动机进气道代替传统的发动机进气道。传统的缠绕方法很难解决异形体的成型问题,王显峰等提出一种新的缠绕成型方法—面片缠绕法,根据需要把芯模表面分成若干个足够小的单元,使整个缠绕区域形成网格,然后根据缠绕角、滑线指数、架空判据等条件进行分析,确定一系列的网格结点作为缠绕线型轨迹落纱点的方法。缠绕角要根据芯模轮廓的变化和芯模表面的摩擦系数而作相应调整,走出合理稳定的线型。

飞机机翼曲面主要由纵向骨架、横向骨架、蒙皮和接头等构件组成。对于纤维增强复合材料机翼蒙皮,国内外一般是采用手工铺放的方法来成型。张吉法提出纤维缠绕(FW)来成型机翼蒙皮。飞机机翼曲面是一个比较复杂的非回转体曲面,张吉法在理论上对基准翼型进行了分析,前段曲线部分采用椭圆柱结构,后缘部分采用平面结构,并建立了机翼三维参数化模型,根据空间几何关系推导了其测地线 FW 线型方程,并在微机上进行了三维 FW 动态仿真,推导出机翼实现稳定 FW 的平衡条件,机翼中间段采用测地线 FW,缠绕角为定值。机翼两端用非测地线 FW,缠绕角为一变量。

金属机匣的软壁包容指在其薄壁外缠绕成的强度和韧性优良的纤维条带,用于保存机匣的结构完整性。近年来,纤维缠绕增强软壁包容机匣凭借成本低、质量轻、包容能力强的优点而被广泛应用于航空发动机上。GE公司在CF6-80C2发动机上较早采用了软壁包容机匣。随后,RR公司的RB211,PW公司的PW4084和GE公司的GE90等发动机均采用了该设计,其中GE90发动机在较薄的铝合金壳体外表面铣出较多纵横交错的深槽,以保证机匣的刚度,再在壳体外侧缠绕65层Kevlar纤维编织带,并覆以环氧树脂制成复合材料包容环,该设计在具有良好包容能力的同时,其质量比金属包容环减轻近50%。

某些飞机的燃油箱制造工艺也运用到了纤维缠绕技术。Park通过研究飞机燃油箱的产品要求、结构设计、应力分析和认证测试,结合了蜂窝夹层结构,充分利用了碳纤维高强度/刚度、重量比、高抗冲击性和防爆能力。同时针对复合燃料箱是采用带整体橡胶衬里和防雷击的缠绕技术设计的特点,开发出的燃料箱被发现大大超过规格要求,同时既保持重量轻的优势,又使低制造成本具有竞争力。

旋翼系统是直升机的关键动力部件,采用纤维增强树脂基复合材料制造成的直升机桨叶,在现代军用直升机上被广泛采用。直升机桨叶的大梁也称为桨叶的增强带,形状为细长状并具有中小曲率表面,缠绕成型的工艺技术可以完全适应其制造。但不同于其他细长状构件的缠绕成型,桨叶增强带的内部玻璃纤维方向需与长度方向一致,也就是说不同于传统细长构件的沿轴线周向的缠绕角接近90°的缠绕成型,增强带的缠绕方向是平行围绕于轴线的,其缠绕角为0°,且其长径比较大,这给缠绕成型工艺方案的设计增加了难度。对于增强带缠绕成型,因为要求其纤维方向为芯模轴向,所以芯模取立式方式,此种利用立式芯模旋转式缠绕工艺制造的缠绕机已经在某些企业运转,适用于长度1.2 m、宽度8 m左右的直升机尾桨增强带的缠绕成型、复合材料尾桨叶梁恒张力缠绕设计及应用。

目前纤维缠绕技术已经广泛应用于直升机构件的制作中,早期的座舱骨架一般由铝合金梯形管通过焊接组成,随着复合材料的应用和发展,复合材料可通过铺放和缠绕技术应用于机舱骨架的制造,制造时可将其分为若干段管梁进行缠绕,然后通过胶接加铆接的方法装配而成。

机身中段结构是直升机的主承力构件,其结构形状为近似四边形或多边形,采用缠绕技术进行设计和制造有一定困难,目前正作为缠绕技术在直升机上的一个发展方向。战术运输直升机NH-90的机身是用缠绕工艺方法制成的,其机身是菱形横截面,宽度约2 m多,如此庞大的机身结构应用缠绕方法制造成功,在国际上是首例,是复合材料设计和新工艺成功的一个创举。

直升机尾梁结构、起落架、传动轴和操作杆件等结构因其截面形状多为圆形、长圆形、四边形、多边形的锥体和旋体结构,因而非常适合采用复合材料纤维缠绕整体成型的工艺方法制造。除此之外,还有主旋翼轴、起落架横管、摇臂、减震支柱的外筒等。美国西科斯基公司ACAP计划设计的S-16全复合材料机身结构,其尾梁就采用了长纤维(石墨纤维/环氧树脂)缠绕成型;美国的LHX计划,其起落架横管采用了在钢管套筒上缠绕石墨纤维的方法制造。

主减速器和尾减速器壳体形状复杂,长期以来一直用镁合金材料精铸而成,重量重,加工难度大。CH-47型直升机曾用复合材料缠绕法对其进行了制造研究,取得了很大进展。

由上可见,复合材料纤维缠绕技术可应用于直升机上的许多零部件,开创了复合材料应用的新局面,具有广阔的发展前景。特别是现代纤维缠绕技术综合了原纤维缠绕、纤维铺放技术,可以制造出异形曲面(负曲率)结构,从而扩大了纤维缠绕技术的应用范围。

7.5.2 纤维缠绕技术在航天领域应用

19世纪40年代,美国R.E.Young设计并制造出世界上第一台纤维缠绕机,且成功运用于航天器结构件的制造,纤维缠绕成型工艺在航天领域引起了极大的关注。随着缠绕成型工艺的产品标准及相应的设计规范的制定与完善,纤维缠绕成型技术快速发展并逐渐走向成熟。目前,纤维缠绕成型工艺已是航天复合材料结构件制造不可或缺的成型方法。具有"和平卫士"称号的美国MX洲际导弹的发射筒采用碳纤维/环氧复合材料缠绕成型,相较于铝结构其重量降低了40%以上。俄罗斯机动型"白杨-M"战略导弹(图7.48)发射筒采用碳纤维复合材料缠绕成型,不仅结构重量大大降低,而且性能也得到了提升,同时增加了发射车的机动性。

弹道导弹的各级壳体通常是把发动机壳体与前、后对接件缠绕成一体而构成。美国三叉戟Ⅰ型导弹(图7.49)第二级壳体前、后对接段早期由玻璃纤维缠绕而成,后来改用宽带缠绕。此外,该型号导弹的整流罩通过玻璃纤维/酚醛树脂缠绕成型,其承载能力和强度都得到了进一步的提升。三叉戟ⅠC4导弹为三级弹道导弹,其壳体为凯芙拉49环氧树脂纤维缠绕壳体。我国于20世纪60年代开始研制战略导弹,经过多年的发展,目前已取得巨大的成就。玻璃纤维、芳纶纤维和碳纤维复合材料缠绕壳体已在多个型号弹道导弹中应用。如东风系列洲际弹道导弹。

图7.48 "白杨-M"战略导弹

图7.49 三叉戟Ⅰ型导弹

轻质高强和提高有效载荷一直是运载火箭追求的目标。因此,复合材料缠绕成型工艺在运载火箭上得到了广泛应用。发动机壳体作为运载火箭重要的组成构件,通常采用纤维缠绕成型工艺,通过调整树脂及纤维的类型、壳体封头缠绕角等参数提高壳体的整体性能。这种缠绕制品除了具有复合材料共有的优点外,由于结构可设计性强,还能够充分发挥材料的性能。早在20世纪50年代,发达国家便开始应用纤维缠绕成型的玻璃纤维复合材料壳体,相比较于传统钢壳体其结构减重50%以上。之后,美国又将芳纶/环氧复合材料用于"MX"洲际导弹,其发动机壳体由18个螺旋缠绕循环和51个环向缠绕循环构成,相较于纤维缠绕成型的玻璃纤维复合材料壳体其重量又可进一步降低50%。随着比强度高、比模量高的碳纤维的出现,碳纤维复合材料在运载火箭中应用越来越受到重视。美国的"战斧"式巡航导弹、"大力神"-4运载火箭、法国的"阿里安娜2"型火箭、日本的M-5火箭等发动机壳体均采用碳纤维复合材料缠绕成型工艺。

我国复合材料火箭发动机壳体制造技术的研究起步较晚,与国外存在一定的差距,但经过近40年的发展,从无到有,取得了很大进步。近年来,已在多个型号的第二级、第三级发动机壳体上采用了玻璃纤维和APMOC纤维缠绕,壳体容器效率约为20~26 km,发动机质量比为0.87~0.9。碳纤维壳体也已通过了0.48~1.4 m直径发动机点火试验考核。目前,为推进国产T700以上碳纤维在发动机壳体中的应用,积极开展复合材料缠绕成型工艺关键参数设计。

纤维缠绕成型压力容器,具有质量轻、刚度好、容器特性系数高、可靠性高、抗疲劳性能好、负载工作寿命长、可设计性强、生产费用低、研制周期短等诸多特点,使其在航天器及其分系统储存液体和气体方面得到广泛的应用。美国复合材料工业公司设计并研制了无缝铝内衬T1000碳纤维缠绕复合材料气瓶,成功用于卫星姿控推进系统储箱增压气瓶、飞船氧气紧急供应储瓶、飞船惰性储瓶和液体推进剂储箱。美国空间推进系统阿德公司为欧洲星2000加强型平台卫星研制了I-718内衬T1000碳纤维增强HARF53树脂复合材料圆柱形氦气瓶。为提高火箭推进剂存储容器的性能和工作寿命,美国DeltaⅢ火箭推进系统采用I-718金属内衬和T1000碳纤维缠绕成型的压力容器,用于存储氦气。欧洲航天局Vega火箭液体推进系统和轨道姿控系统采用纯钛内衬和T1000碳纤维增强环氧树脂圆柱形复合材料氦气瓶,提高了其在轨道服役的可靠性。现阶段,我国航天技术领域也具备了纤维缠绕金属内衬高压复合材料气瓶的研制和生产能力,新一代运载火箭,探月工程等航天系统均使用了金属内衬/复合材料压力容器。

7.6 缠绕成型工艺发展前景预测

复合材料成型工艺及装备未来的发展趋势是信息化及智能化制造。纤维缠绕成型工艺及装备在实现自动化的基础上,信息化和智能技术将应用于缠绕设备的自动化生产,从而实现缠绕成型系统的无人化管理及智能化生产。即纤维缠绕复合材料成型装备在未来的发展趋势及技术路线为自动化—信息化—智能化。

为了提升复合材料制品制造效率和质量,在数字化制造环境下对制造过程进行精确定量分析,在制造过程中通过信息化技术实现制品实时信息采集、处理至关重要。传感网络为精确化制造过程的执行提供数据支持,数据的实时处理和决策为精确化、信息化制造过程的执行提供技术保证,纤维缠绕复合材料制品数字化、信息化、智能化制造过程中各组成要素间存在的复杂交互效应、制造过程的耦合机理及其复杂性需进行深入分析和研究,从而建立统一的多学科建模、设计、仿真、分析、优化、智能运行及制造系统,以实现最终提升复合材料制造过程运行效能和制造产品质量的目的,满足纤维缠绕复合材料制品多样化、高性价比、低碳环保等市场需求。

7.6.1 纤维缠绕工艺及装备发展前景预测

针对复合材料纤维缠绕成型技术，未来缠绕工艺、技术、装备领域将按照以下几个方向发展：缠绕基础理论不断完善和创新，与其他学科理论相结合，形成一套成熟的缠绕工艺设计、分析及优化理论及方法，实现缠绕线型、轨迹自动设计、规划、优化、及后处理；缠绕线型设计方面，从传统单一自由度的测地线/半测地线/平面缠绕线型向纤维铺设路径灵活可调的多自由度缠绕线型模式发展；缠绕轨迹规划方面，从单纯满足缠绕工艺性设计向兼顾成型构件结构力学性能与可制造实现性的缠绕轨迹优化设计方向发展；缠绕工艺方面，向预浸料干法缠绕、无极孔缠绕、无封头缠绕、小角度缠绕、凹曲面缠绕、非回转体缠绕、无树脂干纤维缠绕、缠绕/编织混合、缠绕/铺放混合等方向发展；张力控制系统方面，研发高速、高精度及适用于碳纤维大张力缠绕的张力系统及纱线传送系统；缠绕软件方面，纤维缠绕CAD/CAM功能更加完善，缠绕工艺优化、缠绕成型工艺过程仿真、缠绕制品成型过程中及成型后性能分析将逐步实现并完善；缠绕设备方面，形成连续缠绕生产线、机器人缠绕工作站、缠绕/铺带/铺丝一体化柔性制造平台、多丝嘴高速缠绕，及将各种成熟的传感、检测及信息化技术应用到缠绕成型系统，实现全自动化生产线，设备的生产效率、柔性和信息化程度将大幅度提高。

除传统的管道、容器、绝缘子、传动轴等缠绕制品外，新型缠绕制品不断出现并获得推广应用：如复合工艺生产的纤维缠绕—铺丝一体化制品如飞机进气道；缠绕—编织一体化制品如编织缠绕复合材料管道、汽车消音器、轴承、液压缸、竹纤维增强管道、高压气瓶、双层罐、纤维增强热塑复合材料柔性管道等制品。缠绕制品的应用领域逐渐从国防向民用、从地面向地下、从陆地向海洋发展；结构形式上，从简单到复杂、从低压向高压、从单一向结构功能一体化方向发展。

7.6.2 纤维缠绕复合材料制造发展趋势

满足复合材料产品的多样性、高性价比、低碳环保等需求，是当今及未来社会对复合材料制造系统的基本要求。不断涌现的现代技术，特别是信息技术和智能技术为革命性的解决方案提供了基础，对复合材料制造过程进行"精确化"规划、设计和控制，制造过程数字化是解决这一问题的关键。另一方面，市场竞争的加剧使企业尽可能寻求制造过程的增值空间，引起了以复合材料制造资源及其工作能力服务为特点的服务型复合材料制造过程的涌现。制造协同、可服务性设计、制造联盟等理论与技术将得到发展和应用。再者，由于资源的消耗和环境问题，复合材料制造过程的绿色化也成为未来复合材料制造系统的必然趋势。纤维缠绕复合材料的绿色评价、绿色设计、清洁生产、绿色管理和相应的绿色信息支撑等理论和技术也成为亟待研究发展的课题。因此，复合材料成型工艺及装备的发展趋势将是"精确化""服务化""绿色化"。

为了实现数字化、服务化和绿色化的制造，纤维缠绕成型工艺及装备在实现自动化的基础上，信息化和智能技术将应用于缠绕设备的自动化生产，从而实现缠绕成型系统的无人化管理及智能化生产。即纤维缠绕复合材料成型装备在未来的发展技术路线为自动化—信息化—智能化。按照该路线图,在未来20年中要解决的关键技术包括以下几个方面。

1. 数字化、信息化制造

为了提升复合材料制品制造效率和质量,在数字化制造环境下对制造过程进行精确定量分析,在制造过程中通过信息化技术实现制品实时信息采集、处理是至关重要的。传感网络为精确化制造过程的执行提供了数据支持,数据的实时处理和决策为精确化、信息化制造过程的执行提供了技术保证,纤维缠绕复合材料制品数字化制造过程中各组成要素间存在的复杂交互效应、制造过程的耦合机理及其复杂性需进行深入分析和研究,建立统一的多学科建模与仿真平台,以实现最终提升制造过程运行效能和制造产品质量之目的。具体研究内容包括:传感网络研究;数字化制造过程建模,多场耦合下的复合材料成型过程建模;制造过程复杂性建模与分析;自适应过程建模新方法;多学科建模与仿真平台开发、制造过程信息采集及处理等。

2. 智能化制造

生产运行控制是生产系统实现绩效的最后环节,智能方法将大大提高生产运行与控制质量。具体发展趋势包括以下几点:智能计算、先进生产计划与调度、计划执行与生产控制、质量控制等。

3. 适用于纤维缠绕成型的制造系统工程理论

随着复合材料工艺、制品越来越复杂,其制造系统亟需有效的分析工具,但目前已有的工具在理论和实践方面有着巨大的差距,新的适用于纤维缠绕成型的制造系统工程的新理论将成为整个制造系统设计、分析和优化的基础。

参考文献

[1] 王瑛琪,盖登宇,宋以国.纤维缠绕技术的现状及发展趋势.材料导报A:综述篇,2011,25(3):110-113.

[2] 格伦L,比尔,詹姆斯L,等.中空塑料制品设计和制造[M].王克俭,等,译.北京:化学工业出版社,2007:133-135.

[3] 杜善义,沃丁柱,章怡宁,等.复合材料及其结构的力学、设计、应用和评价(第三册)[M].哈尔滨:哈尔滨工业大学出版社,2000:312-332.

[4] 肖翠荣,唐羽章.复合材料工艺学[M].长沙:国防科技大学出版社,1991.

[5] 史耀耀,阎龙,杨开平.先进复合材料带缠绕、带铺放成型技术[J].航天制造技术,2010,17(6):32-36.

[6] 谢霞,邱冠雄,姜亚明.纤维缠绕技术的发展及研究现状[J].天津工业大学学报,2004,23(6):19-22.

[7] GREEN J E. Overview of filament winding[J]. SAMPE,2001,37(1):7-11.

[8] 许家忠,乔明,尤波.纤维缠绕复合材料成型原理及工艺[M].北京:科学出版社,2013.

[9] 张玉龙,李萍.塑料低压成型工艺与实例[M].北京:化学工业出版社,2011:1-30.

[10] 郁成岩,李辅安,王晓洁,等.纤维缠绕工艺浸胶技术进展[J].玻璃钢/复合材料,2010,5:84-88.

[11] QUANJIN M, REJAB M R M, IDRIS M S, et al. Robotic filament winding technique (RFWT) in industrial application: a review of state of the art and future perspectives[J]. international research journal of engineering and technology,2018,5(12):1 668-1 676.

[12] WILSON B. Filament winding the jump from aerospace to commercial frame[J]. SAMPE Journal,1997,33(3):25-32.

[13] 许家忠.内固化高压玻璃钢管制造工艺及技术研究[D].哈尔滨:哈尔滨理工大学,2007.

[14] AKKUS N,GENC G. Influence of pretension on mechanical properties of carbon fiber in the filament winding process[J]. International Journal of Advanced Manufacturing Technology,2017,91(9-12):3583-3589.

[15] GENG P,XING J Z,CHEN X X. Winding angle optimization of filament-wound cylindrical vessel under internal pressure[J]. Archive of Applied Mechanics,2017,87(3):365-384.

[16] SEDIGHI M,JABBARI A H,RAZEGHI A M. EFFECTIVE parameters on fatigue life of wire-wound autofrettaged pressure vessels[J]. International Journal of Pressure Vessels & Piping,2017,149:66-74.

[17] FOWLER C P,ORIFICI A C,WANG C H. A review of toroidal composite pressure vessel optimisation and damage tolerant design for highpressure gaseous fuel storage[J]. International Journal of Hydrogen Energy,2016,41(47):22 067-22 089.

[18] HAN M G,CHANG S H. Evaluation of structural integrity of Type- hydrogen pressure vessel under low-velocity car-to-car collision using finite element analysis[J]. Composite Structures,2016,148:198-206.

[19] SORRENTINO L,TERSIGNI L. Performance index optimization of pressure vessels manufactured by filament winding technology[J]. Advanced Composite Materials,2015,24(3):269-285.

[20] HU H X,LI S X,WANG J H,et al. Structural design and experimental investigation on filament wound toroidal pressure vessels[J]. Composite Structures,2015,121:114-120.

[21] FRANCESCATO P,GILLET A,LEH D,et al. Comparison of optimal design methods for type 3 high-pressure storage tanks[J]. Composite Structures,2012,94(6):2087-2096.

[22] FU J H,YUN J,JUNG Y,et al. Generation of filament-winding paths for complex axisymmetric shapes based on the principal stress field[J]. Composite Structures,2017,161:330-339.

[23] SEDIGHI M,JABBARI A H. A new analytical approach for wire-wound frames used to carry the loads of pressure vessel closures[J]. Journal of Pressure Vessel Technology Transactions of the Asme,2013,135(6).

[24] NGUYEN B N,SIMMONS K L. A multiscale modeling approach to analyze filament-wound composite pressure vessels[J]. Journal of Composite Materials,2013,47(17):2113-2123.

[25] CHEN J Q,TANG Y F,HUANG X X. Application of surrogate based particle swarm optimization to the reliability-based robust design of composite pressure vessels[J]. Acta Mechanica Solida Sinica,2013,26(5):480-490.

[26] 李玉峰,靳庆臣,刘志栋.复合材料高压气瓶的碳纤维缠绕设计和 ANSYS 分析技术[J].推进技术,2013,34(7):968-976.

[27] 祖磊,穆建桥,王继辉,等.基于非测地线纤维缠绕压力容器线型设计与优化[J].复合材料学报,2016,33(5):1125-1131.

[28] 沈创石,韩小平,何欣辉.计及纤维交叉起伏影响的缠绕复合材料刚度分析[J].复合材料学报,2016,33(1):174-182.

[29] 史耀耀,俞涛,何晓东,等.复合材料带缠绕成型工艺参数耦合机制及优化[J].复合材料学报,2015,

32(3):831-839.

[30] 矫维成,王荣国,刘文博,等. 缠绕纤维与芯模表面间滑线系数的测量表征[J]. 复合材料学报,2012,29(3):191-196.

[31] 杜善义. 先进复合材料与航空航天[C]//复合材料技术与应用可持续发展工程科技论坛. 2006:12.

[32] 王晓洁,张炜,刘炳禹. 碳纤维湿法缠绕基体配方及成型研究[J]. 固体火箭技术,2001,24(1):60-63.

[33] ZANDER F, TEAKLE P. Automated manufacture of composite aerospace components[C]. Australian Space Science Conference, 2005.

[34] 陈祥宝. 先进复合材料低成本技术[M]. 北京:化学工业出版社,2004.

[35] 何喜营,王志刚,杨跃东,等. 固体火箭发动机燃烧室壳体纤维缠绕模具设计[J]. 精密成形工程,2009,1(3):38-41.

[36] 王正峰,周艺玮. 航空用先进复合材料的主要种类与制造工艺[J]. 仪表技术,2018(3).

[37] 曾金芳,张启芳. 发动机壳体——喷管整体缠绕成型工艺探索研究[J]. 宇航材料工艺,1996(2):106-106.

[38] 曾金芳. 固体发动机 ϕ200 mm 带喷管整体缠绕壳体的研制[J]. 固体火箭技术,1997(3):69-73.

[39] 郭亚林,刘毅佳,李瑞珍,等. 固体发动机喷管扩张段斜向缠绕成型技术研究进展[J]. 宇航材料工艺,2014,44(3):12-15.

[40] 姚岐轩. 国外子午线航空轮胎发展概况[J]. 中国橡胶,1997(3):9-11.

[41] 王宏志,鲍晨辉. 高性能子午线航空轮胎成型机的研制[J]. 橡塑技术与装备,2012,38(4):25-28.

[42] 杜善义,章继峰,张博明. 先进复合材料格栅结构(AGS)应用与研究进展[J]. 航空学报,2007,28(2):419-424.

[43] 赖长亮,刘闯,王俊彪. 先进复合材料格栅制造工艺研究进展[J]. 机械科学与技术,2014,33(12):1925-1930.

[44] VASILIEV V V, RAZIN A F. Anisogrid composite lattice structures for spacecraft and aircraft applications[J]. Composite Structures, 2006, 76(1-2):182-189.

[45] MARSH G. Airbus takes on boeing with reinforced plastic A350 XWB[J]. Reinforced Plastics, 2007, 51(11):26-29.

[46] 李爱兰,曾燮榕,曹腊梅,等. 航空发动机高温材料的研究现状[J]. 材料导报,2003,17(2).

[47] 苏云洪,刘秀娟,杨永志. 复合材料在航空航天中的应用[J]. 工程与试验,2008,48(4):36-38.

[48] 刘巧沐,黄顺洲,刘佳,等. 高温材料研究进展及其在航空发动机上的应用[J]. 燃气涡轮试验与研究,2014(4):51-56.

[49] 张小辉,段玉岗,李涤尘,等. 原位光固化复合材料纤维铺放制造工艺[J]. 航空制造技术,2011(15):45-48.

[50] 谢霞,邱冠雄,姜亚明. 纤维缠绕技术的发展及研究现状[J]. 天津工业大学学报,2004,23(6):19-22.

[51] 邬丹丹,陈国清,周文龙. 碳纤维缠绕复合气瓶的有限元数值分析[J]. 航天制造技术,2007(4):8-11.

[52] 孟庆超,段萌,张运强,等. 红外空空导弹整流罩技术的新进展[J]. 航空兵器,2008(2):24-27.

[53] 丁新玲. 固体火箭发动机壳体接头形式[J]. 航天制造技术,2012(5):52.

[54] 张崇耿,包乐,王纪霞,等. 固体火箭发动机复合壳体纤维缠绕成型工艺概述[C]//第十六次全国环氧树脂应用技术学术交流会暨学会西北地区分会第五次学术交流会暨西安粘接技术协会学术交流会论文集. 2012.

[55] 王晓宏,张博明,刘长喜,等. 纤维缠绕复合材料压力容器渐进损伤分析[J]. 计算力学学报,2009,26(3):446-452.

[56] 贺大鹏,许涛. 适于缠绕工艺的发动机绝热层技术研究[J]. 橡塑技术与装备,2018.

[57] 董雨达,陈宏章. 高性能热塑性复合材料在航空航天工业中的应用[J]. 玻璃钢/复合材料,1993(1):29-34.

[58] 张德刚,陈纲. 碳纤维树脂基复合材料在防空导弹上的应用[J]. 现代防御技术,2018(2):24-31.

[59] 李正义,陈刚. 玻璃纤维缠绕壳体在固体火箭发动机一二级上的应用研究[J]. 航天制造技术,2011.

[60] 林松,张琳,高志琪等. 国产T700炭纤维复合材料发动机壳体强度设计及成型工艺[J]. 固体火箭技术,2018,41(5):614-620.

[61] 尤军峰,刘浩,王春光. 固体火箭发动机复合材料壳体细观力学仿真分析[J]. 固体火箭技术,2018(5).

[62] RAFIEE R,TORABI M A. Stochastic prediction of burst pressure in composite pressure vessels[J]. Composite Structures,2018,185:573-583.

[63] ZU L,KOUSSIOS S,BEUKERS A. Design of filament-wound isotensoid pressure vessels with unequal polar openings[J]. Composite Structures,2010,92(9):2307-2313.

[64] ZU L,KOUSSIOS S,BEUKERS A,et al. Development of filament wound composite isotensoidal pressure vessels[J]. Polymers & Polymer Composites,2014,22(3):227-232.

[65] HADDOCK R,DARMS F. Space system applications of advanced composite fiber/metal pressure vessels[C]//Joint Propulsion Conference. 2013.

[66] 于斌,刘志栋,靳庆臣,等. 国内外空间复合材料压力容器研究进展及发展趋势分析(一)[J]. 压力容器,2012,29(3):30-41.

[67] AKKUS N,GENC G. Influence of pretension on mechanical properties of carbon fiber in the filament winding process[J]. The International Journal of Advanced Manufacturing Technology,2017,91(9-12):3583-3589.

[68] Zu L,Xu H,Zhang B,et al. Design and production of filament-wound composite square tubes[J]. Composite Structures,2018:202-208.

[69] 王瑛琪,盖登宇,宋以国. 纤维缠绕技术的现状及发展趋势[J]. 材料导报,2011,25(5):110-113.

[70] 刘志栋,于斌,王小永,等. 航空用球形金属内衬复合材料气瓶研制[J]. 玻璃钢/复合材料,2012(3):48-50.

[71] 顾铮. 大型民用客机的氧气系统[J]. 航空知识,2006(3):62-63.

[72] PAPANIEOLOPOULOS A. Advanced composite fiber/metal pressure vessels for aircraft applications[R]. AAIA,93-2246.

[73] 费川,董鹏. 复合材料气瓶的特点及其应用[J]. 纤维复合材料,2014(2):53-55.

[74] 张福承. 机头雷达罩及其纤维缠绕法[J]. 纤维复合材料,2000,17(1):30-32.

[75] 王显峰,富宏亚,韩振宇,等. 复杂形体面片缠绕成型方法的分析与实现[J]. 宇航材料工艺,2006(4):39-41.

[76] 张吉法. 飞机机翼纤维缠绕(FW)运动规律分析及控制系统研究[D]. 湖北:武汉理工大学,2002.

[77] XUAN H J,LU X,HONG W R. Review of aero-engine case containment research[J]. Journal of Aerospace Power,2010,25(8):1860-1870.

[78] 沈尔明,王志宏,滕佰秋. 先进树脂基复合材料在大涵道比发动机上的应用[J]. 航空制造技术,2011(17):48-53.

[79] 陈光.航空发动机结构设计分析[M].北京航空航天大学出版社,2014.
[80] HORIBE K,KAWAHIRA K,SAKAI J. Development of GE90-115B furbofan engine [J] IHI Engineering Review,2004,37(1):1-8.
[81] PARK D C,CHO B G,KIM G S. The design and development of filament wound composite fuel tank for aircraft[J]. Journal of the Japanese Forestry Society,1998,32:16-20.
[82] 周天一.复合材料桨叶增强带缠绕成型技术与装备研究[D].大连理工大学,2015.
[83] 杨涛,高殿斌,李开越.复合材料尾桨叶梁恒张力缠绕设计及应用[J].宇航材料工艺,2008,38(1):28-30.
[84] 朱金荣,朱银垂.复合材料纤维缠绕技术在直升机上的应用[J].直升机技术,2004(1):19-22.
[85] MCLARTY,L.(2001)'Filament Winding' ASM Handbook,21,ASM International.
[86] 徐靖驰.先进复合材料在航空航天领域的应用分析与研究[J].科技经济导刊,2018(28).
[87] 谢佐慰,夏德顺,李澄宙.复合材料在国外战略导弹和运载火箭结构上的应用[J].宇航材料工艺,1991(4):32-35.
[88] 范金龙,武健,夏维.国外弹道导弹的发展现状与关键技术[J].飞航导弹,2016(4).
[89] HIZLI H. effects of environmental factors on performance of composite rocket motor Cases[C]. AIAA Scitech 2019 Forum,2019.
[90] 陈刚,赵珂,肖志红.固体火箭发动机壳体复合材料发展研究[J].航天制造技术,2004(3):20-24.
[91] 张德刚,陈纲.碳纤维树脂基复合材料在防空导弹上的应用[J].现代防御技术,2018(2):24-31.
[92] 房雷.复合材料壳体在空空导弹固体火箭发动机中的应用研究[J].航空兵器,2013(2):42-45.

第8章 热塑性复合材料成型工艺技术

不同于热固性复合材料,热塑性复合材料具有韧性好、强度高、成型周期短、可多次加工等突出特点,是一种绿色环保的高性能复合材料,成为民用飞机结构制造的理想材料,可有效地实现减重、提高结构效率。在民机领域,欧美国家已开发出连续纤维增强热塑性复合材料及其专用制造装备,飞机制造商已将热塑性复合材料应用于飞机承力结构上。

由于使用了特种工程塑料如聚醚酰亚胺(PEI)、聚苯硫醚(PPS)、聚醚醚酮(PEEK)等作为基体树脂,先进热塑性复合材料一般需要在高温(310 ℃)和高压(1.0 MPa)等条件加工成型。与热固性复合材料相比,加工成型难度陡增,曾一度成为阻碍其扩大应用的技术瓶颈。近年来随着材料与装备等技术的不断提升,航空热塑性复合材料的成型工艺技术得到了长足发展。以欧洲和美国航空热塑性复合材料制造企业为代表,针对不同的零件结构形式,形成了多种不同的成型工艺技术。传统的热压罐成型工艺适用于大型蒙皮或加筋壁板等零件的制造;热模压成型工艺适用于角片、支架、小型肋等小尺寸零件的制造;自动铺放和原位成型工艺适用于C型梁、回转体结构等的制造;焊接技术则适用于热塑性模压零件与热塑性蒙皮的连接、热塑性蒙皮与蒙皮的连接等。以上工艺均具有成型周期短、制造成本低、自动化程度高的特点,满足现代民机制造对工艺稳定、生产效率、成本控制和环境友好等要求。本章主要围绕热塑性复合材料结构的制备,分别介绍上述几种成型工艺技术与制造装备,以及国内外研究现状和对未来发展的展望。

8.1 热塑性复合材料成型技术及装备

8.1.1 热塑性复合材料热压罐成型技术及装备

8.1.1.1 热塑性复合材料热压罐成型技术

热压罐成型工艺同样适用于热塑性复合材料。将热塑性预浸料在成型模具上进行铺叠后,采用真空袋封装,在热压罐中进行加热、加压。热塑性预浸料经树脂熔融、流动和层间融合后,降温后得到热塑性复合材料制件。

与热固性热压罐工艺不同的是热塑性预浸料一般比较硬,表面没有黏性,铺贴性差,采用手工将多层预浸料铺叠在一起会比较困难,一般只适合制造平板和曲率较小的零件;而且需要在很高的温度和压力下才能得到质量优异的制件,因此必须使用能够提供上述加工条件的高温、高压热压罐装置。同时对于所使用的真空袋、透气毡、腻子条、隔离膜等工艺辅助材料也同样需要能够耐受高温和高压。因此热塑性复合材料的热压罐制造成本也较高。

热压罐成型工艺稳定，压力、温度等参数容易控制，其制件的质量在诸多工艺方法中最为优异，甚至能得到零孔隙含量的复合材料。根据热压罐的大小，亦可进行大尺寸热塑性复合材料蒙皮、壁板的制造。同时，由于成型过程不存在类似热固性复合材料的化学反应，为物理变化过程，可以采用很快的升温速率（具有结晶行为的聚合物基体仅需考虑降温速率），因此成型周期较热固性复合材料大大缩短，大约为 3～4 h，而环氧预浸料为 7～8 h。

正是由于上述优点，目前热压罐成型工艺还保持着稳定的需求。如欧洲的 TAPAS（the thermoplastic affordable primary aircraft structure consortium）和 Clean Sky 2 计划中的热塑性复合材料的成型工艺研究始终包含热压罐成型技术的相关工作。

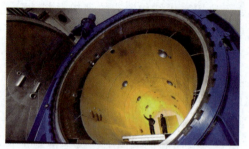

图 8.1　德国宇航研究院高温热压罐
（最高工作温度 420 ℃，长度 20 m，直径 5.8 m）

8.1.1.2　热塑性复合材料热压罐成型设备

高温、高压热压罐主要的设备参数如下：最高工作温度不低于 400 ℃，最高工作压力一般不低于 3.5 MPa，推荐的压力气体为氮气，并配备耐高温的真空管路系统。通常的热压罐设备供应商均可提供该类设备。图 8.1 为德国宇航研究院（DLR）配备的名为 BALU 的大型高温、高压热压罐成型设备。

8.1.2　热塑性复合材料自动铺丝技术及装备

8.1.2.1　热塑性复合材料自动铺丝技术

热塑性预浸料的自动铺丝技术（Automatic Fiber Placement）能在高温高压下按照图纸要求准确将热塑性预浸料铺放到位，是大型、复杂热塑性复合材料结构制造的关键核心技术，可应用于热塑性机身蒙皮、翼面类蒙皮及其加筋壁板的铺叠过程。热塑性预浸料完成铺放后可通过热压罐高温固结成型，实现热塑性复合材料结构的高质量制造。该技术可以解决热塑性预浸料手工铺叠困难、效率低下、适用性不强等工艺问题，目前被荷兰、德国等航空企业所采用。在欧洲的 Clean Sky 计划中也大量采用了热塑性预浸料的自动铺丝技术。

热塑性预浸料的自动铺放的基本原理与热固性预浸料相似，所不同的是需要铺丝设备具有更高的加热温度和更大的铺放压力，温度控制也相对复杂、苛刻。目前最常见的为热塑性预浸丝束（1/4 英寸）的自动铺丝技术，一般利用高温热源对需要进行铺放的丝束加热。早期一般采用热气热源加热和超声波加热，现在一般采用激光热源进行加热（图 8.2），最近德国 DLR 报道了采用氙灯热源，通过光导材料，在照射的同时压实预浸料。自动铺放技术的优点在于可以较快速的完成常见热塑性预浸料的铺放，效率高、成本低。针对 PPS 和聚醚醚酮（PEKK）的自动铺放技术已经积累了一定的应用经验。但快速铺放完成后，内部质量较差，有大量的孔隙和小分层，还需要使用热压罐成型工艺压实，无法做到非热压罐成型。

在自动铺放技术基础上发展出了原位（in-situ）成型技术，能够做到在铺放操作的同时完成零件成型，不需要使用热压罐进行固结，可大幅度节约制造成本。但目前原位成型工艺

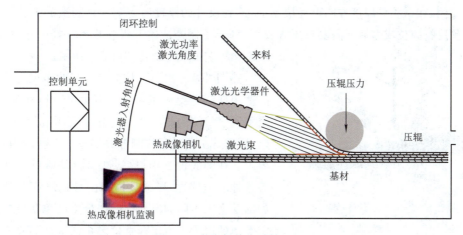

图 8.2　激光加热自动铺丝原理

的技术难度大、技术成熟度相对较低,为了得到高质量的产品,铺放速度慢,效率不高。除回转体的原位成型外,针对复杂结构的成型质量还有待提高,诸多研究机构在开展关键技术的研发和验证工作。

8.1.2.2　热塑性复合材料自动铺丝设备

可实现热塑性预浸料自动铺放的成熟设备供应商主要有法国 CORIOLIS 公司、西班牙 M. Torres、德国 BROETJE 公司、马其顿 MIKROSAM 等。

法国 CORIOLIS 公司的设备(图 8.3)主要应用于空客及庞巴迪等航空制造商,在中国内地也有客户,CORIOLIS 公司的自动铺放设备主要为机器人结构,采用激光加热形式,丝束库采用单独立柜设计,与铺丝头分离,因此预浸料送料为长传纱形式,这样可使铺丝头体积更小,灵活性强,可铺贴很复杂的曲面及阴模成型,拥有多辊丝束张力均匀控制的技术专利等。

图 8.3　法国 CORIOLIS 激光加热自动铺丝设备

德国 BROETJE 公司及马其顿 MIKROSAM 的自动铺放设备能通过激光加热形式提供热塑材料表面的快速升温。BROETJE 及 MIKROSAM 的自动铺放设备在欧洲及中国具有稳定的客户群。MIKROSAM 自主开发的纤维铺放设计及仿真软件 Mikroplace 和 Mikro-automate 通用性较强,能与 CATIA、FIBERSIM 等复合材料通用软件实现无缝对接。

8.1.3　热塑性复合材料原位成型技术及装备

8.1.3.1　热塑性复合材料原位成型技术

热塑性复合材料自动铺放原位成型技术是在自动铺丝基础上发展而来,其原理是,通过带有特殊加热装置(主要为半导体激光等热源)的自动铺丝设备进行预浸料定位、铺叠的同时实现快速凝固,在试验件厚度方向上逐层累加,达到设计的厚度时完成零件制造的工艺方法(图 8.4)。预浸料原位成型后不需要热压罐成型,降低了制造成本和设备投入。其工艺过程和与热压罐工艺的优势对比如图 8.5 所示。

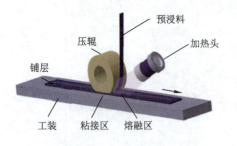

图 8.4 热塑性复合材料自动铺放原位成型工艺原理

热塑性复合材料原位成型工艺的出现为低成本、高适用性制造提供了可能。但由于热塑性预浸料完全不同于传统的热固性预浸料,对原位成型工艺的加热、压实等工艺过程控制等关键技术有着较为苛刻的要求。在铺放过程中,热塑性树脂基体对温度、压力等条件的敏感性,导致其内部的变化历程非常复杂,如铺层会因不同的温度梯度产生热应力和热变形,且其经历的温度压力历程直接影响铺层结晶质量,进而对成型构件的力学性能有很大的影响,因此必须对铺放过程中的升温速率、加热温度、压辊压力、铺放速度及冷却速率等工艺参数进行深入研究,并制定工艺控制方法。还需结合零件结构,有针对性的在满足成型构件强度、孔隙率等质量要求前提下优化关键工艺参数、提高制造效率。

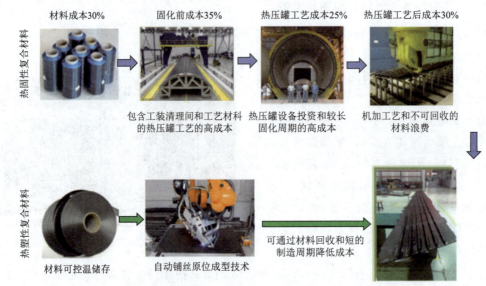

图 8.5 热塑及热固复合材料的制造过程对比

8.1.3.2 热塑性复合材料原位成型装备

美国 Automated Dynamics(ADC)公司是全球较早开始进行热塑性复合材料原位成型设备开发的供应商之一,最初通过与 CYTEC 公司合作开展工艺控制技术研究,积累了相关经验,再将工艺参数控制经验反馈至设备的机械设计中,逐渐形成原位成型设备的研发能力。该公司最初开发的设备主要为机器人结构,采用氮气高温加热方式,气体热流在材料表面能实现同步均匀加热,最高温度可达 1 000 ℃ 左右,如图 8.6 所示。该公司的设备已成功应用于包括军事电磁炮、汽车及直升机机身壁板等复杂结构形式的零件制造中。

Automated Dynamics 公司的原位成型设备具有热塑铺放双压辊设计,在保证材料压实的同时,可通过冷压辊调控铺层表面温度,用以控制热塑结晶速率,改善铺丝零件的成型效果及力学性能。

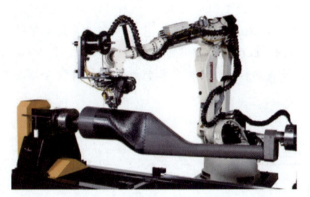

图 8.6　热塑性复合材料原位成型设备(Automated Dynamics)

西班牙 M. Torres 公司的原位成型设备主要用于空客公司的制件生产,该公司的优势设备形式为大型龙门结构,主要采用大功率激光加热,如图 8.7 所示。采用铺丝头与丝束库集成一体的结构形式,可快速实现不同功能铺丝头及丝束轴之间的互换。西班牙 FIDAMC 在该公司设备的应用背景下,启动了一项 ISINTHER 计划,旨在面向热塑性复合材料开发自动铺放技术,优化航空复合材料制造工艺,开发自动化生产流程,取消热压罐的使用,最终降低制造成本。目前,中国商飞上海飞机制造有限公司也已向该公司采购一台热塑性自动铺放设备用于开发相关工艺技术。经过测试,M. Torres 公司的热塑自动铺放零件的零度压缩强度已达到进罐固化的相同原材料及结构零件的 80% 以上,如图 8.8 所示。

图 8.7　热塑龙门铺丝设备(M. Torres)　　图 8.8　上海飞机制造有限公司的原位成型设备(配备激光加热系统)

8.1.4　热塑性复合材料热模压成型技术及装备

8.1.4.1　热塑性复合材料热模压成型技术

已装机使用的热塑性复合材料飞机零件主要为小尺寸、薄壁结构,多采用模压工艺制造。该类工艺所使用的原材料形式主要有织物与热塑性薄膜叠层、热塑性基体纤维与增强纤维混编、织物或单向纤维的预浸板材等。随着航空业对制造速率需求的日益提高和零件重复数量的增大,预浸板材逐渐在各种材料形式中脱颖而出,能大幅缩短工艺循环周期,并明显减少物料流程中的控制因素的影响。

尽管模压零件生产线的自动化程度越来越高,其基本工艺流程在过去几十年并未发生根本变化,可区分为五个阶段:夹持、加热、成型脱模和机加,如图 8.9 所示。其中,模具和夹具贯穿整个工艺流程,其设计也具备较高的自主性。因此模具和夹具的有效性是加工窗口和验证工艺稳定性的重要前提。

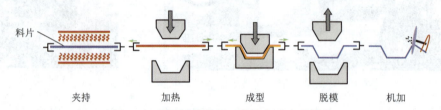

图 8.9　预浸板材模压工艺的主要阶段划分

加热阶段和成型阶段是热模压成型方法的关键技术,以下做重点介绍。

1. 加热阶段

加热是模压工艺较耗时的一个阶段。最常见的热传导方式可分为接触、对流和辐射等,实际加热过程中往往共存。选择加热方式时,需考虑到预浸板材的厚度对内部传热时间影响。

接触传热一般用均匀的热金属板加热极薄的板材或薄膜,金属板多用铝板,使用时可直接置于模具上方,以缩短料片的流转路径,并减少工艺控制因素和环境影响。

对流传热的介质有空气、蒸汽、液体等。空气对流烘箱在相对低温时可用于预浸板材的预热和烘干,也能升至高温作为模压前的加热单元。然而,气流对热塑性塑料的热传导系数较低,对厚板加热时所需时间较长,用于厚板熔融加热时难以获得较高的效率。

红外加热在预浸板或塑料的模压工艺中占比最大。加热器表面温度多在 300~1 000 ℃,辐射系数取决于加热器材料的性质。从红外辐射源到板材间的能量密度取决于多个影响因素。加热时间与板材厚度接近成正比。然而,由于基体的热导率较低,厚板表面温度容易超过材料的热稳定性温度,因此要将能量密度控制在一定水平以下。

2. 成型阶段

织物预浸板材在成型过程中最重要的变形方式是面内剪切和层间滑移。

加热后的料片在倒角处变形需要发生层间滑移。滑移不充分时,容易发生扭转、纤维偏向或搭接、局部过压、甚至纤维断裂。该类缺陷常发生在以下情况:

(1) 成型温度过低造成基体黏度过高;
(2) 厚度方向过压,往往来自局部压力过高,或模具间隙过小;
(3) 料片边界受到过大的变形限制,如机械限位或过紧夹持。

面内剪切和层间滑移如图 8.10 所示。

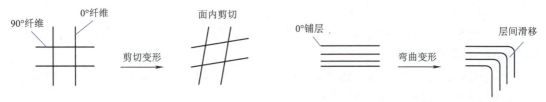

图 8.10　织物预浸板材成型时的两类主要变形：面内剪切和层间滑移

由于模压零件多为蒙皮增强件或零件间的连接件，常需要在较小空间内发生急剧变形（图 8.11）。而与金属冲压不同，预浸板材内的连续纤维难以实现较大变形量（碳纤维断裂伸长率约为 2%，玻纤约 5%），因此热塑热模压零件常出现以下工艺质量问题：

(1) 夹角偏差；
(2) 邻面厚度不匀；
(3) 外 R 角表面凹坑；
(4) 厚度方向完全褶皱；
(5) 垂直方向外侧的纤维滑移。

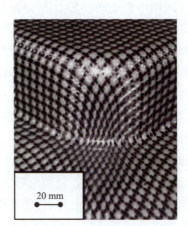

图 8.11　某零件双曲率局部模压变形工艺问题与改进后效果

8.1.4.2　热塑性复合材料热模压设备

料片在送料、加热、模压、收取站位间的流转，一般需要在高温下快速精准地进行，所以常需要通过工业机器人或导向装置进行。因此，高度自动化是模压生产线的主要特征。

由于料片的加热和合模时间均只需要数分钟，同时由于模压零件的尺寸一般较小，料片的流转路径和停顿时间就更为重要，可能大幅影响工艺循环周期和生产线占地面积。

一种典型的生产线布置如图 8.12 所示，主要特征为环形路径，并由两个机器人分别负责

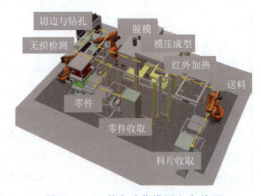

图 8.12　一种自动化模压生产单元

送料和抓取零件。各部分功能如下：

（1）在料片收取站，一般将按零件展开外形预切割的多个料片在夹持框上定位好，并在料片架上平行堆叠放置；

（2）送料时，前机器人抓手以特定方式抓取夹持框后，将其旋转推送至红外加热箱内，将料片加热至需要的温度范围；

（3）红外加热后，夹持框转移至模压成型站位，在一定的工装温度下合模成型；

（4）冷却后开模，后机器人将夹持框取出，并将其转移至零件收取站位；

（5）在零件收取站位，一般需要人工将零件从夹持框取下，并转移至机械加工，同时回收夹持框及加持工具；

（6）条件允许时，机械加工和无损检测均可以自动化方式进行。

8.1.5 热塑性复合材料焊接技术及设备

8.1.5.1 热塑性复合材料焊接技术

应用在民用飞机上的热塑性复合材料通常为碳纤维或玻璃纤维增强的 PPS、PEEK、PEI 和聚醚酮酮（PEKK）树脂等。这类树脂通常极性较弱，表面惰性较高，与航空热固性复合材料胶接常用的环氧、酚醛胶膜的匹配性较差，难以达成高强度、高耐久的胶接。与热固性复合材料不同，热塑性复合材料在成型完成后依旧可以熔融，因此可以采用再次熔融并施压的方法达到热塑性零件的连接，即热塑性复合材料的焊接。

目前，热塑性复合材料常用的焊接技术有电阻焊接、超声焊接、激光焊接和感应焊接。这四种焊接技术原理不尽相同。

电阻焊接采用电阻丝布置在被焊接界面处，通电使电阻丝发热并熔融界面，施压即可完成熔融焊接。电阻丝焊接工艺较为成熟，且成本可控，是一种较为常见的焊接工艺，但电阻丝在焊接完成后会残留在界面处，会使得接头处易出现孔隙、应力集中、电化学腐蚀等现象。

超声焊接是采用 20 kHz 以上的高频机械波振动焊接界面，使热塑性材料表面分子链之间产生热量而熔融界面，在施加压力的条件下便可完成超声焊接操作。超声焊接速度快，周期短，在通用热塑性塑料焊接时有极为广泛的应用，但在焊接热塑性复合材料时，焊接强度较低，不适用于高耐久的结构焊接，但可在热塑性预浸料热压罐成型前临时固定黏性极差的料片。

激光焊接适用于焊接两种光学特性不同的材料。激光透过透光材料聚集在界面处可以加热界面，施加压力便可达成焊接。激光焊接应用于通用热塑性材料可有较为广阔的应用，但热塑性复合材料有增强纤维置于材料中，使得激光难以透过，因此激光焊接在碳纤维增强热塑性复合材料结构件连接时难有应用空间。

感应焊接是一种特殊的焊接工艺，它由感应线圈产生高频电磁场，置于焊接界面处的焊接感应材料则因此产生涡流电流并发热，从而达到焊接的目的。感应焊接技术特别适合于碳纤维增强的热塑性复合材料结构件的焊接。因为碳纤维可导电，能够通过感应线圈产生涡流电流而发热，因此焊接碳纤维增强的热塑性复合材料时无须引入额外的感应材料，只需要在被焊接界面处的某一侧铺贴一层碳纤维织物预浸料即可。若焊接其他非导电纤维增强的材料时,则在界面处额外放置一个导电网即可,该导电网可以是碳纤维织布,也可以是金属网。感应线圈与感应材料无直接接触,且非感应区域不会有热量产生,因此参数设置合理时,焊接较为精确且不易产生变形和多余的树脂流动。除此之外,感应焊接效率较高,可以实现连续化焊接,是一种人为因素介入较少的焊接技术,具有较高的可靠性。基于以上因素,感应焊接是将来热塑性复合材料结构件连接技术最重要的发展方向。

8.1.5.2 热塑性复合材料感应焊接设备

由于感应焊接技术具有效率高、非接触等优点,成为目前发展最为快速的热塑性复合材料连接技术,近年来实现了工程应用。以下对该技术的焊接装备进行具体介绍。

图 8.13 欧洲 CETMA 研究中心报道了一种典型的复合材料铺层连焊接的装置。图中展示了感应焊接过程中,铺层表面上的温度变化。

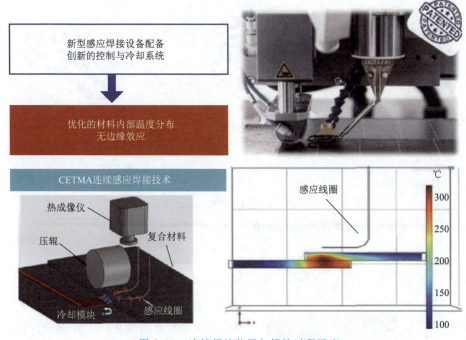

图 8.13 连续焊接装置与焊接过程温度

当材料从线圈下方经过时,其温度上升到最高点;随后,由于热量通过自由对流和传导传递给夹具和周围环境,材料的温度稍微下降,直到压辊接触被加热材料;之后固结过程开始,压辊施加压力并使材料冷却,材料温度快速冷却结晶,完成固结。

感应线圈是交流电磁场的发生装置,它的构型、电压和频率对电磁场均有较大影响,线圈的设计能影响感应材料的发热效率和发热速度。制造线圈的金属可有两种,一种为空心金属管,另一种则为实心金属棒。两种材料所得的电磁场有不同特性,空心管的线圈频率范围大,功率大,但是能量转换效率较低,不超过 60%,而实心金属棒的线圈频率范围低,功率也较小,但转换效率在 90% 左右。由于感应焊接中功率和频率都适中,因此近年来多用实心金属棒材制作感应线圈。不同线圈的结构形式会产生不同的电磁场,如常见的三种线圈分别为单环绕线圈、螺旋线圈和饼状线圈,如图 8.14 所示。其中单环绕线圈磁场较为简单,适合焊接面积较小的平面;螺旋线圈则适合焊接圆柱形的结构;饼状线圈磁场较为密集,适合较大面积平面的焊接。

应用于民用飞机的热塑性复合材料多为平板或带一定曲率的蒙皮结构,基本无圆柱状结构,因此可采用图 8.14 中的单环绕或饼状形式线圈进行感应焊接。

在感应焊接工艺中,除了加热装置外,还需要有加压装置,确保焊接界面在熔融后能够紧密贴合,从而完成高强度的连接。可用的加压方式通常有两种,真空袋施压和辊筒辊压,如图 8.15 所示。真空袋施压适合焊接结构较为平整、结构简单的零件,其特点是压力可控且均匀分布在焊接区域,但是施压上限无法超过 1 个标准气压。另由于真空袋内降温控制较为困难,热塑性树脂在高温下的流动较多,难以控制,因此真空袋施压在热塑性复合材料感应焊接中的应用还需继续研究。辊压的方式适合连续化的焊接操作,如焊接加强筋条到

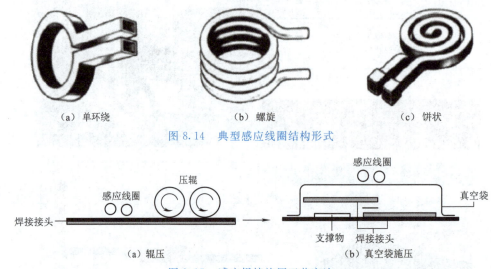

(a) 单环绕　　　　　　(b) 螺旋　　　　　　(c) 饼状

图 8.14　典型感应线圈结构形式

(a) 辊压　　　　　　(b) 真空袋施压

图 8.15　感应焊接施压工艺方法

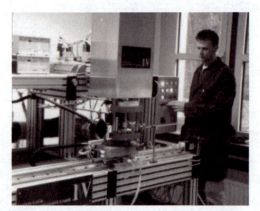

图 8.16　热塑性复合材料感应焊接实验室设备

蒙皮上。辊压过程需要设计合适的工装和夹具,确保压辊对接头的压力在合理且稳定的范围内,同时,所有工装和夹具还应使用非电磁感应材料制成,以避免工装夹具在电磁场中发热。在焊接操作的同时,还应在压辊附近设计冷却喷嘴,以控制接头处的温度。

如图 8.16 所示,可以搭建适用于试片和小型零件的实验室感应焊接设备。这些设备一般可以调节各个影响焊接质量的参数,可以对不同材料的感应焊接性能进行充分研究,从而为其在工业领域的应用打下基础。

8.2 热塑性复合材料成型工艺国内外研究现状

热塑性复合材料在民用航空领域的研究和发展可以分为两个阶段：(1)从肋、地板等小型结构发展至方向舵、升降舵等中型的气动控制结构。该过程伴随着原材料形式和制造工艺技术的同步发展：原材料由纤维织物叠层预浸料发展为可按设计方向铺放的热塑性单向预浸带；制造工艺则由模压成型发展为大自动铺丝和热压罐成型工艺技术。(2)进一步发展至主承力的加筋壁板类结构和与其他材料混杂的定制结构。该阶段进一步发挥了自动铺放工艺对复杂结构的适应能力，同时原位成型工艺、焊接技术和新的结构设计形式得到快速发展(图8.17)。

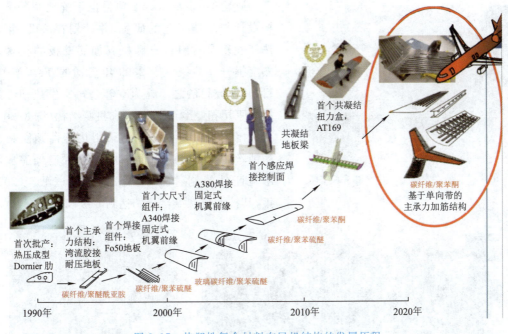

图 8.17 热塑性复合材料在民机结构的发展历程

8.2.1 热塑性复合材料自动铺丝/热压罐工艺技术国内外研究现状

热压罐成型工艺与自动铺丝技术相结合，适用于大型热塑性复合材料零件的研发和制造，其难点在于不同基体预浸料的自动铺放技术和成型工艺窗口的选择。2017年荷兰航空研究院(NLR)采用热压罐成型实现了热塑性复合材料的飞机发动机吊挂大梁制造。该零件长度为6 m，厚度为28 mm，外形存在多处变厚度区和转角过渡区。工艺过程为采用自动铺丝设备完成PEKK预浸料的铺放过程，然后经热压罐固结成型(图8.18)。研究目的为代替现有的金属结构，以达到减重和降低制造成本的目标。据报道，该零件将完成一系列工程验证，并计划于2025年进行批产。

图 8.18　热塑性发动机机吊挂梁的自动铺放

图 8.19　热塑性复合材料平尾蒙皮的自动铺丝过程

欧盟的 Clean Sky 2 项目也系统地开展了结构设计与制造工艺的研发,并计划在 2024 年将热塑性复合材料机身和机翼加筋壁板的技术成熟度提升到 6 级。于 2009 年启动的 TAPAS 项目,其研究目的之一是为空客公司开发热塑性复材的平尾扭矩盒(图 8.19)和机身结构(图 8.20),其中尾翼与机翼的蒙皮均采用热塑性预浸料自动铺丝后热压罐成型的技术方案,并已经完成演示验证件的制造工作。据相关报道截至 2017 年,其技术成熟度已分别达到 6 级和 4 级。

图 8.20　热塑性机身壁板验证件

GKN 航空结构公司(其前身为 FOKKER 航空结构公司)开发了一种热塑性复合材料翼面加筋壁板的制造工艺。其工艺过程为:首先将碳纤维/PEEK 材料的筋条垂直放入模具下陷中,再采用自动铺丝完成蒙皮的铺放,随后将蒙皮和筋在热压罐中共固结,最后使用感应焊技术把水平框架和壁板连接起来(图 8.21)。

在国内,上海飞机制造有限公司较为系统的开展了针对 PPS 和 PEEK 预浸料的自动铺放技术研究,建立了基于激光加热热源的铺放方法,并实现了若干典型结构的铺放和评价工作(图 8.22、图 8.23)

8.2.2 热塑性复合材料原位成型工艺国内外研究现状

热塑性复合材料原位成型工艺主要用于尺寸比较大的结构件整体成型,可大幅度降低生产成本,同时缩减结构件的拼装数目,因此原位成型技术是热塑性复合材料低成本加工的典型代表。

在 2017 年巴黎航展上,法国"热塑性弓形盒"项目展出了一个全尺寸热塑性机身验证件。以针对下一代单通道飞机使用高性能热塑性复合材料

图 8.21　GKN 公司带筋翼面壁板

进行评估。验证件具有机身结构的所有典型特性,如薄蒙皮、闪电防护、桁条和框结构,能够在一个真实的工业环境下对这些技术进行详细评估。机身验证件蒙皮是通过原位成型制造,如图 8.24 和图 8.25 所示。

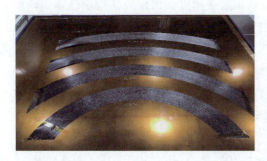

图 8.22　热塑性预浸料特征结构的自动铺放试验

图 8.23　热塑性典型结构件的铺放试验

图8.24 全尺寸热塑性机身验证件

图8.25 热塑性复合材料机身蒙皮照片

美国国防高级研究计划局(DARPA)30年前在先进潜水艇复合材料成型方面率先应用连续纤维增强热塑性复合材料原位成型技术,并提出该项技术将面临制造所需的高质量、低成本预浸料、加工效率及成型构件性能等多方面挑战。美国ADC公司迄今为止已经为航空、汽车、原油管道等行业加工出多种热塑性树脂基体复合材料结构件,比如PPS、PEEK等树脂基体结构件,同时在全世界范围内销售多台热塑性复合材料自动铺放设备,涉及研究所、航空制造业、汽车等各行各业。

国内近年来通过自主研发、转包国外知名航空公司的部分产品,航空复合材料制造能力得到了较大的提高。然而在热塑性复合材料自动铺放技术方面的研究还很缺乏。国内的一些高校及研究单位如哈尔滨工业大学、南京航空航天大学已开展了关于热塑性复合材料自动铺放原位成型技术的一些简单原理样机及工艺机理的研究,但所研究的设备与材料多数针对中低性能体系,并且也未按照航空结构试验件的制造要求进行相关技术理论验证。

由于热塑性复合材料的原位成型工艺的技术复杂性,针对诸多关键技术的理论研究与工艺控制方法一直是该领域的研究热点,大部分工作主要从以下四个关键技术方面进行工艺控制及参数优化研究:

(1)铺放成型过程中的树脂基体分子链或链段扩散;
(2)铺成型放过程中的孔隙形成;
(3)铺放成型过程中树脂基体在高温下的热降解;
(4)铺放成型冷却过程中的树脂基体结晶。

一般来说,建立准确有效的工艺模型是解决工艺控制及优化的核心技术问题。国内外近几年通过研究已在一些技术难点的研究中取得显著效果。

首先,针对原位铺放成型过程中经历的温度场,国内外已开展了较多的研究。Tumkor等人针对连续纤维增强热塑性复合材料原位成型过程中铺层的温度场,利用有限差分法建立数学模型,并求出原位成型过程中铺层温度场随时间变化的解析解。哈尔滨工业大学李玥华等人对热塑性复合材料热风加热自动铺放过程中各环节进行仿真模拟,确定铺放工艺参数。天津工业大学李志猛等人对热塑性复合材料自动铺放原位成型过程建立一维热传导数学模型,利用有限元对铺层瞬态热传递进行模拟仿真。南京航空航天大学宋清华等人基于自行搭建的热风加热自动铺放原理样机,通过构建二维温度场、结晶动力学等模型对原位成型过程进行机理研究。目前来看,国内关于热塑性复合材料激光加热自动铺放原位成型过程铺层的温度场三维分布及温度场在线测量仍缺乏充分深入的研究。

其次,铺放原位成型中层间结合强度主要由树脂分子链扩散程度影响。由于连续纤维增强热塑性预浸料表面粗糙度的存在,因此在铺放初始阶段,两层预浸料表面并没有完全接触,但随着激光热源的加热及压辊压力的作用下,两层预浸料的表面接触程度会逐渐发生变化。目前国外有比较多的数学模型和分析模型对一定条件两层预浸料间的接触程度进行分析研究。Dara 和 Loos 在建层间紧密接触度模型时将两相邻预浸料表面的微观几何形貌简化成不同尺寸的矩形,但由于模型比较复杂,在实际求解过程中不方便计算;Lee 和 Springer 在 Dara 和 Loos 的模型基础上进一步进行了简化,他们将两层预浸料的表面简化成规则周期排列的矩形,在压力的作用下,矩形发生规则变形且沿着界面扩展。荷兰 Delft 理工大学针对自动铺放原位成型过程采用 ABAQUS 软件建立了分子链扩散等过程分析模型,分析验证过程工艺及材料参数(工装温度、加热温度、压辊速率、工装热场、铺层顺序等)对层间及层内树脂粘接等方面的影响,并给出了最终的优化参数。

第三,铺放过程中,热塑性树脂基体的熔融黏度大,在成型过程中树脂和纤维并不相对独立,二者一般随着外界的压力一起移动,因此 Balasubramany 等及 Barnes 等认为将纤维、树脂及孔隙近似看作是一个均匀的连续体描述纤维增强热塑性复合材料成型过程中树脂的流动是一种很好的方法。Muhammad 等在针对原位成型过程建立了二维牛顿流体挤压流动模型,研究原位成型过程铺层孔隙变化机理。

第四,铺放过程中,高温热塑性树脂基体(如 PPS、PEEK)的工艺窗口较窄,容易由于瞬间的温度过高导致树脂产生降解,从而对成型零件的性能造成影响。美国 ADC 公司 Zachary August 等指出聚合物在加热过程中,如果提高升温速率,可以将聚合物的降解温度提高,从而扩大聚合物的加工窗口,但他们同时指出,聚合物在高温下不是不会发生降解,而是在短时间内不会发生降解或降解量极少。结合热塑性复合材料铺放过程中激光加热瞬间能提供很高能量的特点,铺层聚合物会在短时间内加热到比较高的温度。

第五,铺放原位成型过程中,在热源作用下,预浸料树脂基体在加热区域发生熔融,在黏合区域,铺层在压辊压力作用下黏合在一起,同时树脂基体开始冷却结晶。Muhammad 指出,铺层在冷却结晶过程中若无持续的压力,空气会凝聚在树脂基体中至结晶完成,导致成型后的构件孔隙率较大。因此树脂基体的结晶行为与在压辊下方的冷却历程有着直接的关系,结晶动力学的研究可以为结晶行为的控制提供理论依据,对如何选择合理的冷却工艺参数有着理论和现实的指导意义。从结晶动力学的研究中,既可以获得树脂基体结晶动力学信息进而对原位成型进行理论指导,还可以对复合材料界面微观形貌进行辅助表征。目前,基于 Avrami 方程推导的结晶动力学模型已被国内外研究学者广泛应用。Maffezzoli 等利用 Avrami 方程研究 PPS 矩阵理论宏观动力学模型,预测 PPS 在非等温和等温状态下的结晶行为。

第六，在热塑性复合材料自动铺放原位成型过程中，铺层受到多次加热-冷却循环、降温速率、模具温度和环境温度及压辊压力等因素的影响，使得铺层产生明显的残余应力，导致零件变形。一般优化与控制残余应力，主要采用计算仿真的手段建立准确有效的预测模型，然后通过优化工艺参数设计，达到控制变形、减小残余应力的效果。主要包括三方面的工作内容：一方面需要建立准确有效的过程温度场模型和应力场模型。另一方面需要建立准确有效的温度场及应力场计算结果验证方法。最后通过一系列的工艺参数实验进行对比，确认输入工艺参数对计算结果造成的影响。加拿大 Concordia 大学的 Hossein Ghayoor Karimiani 考虑到热塑性复合材料的温度依赖性及时效性，针对自动铺放原位成型中铺层与模具的相互作用，提出一种新的分步仿真模拟方法，研究了铺层残余应力产生及释放机理。其中，针对应力场结果的验证，热塑性复合材料自动铺放原位成型过程中所受温度较高，一般通过应变片监测构件变形的方法往往不准确。同时，应变片无法监测构件内部温度的变化规律。Hossein Ghayoor Karimiani 使用数字图像相关技术(DIC)在线测量铺放过程中铺层的应力变化。澳大利亚新南威尔士大学的 Ebrahim Oromiehie 及西班牙 FIDAMC 实验室的 Diego Saenz Del Castillo 采用光纤布拉格光栅(fiber bragg gratings，FBG)技术对热塑性预浸料自动铺放原位成型过程中的残余应变及温度场监控进行了相关研究(图 8.26)。光纤布拉格光栅对温度的变化和应变均敏感，在进行测量时，光纤本身无法对温度和应变各自引起的变化进行区分。通过在铺层邻近位置布置不同谐振波长的光栅光纤，可以对温度效应进行补偿，解决温度和应变信号的交叉敏感问题，分别测量构件在自动铺层过程中的温度变化规律和应变变化规律。

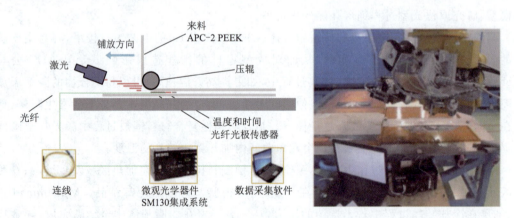

图 8.26　FBG 在铺放原位成型过程中的温度及应变监测(FIDAMC 网站)

8.2.3　热塑性复合材料热模压工艺国内外研究现状

热塑性预浸板材模压成型的零件在商用飞机的应用由来已久，见表 8.1，而且大多数型号中热塑性预浸板材的应用比例不断提高。通过可靠的性能分析、工艺验证、性能测试等流程，不难验证该类材料的适航符合性、减重能力、性能优势、产率、成本水平等重要方面。新材料的使用，不仅需要从源头上具有明显的替代优势，还取决于航空企业自身的发展需求和研发能力。热塑性复合材料模压工艺发展的一个主要难点可能在于：成熟的热压罐工艺经验、规范体系、过程控制细节、厂房与工艺全流程配套设备等技术积累，都难以直接服务于模压工艺。

表 8.1 热塑性预浸板材在部分商用飞机型号上的应用

纤维增强聚苯硫醚板材（结晶）			纤维增强聚醚酰亚胺板材（非结晶）		
型号	部段	零件	型号	部段	零件
A330-200	尾翼	方向舵肋	A320	机身	货舱门夹层壁板
A330	中央翼	副翼肋	A330-200	机身	下机翼整流罩
	尾翼	方向舵前缘组件	B737	中央翼	缝翼盖板
A340-500/600	中央翼	内翼盖板		系统	烟雾探测器
A340-500/600 A380	机身	龙骨梁连接件	B737	内饰	厨房
	中央翼	龙骨梁肋	B747	系统	环境控制系统
		副翼肋	B757	内饰	厨房
		前缘组合件	B767	系统	支架
	发动机	吊挂	Fokker 50	中央翼	后缘蒙皮
A350	机身	角片			结冰防护板
B787	机身	客舱门	Gulfstream G-IV Gulfstream G-V	尾翼	方向舵肋
					方向舵后缘
			Gulfstream G-V	机身	结构门壁板
			Donier 328	中央翼	襟翼肋
					结冰防护板

内饰件结构形式多样，如图 8.27 所示，其服役环境的承力和耐温要求都较低，使用低成本热塑性复材模压零件是较好的选择。

图 8.27 热塑模压内饰件案例（角片、支撑架等）

模压零件用于承力结构的一个经典案例是空客 A340-400 机翼前缘肋（图 8.28），不仅在单架份飞机上类似零件达到数百个，也很好地展示了预浸板材在模压工艺下制造复杂双曲结构的价值。

尽管热塑性复合材料模压零件应用比例整体偏低，但近年来预浸板材在 A350 机身角片

的应用极为突出,单架份飞机应用量达 7 000 个以上。该应用结合了多方面优势,主要源自于以下方面:

(1) 角片类零件整体尺寸小与数量庞大(例如图 8.29);

(2) 多平面几何特征发挥了预浸板材的折弯优势(例如图 8.30);

(3) 模压工艺流程符合工业机器人的作业方式,可实现高效生产。

图 8.28 双曲模压零件空客 A340-400 机翼前缘肋

图 8.29 机身角片在 A350 机身某段的分布

图 8.30 A350 机身角片的一种常见结构

该类零件在 A350 飞机上的高比例应用,为发挥预浸板材和模压工艺的优势提供了成功案例。

8.2.4 热塑性复合材料感应焊接成型工艺国内外研究现状

在 TAPAS 项目中,热塑性复合材料的焊接是该项目研究中的关键技术之一。目前,TAPAS 项目已完成了第二阶段。研究计划中针对感应焊接开展了大量的工作,并发明了一种能够实现快速可靠焊接的结构方式(butt-jointed),该结构的截面见图8.31。在JEC欧洲2014展会上,TAPAS项目组成员Fokker航空结构公司(现属于GKN航空结构公司)展出了一个热塑性复合材料机身壁板验证件。该壁板由Cytec航宇材料公司提供的C/PEEK预浸料制造,壁板水平框架采用感应焊接技术。这是航空航天行业历史上首次启用电感定位焊接热塑性复合材料用于制造飞机主要构件(图8.21)。

荷兰的热塑性复合材料研究中心(TPRC)于2016年完成了热塑性复合材料感应焊接设备的搭建,采用自动化的机器人系统开展适用于工程化应用的热塑性复合材料感应焊接技术(图8.32)。

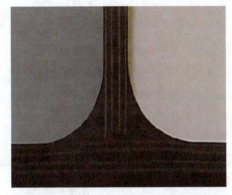

图8.31 热塑性复合材料机身壁板的焊接(butt-jointed结构方式)

图8.32 荷兰热塑性复合材料研究中心的感应焊接设备

荷兰Fokker航空结构公司设计并开发了G650型商务机的尾翼部分,并首次创新性地将电感定位焊接技术引入飞机方向舵和升降舵的工业化制造中,图8.33所示为湾流G650的热塑性方向舵焊接件。所采用的热塑性复合材料是德国泰科纳(Ticona)公司生产的Fortron聚苯硫醚(PPS),荷兰TenCate公司(现为东丽先进材料公司)负责生产CF/PPS预浸料和片材。

图8.33 湾流G650热塑性方向舵焊接件

8.3 热塑性复合材料成型工艺发展前景预测

随着航空航天技术的快速发展,对复合材料快速批产、低成本制造和环保性能的需求日益强烈。先进热塑性复合材料在上述方面具有与生俱来的优势,应用潜力巨大。回顾近年来的发展历程,热塑性复合材料重要的工艺发展前景如下:

1. 热塑性复合材料制造技术向大尺寸主承力结构方向发展

目前,通过热模压成型工艺,热塑性基本可以实现大批量、高质量的快速生产。但模压成型受设备限制,完成大尺寸零件的制造仍有难度。为满足航空领域对热塑性复合材料机身、翼面壁板类结构的需求,需要系统发展热塑性预浸料自动铺丝技术与热压罐成型制造相结合的工艺路线,同时积极探索高效率的原位成型工艺,以实现高质量的大型航空制件的生产。同时,热塑性复合材料可以焊接的优势将进一步得到发挥,应注重发展多种焊接工艺相结合的连接技术和壁板整体化铺放技术,进一步提高制造效率、降低成本。

2. 热塑性复合材料制造技术向低成本方向发展

热塑性复合材料的低成本制造逐渐成为一种趋势,在非热压罐成型领域应重点发展长桁类零件的拉挤成型技术、梁的缠绕成型技术、原位成型工艺和新近出现的烘箱成型工艺,从而进一步低成本制造。另外,还需注重与成熟工艺(如增强塑料的注塑成型、液体成型、热隔膜成型等)相结合,进一步发挥热塑性复合材料的工艺优势。

随着制造技术、材料体系和飞行器设计的发展,热塑性复合材料结构件的制造与验证技术在国外的航空、航天领域正在有条不紊地推进。自动化热模压成型、传统的热压罐成型、自动化的铺放技术、原位成型、焊接技术是目前制造技术的发展重点。同时,也出现了一批低成本、高效率的新技术,如先进拉挤成型、反应性RTM注塑成型、复合注塑(over-molding)等。随着复合材料制造自动化和智能化的发展趋势,上述制造技术的配套工艺设备也将必将日趋成熟,与其他复合材料工艺技术发展相一致,热塑性复合材料的制造技术在未来一段时间内必将会借助高度的自动化装备,充分发挥自身的优点,实现高效率、高质量的低成本制造,并得到广泛的应用。

参考文献

[1] REGNET M, BICKELMAIER S, et al. Innovative and Efficient Manufacturing Technologies for Highly Advanced Composite Pressure Vessels[C]. Proceedings of 13th European Conference on Spacecraft Structures, Materials + Environmental Testing, 2014.

[2] RODRIGUEZ L F, ZUAZO M, CALVO S. Activities on in-situ consolidation by automated placement technologies[C]. 16th ECCM, European Conference On Composite Materials, Spain, Seville. 2014.

[3] Breuer U P. Commercial Aircraft Composites Technology[M]. Springer, 2017.

[4] Gruenwald G. Thermoforming: A Plastics Processing Guide[M]. Technomic Publishing Company, 1998.

[5] EDELMAN K. CFK-Thermoplast-Fertigung für den A350 XWB[J]. Lightweight Design, 2012, 2: 42-47.

[6] KALMS M, HELLMERS S, KOPYLOW C v, et al. Nondestructive testing in an automated process chain for mass manufacturing of fiber-reinforced thermoplastic components[C]. Proc. of SPIE Vol. 8694 869429-9, 2013.

[7] MAZUR R L, CÂNDIDO G M, REZENDE M C, et al. Accelerated aging effects on carbon fiber PEKK

composites manufactured by hot compression molding[J]. Journal of Thermoplastic Composite Materials 2014.

[8] STAVROY D, BERSEE H E N. Resistance welding of thermoplastic composites-an overview[J]. Composites Part A: Applied Science & Manufacturing, 2005, 36(1): 39-54.

[9] JAESCHKE P, WIPPO V, SUTTMANN O, et al. Advanced laser welding of high-performance thermoplastic composites[J]. Journal of Laser Applications, 2015, 27(S2).

[10] RUDOLF R, MITSCHANG P, NEITZEL M. Induction heating of continuous carbon-fibre-reinforced thermoplastics[J]. Composites Part A: Applied Science & Manufacturing, 2000, 31(11): 1191-1202.

[11] MAHDI S, KIM H J, GAMA B A, et al. A comparison of oven-cured and induction-cured adhesively bonded composite joints[J]. Journal of Composite Materials, 2003, 37(6): 519-542.

[12] PAPPADÀ S, SALOMI A, MONTANARO J, et al. Fabrication of a thermoplastic matrix composite stiffened panel by induction welding[J]. Aerospace Science & Technology, 2015, 43(2): 314-320.

[13] Thermoformable Composite Panels. Author and source unknown.

[14] WINAND K. Cetex® Thermoplastic Composites-Aerospace[R]. Internal Report from Ten Cate Company.

[15] TURNKOR S, TURKMEN N, CHASSAPIS C, et al. Modeling of heat transfer in thermoplastic composite tape Lay-up manufacturing[J]. Heat Mass Transfer, 2001, 28(1): 49-58.

[16] 李玥华. 热塑性预浸丝变角度铺放及其轨迹规划的研究[D]. 哈尔滨: 哈尔滨工业大学, 2013.

[17] LI Z M, YANG T, DU Y. Dynamic finite element simulation and transient temperature field analysis in thermoplastic composite tape lay-up process[J]. Journal of Thermoplastic Composite Materials, 2015, 28(4): 558-573.

[18] 宋清华. 热塑性复合材料自动铺放过程温度场分析及构建性能研究[D]. 南京: 南京航空航天大学, 2016.

[19] DARA P H, LOOS A C. Thermoplastic matrix composite processing model[R]. Virginia Polytechnic Institute and State University, 1985.

[20] LEE W I, SPRINGER G S. A model for the manufacturing process of thermoplastic matrix composites [J]. Composite Materials, 1987, 21(11): 1017-1055.

[21] GAUTAM K J. Finite element simulation of the in-situ AFP process for thermoplastic composites using abaqus[D]. Delft University of Technology, Delft. 2016.

[22] BALASUBRAMANYAM, JONES R S, WHEELER A B. Modelling transverse flows of reinforced thermoplastic composite materials[J]. Composites, 1989, 20(01): 33-37.

[23] MUHAMMAD A K, PETER M A. Tracing the void content development and identification of its effecting parameters during in situ consolidation of thermoplastic tape material[J]. Polymers & Polymer Composites, 2010, 18(01): 1-15.

[24] PATRICIA P P, HARALD E N, ADRIAAN B. Residual stresses in thermoplastic composites—A study of the literature—Part III: Effects of thermal residual stresses[J]. Composites Part A, 2007(38): 1581-1596.

[25] EBRAHIM O, PRUSTY B G, PAUL C. In-situ simultaneous measurement of strain and temperature in automated fiber placement (AFP) using optical fiber Bragg grating (FBG) sensors[J]. Advanced Manufacturing: Polymer & Composites Science, 2017, 3(2): 52-61.

[26] OFFRINGA A. New thermoplastic composite design concepts and their automated manufacture[J]. JEC Composites Magazine, 2010, 58: 45-49.

第9章 复合材料结构回弹变形预测与控制技术

9.1 概　述

随着先进复合材料在飞机结构中的大量使用,提高零件尺寸精度,降低装配应力,成为提高飞机结构可靠性需要解决的关键问题。复合材料零件成型过程中的回弹变形是影响零件尺寸精度的重要因素,有效的结构回弹变形预测与控制技术是提高复合材料零件开发效率和降低开发成本的重要保证。

传统的复合材料零件的回弹变形控制方法,基于试错法,即对每一类复合材料零件,都通过反复试模来修正模具参数,以降低零件的回弹变形,提高零件尺寸精度。但是试错法需要对模具进行反复加工调整,对于小尺寸零件带来的修模时间和成本增加尚不明显,而对于大型复合材料飞机零件而言,则带来极大时间和成本花费。

随着先进复合材料零件的应用水平不断提高,如在汽车、飞机、机械、船舶等领域都将复合材料作为一种非常重要的轻量化材料,其固化回弹变形的问题,逐渐受到重视。很多学者开始了固化变形机理的研究,并使用相关理论开始解释复合材料零件固化变形机理,从而人们对该问题的认识愈加深刻。

随着对固化回弹问题的理解不断深入,固化回弹理论本构模型和零件结构也越来越复杂,使得问题求解变得异常困难,导致这些理论无法满足工程应用的需求。而此时,以有限元方法为代表的数值计算方法有了长足的进步。20世纪90年代,有限元软件迅速发展,以波音和空客为代表的学者和工程师将复杂固化理论模型和有限元求解方法相结合,开始尝试求解变截面梁、加筋壁板等复杂结构的回弹变形,并将研究成果推向实际工程应用,相关研究成果如雨后春笋般涌现。在这个过程中,波音和空客都逐渐发展出了自己独特的复合材料固化变形计算专业软件和相关材料数据库,并且作为核心技术机密不对外开放。

国内在大型复合材料结构制造技术方面,长期以来落后于发达国家。目前对复合材料结构固化变形的控制主要通过反复试模解决,尚未建立完善的试验数据采集、计算仿真、模具型面补偿的复合材料固化回弹预测和控制技术体系。随着复合材料结构在C919大型客机机身结构中的应用,以及相关科研和工程应用任务的不断开展,我国科研工作者和工程师们正在积极进取、弥补短板,在该领域内取得了丰硕的科研成果,并且将科研成果逐步应用在C919大型客机的相关复合材料零部件的开发中。

9.2 复合材料结构变形预测与控制理论基础

从 20 世纪 70 年代开始,陆续有学者观察到复合材料固化变形的现象,开始尝试研究固化变形现象发生的原因。到了 20 世纪 80 年代,学者们逐渐发展出一些复合材料固化变形的理论模型,并且尝试通过对理论模型求解来计算结构的固化变形量。在接下来的 90 年代,理论模型考虑的影响变量越来越多,也越来越复杂,使这类问题的理论求解变得异常困难。而随着同一时期有限元数值求解技术和相关软件的巨大发展,推动了该问题的理论研究取得长足的进步,并且从学术研究开始迈向工程应用。本节将从固化变形的相变过程、相变机理和弹性力学形变理论等三个方面对复合材料固化变形理论进行介绍。

9.2.1 复合材料结构固化相变过程

复合材料固化变形是复杂的物理化学过程,一般可以分为四个阶段:

Ⅰ. 温度升高,预浸料树脂逐渐处于流动状态;

Ⅱ. 随着固化反应不断进行,树脂黏度和弹性逐渐增加,树脂固化度达到凝胶点 α_{gel} 后,转变为橡胶态,与纤维作用力更加密切;

Ⅲ. 固化度达到 α_{virif} 后,认为树脂变为玻璃态;

Ⅳ. 保温完成,逐渐降温。

在不同固化阶段,复合材料结构内部累积了不同因素导致的残余应力,脱模后这些残余应力释放,导致结构发生回弹,如图 9.1 所示。

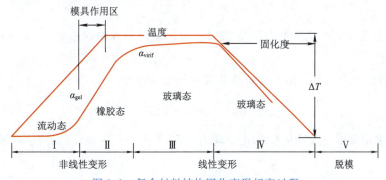

图 9.1　复合材料结构固化变形相变过程

由图 9.1 可以发现,复合材料结构制造变形主要来源于两个方面:第一,来源于复合材料的固化过程累积的残余应力而导致的变形,这是非线性因素导致的变形;第二,来源于固化结束后,温度变化导致的结构热弹性变形,可以认为是线性的。进一步分析可以发现,在非线性变形部分,第Ⅰ阶段树脂处于流动态,模量几乎为零,无法累积残余应力,不会导致结构变形,因此非线性变形主要来源于Ⅱ阶段;线性变形部分,第Ⅲ阶段温度不发生变化,结构没有热弹性变形,因此线性变形主要发生在第Ⅳ降温阶段。第Ⅴ阶段,降温结束后进行脱模,累积的残余应力释放,结构发生变形。可以发现,复合材料结构发生固化变形和材料相变引起的残余应力有直接的关系。

9.2.2 复合材料结构固化相关理论

复合材料构件在热压罐或烘箱内成型的温度场分布可视为一个含有非线性内热源的复杂传热问题,其中的内热源来自树脂基体的固化反应放热。考虑树脂和纤维对传热的作用,以及树脂基体的固化放热作用,可以通过将固化动力学方程以内热源的方式加入到 Fourier 热传导方程,建立复合材料构件固化成型过程的温度分布模拟模型。复合材料构件固化成型过程的三维有限元瞬态热传导控制方程为:

$$\rho_c c_{pc} \frac{\partial T}{\partial t} = \nabla(\lambda_c \nabla T) + (1-f)\dot{q}_r \tag{9-1}$$

式中,ρ_c、c_{pc}、λ_c 分别为复合材料等效的密度、比热容和热导率张量,可按照混合定律来确定,即:

$$\rho_c = f\rho_f + (1-f)\rho_r \tag{9-2}$$

$$c_{pc} = \frac{f\rho_f c_{pf} + (1-f)\rho_r c_{pr}}{\rho_c} \tag{9-3}$$

$$\lambda_c = \frac{\lambda_f \lambda_r \rho_c}{f\rho_f \lambda_f + (1-f)\rho_r \lambda_r} \tag{9-4}$$

式中,φ 为纤维体积分数;下标 r 表示树脂,f 表示纤维,c 表示复合材料;内部热源项 $\dot{q}_r$ 为树脂发生胶联反应放出的热量,可以表示为:

$$\dot{q}_r = \rho_r H_r \frac{d\alpha}{dt} \tag{9-5}$$

式中,ρ_r 为树脂密度;H_r 为固化反应完成时单位质量树脂放出的总热量;$d\alpha/dt$ 为树脂固化率;α 为固化度。

常用的固化反应动力学模型有自催化和 n 级反应模型:

$$\frac{d\alpha}{dt} = k_0 \exp(-\Delta E_c/RT)\alpha^m(1-\alpha^n) \tag{9-6}$$

式(9-6)常用来描述聚酯树脂的化学动力学行为,而式(9-7)则用来描述环氧树脂的化学动力学行为:

$$\frac{d\alpha}{dt} = (k_1 + k_2\alpha^m)(1-\alpha^n) \tag{9-7}$$

其中: $k_1 = A_1 \exp(-\Delta E_1/RT)$;$k_2 = A_2 \exp(-\Delta E_2/RT)$

式中,R 为普适气体常数;T 为温度;k_0,A_1,A_2,ΔE_c,ΔE_1,ΔE_2 为实验确定的常数。

在固化过程中,树脂的弹性模量是随着固化度的变化而变化的。弹性模量的变化一般假定为符合混合定律,可以表示为:

$$E_m = (1-\alpha_{mod})E_r^0 + \alpha_{mod}E_r^\infty \tag{9-8}$$

式中,E_r^0 为尚未固化时树脂的弹性模量;E_r^∞ 为完全固化时的弹性模量;α_{mod} 表示为

$$\alpha_{\mathrm{mod}} = \frac{\alpha - \alpha_{\mathrm{gel}}}{\alpha_{\mathrm{virif}} - \alpha_{\mathrm{gel}}} \tag{9-9}$$

其中,α_{gel} 为凝胶时的固化度,α_{virif} 为达到玻璃态时的固化度。

另外,固化反应时,树脂会发生化学收缩。假定收缩是均匀的,则可以得到树脂的固化收缩应变:

$$\Delta\varepsilon^{sh} = (\sqrt[3]{1+\Delta V_r}) - 1 \tag{9-10}$$

式中,$\Delta\varepsilon^{sh}$ 为化学收缩应变;ΔV_r 为体积变化。

在热压罐固化时,由于压力较大,因而固化压力导致的预浸树脂流动和重分布比较明显。加压过程中,树脂流动服从斯托克斯方程:

$$\nabla u_r = 0 \tag{9-11}$$

$$-\nabla p_r + \mu \nabla^2 u_r = 0 \tag{9-12}$$

假设纤维层为不可压缩多孔介质,内部的树脂流动满足 Darcy 定律:

$$\nabla u_f = 0 \tag{9-13}$$

$$u_f = w - \frac{\kappa}{\mu}\nabla p_f \tag{9-14}$$

式中,w 为 $[0, h_{2k}(t)]^T$,$h_{2k}(t)$ 为纤维层移动速度;μ 为树脂黏度;κ 为各项同性渗透率;p_f 为纤维层的压力。

9.2.3 复合材料结构固化变形弹性力学理论

纤维增强复合材料固化变形的根本原因是由于复合材料物理属性的各向异性和相变过程中残余应力的累计而造成的,表现为复材结构在升温和降温过程中,各铺层间、复材与模具间的热膨胀量不一致,引起层间剪应力,而导致结构的变形。

由于各铺层方向不同,层间的物理属性呈现方向性,因此,在构件升温和降温的过程中,各层间的热变形不匹配,从而在界面产生剪切力,如图 9.2 所示。

剪力释放后,结构发生变形,重新回到平衡状态。根据弹性力学原理,单层板二维问题的平衡方程为:

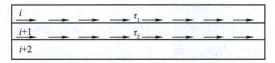

图 9.2 复合材料各铺层间的剪切作用

注:i 代表复合材料铺层编号,τ 代表铺层间的剪应力

$$\frac{\partial \sigma_{xi}}{\partial x_i} + \frac{\partial \tau_{yxi}}{\partial y_i} = 0; \qquad \frac{\partial \tau_{yxi}}{\partial x_i} + \frac{\partial \sigma_{yi}}{\partial y_i} = 0 \tag{9-15}$$

几何方程为:

$$\varepsilon_{xi} = \frac{\partial u_i}{\partial x_i}; \qquad \varepsilon_{yi} \frac{\partial w_i}{\partial y_i}; \qquad \gamma_{yxi} = \frac{\partial u_i}{\partial y_i} + \frac{\partial w_i}{\partial x_i} \tag{9-16}$$

相容方程为:

$$\frac{\partial^2 \varepsilon_{xi}}{\partial y_i^2} + \frac{\partial^2 \varepsilon_{yi}}{\partial x_i^2} - \frac{\partial^2 \gamma_{yxi}}{\partial y_i \partial x_i} = 0 \qquad (9\text{-}17)$$

本构方程为：

$$\begin{cases} \varepsilon_{xi} = \dfrac{1}{E_i}(\sigma_{xi} - \mu_i \sigma_{yi}) + \alpha_i T_i \\ \varepsilon_{yi} = \dfrac{1}{E_i}(\sigma_{yi} - \mu_i \sigma_{xi}) + \alpha_i T_i \\ \gamma_{xyi} = \dfrac{\tau_{xyi}}{G_i} = \dfrac{2(1+\mu_i)}{E_i}\tau_{xyi} \end{cases} \qquad (9\text{-}18)$$

式中，T_i 为第 i 层温度分布函数 $T(x,y)$；α_i 为第 i 层热膨胀系数；E_i 为第 i 层弹性模量；G_i 为第 i 层剪切模量。

因此，可以得到问题的控制方程：

$$\frac{\partial^4 U_i}{\partial x_i^4} + 2\frac{\partial^4 U_i}{\partial x_i^2 \partial y_i^2} + \frac{\partial^4 U_i}{\partial y_i^4} = -\alpha_i E_i\left(\frac{\partial^2 T_i}{\partial x_i^2} + \frac{\partial^2 U_i}{\partial y_i^2}\right) \qquad (9\text{-}19)$$

单层的弹性力学控制方程为：

$$\frac{\partial^4 U_i}{\partial x_i^4} + 2\frac{\partial^4 U_i}{\partial x_i^2 \partial y_i^2} + \frac{\partial^4 U_i}{\partial y_i^4} = -\alpha_i E_i\left(\frac{\partial^2 T_i}{\partial x_i^2} + \frac{\partial^2 T_i}{\partial y_i^2}\right) \qquad (9\text{-}20)$$

式中，U_i 为第 i 层的艾里热应力函数 $U(x,y)$；T_i 为第 i 层温度分布函数 $T(x,y)$；α_i 为第 i 层热膨胀系数；E_i 为第 i 层弹性模量。

艾里热应力函数 $U_i(x,y)$ 与应力分量的关系：

$$\sigma_{x_i} = \frac{\partial U_i}{\partial y_i^2},\ \sigma_{y_i} = \frac{\partial U_i}{\partial x_i^2},\ \sigma_y = \frac{\partial U_i}{\partial x_i \partial y_i} \qquad (9\text{-}21)$$

铺层的界面满足以下应力平衡条件：

$$\sigma_{y_i} = \sigma_{y_{i+1}},\ \tau_{xy_i} = \tau_{xy_{i+1}} \qquad (9\text{-}22)$$

铺层的界面还满足以下位移平衡条件：

$$u_i = u_{i+1},\ v_i = v_{i+1} \qquad (9\text{-}23)$$

在结构的温度边界条件下，根据控制方程和平衡条件，求得问题的应力解，然后将应力解代入本构方程(9-18)，得到应力表达的应变方程，然后再将应变代入式(9-16)，积分得到问题的位移解，即构件的变形值。

事实上，弹性模量 E_i 可以通过式(9-8)得到，但是 E_i 是随着固化度变化的变量，该控制方程式无法求得解析解，因而必须借助于有限元等数值方法进行求解。

以上是二维问题的弹性力学理论，如果将问题扩展为三维，问题将更加复杂，有限元等数值方法的求解工作量和复杂程度也将大大增加，必须借助于强大的计算机硬件，以及相关专业和通用有限元软件才能求解。

9.3 复合材料结构变形预测与控制技术

复合材料结构变形控制技术，首先是基于对结构变形的准确计算预测基础上的。所谓预测,就是尽量不通过试验、或者是仅凭借少量典型截面的回弹数据,通过一定方法计算结构整体的变形量。只有首先得到较为准确的回弹变形量,才能对模具进行补偿设计,因而本章将重点介绍针对简单结构的固化回弹理论预测方法和针对较复杂结构的虚拟仿真预测方法。

9.3.1 复合材料结构变形的理论建模求解技术

复合材料结构发生固化变形的根本原因是由于复合材料各向异性的特性导致,主要表现在:(1)基体和纤维热膨胀系数不一样,所导致的纤维方向和垂直于纤维方向热膨胀性能不一样;(2)基体在固化过程中发生化学收缩,而纤维不发生变化,也导致的纤维方向和垂直于纤维方向收缩变形不一致。

近些年来,学者们开展大量理论研究,依据几何变形协调关系,复合材料层合板理论和弹性力学等理论建立了相应的固化变形计算模型,对结构的固化变形进行计算分析。

9.3.1.1 基于几何协调关系的计算模型

Nelson 和 Radford 分别基于圆柱壳几何结构提出了一个简单的回弹变形计算公式:

$$\Delta\theta = \theta\left[\frac{(\alpha_\theta - \alpha_r)\Delta T}{1 + \alpha_r \Delta T} + \frac{\beta_\theta - \beta_r}{1 + \beta} + \frac{\gamma_\theta - \gamma_r}{1 + \gamma_r}\right] \tag{9-24}$$

式中,θ 为图 9.3 所示的构件角度;γ 为极坐标系的半径方向;α_θ、β_θ、γ_θ 分别代表构件环向的热膨胀系数、化学收缩量和吸潮后的膨胀量;α_r、β_r、γ_r 分别代表构件径向的热膨胀系数、化学收缩量和吸潮后的膨胀量。

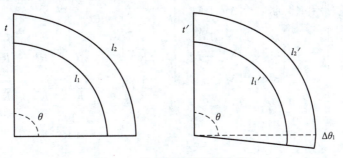

图 9.3 柱壳的固化回弹示意

如忽略构件吸湿后的变形,则式(9-24)简化为:

$$\Delta\theta = \theta\left[\frac{(\alpha_\theta - \alpha_r)\Delta T}{1 + \alpha_r \Delta T} + \frac{\beta_\theta - \beta_r}{1 + \beta_r}\right] \tag{9-25}$$

式(9-24)、式(9-25)表明,构件环向与径向的材料物理性质不同是导致回弹的主要原因。

该计算方法不能考虑铺层形式,忽略了构件厚度、转角的半径和模具等因素的作用,并不能较为全面解释构件的回弹现象,但是由于公式比较简单,因此使用比较广泛。

后来,Wisnom 认为复材固化处于橡胶态时,层间容易发生剪切变形,会对回弹造成影响,对式(9-25)增加了剪切变形影响项:

$$-\theta\varepsilon_r\left[1-\frac{(e^c-e^{-c})}{c(e^c+e^{-c})}\right] \tag{9-26}$$

式中,$c=\frac{r\theta}{t}\sqrt{\frac{10G_{\theta r}}{E_\theta}}$,其中 $G_{\theta r}$ 为材料剪切模量,t 为厚度,E_θ 为切向模量;ε_r 为 r 方向应变;e 为剪切变形带来的 r 方向形变量。则式(9-25)可写为:

$$\Delta\theta=-\theta\varepsilon_r\left[1-\frac{(e^c-e^{-c})}{c(e^c+e^{-c})}\right]+\theta\left[\frac{(\alpha_\theta-\alpha_r)\Delta T}{1+\alpha_r\Delta T}+\frac{\beta_\theta-\beta_r}{1+\beta_r}\right] \tag{9-27}$$

由式(9-27)可以发现,考虑材料剪切变形的时候引入了转角半径 r 和构件厚度 t 的影响,因此,比式(9-24)、式(9-25)更加全面。但是该理论无法考虑到铺层形式与模具对回弹的影响。

9.3.1.2 基于层合板理论的计算模型

Jain 和 Mai 基于复合材料层合板理论,引入热应变、化学收缩和铺层形式等参数,对柱壳的固化变形进行了建模,本构方程为:

$$\begin{Bmatrix} N_x \\ N_y \\ N_{yx} \\ M_x \\ M_y \\ M_{yx} \\ M_{xy} \end{Bmatrix} = [\boldsymbol{K}] \begin{Bmatrix} \varepsilon_x^0 \\ \varepsilon_y^0 \\ \omega_1 \\ \omega_2 \\ \chi_x \\ \chi_y \\ \tau_2 \end{Bmatrix} - \begin{Bmatrix} N_x^T+N_x^c \\ N_y^T+N_y^c \\ N_{yx}^T+N_{yx}^c \\ M_x^T+M_x^c \\ M_y^T+M_y^c \\ M_{yx}^T+M_{yx}^c \\ M_{xy}^T+M_{xy}^c \end{Bmatrix} + \begin{Bmatrix} \dfrac{T_{120}}{R} \\ \dfrac{1}{R}\left(T_{220}-\dfrac{T_{221}}{R}+\dfrac{T_{222}}{R^2}-\dfrac{T_{223}}{R^3}\right) \\ \dfrac{1}{R}\left(T_{260}-\dfrac{T_{261}}{R}+\dfrac{T_{262}}{R^2}-\dfrac{T_{263}}{R^3}\right) \\ \dfrac{T_{121}}{R} \\ \dfrac{1}{R}\left(T_{221}-\dfrac{T_{222}}{R}+\dfrac{T_{223}}{R^2}-\dfrac{T_{224}}{R^3}\right) \\ \dfrac{1}{R}\left(T_{261}-\dfrac{T_{262}}{R}+\dfrac{T_{263}}{R^2}-\dfrac{T_{264}}{R^3}\right) \\ \dfrac{T_{161}}{R} \end{Bmatrix} \tag{9-28}$$

其中:

$$T_{ijm}=\int_{-h/2}^{h/2}\overline{Q_{ij}}f(z)z^m\mathrm{d}z \tag{9-29}$$

式(9-28)和式(9-29)中,N_{ij},M_{ij} 是轴力和弯矩分量;N_{ij}^T 和 M_{ij}^T 是热膨胀引起的分量;N_{ij}^c 和 M_{ij}^c 是化学收缩引起的分量;ε_x^0,ε_y^0,ω_1,ω_2 是柱壳中面的应变分量;χ_x,χ_y,τ_2 是与曲率相关的分量;R 为曲率半径;$\overline{Q_{ij}}$ 是整体坐标系材料的刚度矩阵;$f(z)$ 是热膨胀对厚度影响的函数;z 为 z 轴方向;$[\boldsymbol{K}]$ 是总刚度矩阵,较为复杂,可见参考文献[4]。

该模型较为全面地考虑铺层形式、R 角半径、构件厚度及化学收缩等因素对固化变形的影响,而且可以根据固化过程中的材料物理属性变化,不断更新刚度矩阵,线性叠加后得到固化后的残余应力和变形。但是,该模型仍然没有考虑模具对固化变形的影响。

9.3.1.3 基于材料力学理论的计算模型

该模型主要用于分析模具导致的固化变形。在热压罐固化压力的作用下复合材料构件紧贴在模具表面,升温过程中,具有不同热膨胀系数的模具与复合材料之间产生剪切应力,模具承受压应力而构件将承受拉应力,如图9.4所示。

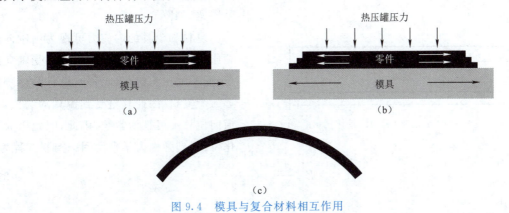

图 9.4 模具与复合材料相互作用

通过研究,学者认为模具与复材界面的界面摩擦剪力是影响固化变形的主要因素。Melo提出,模具与复材界面的摩擦剪力对固化变形有影响,靠近模具型面的复材第一层和第二层间的摩擦剪力对固化变形也有影响。后来,Flanagan在此基础上又补充了四条假设:

(1) 复材层间的摩擦系数小于复材与模具界面的摩擦系数;

(2) 复材内部层间剪力只出现在第一层和第二层之间,不在厚度方向形成应力梯度,因此,截面弯矩只由第一层和第二层间的剪力决定;

(3) 忽略固化过程中的模量和界面摩擦力变化;

(4) 对于单向带铺层的复材构件,认为每层热膨胀系数都一样。

基于上述假设,Flanagan建立了一个针对单向铺层层合板翘曲的固化变形计算公式:

$$W_{max} = \frac{2 \cdot \tau_{net} \cdot L^3}{E \cdot t^2} \tag{9-30}$$

式中,W_{max}为翘曲变形的最大值;τ_{net}剪力净值 $\tau_{net} = \tau_1 - \tau_2$,其中 τ_1 为模具与复材界面摩擦剪力,τ_2 为复材平板内部第一层和第二层间的摩擦剪力;L 为复材平板的长度;E 为复材平板长度方向的弹性模量;t 为复材平板厚度。

通过该模型可以发现最大的翘曲值和长度 L 的3次方成正比,和厚度 t 平方的倒数成正比,说明构件越长翘曲越大,构件越厚翘曲越小。

该模型比较简单,也有一定合理性,但是使用时需要提前确定剪力 τ_{net} 的值。将式(9-30)改写为:

$$\tau_{net} = \frac{W_{max} \cdot E \cdot t^2}{2L^3} \tag{9-31}$$

然后通过基准实验,测定任意一个构件固化的最大翘曲 W_{max}。由于构件的长度 L、厚度 t 和模量 E 是已知的,因此将这些量代入式(9-31),可以求得剪力 τ_{net}。然后再代入式(9-30),就可以计算任意厚度和长度材料在相同条件下的翘曲值了。

9.3.1.4 基于弹性力学理论的计算模型(一)

Rahim 和 Arafath 利用弹性力学平面层合悬臂梁理论,求得了层合板固化变形级数形式的封闭解,该封闭解可以考虑模具对复材变形的作用。将复材与模具视为一个双层平面悬臂梁,如图 9.5 所示。

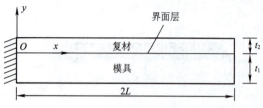

图 9.5 层合板和模具作用示意

复材和模具的内应力可视为由轴向热膨胀不协调引起的,因此,构件只受轴向载荷,而不受横向载荷。另外,模具整体刚度远大于复材,因此复材受到模具的约束,其横向位移 v 可视为常数,因此,问题极大简化,可得到弹性力学平面问题控制方程为:

$$E_{xx}\frac{\partial \bar{u}}{\partial x^2}+G_{xy}\frac{\partial \bar{u}}{\partial y^2}=0 \tag{9-32}$$

其中:

$$\bar{u}=u-\boldsymbol{\varepsilon}^{\mathrm{T}}\boldsymbol{x} \tag{9-33}$$

利用分离变量法求解控制方程(9-32),可得级数形式的通解:

$$\begin{cases} u_i = \sum_{n=1}^{\infty}\{D_{in}\sin(k_n x)\cosh[\beta_{in}(y+t_i)]\}+\boldsymbol{\varepsilon}^{\mathrm{T}}\boldsymbol{x} \\ \sigma_i = \sum_{n=1}^{\infty}\{E_i D_{in}k_n\cos(k_n x)\cosh[\beta_{in}(y+t_i)]\} \\ \tau_i = \sum_{n=1}^{\infty}\{G_i D_{in}\beta_{in}\sin(k_n x)\sinh[\beta_{in}(y+t_i)]\} \end{cases} \tag{9-34}$$

式中,$i=1$ 代表模具层的通解;$i=2$ 代表复材层的通解。

式(9-33)、式(9-34)中,u_i 为轴向位移分量;σ_i 为正应力分量;τ_i 为剪应力分量;E_{xx} 为杨氏模量;G_{xy} 为剪切模量;ε^{T} 为热膨胀引起的轴向应变;t_i 为厚度;D_{in} 为待定系数。

得到通解后,根据边界条件得到问题的特解,可分为两种情况考虑:

(1)模具与复材构件紧密结合,界面为理想界面,则:

$$u_1=u_2, \tau_1=\tau_2(y=0) \tag{9-35}$$

(2)模具与复材间为非理想界面,有剪切滑移发生,可假设界面层的剪切模量为 G_s,界面层厚度为 t_s,则:

$$\tau_0=G_s\frac{(u_2^0-u_1^0)}{t_s}(y=0) \tag{9-36}$$

式中,u_1^0 和 u_2^0 为界面处的位移。

对于不同铺层的复材,可以将复材层 t_2 分成更多的子层,分别计算每一层的等效模量,然后利用理想界面条件,用类似的方法求得各位移和应力分量。Rahim 将固化过程分为 6 个阶段,每个阶段使用相应的模量和热膨胀系属性参数,然后进行线性叠加,得固化后的解。

但是,上述解仍然不是问题的最终解,因为我们要考虑的是脱模后残余应力对复材产生的变形,因此,还需要提取复材横截面的正应力 σ_2,对截面积分得到弯矩,然后再计算出复材的惯性矩,最后依据材料力学公式得到复材的变形。

9.3.1.5 基于弹性力学理论的计算模型(二)

Rahim 和 Arafath 接下来又建立了极坐标下柱壳固化变形的弹性力学模型,得到了问题的级数形式的封闭解。建模过程与模型四类似,只是将图 9.5 所示的悬臂梁视为极坐标体系下的曲梁,得到该问题的控制方程为:

$$\frac{E_{\theta\theta}}{r^2}\frac{\partial^2 \bar{u}}{\partial \theta^2}+G_{r\theta}\frac{\partial^2 \bar{u}}{\partial r^2}+\frac{G_{r\theta}}{r}\frac{\partial \bar{u}}{\partial r}-\frac{G_{r\theta}}{r^2}\bar{u}=0 \tag{9-37}$$

利用分离变量法得到问题级数形式的通解:

$$\begin{cases} u_i = \sum_{n=1}^{\infty}\{D_{in}\sin(k_n\theta)[\lambda_{in}\cosh(\lambda_{in}\ln(r/R_i))+\sinh(\lambda_{in}\ln(r/R_i))]\}+\varepsilon_{i\theta}^T r\theta \\ \sigma_{i\theta\theta} = \sum_{n=1}^{\infty}\left\{E_i D_{in}k_n\cos(k_n\theta)\frac{[\lambda_{in}\cosh(\lambda_{in}\ln(r/R_i))+\sinh(\lambda_{in}\ln(r/R_i))]}{r}\right\} \\ \tau_{ir\theta} = \sum_{n=1}^{\infty}G_i D_{in}(\lambda_{1n}^2-1)\sin(k_n\theta)\frac{\sinh(\lambda_{in}\ln(r/R_i))}{r} \end{cases} \tag{9-38}$$

式中,i 为复合材料铺层编号,$i=1$ 代表模具层的通解;$i=2$ 代表复材层的通解。

u_i 为切向位移分量;$\sigma_{i\theta\theta}$ 为切向应力分量;$\tau_{ir\theta}$ 为剪应力分量;$E_{\theta\theta}$ 为杨氏模量;$G_{r\theta}$ 为剪切模量;$\varepsilon_{i\theta}^T$ 为热膨胀引起的轴向应变;R_i 为半径;D_{in} 为待定系数。然后利用理想情况下的界面条件:

$$u_1=u_2, \tau_{1r\theta}=\tau_{2r\theta} \tag{9-39}$$

并结合悬臂梁的边界条件,可以求得 D_{in} 的值,得到问题的特解。

同理,对于不同铺层的复材,可以将复材层 t_2 分成更多的子层,分别计算每一层的等效模量后,依据模型四的步骤,求得复材的回弹变形值。

以上介绍的计算模型,分别可以计算层合板与柱壳的翘曲变形和回弹。但是,不同的理论模型,分别基于不同的假设条件下,因而有局限性,见表 9.1。

表 9.1 不同理论模型的适用范围

	层合板		柱壳		固化过程	残余应力	转角半径	铺层	模具
	薄	厚	薄	厚					
模型一(Nelson)	—	—	√	×	×	×	×	×	×
模型一(Wisnom 修正)	—	—	√	×	×	×	√	×	×
模型二(Jain)	—	—	√	—	×	×	√	√	×
模型三(Flanagan)	√	×	×	×	×	×	×	√	√
模型四(Rahim)	√	√	×	×	—	—	×	√	√
模型五(Rahim)	—	—	√	√	—	—	√	√	√

注:"√"表示可以考虑这种情况;"×"表示不能考虑这种情况;"—"表示不适用于这种情况。

一般情况下,理论模型大多都是针对二维问题提出的,无法求解复杂的三维问题,限制了其在工程中的应用,因而将不同的固化变形理论模型同有限元求解技术相结合,成为了大势所趋。

9.3.2 复合材料结构固化变形仿真预测技术

随着有限差分法、有限元法等数值求解技术的发展,对于多变量,结构复杂的零件求解成为可能。一般情况下,理论模型假设零件温度场是均匀分布的,但是在实际生产过程中,零件的温度场往往是非均匀的,这种非均匀性是由模具工装摆放位置、热压罐或烘箱空间大小而决定的。因而,要准确分析实际生产中的零件固化变形,首先必须对零件固化的温度场分布进行计算,然后再将温度场施加在零件上进行固化回弹变形的计算,接下来得到零件的回弹值,最后根据零件的回弹值对模具进行型面补偿。

9.3.2.1 流场与温度场虚拟仿真技术

关于流场和温度场的数值计算软件,目前市面上已经形成了多款通用的流场模拟和仿真软件,利用这些软件能够比较方便地建立热压罐流场模型和结果输出,例如 Fluent、CFX、ESI-CFD ACE+等,这里以法国 ESI 公司的 CFD ACE+软件为例进行介绍。图 9.6 为一个有效空间直径 1 m、长度 2 m 的小型热压罐结构。

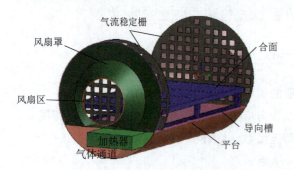

图 9.6 热压罐几何结构

要计算热压罐内的温度场分布,实际上就是要分析热压罐内的流场分布情况,首先要基于有限差分法将热压罐内的流场空间离散成空间网格,以用于流场计算,热压罐内部空间网格,如图 9.7 所示。

相应地,可以将热压罐流场计算的相应参数,如钢材、复合材料、空气的密度、比热容和热传导系数等材料信息输入软件,需要注意的是,热压罐内用于气体对流的风扇参数见表 9.2。

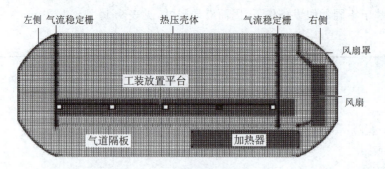

图 9.7 热压罐网格划分示意

表 9.2 风扇参数

几何位置	风扇法向	风扇功率	风机半径	转轴半径
风扇中心坐标为 (2197,0,0)	(1,0,0)	11.2 kW	203.2 mm	20.6 mm

这里以一个三维 C 型梁为例，考虑了两种不同的摆放方式对间温度场的影响，位置 1 是模具长度方向顺着气流，位置 2 是模具长度方向垂直于气流方向，如图 9.8 所示。

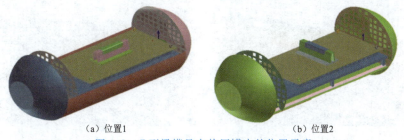

(a) 位置1　　　　　　　　　　(b) 位置2

图 9.8　C 型梁模具在热压罐中的位置示意

为了进行比较精确的流场及传热分析，对 C 型梁及模具进行网格剖分时都采用实体单元划分网格，如图 9.9 所示。

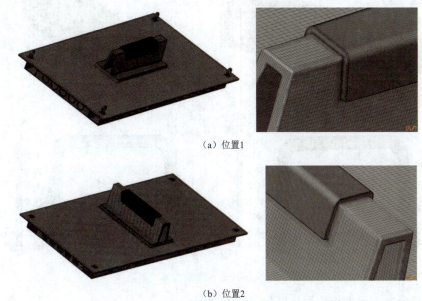

(a) 位置1

(b) 位置2

图 9.9　C 型梁及模具的网格细化

通过计算，得到两种不同摆放姿态稳态流场速度矢量图，如图 9.10 所示。

对比两种放置方法可以看出，当 C 型梁及工装顺着气流方向放置时，热压罐中的流场分布比较均匀，从速度矢量图中可以看出基本上没有涡流形成，热空气能够十分平滑的流过零件表面区域，零件整体受热会比较均匀。而垂直流场方向放置时，由于 C 型梁和工装的高度较高，靠近罐门侧的缘条对流场有阻挡作用，在罐门侧缘条低端形成一个涡流，意味着热空气在这一区域产生回旋，导致温度会高于其他区域。两个零件表面和截面上的温度分布，如图 9.11 所示。

由于摆放方向不同，热压罐气流在位置 2 摆放姿态中更容易吹在零件上，因此，位置 2 摆放的 C 型梁结构的温度场不均匀分布。同时，上表面的温度明显低于其他位置，因此，在实际零件制造时采取位置 1 的摆放方式，能够降低零件受热的不均匀性，从而减小零件由于受热不均带来的固化回弹变形。

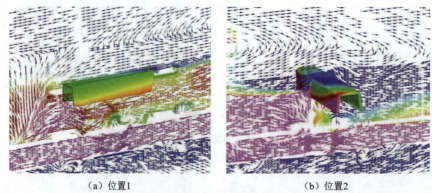

(a) 位置1　　　　　　　　　　　　　(b) 位置2

图 9.10　热压罐中的流速云分布云图及速度矢量

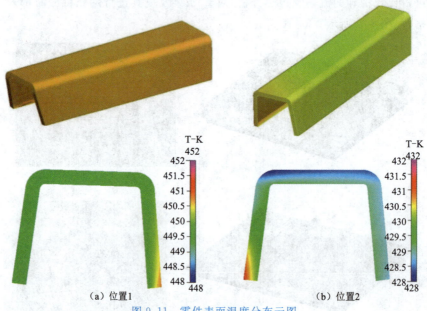

(a) 位置1　　　　　　　　　　　　　(b) 位置2

图 9.11　零件表面温度分布云图

9.3.2.2　复合材料典型结构固化变形有限元计算

通过温度场分析得到，C 型梁沿罐长度方向（位置 1）摆放，具有更好的温度均匀性，这里依据上面得到的温度场分布，采取有限元方式进行零件的固化回弹变形计算，这里仍然采用 ESI 公司的软件 PAM-DISTORSION 进行计算。

为了更加准确描述 C 型梁的边界条件，这里考虑模具热传导对复材零件温度场和固化变形的影响。首先，对 C 型梁和模具进行建模、划分实体网格和零件的铺层设置，如图 9.12 所示。

然后，在软件中输入复合材料计算需要的每个铺层的力学参数和树脂固化参数。最后，对模型施加上节计算得到的温度场参数，提交计算。

通过计算，可以得到固化过程中，复材结构内部发生固化反应时的温度场，如图 9.13 所示。

如图 9.13 所示，C 型梁结构内部的温度变化，随着固化过程中环境温度的升高，复合材料制件本身也会随之升温，但是表面温度稍高于中心温度。图 9.14 显示了零件和模具截面的温度情况。

图 9.12　模具和 C 型梁结构和网格划分

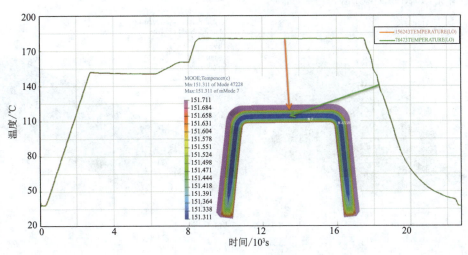

图 9.13　C 型梁内温度场分布

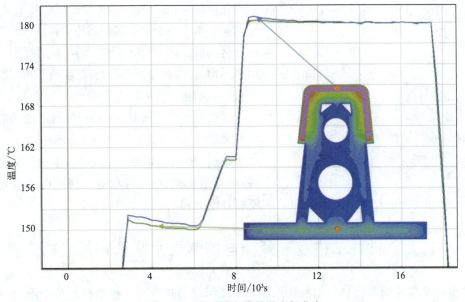

图 9.14　C 型梁和模具温度场分布

从计算结果中可以看出,模具具有良好的导热性,在制造过程中模具表面及内部几乎没有明显的温度梯度出现,另外,由于复材零件存在固化反应放热,导致的零件的温度高于模具的温度。

通过复材内部的温度场随时间的变化,可得到相应的零件固化度分布,依据固化度的分布,根据固化度和应力应变的本构关系,可以求解固化后结构内部的残余应力,脱模前零件的和模具的变形情况,如图 9.15 所示。

由图 9.15 可以看出,当固化完成脱模前,制件发生向内收口变形的趋势,主要表现在四个角引起的向内收口趋势较为明显。接下来将模具的约束去除,可以得到脱模后零件的回弹变形情况,如图 9.16 所示。

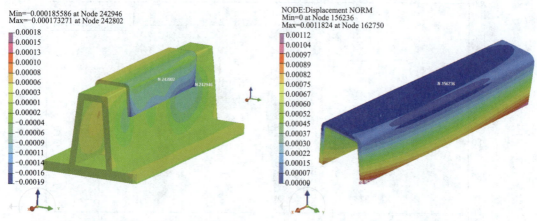

图 9.15 脱模前制件与模具相对变形趋势   图 9.16 C 型梁脱模后变形云图

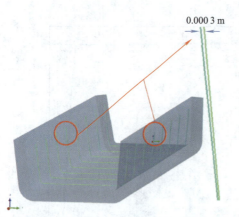

图 9.17 C 型梁不同截面的回弹值提取

由图 9.16 可以发现,脱模后缘条与腹板间呈现收口变形趋势,但是缘条四个角的回弹变形量较大,这主要是由于四个角位置的热传导特性好于中间部位,固化过程与中间部位产生差异,从而导致缘条的回弹不均匀,因此也可以看出,温度的不均匀性对复合材料的固化回弹有较大影响。

提取 C 型梁不同截面的回弹数据,依据该数据可以对成型模具进行型面的补偿设计,如图 9.17 所示。

最后,根据提取的截面数据,通过 3D 建模软件,可以生成相应的曲面,通过该曲面即可以得到需要补偿的模具型面数据。

9.4 复合材料结构变形预测与控制技术在航空航天的应用

本节将简要介绍复合材料结构变形仿真预测与控制技术在飞机结构回弹预测与控制中的应用案例,包括平尾的前缘 C 型缓冲结构、后机身壁板结构以及中央翼梁结构等。

9.4.1 平尾前缘固化变形及控制

平尾前缘为 C 型截面结构,最外层为铝蒙皮,然后是四层复合材料织物铺层,中间存在变厚度的蜂窝结构,蜂窝外包裹着四层复合材料织物铺层,整体结构根据共固化工艺成型。

针对结构特点,对平尾前缘结果进行模型简化处理。最外层的铝蒙皮与四层复合材料织物铺层考虑使用实体单元建模,其中外层的实体单元,设置了五层铺层(最外层 1 层铝蒙皮,其次四层复合材料织物铺层),各铺层间单元采用共节点形式处理,具体模型如图 9.18 所示。

局部有限元模型细化,如图 9.19 所示。

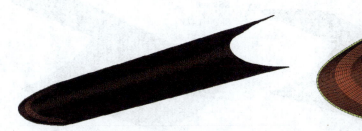

图 9.18　平尾前缘有限元模型　　　　图 9.19　模型局部放大

平尾前缘是一个多种材料复合的层合结构,不同层的材料参数见表 9.3、表 9.4。

表 9.3　材料力学性能参数

材料	牌号	弹性模量/GPa			泊松比	剪切模量/GPa			单层厚度/mm
		E_{11}	E_{22}	E_{33}	v_{12}	G_{12}	G_{13}	G_{23}	
铝合金	6061 T62	68.9			0.33				1.016
蜂窝芯子	HRH—10/O X—3/16-3.0	117			0.3	41.38	41.38	20.69	
玻璃纤维织物	Cycom 7701 7781	25.9	23.5	23.5	0.131	3.32			0.241

表 9.4　材料热膨胀性能参数

热膨胀系数	α_1	α_2	α_3
铝合金		23.6×10^{-6}(20~100 ℃)	
玻璃纤维织物	13.94×10^{-6}(25~50 ℃) 10.43×10^{-6}(50~80 ℃)	13.94×10^{-6}(25~50 ℃) 10.43×10^{-6}(50~80 ℃)	61×10^{-6}(25~50 ℃) 79.71×10^{-6}(50~80 ℃)
蜂窝芯子	1.94×10^{-5}	1.94×10^{-5}	1.94E-05

通过有限元计算,得到平尾前缘回弹变形的结果,如图 9.20 所示。

由计算结果可以发现,平尾前缘两个自由端变形量最大,且均向外侧(贴模面)扩展。根据计算结果,对回弹角进行提取。平尾前缘结构非中心对称结构,考虑提取两端的回弹角作

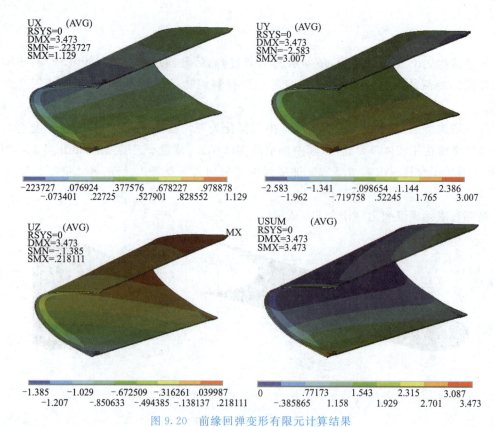

图 9.20　前缘回弹变形有限元计算结果

为结构的变形表征,根据示意图提取回弹角,如图 9.21 所示。

平尾前缘在自由端两侧对角处出现最大变形量,分别为 2.6 mm 和 3.0 mm,对应左侧回弹角为 0.81°,右侧回弹角为 0.73°。然后基于左右两端的回弹角,对模具延长度方向进行线性的回弹补偿。

9.4.2　后机身壁板变形应用案例

本案例介绍带有牺牲层复杂加筋壁板类结构,主要研究牺牲层材料特性对结构变形的影响趋势,对壁板结构牺牲层的选取与壁板变形控制起到指导性的作用。

大型客机机身后壁板为复合材料制造,采用共固化工艺制造,壁板分为蒙皮、长桁及牺牲层三部分,如图 9.22 所示。

图 9.22 中紫色区域为牺牲层,目的在于方便机加部分牺牲层与其连接的垂尾部件进行装配。但是由于牺牲层采用的玻璃纤维材料与零件本体碳纤维材料的特性不一致,可能会导致结构额外的变形。另外,长桁与壁板采用共固化的连接方式,在计算模型中必须将长桁与壁板进行共结点处理,如图 9.23 所示。

通过计算得到,当无牺牲层时,壁板 a 点测得的变形最大为 8.97 mm,而有牺牲层时 a 点得到变形量为 48.96 mm。结构变形情况如图 9.24 所示。

第9章 复合材料结构回弹变形预测与控制技术 | 241

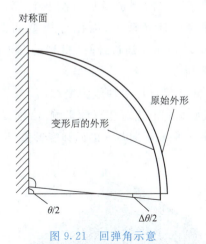

图 9.21 回弹角示意

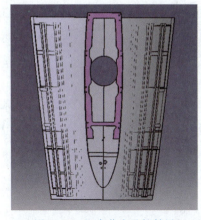

图 9.22 机身蒙皮及牺牲层

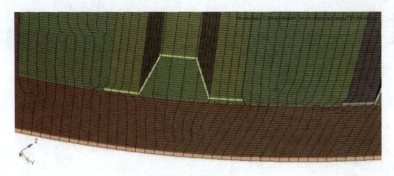

图 9.23 长桁连接处网格划分

通过计算可以发现,未加牺牲层时,由于结构自身的曲率特点,壁板变形呈现收口回弹趋势,而当添加牺牲层后,壁板的收口变形趋势更加剧烈,这说明牺牲层进一步加大了结构的制造变形,对于结构的变形有不利的影响,因此,在牺牲层的选取上还需要进一步进行材料优化。

本案例中的壁板的计算变形趋势与实际检测情况是一致的,因此,在后续牺牲层结构的优化过程中,可以进一步应用仿真计算方法,对结构改进提供依据。

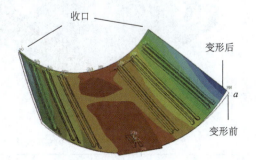

图 9.24 后机身壁板变形

9.4.3 中央翼后梁变形应用案例

中央翼后梁具有大厚度和变截面等结构特点。该应用案例主要考察大厚度及变截面等结构特点引起固化回弹变形问题,中央翼后梁的几何模型如图 9.25 所示。

梁正式件腹板长 3 m,高度 0.8 m。最厚部位 13.89 mm,最薄部位 9.82 mm。铺层厚度过渡区长 0.1 m。由于中央翼后梁尺寸大、制造难度高,在后梁正式件制造之前,先开

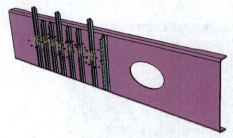

图 9.25　中央翼后梁结构

展梁缩比件的制造及回弹变形计算,以积累经验并验证计算模型,缩比件模型如图 9.26 和图 9.27 所示。通过计算,得到的变形结果如图 9.28 所示。

由于缩比件沿轴线为变截面,为了更好考察变截面结构形式对变形的影响,沿轴线方向每隔 50 mm,提取不同截面的回弹变形值,见表 9.5。

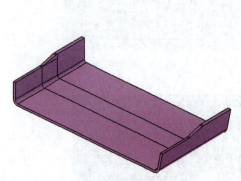

图 9.26　后梁缩比件几何模型

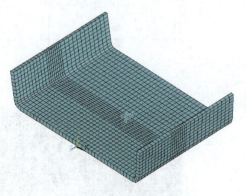

图 9.27　后梁缩比件有限元模型

注:变形显示尺寸放大10倍

图 9.28　后梁缩比件的变形

表 9.5　六个截面位置的回弹角计算结果

位置	回弹角度(°)	
	a 角/(°)	b 角/(°)
截面 1	92.00	99.12
截面 2	91.99	99.10
截面 3	91.98	99.10
截面 4	91.98	99.09
截面 5	91.96	99.07
截面 6	91.97	99.06

由表 9.5 可以发现,不同截面位置的变形情况是不同的,由于 a 部位与 b 部位腹板缘条夹角不同,对回弹变形值也带来了影响。针对缩比件制作试验件,如图 9.29 所示。

通过与检测结果比较,可以得到以下结论:

(1) 变形预测的趋势正确;

(2) 预测的变形数值略偏大于实测的变形数值,偏差在工程误差 10% 左右,可以满足工程要求。

分析结果显示,该仿真计算可以较为有效地计算变截面梁的变形,与试验结果吻合较好,可以为中央翼后梁全尺寸件制造与变形控制工作提供相应指导。

图 9.29 缩比试验件

9.5 复合材料结构变形预测与控制技术发展前景预测

随着有限元等数值计算方法及相应仿真软件的发展,使用虚拟仿真方法全过程预测大型复杂复合材料结构的固化变形是必然的发展趋势。另外,随着试验技术的不断发展,针对复合材料固化过程的在线监测手段也不断地丰富,比如固化时零件内部的温度、压力和应变已经有相应的实时监测方法,如果将这些过程监测数据和数值仿真过程数据相结合,则可以极大提升固化变形仿真计算的准确性。最后,考虑如何优化目前复合材料零部件的开发流程,将固化变形工作有机融入日常零件的研发和生产的质量保证体系中,建立相应开发制度推动固化变形控制技术的发展和应用。

9.5.1 基于制造全流程的复材零件固化回弹虚拟仿真

目前,法国 ESI 公司、德国西门子公司、加拿大 C.M.T 公司都在固化变形的虚拟仿真计算领域推出了商用软件,另外还有一些科研机构和专业公司自主开发了固化变形的本构模型,通过二次开发,将本构模型嵌入 Ansys、Abaqus 和 MSC.Marc 等大型通用有限元软件,形成固化变形的解决方案。

目前,这类仿真软件和二次开发程序,在科研领域使用较多,在工程领域有一些成功案例,但是总体上的应用成熟度还不高。主要是由于以下几方面问题:

(1) 固化变形残余应力的生成机制非常复杂,与树脂性质的相关性极强,建立的本构模型可能只是适用于某些树脂体系,而树脂型号繁多,可能导致理论求解不准确。

(2) 固化变形属于强非线性问题,固化过程中树脂相变的数学描述复杂,故其本构模型是强非线性的。另外,复材零件和模具、透气毡、隔离膜等材料与零件相接触,其热传导、摩擦等边界条件是非线性的。这类强非线性问题的准确求解难度极大。

(3) 固化变形这类强非线性数值求解时,在结构的有限元网格离散时必须减小单元尺寸,才才能取得较为准确的结果,但是较小的单元尺寸会带来巨大的计算量,对软硬件能力带来巨大挑战。

(4)基于全流程固化变形模拟中的数据传递问题。例如,实际生产过程中,零件固化的实际温度场是不均匀的,要模拟计算这种不均匀对固化变形影响,必须要通过流体仿真计算。而在结构模型较为复杂的情况下,将流体仿真计算的温度结果施加到结构仿真计算的模型上作为边界条件,这就需要两种软件之间有合适的数据接口,对不同类型软件的协同求解提出了较高的要求。

固化变形问题是和零件的生产制造工艺强相关的实践性问题,理论模型并不能完全反应所有影响固化变形的因素,比如,针对液体成型工艺和热压罐工艺,目前使用的固化变形理论模型并没有区别,但是实际上两种工艺导致的固化变形值是不同的,这说明理论模型还需要大量的试验数据进行修正和完善。另外,复合材料树脂体系复杂,要进行准确的仿真计算,还需要进行大量的材料参数测试。为了解决这一问题,一些优秀的专业软件将材料数据库集成进了软件,极大方便了工程师的调用,节省了材料测试成本,图 9.30 为某款专业软件自带的材料数据库。

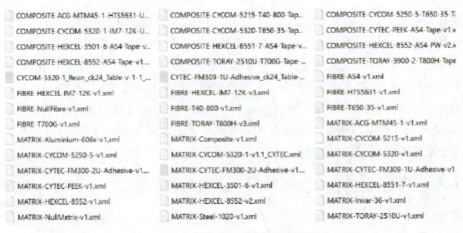

图 9.30 专业软件自带的材料数据库

一般情况下,这些专业软件都是科研机构依托实际的工程项目发展而来,在此基础上建立的本构理论模型、经验修正公式和积累的试验数据都非常实用。但是这些机构开发的专业软件和程序在用户体验方面往往不尽人意,尤其在求解复杂结构时,软件 GUI 操作界面互动体验、图形细节的显示、场数据的加载和传递、以及求解器的求解效率和精度方面,同大型通用软件相比都有局限性。

随着复合材料结构的使用越来越广泛,针对固化变形求解的需求越来越多,很多大型通用仿真软件公司也纷纷开发出关于复合材料固化变形求解模块或软件。由于这些软件公司在大型温度场/流场分析、复合材料结构铺层设计、有限元网格划分和耦合场的非线性求解方面,都是成熟的商业软件,因而,在目前这些公司纷纷推出平台化解决方案的今天,将这些软件程序有机结合,发展出一套全流程固化变形求解软件系统成为了可能。所谓的全流程是指,从结构铺层设计、到模具整体造型、再到罐内固化的温度场分布、接下来到基于上述温度场的固化变形计算、最后到模具型面补偿,在软件平台内实现模型、材料参数、求解结果等数据的无缝交互式调用。全流程的固化变形仿真系统示意图,如图9.31所示。

图9.31所示的这样一套全流程固化变形仿真系统,可以极大提高复合材料计算的效率,直接调用材料数模和热分布的仿真结果,省去工程师的重复劳动,且将固化回弹变形控制工作融入了复合材料标准开发流程中。另外,图中的右侧单独列出在进行固化变形求解时,需要调用相关材料数据库和实验数据库对结果进行修正,这也就是专业软件的优势所在,只有将专业软件和固化仿真变形的系统相结合,才能得到工程真正可以应用的结果,是未来的发展方向。

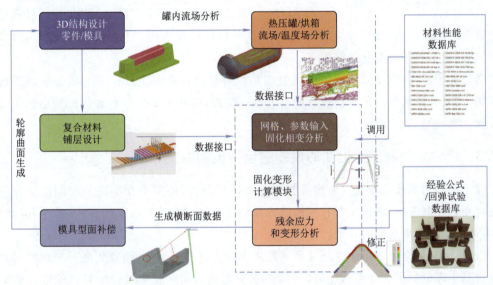

图9.31 全流程固化变形仿真系统

9.5.2 复合材料零件固化状态的在线监测系统

复合材料零件在固化成型时,材料内部发生复杂的相变反应,加强复合材料固化过程中温度、压力、应变等参数的在线监测,对固化过程进行数字化描述,不但可以有效提高复合材料零件的制造工艺水平,而且可以对虚拟仿真的过程进行修正,从而进一步加强固化变形预测的准确性。因而,建立一套复合材料零件固化过程数据的在线监测系统是非常必要的。

首先,基于热电偶监测复合材料固化过程中的温度变化已经非常成熟,通过热电偶收集的实时温度数据已经作为判断零件质量的一个重要指标。同时,通过收集到的温度信息可以对仿真过程中的零件温度场分布进行修正,进一步提高温度边界条件的准确性。

其次,关于复合材料内部应变的监测,可以使用光纤光栅技术,实时反应零件内部的应变变化情况,通过应变判断零件的内部应力发展情况。光纤最初被用作传输信号,其传输原理是光波在光纤界面内沿轴线传播。光导纤维波长变化可反映外界物理量的改变,进而将光纤发展为一种传感器,目前应用较多的光纤传感器有:光纤光栅传感器(FBG)(见图9.32)、Michelson干涉光纤传感器(SOFO)、分布式光纤光栅传感系统(BOTDA/R)。其中,

图 9.32 光纤光栅应变传感器

FBG 传感器是一种波长调制型传感器,光栅周期与纤芯有效折射率是影响波长的两个因素,波长的改变可以反映外界变化。

最后,关于复合材料内部的压力情况监测,可以使用"毛细管压力传感器"而实现。该传感器基于帕斯卡定律,即密封的液体压强能够大小不变、均匀地传递至周围各个方向。传感器包含一根极细的中空金属管,金属管连接至传感器一端的储油腔。使用时,通过储油腔在金属管中通入硅油,然后将金属细管伸至复合材料铺层内部,当复合材料内部压力变化时,传感器就会将压力变化侦测出来。

通过关于温度、应变和压力的在线监测系统对复合材料固化过程中的状态参数进行实时采集,对复合材料的固化过程进行精确数字化描述,有利于复合材料固化过程虚拟仿真的计算修正和改进。

9.5.3 复合材料零件固化变形控制的运行机制建设

除了虚拟仿真计算和在线监测等技术能力的提升外,还需要在零件开发制度上充分重视固化变形控制工作,将该工作有机地融入零件开发的全流程和质量体系中,各个部门协同工作,才能达到事半功倍的效果。

众所周知,复合材料零部件开发是一件成本极为高昂的工作,而固化变形的预测与控制不仅仅基于理论的仿真计算的能力,还需要基于大量的实际制造过程中对试验数据的有效采集、准确传递和妥善保存。针对一个复合材料零部件的固化变形计算,往往需要十几个甚至是几十个材料数据的测试和采集,另外关于回弹数据的标定和修正也需要制造相应的典型零件进行采集。我们不可能为了一个零件的开发,将以上工作每次都重复进行,这样的开发周期和成本是无法承担的。那么这就促使我们在日常各类生产和研发活动中,形成这样一套数据的收集机制,促进生产和研发团队在各类工作中开展有计划的数据收集活动。并且这套机制需要受到工作流程和质量体系的监督,以保证数据测试与收集过程的有效性。只有这样才能将固化变形控制试验数据库建立的成本降到最低,试验数据变成有源之水,不断积累。

另外,在零件模具的开发上,也需要充分考虑固化变形工作的特点,建立一套有效的模具开发审核机制。目前零件的开发过程,主要基于零件原始数模在不同工序间的传递而建立的,比如,零件模具型面、机加夹具、尺寸检具都是基于零件原始模型进行设计、加工和验收的。在这一过程中,模具初次加工时,多数情况并没有考虑零件制造回弹变形的问题,只有当零件制造完成发现固化回弹变形量太大,无法满足尺寸精度时,才再次被动进行模具型面的调整。而在初始的模具制造图纸签核时,可能并没有考虑零件发生固化变形回弹所需要的模具型面补偿。这样就导致零件制造成本增加和质量风险。图 9.33 为目前复合材料零件开发的一般流程。

由图 9.33 可以看出,目前在零件的开发流程中,模具关于型面的设计、制造和评审都是基于原始数模的,国内很多厂家在模具开发流程中根本没有考虑固化回弹导致的模具型面偏差问题,对于一些小型零件的开发,模型型面的补偿加工成本不高、加工周期不长,使用试错法进行模具型面补偿没有太大问题。但是针对一些大型高质量复合材料零件,比如大型飞机零部件,上述开发流程的弊端就会放大,可能会严重影响零件的开发成本和周期。由于目前很多复合材料模具的开发流程中,没有关于固化变形工作的具体融合机制,因此,固化回弹模具补偿数据发放的责任风险也无法认定,只有在真正出现无法弥补的尺寸问题后,才能再次讨论确定修模方案。

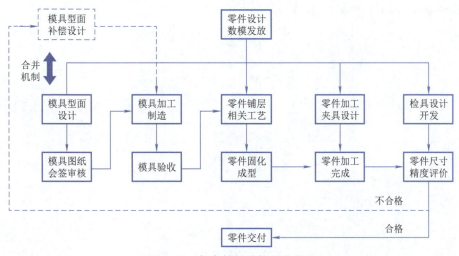

图 9.33 复合材料零件开发流程

因此,建立一套固化变形数据库积累机制和模具补偿的责任机制,是今后开展固化变形工作必须要重点考虑的,从零件开发制度的角度为固化变形的预测和控制工作进行支持。

参考文献

[1] NELSON R H, CAIRNS D S. Prediction of dimensional changes in composite laminates during cure[J]. Proceedings of Tomorrow's Materials: Today Society for the Advancement of Material and Process Engineering, 1989: 2397-2410.

[2] RADFORD D W, DIEFENDORF R J. Shape instabilities in composites resulting from laminate anisotropy[J]. Journal of Reinforced Plastics and Composites, 1993(12): 58-75.

[3] WISNOM M R, POTTER K D. Shear-lag Analysis of the Effect of Thickness on Spring-in of Curved Composites[J]. Journal of Composite Materials, 2007 41: 1311-1324.

[4] JAIN L K, MAI Y W. Stress and deformations induced during manufacturing. Part I: Theoretical Analysis of Composite Cylinders and Shells[J]. Journal of composite materials, 1997, 31: 672-695.

[5] 28 JAIN L K, LUTTON B G, MAI Y W, et al. Stress and deformations induced during manufacturing. Part Ⅱ: A study of the spring-in phenomenon[J]. Journal of composite materials, 1997, 31:

696-719.

[6] MELO J D, RADFORD D W. Modeling manufacturing distortions in flat symmetric, Composite laminates[J]. 31st International Technical Conference,1999:592-603.

[7] FLANAGAN R. The dimensional stability of composite laminates and structures[D]. PhD Thesis, Queen's University of Belfast,1997.

[8] RAHIM A,ARAFATH A,VAZIRI R,POURSARTIP A. Closed-form solution for process-induced stresses and deformation of a composite part cured on a solid tool: Part I-Flat geometries[J]. Composites:Part A,2009,39:1106-1117.

[9] RAHIM A,ARAFATH A,VAZIRI R,POURSARTIP A. Closed-form solution for process-induced stresses and deformation of a composite part cured on a solid tool: Part II-Curved geometries[J]. Composites:Part A,2009,40:1545-1557.

第 10 章 先进复合材料结构加工技术

航空航天复合材料结构件大多采用热压罐成型技术制造,但难以达到装配要求的形位精度,必须通过加工才能控制装配精度。同时,复合材料结构件的装配离不开结构的连接,而机械连接仍是主要的连接方法。因此,复合材料结构件应用过程中必须经历铣削与钻孔加工工序以满足装配与连接要求,且二次机械加工量极大,例如,美国 F-22 战机仅机翼复合材料就需 14 000 个精密孔。因此,铣削与钻削是复合材料结构件应用过程中必不可少的关键工序。

与其他金属材料结构件相比,复合材料结构件加工量更小,但加工难度更大、成本更高、价值更昂贵、影响更严重。由于复合材料具有硬度高、导热性差、非均质性、各向异性、层间强度低等特点,在加工中,容易产生分层、表面剥离、毛刺、树脂融化、纤维崩缺等问题,始终困扰着制造现场,因此复合材料是一种很难高质量加工的材料,并且纤维的高硬度使得刀具磨损快、刀具寿命短。同时,复合材料结构件的加工精度和表面质量对其使用性能、可靠性和使用寿命等会产生重要影响。在加工时任何质量问题都会形成工件的缺陷,导致零件报废,据统计飞机在最后组装时,制孔不合格率要占全部复合材料结构件报废率的 60% 以上。因此,随着复合材料的迅速发展和日益广泛的应用,加工技术作为先进复合材料构件的制造过程一个必不可少的重要环节,从事相关研究的国内外单位也在逐渐增多。复合材料的加工试验研究始于 20 世纪 80 年代初,Koplev 等最早开展复合材料切削方面的研究工作。许多国家的大学、科研机构及复合材料加工企业都开展了这方面的研究,尤其是世界上几大飞机制造公司如波音、空客等公司在复合材料加工方面的研究工作开展的较早,并已应用到实际生产中。

本章首先论述复合材料的传统加工与特种加工技术,传统加工技术主要有铣削、钻削、车削等,特种加工技术主要有磨料水射流技术与激光加工技术;并论述传统加工与特种加工中的常用装备;然后论述复合材料加工技术国内外最近的研究进展以及在航空航天复合材料结构件中的应用;最后,对复合材料结构加工技术发展前景进行了初步的预测。

10.1 复合材料结构加工技术与装备

10.1.1 传统加工技术与装备

由于复合材料可加工性取决于所使用的加工工艺类型,本节将分别介绍主要的传统加工(铣削、钻削、车削和磨削等)技术以及常用的加工装备。

10.1.1.1 铣削

复合材料结构件的最终形状都必须通过加工获得,因此铣削是制造复合材料结构件最常用的加工方法之一。与以高材料去除率为特征的金属铣削不同,复合材料铣削加工的去除量较低。其原因在于复合材料结构件为近净成型零件,后续铣削主要用于修边、去除毛刺以及实现轮廓形状精度。铣削时通常不止一个切削刃参与切削,增加了纤维方向、切屑尺寸和切削力随刀具旋转而连续变化的复杂性。

1. 铣削加工中的纤维切削角 θ

图 10.1(a)、图 10.1(b)为复合材料的逆铣示意,图 10.1(c)、图 10.1(d)为顺铣示意图,与正交切削相比,使用旋转刀具(例如铣削、钻孔和磨削)进行切削时纤维切削角 θ 不是恒定的,而是随切削刃旋转位置连续变化。在铣削和磨削中,切屑厚度也随切削刃位置而变化。如图 10.1(a)复合材料逆铣所示,对于纤维方向角 $\psi < 90°$ 的单向层压板,切削刃位置由接触角 ϕ 表示,未变形切屑厚度随 $\sin\phi$ 变化,因此在切削刀具出口处具有最大值。在当前的切削刃位置,纤维受到拉伸和弯曲应力,从切削速度矢量顺时针测量纤维切削角 θ。那么对于图 10.1(a)中的情况和 $\phi \leqslant \psi$,则

$$\theta = \psi - \phi \quad \phi \leqslant \psi \tag{10-1}$$

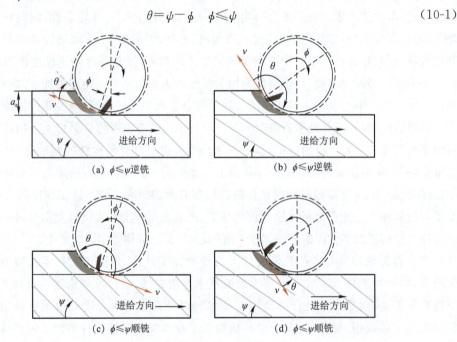

图 10.1 铣削时的纤维切削角

随着接触角增加到与纤维方向一致时,$\phi = \psi$,纤维切削角变为零。随着接触角度的进一步增加,如图 10.1(b)所示,$\phi > \psi$ 纤维将受到压缩和弯曲。这种情况下的纤维切削角为

$$\theta = \pi + (\psi - \phi) \quad \phi \leqslant \psi \tag{10-2}$$

同理,对于顺铣[图 10.1(c)、图 10.1(d)],则有:

$$\theta = \begin{cases} \pi + (\psi - \phi) & \phi \leqslant \psi \\ \phi - \psi & \phi \leqslant \psi \end{cases} \tag{10-3}$$

由于纤维切削角和相关的切屑形成模式的这种连续演变,瞬时切削力(频率和大小)也随切削刃位置的变化而变化;未变形切屑厚度的变化也会影响切削力的大小。已加工表面

的质量,逆铣时取决于切削刃切入时的纤维切削角,顺铣时取决于切削刃切出时的纤维切削角。由于这两个位置的 $\phi=0$,加工表面的质量逆铣时是 ψ 的函数,顺铣时是 $(\pi-\psi)$ 的函数。

2. 切削力

铣削和修边中的切削力主要取决于纤维方向角和未变形切屑厚度,两者都是切削接触角的函数,如图 10.1 所示。铣削时,由于纤维切削角的连续变化时,切削刃承受循环载荷;进给方向切削力 F_f 和垂直于进给方向切削力 F_n 都随切削刃位置而变化;最大载荷和波动程度明显随着纤维切削角而变化。当纤维切削角为 135°时,由于纤维被压缩剪切而严重弯曲,产生了最高的切削力和最大的波动幅度;当纤维切削角为 45°时,切削力最小;而纤维切削角为 90°时,力的波动幅度最小。

为了更好地理解切削力与切削刃位置之间的关系,将切削力向切向和径向方向上分解为主切削力 F_c 和推力 F_t,如图 10.2 所示,则:

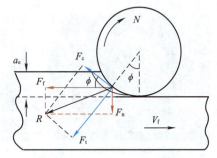

图 10.2 逆铣时切削力分布

$$F_c = F_f \cos\phi - F_n \sin\phi$$
$$F_f = F_f \sin\phi + F_n \cos\phi$$
(10-4)

在刀具切入时,接触角 ϕ 和切屑厚度 a_c 均等于零,因此切削力为零。另外,刀具切入时的纤维切削角等于纤维方向角。随着刀具接触角度的增加,切屑厚度也增加,导致切削力增加。对于均质材料,切削力的变化将遵循正弦函数。然而,对于单向复合材料,纤维切削角随着接触角而变化,切削力也相应地改变。切削力随切屑厚度和纤维切削角的变化而改变。切屑厚度和纤维切削角对主切削力和推力的综合和同时作用导致了力信号与通常正弦波形的偏差。

3. 加工质量

加工表面质量通常以表面形貌和表面完整性为特征,表面完整性描述了加工后表面层的物理和化学变化,包括纤维拉出、纤维断裂、分层、基体去除和基体熔融或分解。表面形貌和完整性均取决于工艺和工件特性,例如切削速度、进给速度、纤维类型和含量、纤维方向以及基体类型和含量。加工部件的可靠性,主要取决于加工产生的表面质量。加工表面形貌可能会极大地影响部件的强度和化学特性。因此,有必要对加工表面质量进行表征和量化。

铣削加工质量由表面粗糙度和表面完整性决定,复合材料表面完整性包括表面机械损伤、热损伤以及表面分层。表面粗糙度受进给速度、切削速度、刀尖圆弧半径和刀具磨损的影响;通常随着进给速度的增加而增加,进给速度是决定表面粗糙度的最重要因素。

切削参数对加工表面形貌的影响如图 10.3 所示,从图中可以看出,在构成碳纤维复合材料(CFRP)加工表面的各向纤维层断面中,纤维切削角为 135°时的纤维层破坏最为严重,随机分布大量因纤维束折断或拔出而形成的微坑,如图 10.3(a)所示。当切削参数变化时,微坑几何特征的改变最为明显。主轴转速增大时,微坑的数量增加但深度变浅,且加工表面树脂涂覆增多,如图 10.3(b)所示。这是由于高转速时切削速度大,135°纤维层被快速挤压并切断,且每次切削的纤维量较少,变形量较小,导致形成的微坑多而浅。同时,较高的主轴转速导致切削液不能较好进入切削区域,引起散热不良,树脂软化并涂覆在加工表面。当进给速度增大时,135°纤维层的破坏逐渐加重,微坑由浅而小变为深而广,如图10.3(c)所示。这是由于进给速度增大时刀具每齿切削的纤维量增多,纤维变形量增大,故微坑加深变广。此外,随着进给速度增大,散热和排屑条件变得更好,加工表面树脂涂覆也随之减少,层间分界更加清晰。

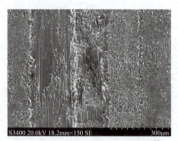
(a) 4 000 r/min~1 800 mm/min 下的加工表面

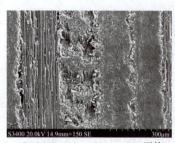
(b) 8 000 r/min~1 800 mm/min 下的加工表面

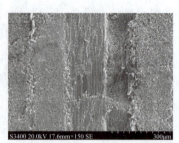
(c) 8 000 r/min~2 600 mm/min 下的加工表面

图 10.3　不同参数下加工表面的电镜照片

10.1.1.2　钻孔

钻孔、扩孔和铰孔通常是复合材料结构件连接和装配必备的工艺过程,尽管钻孔工艺应用广泛,仍然是最具挑战性的加工方法。需要考虑的关键问题包括钻削热、刀具磨损和分层。纤维和基体的导热性差会使切削区域的热量积累,并且产生的大部分热量必须通过刀具传出。由于钻孔过程中产生的热量受切削速度和进给速度的影响,为避免复合材料的热损伤,仅在有限的工艺参数范围内加工。在某些情况下,可以使用经批准的冷却液,以降低切削温度并控制加工粉尘。此外,纤维和基体之间的不同热膨胀系数使得钻孔尺寸精度难以保证。钻孔后孔可能会收缩,导致装配公差较大。而且增强纤维会导致切削刃严重磨损;切削刃的磨损反过来增加了轴向力;而轴向力是影响分层的最主要因素。

1. 钻孔加工中的纤维切削角 θ

钻削中的纤维切削角 θ 类似于铣削中的关系,图10.4显示了双刃钻头的纤维切削角,材料去除主要由主切削刃执行,横刃也有助于材料去除过程,但程度要小得多。通常在单向复合材料钻孔的分析中测量纤维切削角,其大小随切削刃的旋转位置而变化;如图10.4所示,当切削刃与纤维方向平行时,切削刃角位置为零。此时切削速度矢量垂直于纤维,纤维切削角为90°。随着切削刃角的增加,当其等于90°时,纤维切削角减小并达到零;这类似于铣削 $\phi=90°$ 的层压板。通过图10.4还可得知,在钻削时的任一时刻,钻头的两个切削刃

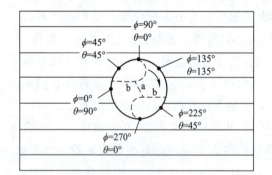

图 10.4　钻削时的纤维切削角
a—横刃;b—主切削刃

都具有相同的纤维切削角,故两个切削刃在钻削过程中切削行为是相同的。

2. 轴向力和扭矩

因为切屑形成过程是由不同前角和切削速度的多个切削刃共同作用的结果,钻孔机制较为复杂。钻孔中产生的切削力分解为轴向力(沿进给方向)和扭矩。两个主切削刃去除了大部分材料,从而影响钻削扭矩和轴向力。横刃具有较大的负前角;在横刃中心小的区域中,通过挤压作用去除材料;远离这个中心区域,横刃通过正交切削去除非常薄的切屑。因此,横刃是影响轴向力的主要因素。在单向复合材料钻孔中,由于纤维切削角的循环变化,切削力循环变化。

轴向力和扭矩的循环与纤维切削角密切相关:当旋转角度为 90°(纤维切削角 $\theta=0°$)时,轴向力达到最大值;随后轴向力急剧下降,在旋转角度为 135°(纤维切削角 $\theta=135°$)时,轴向力值最小。随着旋转角度继续增加,轴向力在旋转角度为 270°附近逐渐增加到最大值,对应于第二主切削刃的作用位置。钻孔过程中轴向力与正交切削轴向力的偏差是由钻孔过程的复杂性和横刃切削作用的影响引起的。

扭矩 M 是由作用在主切削刃上的切向切削力引起的,其值由切向切削力大小和钻头直径决定:

$$M = 2F_c \frac{r}{2} = F_c \frac{d}{2} \tag{10-5}$$

式中,F_c 是主切削刃上的切向切削力;r 是钻头半径;d 是钻头直径。这里假设 F_c 是等效切削力,作用在未变形切屑中心区域切向切削力以及横刃宽度可忽略不计。

当旋转角度为 0°(纤维切削角 $\theta=90°$),扭矩达到最大值。随后扭矩减小,当旋转角度大约为 135°时,扭矩值最小。扭矩最大值两侧曲线斜率的不同是由于纤维切削角小于或大于 90°切削力的不同形成机制引起的,即由不同的切屑形成模式引起的。

在钻孔开始时,横刃穿透层压板,这使得轴向力迅速上升。由于横刃处的切削力较小以及这些力接近钻头中心,扭矩缓慢上升。随着主切削刃进入层压板,扭矩开始迅速增加。在钻头完全钻入层压板期间,轴向力逐渐下降。这可能是由于钻孔产生的加热导致的基体软化和孔深度增加时支撑钻孔点的层压材料的抗弯刚度增加的结果。当钻头从层压板中钻出时,轴向力和扭矩迅速减小。当钻头完全从层压板中钻出时,轴向力降为零,但由于钻头的螺旋槽仍然在工件中,扭矩并非零值。

钻削轴向力和扭矩受切削速度、进给速度和钻头结构的影响。轴向力和扭矩随着进给速度增加而显著增加,切削速度对轴向力和扭矩的影响不显著。顶角的增加导致轴向力的增加和扭矩的减小,扭矩的减小与主切削刃上的每点处前角随着顶角的增加而增加相关。在 AS4 碳纤维/PEEK 热塑性复合材料钻孔中,最佳的顶角为 118°,而在 T300/5208 CFRP 钻孔中,顶角的影响微不足道。在正常进给速度下,横刃占总轴向力的 40%~60%。进给速度和钻头直径对轴向力和扭矩的综合影响比任何一个参数的单独效应更为显著。

3. 钻削温度

复合材料钻孔过程中产生的热量与金属钻孔时的热量分布不同;在金属切削中,热量大部分被切屑带走;在复合材料钻孔时,产生的热量大量进入工件和刀具中,工件和刀具材料的导热率严重影响热量的传递。在相同条件下,在CFRP中观察到比在玻璃纤维复合材料(GFRP)或芳纶纤维复合材料(KFRP)中更小的温度梯度。钻孔中的切削温度很大程度上取决于切削速度和进给速度,切削速度的上限受工件材料热损伤限制。钻孔中产生的温度可达到聚合物基体的熔化或分解温度。表面温度随着切削速度的增加而增加,即使切削速度对钻削力没有显著影响,但在恒定进给时提高切削速度会导致摩擦过程产生更多热量,并且通过刀具散热的时间更短。相比切削速度和深度,进给速度对表面温度的影响大不相同。在低切削速度和浅孔时,表面温度随着进给速度的增加而降低。其主要原因是进给速度越高,切削时间越短,因此后刀面温度的上升越低。对于深孔和高切削速度,进给速度的增加导致表面温度的增加,这是深孔和更高的切削速度为切削刀具和热源之间的接触提供了更多时间,从而超越了进给速度的影响。

4. 加工质量

钻孔加工质量主要包括分层损伤程度、表面粗糙度、孔壁质量和圆度表征。分层是复合材料钻削时的固有问题,由于层间结合强度低,钻孔进给运动和轴向力会导致复合材料分层。此外,不同的钻尖结构在分层响应方面表现不同。分层在结构件层间留下裂纹,这可能导致其机械性能的降低。孔表面粗糙度受到孔周围纤维切削角的影响。如前所述,切屑形成机理和表面粗糙度严重依赖于纤维切削角。孔壁质量、圆度和尺寸精度受分层、刀具磨损和切削温度的影响。由于纤维热胀系数的各向异性以及聚合物基体和纤维之间热胀系数的差异,可导致残余应力和孔径尺寸变化。

分层的开始和分层损坏的程度受到若干工艺参数的影响,例如进给速度、主轴转速、钻头直径、钻尖结构和刀具材料。由于进给速度对轴向力有直接影响,因此它是影响分层的最重要参数;分层通常随着进给速度和切削速度的增加而增加。

随着刀具磨损的增加,轴向力随之增加,分层损伤变得更加突出。分层损伤和磨损之间的强相关性显而易见。钻头的磨损随着钻孔的数量而增加,导致分层严重。同时,随着切削速度的增加,分层变得更加严重。

孔壁表面粗糙度很大程度上取决于纤维切削角,最大表面粗糙度出现在135°和315°的切削刃位置,这与纤维切削角$\theta=135°$相对应。在该纤维切削角下,纤维受压缩和弯曲加载,并且由于压缩剪切而失效。弯曲的纤维在切削刃通过后回弹,这产生更高的表面粗糙度。在该纤维切削角下,切向力和所产生的扭矩也达到最大值。表面粗糙度受切削速度的轻微影响,并随进给速度的增加而略有上升。

10.1.1.3 车削

与铣削或钻孔工艺相比,车削加工并非复合材料的主要加工方法。然而复合材料轴对称零件必须通过车削加工获得精加工表面,车削已成为高精度零件和高精度连接部位精加工的重要工艺,掌握复合材料结构件在车削中的可加工性,有助于复合材料的车削加工。本节从刀具磨损、切削力、切削温度和表面质量方面叙述了复合材料在车削中的可加工性,纤维类型、取向和体积分数是影响可加工性的最重要的材料特性。

1. 车削加工中的纤维切削角 θ

在车削过程中,切削刃相对于工件的切削速度矢量始终与切削圆在垂直于旋转轴线的平面内相切,如图 10.5 所示。因此,纤维切削角取决于制造复合材料圆柱形部件的纤维放置方式。对于由帘布层或胶带叠层生产的零件,如图 10.5(a) 所示,纤维铺设在平行平面中,平行平面也与旋转轴平行。每个帘布层的末端形成一个弦长,其长度取决于帘布层平面与旋转轴的距离。对于该平面中沿横向延伸的纤维,纤维切削角等于圆周角(或其补角,取决于弦的位置):

$$\theta = \begin{cases} \varphi & \text{弦的左端} \\ \pi - \varphi & \text{弦的右端} \end{cases} \tag{10-6}$$

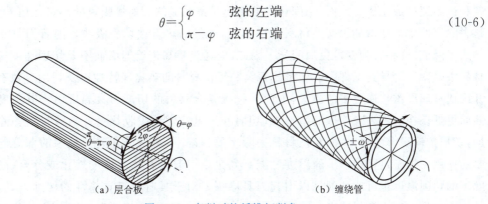

(a) 层合板　　　　　　　　　(b) 缠绕管

图 10.5　车削时的纤维切削角

其中 φ 是圆周角。对于沿纵向铺层的纤维,纤维切削角始终为 90°。在螺旋形纤维缠绕管中,如图 10.5(b) 所示,纤维沿着与轴线成角度 ω 的方向缠绕。对于圆柱形管,沿着螺旋方向任何点处的缠绕角度是相同的。因此,螺旋缠绕的圆柱形管的纤维切削角与缠绕角互补:

$$\theta = 90° - \omega \tag{10-7}$$

2. 切削力

在加工复合材料时,切削力呈现周期性的波动。波动源于切削刀具重复切削纤维和基体,产生了大小不同的切削力。由于工件的连续转动,切削力的周期性来自纤维切削角相对于切削速度矢量的周期性变化。切削力通常随着进给速度和切削深度的增加而增加。在所有不同类型的复合材料中,切削力对切削速度的依赖性不一致。当加工 GFRP 和 CFRP 时,主切削力随着切削速度的增加而减小。An 等的实验研究进一步支持了这些结果,并表明在使用不同的刀具材料和结构加工 GFRP 时切削速度仅仅略微影响切削力。然而,Ramulu 等发现,切削力随着切削速度的增加而增加。

切削力随切削速度的变化被认为与切削温度有关:在低切削速度下,切削温度不足以引起聚合物黏合剂的软化或熔化,并且干摩擦占主导地位;在临界速度上,切削温度导致切削区域中基体材料的熔化,从而降低切削力。

在加工 GFRP 时,尤其是在大进给速度下,聚晶金刚石(polycrystalline diamond,PCD)刀具的切削力低于硬质合金 K15 的切削力。这主要是因为 PCD 与 GFRP 之间的摩擦阻力较低以及 PCD 切削刃的稳定性较好。

3. 切削温度

切削过程中产生的热量通过切削刀具、切屑和工件消散。忽略切屑带走的热量和制造新表面所花费的能量,热量相当于由切削速度和切削力 F_c 乘积确定的功率

$$P_m = vF_c = Q_t + Q_c + Q_w \tag{10-8}$$

式中,P_m 为切削功率;Q_t 为进入刀具的热量;Q_c 为切屑带走的热量;Q_w 为进入刀具的热量。

当复合材料旋转时,前刀面和后刀面都处于摩擦状态,因此产生的热量主要随着切削速度而增加。切削温度也受切削深度、进给速度、刀具和工件材料的影响。切削温度与切削深度和进给速度成正比。然而,切削速度的影响是最明显的。切屑吸收的热量比值 Q_c 随着材料去除率的增加而增加。在高材料去除率下,大量的热量被切屑吸收。随着刀具和工件的导热率降低,这种行为变得更加明显。因此,应通过提高进给速度而不是切削速度来获得高材料去除率。传导到工件中的热量与刀具和工件材料的热物理特性以及切削参数有关。碳纤维比玻璃纤维传递更多的热量,因此碳纤维复合材料的切削刀具温度由于其更高的导热性而更低。在材料去除率低的情况下,切屑和刀具均匀地吸收热量。随着材料去除率的增加,切屑传输更多的热量,而在低材料去除率的情况下,热量传导到刀具中的部分起着更重要的作用。加工过程中产生的温度可能高到足以引起聚合物基体的熔化或分解;高切削速度下的切削温度也可能高到足以引起刀具磨损。对于具有较高导热性的切削刀具,切削刀具温度通常较低。切削速度存在临界速度,超过该速度,切削温度随速度的增加率变得非常高。随着导热系数的增加,这种临界速度向更高的切削速度移动。这解释了 PCD 刀具在高切削速度下表现良好的优异性能。当以低于临界速度的切削速度加工时,复合材料的可加工性得到极大改善。

4. 加工质量

图 10.6 显示了加工单向 GFRP 时纤维切削角对表面粗糙度的影响,其中纤维垂直于工件轴线。工件表面形貌取决于纤维切削角,这与圆周角 φ 直接相关。在圆周角 $\varphi=0°$ 时,纤维平行于切削速度矢量,即纤维切削角 $\theta=0°$(或 $180°$)。随着 φ 增加到 π,纤维切削角根据关系 $\theta=\pi-\varphi$ 而减小。如图 10.6 所示,圆周角 $\varphi>\pi$ 的进一步增加导致纤维切削角 $\theta=2\pi-\varphi$ 减小,表面粗糙度大致遵循正弦形状,在圆周角 $45°$ 和 $225°$ 处具有最大值,两者都对应纤维切削角 $135°$;表面粗糙度在圆周角 $135°$ 和 $315°$ 处最低,均对应于纤维切削角 $45°$。

表面粗糙度随纤维切削角度变化的这种现象与切屑形成模式密切相关,在纤维切削角 $45°$ 时,纤维受到轻微的

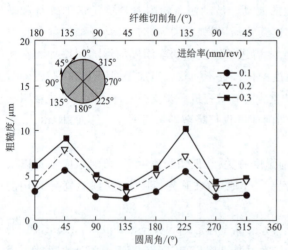

图 10.6 在不同进给速率下加工层压管时表面粗糙度随圆周位置的变化

弯曲和拉伸载荷,这导致纤维在张力下断裂并导致很少的表面下分层。在纤维切削角 135° 时,纤维受到严重的弯曲和压缩载荷,这导致纤维在压缩剪切中断裂。在这种切屑形成模式中发生显著的表面下分层和纤维开裂。表面粗糙度也随着进给速度的增加而增加,但是在更高的进给速度下纤维切削角的影响更大。

当加工纤维缠绕管时,观察到类似的表面粗糙度随纤维切削角度变化的现象。加工缠绕角 0°的纤维管时,可获得最佳的表面质量。表面粗糙度随着缠绕角度的增加而增加。对于 CFRP,最大表面粗糙度是在 75°的缠绕角度下获得的。GFRP 的最大表面粗糙度约出现在缠绕角度为 60°处。CFRP 的表面粗糙度通常低于 GFRP,这是由于碳纤维的导热性较高以及纤维与基体之间的粘合力较高。两种材料的表面粗糙度随着进给速度的增加而增加。对于 GFRP 和小缠绕角度,进给速度的影响更大。此外,与进给速度和卷绕角度的影响相比,切削速度对表面粗糙度的影响是微不足道的。对玻璃纤维缠绕管,进给速度是影响表面粗糙度的最重要因素,其次是切削速度、切削深度和缠绕角度,进给速度和切削深度之间的相互作用是最重要的。通过降低切削速度,进给速度和切削深度可以获得更好的表面粗糙度。加工表面的典型缺陷包括基体碎裂和小凹坑(脆性热固性材料)、纤维断裂、纤维拉出、裂纹、分层和基体材料的涂覆(热塑性塑料)。影响表面损伤的因素包括纤维切削角、进给速度、切削速度和纤维材料。纤维切削角的影响是显而易见的,因为它控制切屑形成模式和随后可能导致的分层。基体损伤也随着纤维切削角的增加而增加。切削速度主要影响切削温度,进而影响基体。如果局部温度超过基体的分解或熔化温度,则可能发生热固性基体的燃烧或热塑性塑料的熔化。碳纤维的较高导热率是一个缺点,因为它增加了传导到工件的热量部分,因此增加了热损伤。由于切削力可能超过纤维和基体之间的黏合强度,使得纤维剥离(分层)或通过基体部分的膨胀除去。由过度的切削力引起的层压板的横向加载产生基体的膨胀,并且在纤维/基体界面处产生层间裂纹。刀具磨损和不合适的切削参数会导致热、机械损伤,从而产生各种加工缺陷。

10.1.1.4 磨削和磨粒加工

传统的铣削、钻孔和车削通常会引入次表面损伤,减小损伤的有效方法是使用砂轮和磨料刀具。磨削和磨粒加工通过附着在刚性基体上小硬质颗粒的运动作用去除材料;硬质颗粒通常是氧化铝、碳化硅、立方氮化硼或金刚石磨粒。磨削是一个主要的制造过程,并受到学术界的广泛关注。相反,磨粒加工是一种相对较新的做法,很少受到关注。然而,在许多情况下,磨削和磨粒加工之间的相似性足以弥合知识上的差距并促进从磨削到磨粒加工的经验转移。磨削与磨粒加工两个过程之间的差异主要体现三个加工参数中:切削深度、砂轮或刀具直径(以及产生的速度)和工件进给速度。表 10.1 列出了磨削和磨粒加工的一些常见参数范围。平面磨削切削深度通常为 $10\sim50~\mu m$;典型的磨削速度为 1 800 m/min,但在某些情况下磨削速度可达 7 000 m/min;工件速度比磨削速度慢得多,比值为 $1/200\sim1/100$。与砂轮相比,磨料刀具直径小,并且用于材料去除量大的场合;磨削速度和工件进给量相对较低,但磨削深度较高。因此,磨粒加工的单颗磨粒切厚相当大,材料去除率更高,表面粗糙度高于磨削的表面粗糙度。

表 10.1　磨粒加工与磨削对比

参数范围	磨粒加工	磨削
砂轮直径/mm	6～25	～1 000
切削速度/(m·min^{-1})	100～500	1 500～5 000
工件进给速度/(m·min^{-1})	0.25～1.00	5.0～50.0
径向切深/mm	1.00～全刀宽	0.01～0.05
单颗磨粒切厚/μm	2.00～50	0.01～0.1
材料去除率/(cm^3·min^{-1})	10～100	1.00×10^{-5}～2.5×10^{-4}

1. 磨削

磨削是精加工工艺，切削深度与砂轮直径之比通常非常小(约为 0.000 1)，并且磨削速度通常远高于工件进给速度(典型的比值为 100～200)。因此，由每个磨粒去除的切屑尺寸非常小(小于纤维直径)，并且与其厚度相比，切屑的长度和曲率半径非常大。本质上，未变形切屑的形状几乎是三角形，并且每个磨粒在去除切屑时的作用类似于大前角的直线加工。此外，与铣削和磨粒加工相比，砂轮的接触角非常小，磨削时磨粒运动方向与纤维方向关系几乎是恒定的。因此，在给定层压板的磨削过程中，切屑形成机理和磨削力仅随切屑厚度而变化。由于切屑的尺寸小，比磨削力相对较高，并且由于滑动摩擦产生的温度较高。因此，必须在磨削中使用冷却剂以使材料加工温度低于聚合物基体玻璃化转变温度。

磨削力主要取决于层压板的切屑厚度和纤维切削角，对于给定的砂轮转速和工件进给速度，切屑厚度与砂轮切削深度成比例。随着纤维切削角从 0°增加到 60°，切向磨削力增加，然后随着纤维切削角的进一步增加而减小。法向磨削力表现出类似的行为，其中在纤维切削角大约 90°时法向力达到最大值。另一方面，正交切削的切向力在纤维切削角为 120°时达到最大值，而法向力在纤维切削角约 60°时达到最大值。对于相同的切削深度，多向层压板的磨削力略高于 60°层压板方向的最大磨削力，这可能是具有不同纤维切削角的层压板层间相互支撑更强并且提供更强的抗磨性。对于较小的纤维切削角，纤维因弯曲应力而屈曲断裂，屈曲纤维所需的力相对较小，此时切屑为长或短的纤维段。随着纤维切削角的增加，纤维由于拉伸和压缩剪切而受到拉伸载荷和断裂；这种断裂方式需要较大的力并产生含有小碎片纤维的粉状尘屑。纤维切削角的进一步增加使纤维严重弯曲并且由于弯曲应力而发生断裂并且断裂力变小。随着切削深度的增加，纤维切削角对磨削力的这种影响变得更加严重；在非常小的切削深度时纤维切削角对磨削力几乎无影响，这主要是因为在小切深时材料去除很可能由非切削机制(例如耕犁和滑擦)主导。

与正交切削相比，最大水平磨削力的位置有明显的变化；这种转变可能是由于前角的差异造成的。与正交切削中使用的 −20°前角相比，磨粒的前角非常大(>−60°)。考虑刀具前刀面与纤维之间的角度，可以更好地理解前角对纤维变形和断裂的影响。该角度被称为有效纤维切削角 θ_e，其对单向 GFRP 的正交切削中的切屑形成模式具有显著影响。有效纤维切削角 θ_e 定义为

$$\theta_e = 90° - \theta + \alpha \tag{10-9}$$

式中，θ 纤维切削角；α 为刀具前角。

实质上，使用 $-20°$ 前角刀具切削 $30°$ 单向层压板会产生与 $-40°$ 前角刀具切削 $10°$ 单向层压板相似的效果，因为在这两种情况下，有效纤维切削角为 $40°$，增加负前角的大小对于切屑形成具有类似的影响。切削深度对磨削力有显著影响，值得注意的是法向磨削力比切向磨削力高几个数量级（$3\sim4$ 倍）；随着切削深度的增加，法向力和水平力之间的差异变小。而正交切削中的法向力仅略高于切向力。

在磨削中几乎所有消耗的能量都转化为热量，由于磨削能比切削能异常高且磨削速度高，因此产生的热量高于磨粒加工和切削。热传导的时间也少得多，并且磨削的热条件可能接近绝热条件。工件表面上的温度通常很高，并且在某些条件下远远超过聚合物基体的玻璃化转变温度。如果没有正确地使用冷却剂，很可能导致工件表面烧伤。湿磨中的磨削温度远低于干磨中的磨削温度，这表明使用磨削液进行热传导的有效性。为防止聚合物基体发生热降解，应尽可能使用湿磨。磨削温度受切削速度的轻微影响，但进给速度的影响非常明显，特别是对于垂直于纤维的磨削；温度升高通常随着进给速度的增加而增加。

由于切屑尺寸小以及多个切削点同时作用，磨削表面粗糙度通常优于其他加工工艺，磨削中的表面粗糙度取决于纤维切削角和切削深度。磨削中的表面形貌受磨粒尺寸、切削深度和纤维切削角的影响。较细的磨粒在工件中嵌入较少并产生浅的磨痕。图 10.7 显示了使用 36♯ 的氧化铝砂轮磨削单向 CFRP 时的表面形貌。磨削方向平行于纤维方向时，表面形貌显示出与磨削方向平行的凹槽，宽槽是磨痕，窄槽是纤维脱落痕迹[图 10.7(a)]。加工边缘截面图可见沿着表面下方的纤维/基体界面分层，这是由沿界面的剪切力引起的，切屑中含有许多长纤维和短纤维，这表明纤维由于弯曲断裂从表面脱粘，在这种情况下切屑形成机制可能是屈曲诱导的断裂，聚合物基体涂覆在表面上，形成光滑表面的外观（纵向 $Ra=1~\mu m$）。横向测量的表面粗糙度略高于纵向。而且，表面粗糙度随着切削深度的增加而略微增加。

对于 $30°<\theta<120°$ 纤维切削角，其对表面粗糙度的影响较小，整体表面粗糙度低于切削角 $\theta=0°$ 时的粗糙度。在该纤维切削角范围内，切削机制从屈曲诱导断裂演变为拉伸载荷和在浅纤维切削角下的压缩剪切诱导断裂。随着纤维切削角的增加，压缩和断裂的载荷变化通过压缩剪切发生。图 10.7(b) 为纤维切削角为 $90°$ 时的加工表面形貌，在该纤维切削角范围内可获得最佳的表面粗糙度。表面形貌中存在浅坑，说明纤维断裂发生在略低于表面的位置。加工表面的横截面显示纤维的断裂表面是不规则的并且倾向于纤维方向，表明剪切失效。随着纤维切削角增加超过 $120°$，由于弯曲应力发生在加工表面下方并且几乎垂直于纤维方向，纤维严重弯曲后断裂，图 10.7(c) 显示了由此类断裂引起的加工表面下方的损伤穿透深度。对应于这种类型断裂的表面粗糙度最高并且对切削深度最敏感，表面粗糙度最大值发生在 $120°$ 的较小纤维切削角可能是由于磨粒的前角和滑动摩擦的影响。磨削中的前角远大于切削时的前角，并且较大的磨损平面与纤维接触，这导致在非常宽的纤维切削角范围内的屈曲模式。对于平行和垂直于纤维方向的磨削，表面粗糙度均随着进给速度的增加而增加，当平行于纤维进行磨削时，增加砂轮转速导致表面粗糙度降低，但在垂直于纤维磨

削时影响甚微。值得注意的是，正交切削表现出相似的表面粗糙度。

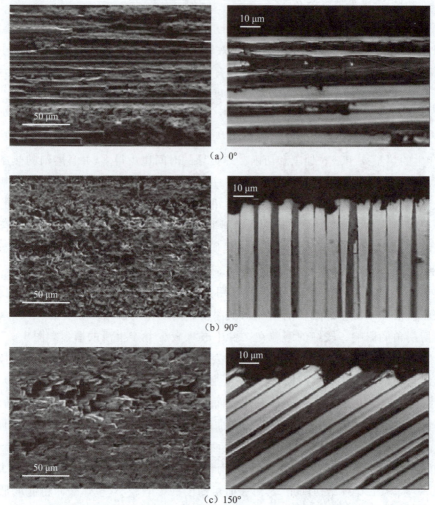

图 10.7　磨削表面形貌

2. 磨粒加工

磨粒加工主要用于复合材料结构件的边缘修整加工，主要的目的是消除分层和改善表面粗糙度。图 10.8 为用于复合材料修边加工的典型金刚石磨料刀具。

图 10.8　典型的磨粒加工刀具

磨料是各种尺寸的金刚石磨粒，通过金属黏合剂粘结在刀具基体上。30♯磨粒刀具用于粗加工，因为其具有大的金刚石磨粒和宽的磨粒间距，可以更好地处理切屑。80♯磨粒刀具具有更密集的小金刚石磨粒，更适合于精加工应用。采用电镀或钎焊可以将金刚石磨粒粘接到刀具基体上，单层金刚石磨粒通过金属黏合剂黏结到刀具上。电镀是将钢制刀柄浸入具有悬浮金刚石磨粒的镍镀液中，镍离子在金刚石磨粒之间的钢基体上积聚，将单层磨粒黏附到刀具表面，直到约50%～70%的金刚石磨粒被黏结基体覆盖。电镀刀具金刚石磨粒高密度，磨粒出露低，容屑空间小，易导致热量积聚和刀具快速磨损；电镀金刚石刀具的性能取决于金刚石的密度和在基体中黏结性能，金刚石分布可以是随机的或规则的，这种刀具适用于玻璃和碳纤维复合材料的修整。在钎焊工艺中，通过钎焊合金将金刚石磨粒焊接到基体上，钎焊可以更好地控制金刚石磨粒的密度和分布，磨粒出露高，容屑空间大。

磨粒加工的机制类似于多刃切削刀具进行边缘修剪，刀具上的每个磨粒都作为单点切削刃，具有较大的负前角，磨粒加工中的切削力显著大于使用端铣刀进行边缘修整的切削力。然而，切削力分布在许多小磨粒上，这些磨粒同时作用在切削中，每个单独磨粒对工件的影响被弱化，这样可以减少对工件的机械损伤并提高表面粗糙度。

由于磨粒在刀具周边上的任意分布和无规律的斜角切削，几乎不存在轴向力。磨粒加工中的磨削力取决于进给速度和磨粒尺寸。切削力通常随着进给速度的增加和磨粒尺寸的减小而增加（磨粒数量的增加），在保持切削速度和径向切削深度恒定的同时增加进给速度导致移除切屑所需的力成比例增加。细磨粒刀具具有更大的磨粒密度和更低的磨粒间隙，这导致更多数量的磨粒参与切削，并且每个单独磨粒的接触深度更大。而且，由于浅磨痕，摩擦力更高，这解释了125♯细磨粒切削刀具的切削力对进给速度的更高依赖性。对于两种切削刀具，法向力显著高于进给力。这是在小切深时加工复合材料的特征，因为摩擦力在切削模式中占主导地位。随着切削深度的增加，进给力变得高于法向力。

磨粒加工中的表面形貌由加工表面上的各个磨粒的加工痕迹产生，因此磨粒加工中的表面粗糙度主要取决于磨粒尺寸，并且不依赖于进给速度。加工表面有沿进给速度方向延伸平行的凹槽，凹槽的尺寸以及由此产生的表面形貌通常与磨粒尺寸相关。对于小切深和细磨粒刀具，进给速度似乎不会对表面粗糙度产生显著影响，同样对于细磨粒刀具，磨削方式对表面粗糙度没有影响。对于较大的切削深度和较大的磨粒尺寸，逆磨始终比顺磨产生更好的表面粗糙度。

两种不同进给速度下加工表面的形貌如图10.9所示，主要为沿切削方向延伸的凹槽。对于较小的进给速度，表面看起来更光滑，并且容易分辨层压板的不同铺层。加工表面的左右边缘都整齐地切削并且没有损坏。对于更高的进给速度，表面模糊和基体涂覆严重，不易

(a) 进给量0.254 m/min

(b) 进给量0.762 m/min

图10.9　CFRP多向层合板表面磨削形貌

分辨层压板的层间结构,并且工件左右边缘的损坏迹象明显。除了边缘损坏外,加工表面没有分层。表面粗糙度值低,加工表面质量好,磨粒加工优于铣削修边,适用于复合材料的精加工和粗加工。但是,必须注意确保正确处理切屑以减少刀具堵塞和摩擦热聚积。在大多数磨粒加工应用中,建议采用冷却液冲去切屑并冷却加工表面。

10.1.1.5 加工装备

加工金属材料零件通常需要考虑机床功率,但夹具相对简单。与此相反,复合材料结构件加工对机床功率的要求不高,但由于复合材料结构件大部分为薄壁件,为防止加工过程中产生振动和破损,需要采用专门定制的夹具紧密支撑工件。

1. 加工机床与机器人

由于复合材料结构件的尺寸在不断增加,结构越趋复杂,而尺寸公差却在减小,因此对机床也提出更高的要求。最基本的要求是机床与机器人具有大的加工行程,复合材料结构件通常很复杂,主轴头在零件周围移动和转动,涉及各种角度的加工。因此,复合材料结构件的轮廓形状一般需要用五轴联动机床加工或者多轴机器人加工。复合材料结构件具有非常低的热膨胀系数,因此机床应具有相同的尺寸稳定性。粉尘是复合材料加工必须解决的主要问题,加工复合材料产生的粉尘对操作人员与机床都有害,玻璃纤维、碳纤维和颗粒具有高度磨蚀性,这些粉尘很可能会渗透到机器部件之间的狭窄空间中并进入机器控制箱,导致滑道、滚珠丝杠和轴承磨损。碳纤维具有导电性,在机器控制器内印刷电路板上沉积碳纤维粉尘将导致短路,会对机床造成非常严重损坏。因此,必须用具备真空吸尘装置以及防尘罩。另外,应配备激光测量系统,实现复合材料结构件的在线检测,以确保复合材料结构件的准确性。图 10.10 与图 10.11 分别是用于复合材料加工的机床与机器人。在允许采用冷却液的场合,应采用冷却剂控制粉尘。

图 10.10 复合材料加工机床

图 10.11 复合材料加工机器人

2. 真空夹具

虽然复合材料结构件需要进行的加工可能比较简单——往往只需要钻削和修边,但用于支承这些零部件的夹具本身可能具有相当高的设计要求。事实上,加工复合材料零部件用的夹具可能需要不菲的工程投资。为了实现高质量净尺寸切削,保证工件不产生磨损、毛刺、分层及劈裂,就要求工件定位可靠,夹持牢固,不会发生振动。工件装夹要求是能够保持具有表面积大、形状复杂且壁薄的复合材料结构件在加工时不变形。因此,复合材料加工通常需要使用与工件外形精密贴合的真空吸附夹具。但设计一个可靠地保持复杂弯曲部件的真空吸附系统可能是复合材料加工工作中最困难和最昂贵的部分。选择机械夹紧装置的加工车间则通常会使用减振垫。图 10.12 为复合材料结构件加工的夹具系统。

图 10.12 复合材料加工夹具系统

10.1.2 特种加工技术与装备

随着对高性能复合材料的需求增加,更强、更刚与更硬的增强材料被引入先进的复合材料结构中,使得这些材料的二次加工变得越来越困难。由于复合材料不均匀性、各向异性、低导热性、热敏性和高磨蚀性,传统加工难以进行。传统加工纤维增强复合材料时易导致层间分层以及层内剥离。在某些情况下,即使采用金刚石切削刀具,传统加工也可能变得极其困难。在这种情况下,特种加工工艺可能成为加工难加工复合材料的可行且经济的方法。目前,用于复合材料的特种加工工艺主要有激光加工和磨料水射流加工,本节主要概述了激光加工和磨料水射流加工技术,其影响参数以及加工复合材料的可行性。

10.1.2.1 磨料水射流加工技术与装备

1. 复合材料磨料水射流加工技术

在磨料水射流加工中,粒状硅酸盐或类似材料与水混合,然后以极高的压力(通常约 400～700 MPa)以约 3 675 km/h(3 马赫)的速度发射。由于具有高线性切割速度(可达到传统切削的四倍)和没有热影响区等明显的优点,磨料水射流技术在工业中得到广泛应用。Hashish 通过切削加工与磨料水射流对比试验,认为磨料水射流适用于复合材料结构件加工。高达 2 400 m/min 切割速度可有效切割 CFRP 和 GFRP 结构件(6 mm 厚),这显著地提高了生产率。但磨料水射流加工也存在局限,在高切削速度下,可能无法实现无分层的稳态切削(存在切削磨损区);当切割含有芳族聚酰胺纤维的复合材料时,会发生纤维磨损,并且在某些情况下,吸湿会导致结构在外载下的分层。

图 10.13 显示了磨料水射流加工 0°、45°和 90°纤维方向表面的 SEM 显微图片,可见纤维之间不存在支撑基体。45°和 90°的纤维末端清楚地显示出剪切断裂的痕迹,树脂基体也

是剪切失效。还可以观察到纤维的微弯曲和断裂，特别是在射流出口附近。这表明，在单向复合材料的普通水射流加工中，断裂是材料去除的主要方式，当支撑纤维的基体被去除之后，纤维断裂，并且在不同深度处表面形貌无明显差异。在宏观尺度上，45°和90°层压板的加工表面存在磨料水射流侵蚀路径的条纹，45°层压板和喷射出口区附近的条纹更为明显，并且始终伴随着沿着纤维/基体界面严重的分层、纤维拉出和基体开裂，纤维束的拉出导致加工表面留下大的凹坑。但0°层压板没有发现条纹或大纤维束拉出，相反纤维出露是主要的磨损形式，具有锯齿形表面形貌，纤维出露是由作用在切口壁内暴露纤维上的高压喷射力引起的再加工现象。入射喷射压力使已经从基体破裂或部分解散的纤维脱落，在基体中形成凹坑。

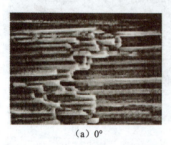 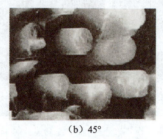 

(a) 0°　　　　　　　　　(b) 45°　　　　　　　　　(c) 90°

图 10.13　磨料水射流加工 CFRP 表面形貌

磨料水射流加工多向层压板时，沿切口方向有三个不同表面特征区域，依次为初始损伤区域，平滑切割区域和粗切割区域。初始损伤区域中的加工表面看起来不规则，存在纤维断裂、纤维拉出和凹坑。磨料水射流外围低密度高能量磨粒以接近垂直的角度冲击表面，引起初始损伤区域中出现不均匀损伤。黏合剂基体选择性去除并不明显，纤维和基体都是通过磨料水射流中磨粒的相同微切割作用去除，因此表面更光滑，并且不会因分层而导致材料损坏，材料去除模式是纤维的微机械加工和脆性断裂的组合。

在磨料水射流切割多向复合材料时，喷射入口附近的表面比喷射出口更平滑。在小的切割速度下，入口和出口处的粗糙度是相似的。但随着切割速度的增加，喷射出口附近的表面粗糙度会恶化。磨料流速和横向速度对喷射入口附近的粗糙度有轻微影响，但其影响在喷射出口附近要大得多，喷射出口附近的表面粗糙度随着切割速度的增加和磨料流速的减小而增加。此外，入口和出口表面粗糙度之间的差异随着磨料流速的增加而增加。

入口切口宽度随着间隙距离的增加而增加，而出口切口宽度变化不明显。出口切口宽度随着切割速度的增加而显著减小，而入口切口宽度似乎只有轻微的变化，这是因为在入口处能量足够高，在给定的切割速度下都可以稳定地去除材料；而在出口附近，由于大部分能量去移除材料的能力更受切割速度的影响。

随着磨粒尺寸减小、切割速度增加和压力降低，切口锥度增加。切口锥度随切割速度的变化在低水平切削参数下比在中等或高水平下更显著，这与在该参数水平下具有切割深度的喷射能量的耗散速率有关，低压导致喷射速度低和磨粒动能小，小尺寸的磨粒由于其质量小而比大磨粒更快失去动能。

当使用磨料水射流切割层状复合材料时，通常会发生分层，在高速移动和低磨料流速磨料水射流切削复合材料时也观察到分层。图 10.14 显示了用水射流和磨料水射流加工后石墨/环氧树脂层压板的横截面。显然,当用水射流加工时,在整个层压板厚度上发生严重的分层,并且它不限于结构中的最后一层。水射流加工中的高偏转射流压力和缺乏切割机制产生应力导致在纤维/基体界面处分层。图 10.14(b)显示,当磨料水射流加工石墨/环氧树脂层压板时,发生了出口层的层间和层内分层。楔入层之间的磨粒导致可见的平面外分层(样品的底面)。层压板中的分层较大,但与厚度无关,并且总是局限于层压板的底部两层或三层。

(a)水射流　　　　　　　　　(b)磨料水射流

图 10.14　分层损伤形貌

增加切割速度和降低磨料流速会增加出口层分层,还导致在切口的底部产生波纹图案,这是由于低加工时间和较少磨粒减弱了在更大深度处有效切割材料的能力。对于给定的切削条件,存在一个分层的临界切割速度。

2. 复合材料磨料水射流加工装备

磨料水射流加工装备主要组成部分有高压泵、切割头、磨料水射流喷嘴、水箱、磨料料斗、运动系统与控制系统,如图 10.15 所示。

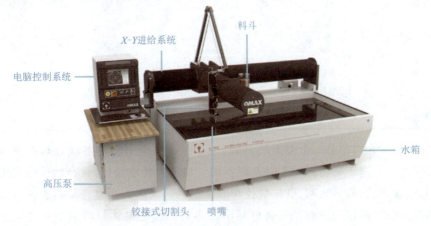

图 10.15　磨料水射流系统组成

磨料水射流切割中的压力很重要,更高的压力导致更高速度的磨粒流,并最终导致更快的切割。对于加工复合材料而言,一般需要高达 620 MPa 的较高压力下切割。复合材料的切割速度需根据复合材料的类型,材料的厚度和所需的切割质量来确定。

10.1.2.2 激光加工技术与装备

1. 复合材料激光加工技术

复合材料的激光加工与传统加工工艺相比具有许多优点:没有刀具与工件接触,因此没有切削力、刀具磨损与零件变形。激光切割是一种热处理过程,不受工件材料强度和硬度的影响,适合切割由不同相组成的非均质材料;具有加工效率高、切口宽度薄和切割复杂轮廓形状的灵活性。激光切割的缺点主要有热影响区(heat affect zone,HAZ)内材料性能变化和强度降低,切口锥度的形成以及随着工件厚度的增加切削效率的降低。复合材料的激光加工中的另一个问题是产生危险的化学分解产物;激光切割石墨/环氧树脂,芳纶/环氧树脂和玻璃/环氧树脂烟雾的质谱和气相色谱分析表明存在碎片状的纤维材料粉末和高浓度的 CO、CO_2 和低分子有机化合物。还有研究表明,激光切割芳纶/环氧树脂会产生大量的氰化氢,这可能会造成相当大的健康风险。

CO_2 激光器能够提供高达 3 kW 的高功率,其辐射能被非金属很好地吸收。固态 YAG 激光器[掺杂 Nd^{3+} 的钇铝石榴石晶体(yttrium aluminium garnet)]以脉冲模式工作,可以达到 7~10 kW 的峰值功率,平均功率约为 400 W,但其辐射不能被有机材料或玻璃有效吸收。因此,CO_2 激光器适合加工复合材料,而 YAG 激光器不适合切割 GFRP。激光加工的尺寸公差通常在 0.05~0.1 mm 之间,表面粗糙度与磨料水射流加工(1~10 μm)相当,激光切割比磨料水射流加工提供更高的扫描速度。表 10.2 列出了常见复合材料的代表性切削参数。

表 10.2 复合材料激光切割参数

材料	激光功率/W	切割速度/(m·min^{-1})	切口厚度/mm	切口宽度/mm
凯夫拉/环氧	150~950	2.0	3.2~9	0.1
芳纶/聚酯	800	0.5	2.0	0.6
玻纤/环氧	1 000	2.0	5.0	0.5
玻纤/聚酯	800	0.5	2.0	—
石墨/环氧	300	0.3	1.0	0.1
石墨/环氧	1 000~2 000	0.9~7.2	1.0~4.0	—
石墨/聚酯	800	0.5	2.0	0.5

复合材料的激光切割是一个复杂的过程,因为组成复合材料的各成分具有不同的热和物理特性,因此当暴露于高能激光束时表现不同。与增强纤维相比,聚合物通常具有非常高的红外辐射吸收系数、低导热率、低扩散性和非常低的蒸发热。当复合材料表面被激光束击中时,基体首先受到热量的影响。复合材料中大多数热塑性基体材料的切割是通过剪切由激光束形成的局部熔融体来进行;通过化学降解除去环氧基体材料,这比热塑性塑料的熔融

剪切需要更高的能量和更高的温度；增强纤维需要更高的温度和更长的蒸发时间。芳族聚酰胺纤维具有接近聚合物基体的热性质，因此，其适合激光切割；玻璃纤维具有高得多的蒸发温度和热扩散性，通过熔化或蒸发来进行；碳纤维需要最高的汽化温度，并且它们的导热率最高，这导致热量大量散发到工件中，从而产生大的 HAZ，因此，CFRP 最不适合高功率 CO_2 激光切割。然而，通过使用脉冲 Nd：YAG 激光器（light amplification by stimulated emission of radiation）可以改善切割质量，因为 Nd：YAG 激光器具有较高光束强度、较短的相互作用时间、较好的聚焦行为可提供较小的热负荷，因此比连续 CO_2 激光器具有更小的 HAZ。

因为基体和纤维需要蒸发的热量不同，激光切割表面材料去除并不均匀，在切口表面附近形成烧焦层，楔形切口和 HAZ，如图 10.16 所示。激光切割质量受到材料特性的显著影响，例如层压板铺设方式、材料的热扩散性和蒸发温度、扫描速度、激光功率以及辅助气体类型和压力。炭化通常由环氧基体的化学分解引起，但在芳族聚酰胺复合材料的情况下，通过纤维的化学分解引起。通过分解、蒸发或熔融剪切选择性除去粘合剂基体后，纤维暴露出来。并且，传入工件的热量导致一定深度或区域的材料热损伤和性能退化。HAZ 的边界与基体炭化温度相关，HAZ 的尺寸和形状与激光束的行进方向、纤维的导热性和纤维方向密切相关。垂直于纤维切割单向 CFRP 会产生比平行于纤维切割时更大的 HAZ 面积，这是由于优良的导热碳纤维将热量从切割区传出。由于热应力和辅助气体的压力，激光切割也可

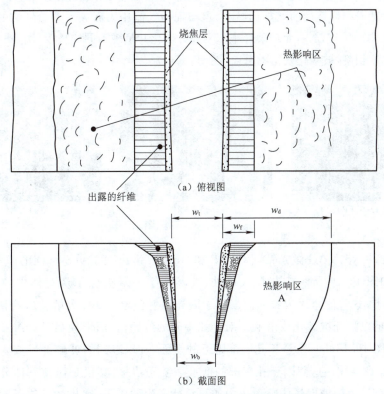

w_t 为顶部宽度；w_b 为底部宽度；w_f 为烧焦区宽度；w_d 为热影响区宽度

图 10.16　FRP 复合材料激光切割特性示意

能导致凹坑和分层。

激光切割复合材料时通过化学降解、蒸发以及小程度的熔化去除材料。通常,蒸发纤维所需的能量高于基体所需的能量,因此,首先通过激光束的作用将基体分解。表面形貌取决于复合材料的成分和纤维的排列,还取决于扫描速度和激光束功率。当在低扫描速度下使用连续 CO_2 激光加工编织芳纶纤维增强聚酯时,在切割表面上可以看到与激光切割金属中观察到的类似的条纹;提高扫描速度,条纹变得不那么明显,达到临界扫描速度后,条纹最终消失。但在使用脉冲 Nd:YAG 激光加工碳纤维增强层压板时,在所有扫描速度下都出现了条纹,并且似乎与扫描速度无关。激光切割中的不均匀表面形貌也是由材料的不均匀去除引起的,从表面上看,基体的去除明显,特别是在光束入口附近。纵向凹槽(平行于层压板)的存在以及纵向纤维的少量存在表明纵向上的许多纤维与基体一起被移除。芳族聚酰胺纤维具有与聚合物基体材料类似的热特性,因此其材料去除方式类似于均质材料。芳族聚酰胺复合材料的切口表面的 SEM 显微照片显示纤维和基体区域之间的相对光滑的表面;然而,石墨纤维复合材料表现出比在其他纤维材料中观察到的更高的基体损失。在所有情况下,切割表面覆盖有烧焦层和重新固化的基体残余物。在低扫描速度和/或高激光束功率下,炭化更明显。此外,偶尔会检测到 0°和 90°层压板之间的分层以及纤维与基体的脱粘。图 10.17 显示了去除烧焦层后,AFRP、GFRP 和 CFRP 已加工表面的 SEM 图片。从这些图片中可以明显看出,基体材料已经从纤维之间移除,形成了单独或从表面突出的纤维外观。突出纤维的长度随着扫描速度的增加而减小,但与辅助气体压力无关。芳纶纤维的末端相当长的长度被炭化[图 10.17(a)],而玻璃纤维似乎部分熔化并呈现不同的长度[图 10.17(b)],碳纤维以相同的长度切割,被炭化残留物覆盖[图 10.17(c)]。

(a) AFRP　　　　　　　　(b) GFRP　　　　　　　　(c) CFRP

图 10.17　连续激光切割后加工表面的 SEM 照片

但使用脉冲 Nd:YAG 激光钻削 GFRP 和 CFRP 后,出现了明显不同的微观表面形貌,如图 10.18 和图 10.19 所示。在孔入口处,玻璃纤维末端类似于从基体中伸出的蘑菇头[图 10.18(c)]。这可能是因为长时间暴露于激光辐射会导致基体分解并后退到相当大的深度,但能量仅足以将纤维熔化成液滴。对于孔中间的位置,表面形貌显示纤维和基体分解处于同一水平[图 10.18(b)]。至于孔底部附近的表面,发现破碎的玻璃纤维嵌入熔融聚合物基体中[图 10.18(a)]。这归因于孔底部的低水平激光功率,其仅足以使基体分解致使纤维单独存在。随后,由于辅助气体喷射压力或热负荷产生的应力,突出的纤维断裂。Nd:YAG 激光切割 T300CFRP 时,在孔附近的碳纤维显示出相当大的膨胀,并向孔外延伸约 100 μm,

如图 10.19 所示，纤维略微伸长，这是由于沿纤维的导热率较高。纤维膨胀归因于纤维内杂质快速挥发产生的内部气体压力，当达到 1 300～2 000 ℃ 的高温时，与结构有序同时发生。未经处理的 T300 纤维是含有 92％～95％ 碳的低模量纤维。该纤维含有高水平的无序结构和挥发性非碳杂质，可通过热处理除去。结果表明，碳纤维在 2 000 ℃ 下进行热处理会产生更有序的石墨纤维结构，在激光切割过程中膨胀会大大减少。

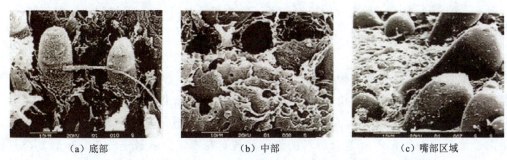

(a) 底部　　　　　　　　(b) 中部　　　　　　　　(c) 嘴部区域

图 10.18　玻璃/环氧树脂复合材料的 Nd:YAG 激光钻孔 SEM 照片

随着扫描速度的增加，光束入口侧的顶部切口宽度（w_t）和光束出口处的底部切口宽度（w_b）减小。存在一个极限扫描速度，此时，底部的切口宽度变为零并且材料不能被切透。切口宽度对激光束作用工件材料上的时间敏感，这与扫描速度成反比。扫描速度越慢，相互作用时间越长，能量吸收和传导到工件中的能量越多，需要移除的材料更多和形成的切口更宽。激光束功率的增加和辅助气体压力的降低通常导致切口宽度增加。AFRP 的切口宽度大于 GFRP 的切口宽度，并且较少依赖于工件底侧的扫描速度。这归因于较低的蒸发热和 AFRP 的更均匀的热行为。在脉冲 Nd:YAG 激光切割 CFRP 时，发现顶部切口宽度取决于脉冲频率，随着脉冲频率的增加，顶部切口宽度减小，直到临界值，然后随着脉冲频率的进一步增加而增加。随着脉冲频率的增加，底部切口宽度呈下降趋势。

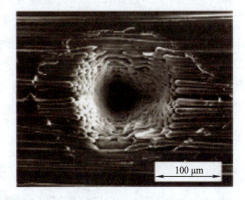

图 10.19　Nd:YAG 激光钻孔后的纤维膨胀

通常光束入口处的切口宽度大于光束出口处的切口宽度，即使在某些条件下由于与辅助气体的相互作用，底部切口宽度可能更大，这形成了切割表面的倾斜或锥度。由于材料吸收能量的减少，随着深度的增加，切口宽度减小。顶部切口宽度和底部切口宽度之间的差异随着扫描速度的增加而增加。AFRP 的切口锥度几乎不变，而 GFRP 的切口锥度随扫描速度的增加而增加。在脉冲 Nd:YAG 激光切割 CFRP 中，发现切口锥度随着脉冲频率的增加而减小到最小值，然后随着脉冲频率的进一步增加而增加。更高的脉冲持续时间，更高的扫描速度和更低的脉冲能量可以减少切口锥度。

HAZ 的大小通常随着激光比能的增加而增加。此外，垂直于纤维切割的 HAZ 的尺寸远大于平行于纤维切割的尺寸。这是因为碳纤维具有比基体高得多的导热性，当垂直于纤维切割时,导致更大量的热量消散,因此 HAZ 的尺寸更大。增加辅助气体压力会减少芳纶/环氧复合材料激光加工中的热损伤尺寸。这可归因于辅助气体的有效冷却效果。此外,当垂直于纤维切割时,辅助气体对热损伤的影响更明显。激光比能是最大的影响因素,其次是气体压力。在 Nd:YAG 激光切割 CFRP 过程中,热影响区的大小主要受脉冲频率和扫描速度的影响。在高脉冲频率下,激光表现为连续光束,切割表面没有足够的时间冷却。这会导致热传导到更大的深度,从而导致更大的热损伤区。脉冲持续时间越长,平均脉冲功率越低,导致功率强度下降。因此,较长的脉冲持续时间和较低的脉冲频率产生较小的热影响区。

2. 复合材料激光加工装备

由于复合材料由两种或多种不同的材料组成,因此选择合适的激光波长至关重要。如果复合材料的所有组分都是有机的,它们都将吸收 CO_2 激光束的能量。激光束将直接在其路径中加热材料,使其蒸发。如果激光功率足够高,激光束将完全切割穿过材料,留下干净、光滑的边缘。在许多情况下,复合材料的组件将各自需要不同的激光波长。一般复合材料激光系统需要考虑的因素主要有:①能用于复合材料的激光切割的工作平台,且具有足够大的加工区间,以容纳最大尺寸的复合材料结构件。②波长的选择,如果复合材料主要由有机材料组成,则 10.6 μm 波长的 CO_2 激光器是最佳选择。③激光功率的选择必须根据将要执行的过程进行选择,25~150 W(CO_2 激光)最适用于激光切割主要由有机材料组成的复合材料。④镜头的选择,2.0 镜头是复合激光材料加工的最佳通用工艺镜头。⑤切割废物的排除,必须有足够流量的气体来清除在激光加工过程中产生的气体和颗粒。⑥复合激光材料加工的环境、健康和安全考虑因素,激光与材料相互作用几乎总是产生气态流出物或颗粒。可首先用过滤系统处理,然后将其送至外部环境。复合燃烧是激光加工固有的,可能产生火焰。因此,应始终监督复合激光材料的加工和配备安全预防措施。图 10.20 为德国 TRUMPF 公司生产的 TruLaser 3030 激光设备。

图 10.20　TRUMPF 公司的 TruLaser 3030 激光设备

10.2 复合材料结构加工技术国内外研究现状

复合材料由于优异的机械性能,在航空航天、汽车、化工、电子电器等领域的需求不断增加,为弥合供应缺口,许多传统和特种工艺都在用于加工复合材料。每天都在探索新技术,使复合材料的加工更加灵活。本节将分别介绍复合材料传统加工方式与特种加工方式的最新研究进展。

10.2.1 传统加工技术国内外研究现状

虽然传统加工技术已经广泛应用于复合材料的生产加工中,但由于复合材料在加工过程中易产生毛刺、纤维撕裂、孔壁划伤等加工缺陷,严重影响了连接结构的强度和疲劳寿命。随着航空航天制造领域对复合材料的广泛应用和对装配质量要求的不断提高,以及复合材料传统加工工艺的局限性,为研究传统加工技术在复合材料中的应用提供了学术和工业动力,因此,复合材料传统加工技术依然是航空航天制造领域中的研究热点。本节主要综述了复合材料传统加工技术中的切削理论研究现状,以及新的研究方法与新的加工技术在复合材料加工中的应用。

10.2.1.1 复合材料切削机理研究现状

在切屑形成机理方面,Calzada 等提出了微观尺度下加工复合材料过程中纤维失效方式,认为在微尺度加工中,不是像宏观尺度那样遇到纤维束,而是刀具会遇到单根纤维。这促成了微尺度和宏观尺度加工之间的不同失效机制。提出具有 45°和 90°纤维切削角的复合材料主要是压缩失效,而具有 0°和 135°的复合材料主要是弯曲主导的拉伸。

在切削力分析方面侧重于使用连续介质力学或最小能量标准预测切削力,Everstine 等基于连续介质力学方法建立了纤维切削角为 0°时的最小切削力模型,但该模型只能用于预测纤维切削角为 0°的切削力,这限制了其在复合材料加工中的广泛应用。Pwu 等观察到垂直于纤维方向的弯曲失效,建立基于梁理论、线弹性断裂力学和复合力学的切削力分析模型,该分析模型的只能用于分析纤维切削角为 90°的切削力。Jahromi 等在考虑了刀具半径和纤维的弯曲的基础上提出了一种解析模型,用于预测纤维切削角超过 90°时切削力。尽管在过去的 20 年中已经开发了力学建模方法,但仍然没有能够在整个纤维切削角范围内预测任意切削条件的切削力模型。

在切削温度方面主要集中在实验研究,Sreejith 等报道,进给速度和切削速度的增加稳定地增加了切削区域的温度。Sakuma 等观察到临界切削速度,当超过该切削速度时,随着切削速度的增加导致切削刃温度的快速而不是逐渐增加。相反,在复合材料钻孔中以非常低的进给速度检测到异常的温度升高,认为是由于切削刃处的足够高的温度导致的环氧树脂基体的局部损坏。关于进给速度对热响应影响的不同结论表明,对复合材料/刀具界面发生的内在机制的理解仍然有限。

10.2.1.2 加工缺陷研究现状

由于分层缺陷是造成复合材料结构件报废的主要原因,引起了研究人员的广泛关注,运用叠加原理和线弹性断裂力学建立了复合材料钻孔的分层力学模型,为预测不同工艺条件下的出口分层缺陷提供了计算方法。为了揭示 CFRP 制孔过程中毛刺和撕裂缺陷的形成机制,温泉等采用微米划痕试验研究了沿不同纤维方向切削加工时材料的破坏去除过程认为纤维切削角为钝角的区域容易产生毛刺缺陷,纤维切削角为锐角的区域边缘光滑,纤维切削角为 90°的区域容易形成撕裂缺陷。张厚江等认为横刃作用对撕裂的形成占主导作用,而毛刺缺陷通常出现在表层纤维"顺向"切削的孔边缘部位;孔边毛刺和撕裂的产生机制与前述的切屑形成机制有很好的一致性。复合材料孔壁表面损伤不但影响零件的装配质量,也影响疲劳裂纹的萌生位置及扩展速率,对交变载荷下飞机结构件的连接强度和疲劳寿命有重要影响。Durão 等发现复合材料钻削加工后的孔壁表面粗糙度值过于分散,难以得到规律性结论。相关学者对孔壁表面质量进行了试验研究,结果表明纤维增强复合材料的孔壁表面粗糙度与纤维方向密切相关,随着进给量的增加,复合材料孔壁的粗糙度值略有增加,而切削速度对粗糙度则无直接影响。Turki 等对复合材料孔壁表面进行研究发现,加工缺陷最严重的区域出现在纤维方向与切削方向呈 45°夹角的部位,突出表现为纤维拔出和毛刺;在纤维方向与切削方向呈 90°夹角的部位,加工表面质量则明显好于其他部位。

10.2.1.3 刀具及刀具磨损研究现状

尽管优化工艺参数可以在一定程度上减少加工缺陷,提高制孔质量,由于复合材料的特殊性能,加工刀具对分层等缺陷的产生有重要的影响。因此,研发适用于复合材料专用刀具是当前研究人员努力的方向。

为了提高刀具的硬度和耐磨性,Wang 等对无涂层、金刚石涂层和 AlTiN 涂层这 3 种硬质合金钻头进行了 CFRP 钻削试验研究,研究发现金刚石涂层明显降低了刀具磨损速度,而与无涂层钻头相比较,AlTiN 涂层的抗磨损效果并不明显,二者均发生快速磨损。Zitoune 等对无涂层和 CrAlN/a-Si3N4(非晶 Si3N4)纳米复合涂层这两种类型的碳化钨钻头进行的研究表明,与无涂层钻头相比,纳米复合涂层钻头加工 CFRP 时的钻削力减小 10%~15%,并显著提高了孔壁质量。为了表征金刚石刀具与 CFRP 的摩擦磨损性能,Mondelin 等设计了一种新的摩擦磨损试验方法,得到干钻削和充分润滑条件下单晶金刚石刀具与 CFRP 的摩擦系数分别为 0.06 和 0.02,而传统刀具切削 CFRP 的摩擦系数均大于 0.15,这表明金刚石刀具可以有效降低刀具的磨损速度。Karpat 等利用聚晶金刚石钻头(PCD)钻削 CFRP 发现轴向钻削力、扭矩和出入口质量均有明显提高。Xu 等通过使用 PCD 刀具对 CFRP 进行钻削研究发现,磨粒磨损和黏着磨损是 PCD 刀具的主要磨损形式,相对于高速钢和硬质合金刀具,PCD 刀具的加工质量和刀具寿命都有明显提高。de Lacalle 等研究了不同的硬质合金基体晶粒大小、钴元素含量及 TiAiN 涂层厚度后发现,采用细晶粒、6%钴元素含量和 4 μm 厚的 TiAiN 涂层可以达到最佳的刀具耐用度,纳米结构(TiAiN+SiC)涂层与 TiAiN 涂层相比并没有明显优势。El-Hofy 等对比了类金刚石涂层刀具和 3 种不同晶粒尺寸(分别为13.8 μm、6.8 μm 和1.3 μm）的 PCD 刀具；由于在干切和低进给条件下出现基体的烧伤，类金刚石涂层刀具被排除；粗晶粒 PCD 刀具在低切削速度和高进给速度加工时会出现大量的碎屑；刀具耐用度表现最好的为中等晶粒尺寸的 PCD 刀具；细晶粒 PCD 刀具加工的表面质量最好。PCD 刀具在有效延长刀具使用寿命的同时，也提高了制孔质量，PCD 刀具已成为复合材料加工中最具潜力的刀具之一。

刀具几何形状作为影响 CFRP 加工中刀具性能的最重要因素之一，引起了研究人员的广泛关注。针对复合材料层合板各向异性以及层间应力低的特点，研究人员开发了多种特殊结构的制孔刀具。Koplev 等讨论了在复合材料正交切削中前角和后角对切削力的影响，发现前角减小了切削力，而后角减小了轴向力。Marques 等分析和比较了不同结构的钻头在加工过程中的钻削力及其造成的复合材料分层缺陷，结果表明阶梯钻可以明显降低钻削力，可以防止分层的产生。基于钻铰一体加工的原理，Tsao 设计了钻磨复合制孔工具，此类工具由前段钻削部分和后段磨削部分两部分构成，为更有效降低钻削力，对其切削部分也进行了优化，而后段磨削部分则充分发挥磨削加工的优势，不但提高了孔壁表面的质量，并且可以避免 CFRP 孔出口分层的产生。Piquet 和 Bhatnagar 等发现增加切削刃的数量往往会减小轴向力和扭矩，从而最大限度地减少复合材料的损坏。Davim 等注意到直槽钻能减小复合材料的分层。Lin 等认为当钻碳纤维增强环氧树脂复合材料时，硬质合金麻花钻比烛心钻提供更小的轴向力和扭矩。Mathew 等使用套料钻加工玻璃纤维增强复合材料时，与传统的麻花钻相比，减小了 50% 的轴向力和 10% 的扭矩；并且对于大直径孔加工套料钻更具有优势。

在切削复合材料时，通常认为切削速度、切削力、纤维切削角等工艺参数会显著影响刀具磨损。随着 GFRP 加工中切削速度的增加，观察到后刀面磨损变得更加强烈，而 Sakuma 等发现，与 GFRP 车削相比，切削速度对 CFRP 车削过程中的磨损率影响小得多。另一方面，Lin 等通过实验研究了 CFRP 钻削过程中切削速度对刀具磨损的影响，发现刀具磨损随切削速度的增加而显著增加。Caprino 等试验观察到，在刀具后刀面的切削力和刀具磨损是紧密相关。

10.2.1.4　有限元法在复合材料传统加工技术中的应用

由于加工过程中刀具与工件之间复杂的相互作用，导致快速的刀具磨损和加工质量难以保证，复合材料传统加工技术的实验研究面临高成本的挑战。有限元分析方法为深入了解切削机制以及有效优化复合材料加工工艺与刀具提供了另一种解决途径。

复合材料加工中主要的有限元建模方法包括：①宏观建模；②微观建模；③宏观—微观组合方法。在宏观建模方法中，复合材料通常被看作等效均质材料，降低了复合材料加工模拟的难度，但降低了模拟精度。

Nayak、Arola 和 Mahdi 等使用基于最大应力准则和 Tsai-Hill 破坏准则的双重断裂机制的宏观建模方法分析单向复合材料的正交切削，准确地预测切削力，而轴向力预测与实验不符。Ramesh 等提出了一种各向异性塑性理论，重点研究刀具尖端的应力和四种不同复合材料和四种不同纤维切削角的复合材料失效模式。Bhatnaga 等采用有限元模型研究单向复合材料加工引起的损伤深度，但试验观察和预测值之间存在差异。Rao 等提出了单向复材料加工的三维宏观力学有限元模型,有限元模拟预测的切削力和切屑形成机制与试验观察结果吻合良好。Santiuste、Rotem 和 Hashin 等基于 Hashin 损伤准则建立了宏观力学模型来研究切屑形成和亚表面损伤,发现纤维切削角显著影响切屑形成和表面下损伤。宏观建模方法的主要缺点是无法预测局部效应,如基体开裂、分层、纤维损伤和纤维拉出。在微观建模中,复合材料的增强纤维和基体材料分开建模,这不仅可以产生更准确的预测,而且可以研究局部效应。然而,与宏观建模方法相比,计算成本非常高。在宏—微观组合方法中,考虑上述两种方法,旨在以低计算成本准确获取预测结果。

Mahdi 等建立了复合材料正交切削的微观模型,由基体和纤维组成,具有粘接界面,可以逼近真实的切削过程。但是,没有进行实验研究来验证模拟结果。Nayak 等给出了单向复合材料正交切削的宏观模型和微观模型的对比分析,认为两相微观模型很好地预测了切削力。微观方法在纤维/基体损伤、切屑形成以及复合材料加工中涉及的工件/切屑/刀具相互作用的研究中起着关键作用。Nayak 等建立了微观模型来研究分层,Dandekar 成功地预测了分层、纤维损伤和切削力,但无法预测基体损伤。Calzada 等通过对纤维和基体分别建模,然后在纤维/基体界面引入界面模型作为第三相,实现了动态加工有限元模拟方法,如图 10.21 所示,观察到纤维切削角在确定纤维失效机理中起主导作用,模拟结果与实验数据非常一致,即 45°和 90°方向的破碎主导失效,0°和 135°方向的弯曲主导失效。为了在数值计算方面达到精度和效率之间的平衡,Mkaddem 等建立了微观/宏观模型分析单向复合材料加工中的切削力,与 Nayak 等提出的先前宏观力学有限元模型相比,该模型能够更准确地预测切削力。此外,Rao 等提出了一种二维两相宏/微观组合模型,具有弹性纤维,弹塑性基体和黏性区域,以模拟切削力和纤维损伤,如图 10.22 所示。

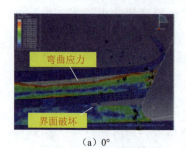
(a) 0°

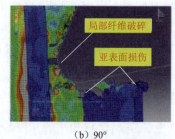
(b) 90°

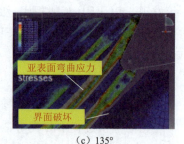
(c) 135°

图 10.21 CFRP 加工失效机理的模拟结果

10.2.1.5 其他加工技术研究现状

1. 螺旋铣孔技术

由于复合材料的钻削加工存在诸多缺陷和不足,在借鉴铣削加工优势的基础上,螺旋铣孔技术在复合材料制孔加工中得到初步研究。螺旋铣削制孔技术是利用传统铣削原理进行孔壁材料切削的新型制孔方法。刀具的运动轨迹由径向不连续切削和周向连续切削两个过程构成,在切削过程中,通过改变刀具中心轴与孔轴线之间的偏心距可以实现不同孔径的制孔要求。由于运动轨迹不同,造成普通钻削和螺旋铣孔的本质区别。在钻削加工过程中,钻头后刀面与复合材料已加工表面之间形成较大的接触面,是钻削热的主要产生部位,且钻尖部位的切削区为半封闭区域,钻削热不易及时传出。螺旋铣孔则与侧边铣削工艺相似,图 10.23 为螺旋铣孔原理。

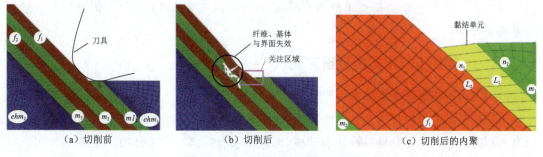

图 10.22　45°纤维取向的界面断裂

ehm:等效均质材料;m:基体;f:纤维;下标 1,2,3 为序号;n_1 是纤维上的节点;n_2 是基体上的节点;L_1 是纤维和基体之间的法向分离长度;L_2 纤维和基体之间的剪切分离长度。

刀具侧边与工件材料的接触为内切式接触,刀具与工件接触面积远小于钻削接触面积,不但降低了摩擦热的产生,也使得螺旋铣孔产生的切削热可以及时传出,为了获得 CFRP 螺旋铣削过程中的切削温度,Liu 等建立了随时间和空间分布的 CFRP 螺旋铣削热源数学模型,研究了加工过程中的热源轨迹及对材料的影响。比较两种制孔工艺方法可以发现,相同切削速度条件下,螺旋铣削制孔时的切削温度远小于传统钻削工艺的,由于轴向力的减小和切削机制的变化,此法可以有效避免制孔出口处的撕裂和分层现象。

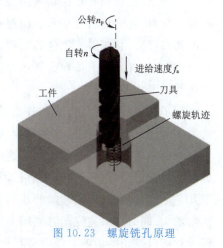

图 10.23　螺旋铣孔原理

2. 超声振动辅助加工技术

超声振动辅助加工技术具有降低切削力、改善加工表面质量及提高加工精度等优势,在切削加工中得到广泛研究,图 10.24 为旋转超声加工原理。Wang 等进行了超声振动辅助钻削 CFRP 的试验,发现与传统钻削相比,轴向力减小并更加稳定,表明该方法在复合材料钻削中优于传统钻削工艺。Kim 等开展了超声振动辅助切削 CFRP 的研究,当在切削方向上施加超声振动时,在整个切削速度范围内,发现超声振动辅助切削的切削力低于传统切削中的切削力。此外,在超声振动辅助切削中,表面质量与切削深度无关,而是与切削速度和进给速度密切相关。Xu 等设计了一种反谐振频率振动器,实现稳定高变速的椭圆振动辅助切削复合材料,通过切削仿真和试验研究发现,

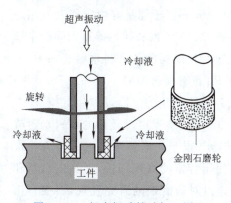

图 10.24　超声振动辅助加工原理

进给速度与最大震动速率比值以及一个周期内的切削距离与纤维直径的比值是椭圆振动辅助切削加工的关键参数,为最大限度发挥振动切削的优势,两参数必须低于临界值,振动的引入可以显著降低切削力,降低工件表面损伤,特别是在切削方向的振动对提高加工质量的效果更加明显。

10.2.2 特种加工技术国内外研究现状

10.2.2.1 磨料水射流加工技术研究现状

由于传统加工过程将热量散发到工件中,这可能导致工件损坏和切削刀具的快速磨损。而磨料水射流加工具有对材料特性不敏感、无颤动、无热效应、对工件的应力最小和切削加工率高于传统加工工艺等优点,且不会产生任何有害副产品,被认为是最环保的友好的复合材料加工工艺。但是,磨料水射流加工也显示出一些负面影响,如加工复合材料时,会对材料产生冲击,使材料在初始切削阶段产生裂纹。随后,加压的磨料流穿入裂纹,导致磨料嵌入复合材料、复合材料分层和表面粗糙度差。且射流会随着切割深度的增加而失去动能,会形成切口锥度,切割厚度也受到限制。另外,喷射产生的噪音对操作人员听力造成损伤。因此,目前国内外研究人员在磨料水射流加工工艺参数的优化、加工工艺建模和加工安全性等方面开展了相关的研究。

为了获得最大的生产率和良好的产品质量,需要控制和优化某些加工参数。Wang 等认为必须优化切割速度以确保完全切割深度以及可接受的切口几何形状,因为两者都倾向于受到切割速度的增加,随着切割速度的增加,切口锥角略微减小。切割速度的增加导致更少的磨料撞击目标,导致切口宽度变小。Shanmugam 等实验发现随着水压的增加,切口宽度几乎呈线性增加,因为增加的压力导致水射流的动能增加;随着水射流压力的增加,切口锥角增大;同时切口宽度随着喷嘴与工件距离的增加而增加。Hascalik 等发现了磨料质量流量对切口锥角的影响。随着磨料质量流量增加,切口锥角减小。然而,磨料质量流量对切口锥角的影响可忽略不计。

借助于数学建模/半经验建模,通过最佳选择工艺参数(例如水压、射流切割速度、间隔距离和磨料质量流速)可以最小化这些负面影响。Wang 等开发了一个半经验模型来预测穿透深度,通过控制重要的工艺参数消除分层。Shanmugam 等基于能量守恒定律开发出一种预测模型,用于确定 GFRP 和 GrFRP 的磨料水射流加工工艺参数和切口锥角之间的半经验关系。Azmir 等模拟的表面粗糙度预测主要集中在玻璃/环氧树脂的磨料水射流加工上。在该研究中还评估了纤维切割取向,发现对表面粗糙度 Ra 没有显著影响。

磨料水射流加工的安全问题涉及对操作人员的伤害,高压产生的危险,磨料水射流加工的噪声水平等方面。磨料水射流可以产生大约 80~95 dB 的危险噪声。最近的磨料水射流加工是在水下完成的,它将噪声水平从 95 dB 降低到 75 dB 以下。磨料水射流的压力非常高,将磨料输送到机器时,压力水平上升到 345 kPa,应使用特定的高压部件,在高压机器和设备周围工作时,应使用安全眼镜来保护眼睛。另外,通过对研磨剂的研究发现,石榴石比石英和其他硅酸盐更安全,因为可以减少空气中的粉尘和飞溅。

10.2.2.2　激光加工技术研究现状

激光加工复合材料具有几个优点：窄切口宽度，高切割速度，易于自动化，没有切削力和研磨剂或液体介质。然而，由于复合材料两种成分在高温下材料性质的巨大差异，纤维的蒸发发生在 3 300 ℃，而基体的蒸发发生在 350~500 ℃，激光加工面临重大挑战。此外，纤维和聚合物基体的导热系数差异使得难以实现均匀高质量的激光切割，因为沿着纤维的热传导比聚合物基体快得多。此外，平行于纤维轴的热传导比垂直纤维方向的热传导快，这导致不均匀的 HAZ 并且触发复合材料结构件的疲劳损伤。不同纤维方向的各向异性热传导是影响 HAZ 程度的另一个问题。因此，聚合物基体被热纤维进一步加热，导致纤维周围的聚合物去除或降解。消除或减少 HAZ 是 CFRP 激光加工中的主要挑战，因此，主要研究集中于减少 HAZ，提高产品精度（切口宽度和锥度），增强激光加工切割能力（材料去除率，切口深度和加工速度），以及加工过程的建模和优化。

为了减少激光材料的相互作用时间，从而减少 HAZ，Li 等推荐高扫描速度，增加相邻激光束扫描轨迹之间的间距和低激光功率。然而，使用高激光功率可以实现更高的切割速度，从而产生更小的 HAZ。Iorio 和 Leone 等研究了脉冲持续时间和斑点重叠百分比的影响。短脉冲时切割速度 11 mm/s 的 HAZ 为 1 000 μm。Loumena 等使用波长在 515 nm 和 1 030 nm 之间的短和超短脉冲切割 CFRP，当使用超短脉冲时 HAZ 减少。

为了提高切割质量并减少表面缺陷，Stock 等使用 3 kW 纤维激光器（1 068 nm 波长）切割 CFRP，通过消融通道之间使用 150 ms 的时间延迟而显著降低的 HAZ。Riveiro 等使用连续模式和脉冲模式 CO_2 激光切割 CFRP 复合材料，发现脉冲模式有利于减小 HAZ。另外，切口宽度在 0.15~0.2 mm 的范围内，而锥角在 0.01°和 0.02°之间。

为了减少激光束与复合材料之间的相互作用时间，Hu 等使用 Nd:YVO4，532 nm 纳秒激光铣削 CFRP 实验，发现大的 HAZ 与高功率和低扫描速度相关，而当舱口距离大于束斑直径时，沟纹状表面形态明显，建议在多次扫描过程中调整加工表面上的焦平面，以避免散焦环境，从而降低 MRR 和加工效率。同样，Herzog 等采用了多次扫描策略，以避免热量累积，证实了使用多次扫描技术和超高功率脉冲减少 HAZ 和能量输入以及提高有效进料速率的有效性。Salama 等采用了多环材料去除策略，扩大了光束入射侧的切口，减少了 CFRP 激光加工过程中产生的羽流对入射激光的屏蔽。Onuseit 等认为当使用高于 10^8 W/cm^2 的高激光强度并且避免加工区域中的任何类型的热积聚时，无损伤激光加工 CFRP 是可能的。为达到这样的强度，建议使用短脉冲和超短脉冲激光，脉冲持续时间为几纳秒至皮秒。

激光加工生产率以加工速度/切削时间、材料去除率和切口深度表示。Goeke 等通过 CO_2 激光加工 CFRP 层压板，加工效率提高 40％。Herzog 等采用多道策略来增加切口深度。使用高功率和可编程脉冲宽度/形状导致 CFRP 的高速和高质量，生产率增加了 7 倍。

Wahab 等使用试验设计技术提供最佳激光切割参数，以最小化顶部和底部表面的切口宽度。Mathew 等采用 RSM 方法开发了 HAZ 和切口锥度的预测模型。Salama 等通过使用合适的牺牲金属掩模，表面上的热损伤显著降低；并提出了一种数学模型来确定单次和多次（平行轨道）的最大切口深度，在相同的能量输送和扫描速度下，通过增加扫描次数，可以显著提高最大钻孔深度和 MRR。Negarestani 等提出了一个 3D 有限元模型来模拟脉冲激光切割 CFRP 的热流和 MRR，与 200～800 mm/s 的相比，在 50～200 mm/s 的较低范围内 HAZ 和烧蚀深度对切割速度更敏感，在低速（50 mm/s）下出现燃烧现象。Oberlander 等进行了远程激光切割过程中能量和时间效率以及 HAZ 的优化，其算法能够检测完整的零件分离，在曝光后终止切割过程，从而优化能量，提高效率和最小化 HAZ。

总之，为了减少 HAZ，建议使用短脉冲和超短脉冲，高切割速度，多次切割，低光束强度，增加相邻激光束扫描轨迹之间的间距以及高压辅助气体。当使用较大的激光功率在高切割速度下切割 CFRP 厚度较大时，通过降低发生的比能量，HAZ 和切口宽度均减小并且可切削性得到改善。聚合物热解引起的激光烧蚀和机械腐蚀有助于 CFRP 材料的去除。适当调整扫描速度和扫描间隔时间的多次扫描策略实现了高质量的切割边缘，并具有可接受的生产率。

10.3 复合材料结构加工技术在航空航天的应用

随着复合材料制备技术的不断发展，将进一步加速复合材料在航空和航天制造业中的应用。利用复合材料的轻量化特性，不仅可以制造许多现代飞机，还可以将火箭发射到太空中。复合材料已经应用到飞机的机身、机翼、尾翼、副翼、襟翼与机舱，直升机旋翼，卫星外壳与天线等结构件中，特别是飞机复合材料结构件都需要通过加工获得最终的形状与形位精度。对于采用传统加工技术还是特种加工技术，主要取决于结构件的几何尺寸和形状。大型结构件可以首选磨料水射流加工，因为用磨料水射流切割工件时，不需要使用专门的夹具。但是，用磨料水射流加工一些特殊廓形工件会出现一个问题，即用磨料水射流切割预定的加工面时，可能会意外切割到工件上其他一些不应切割的表面。其他一些因素也会影响加工方式的选择，加工精度就是一个重要因素。加工中心的精度更高，因此更适合加工公差要求严苛的复合材料结构件。另一个考虑因素是工件材料，磨料水射流能够有效加工各种不同类型的复合材料。例如，凯芙拉纤维是一种极难铣削加工的复合材料，常常令加工车间头痛不已，而利用磨料水射流则可以轻松地加工凯芙拉结构件。本节主要通过几个加工实例介绍传统加工技术与特种加工技术在航空航天的应用。

10.3.1 复合材料结构传统加工技术在航空航天领域的应用

10.3.1.1 复材传统加工技术在国外航空的应用实例

本节主要介绍 F-35 隐身战斗机复合材料蒙皮的加工技术。F-35"闪电Ⅱ"(F-35 Lightning Ⅱ)联合攻击战斗机是一款由美国洛克希德·马丁设计及生产的单座单发战斗攻击机，具备较高的隐身设计，先进的电子系统以及一定的超音速巡航能力。F-35 用一个机型设计，就同时满足了空军、海军、海军陆战队，以及美国各盟国的需求。碳纤维复合材料构件占飞机重量的35%，飞机大部分外表面均由此种材料制成，洛克希德·马丁公司为F-35精密加工复合材料蒙皮部分。为了保证良好的隐身性能，F-35的蒙皮相邻结构件必须精确匹配，为了避免雷达可以探测到的不匹配，洛克希德·马丁公司采用CNC系统对复合材料进行铣削和钻孔，使其具有紧密配合的公差。

洛克希德·马丁公司采用Dörries Scharmann Technologie GmbH(DST，Mönchengladbach，德国)制造的精密五轴龙门加工中心为复合材料表面提供精确的铣削和钻孔，如图10.25所示，其工作台尺寸为10 m×30 m，具有用于体积补偿的专有DS技术系统有助于在整个机床的大型工作范围内保持严格的精度，大约60个CFRP制成的复杂结构件在该机床中进行铣削，修边和钻孔。为了保证加工的稳定性，机床位于30英尺深的地基上，然而，这个基础随着时间的推移也会受到微妙的影响。为确保任何沉降不会影响机床的精度，在X-Y行程的四个角处放置陶瓷测量球，每天测量这些球体以监测地基的变化。当然，刀柄也是影响过程精度的重要因素，该机床使用液压刀柄，每个刀和刀柄组件均使用Haimer的刀具平衡测量机进行平衡。

图10.25 精密五轴龙门加工中心对F-35复合材料蒙皮进行精密铣削和钻孔

分层是加工复合材料结构件精度的最严重障碍，修边时尤为严重。切削力可能导致复合材料层合板分层，尤其是切削刀具加工一定距离之后，刀具磨损引起力的增加将导致复合材料分层。在F-35复合材料蒙皮的加工中采用了AMAMCO(american manufacturing and marketing company)公司压缩铣刀，该刀具的特殊几何结构(图10.26)具有两个旋向相反的螺旋槽，从而减小了铣削复合材料时的表面分层。

图10.26 压缩铣刀及其在复合材料蒙皮上的应用

CFRP 结构件采用自动化纤维铺设工艺精确制造,但即便如此也无法精确控制厚度。必须通过 CNC 铣削进一步控制厚度。对于典型的 CFRP 蒙皮结构件,一般分两个阶段加工,首先将复合材料结构件固定到一个真空夹具上加工内表面,然后翻转到相邻的真空夹具上,进行修边与加工外表面,如图 10.27 所示采用 PCD 球头立铣刀加工复合材料结构件的内表面。当复合材料结构件加工完成后,采用蔡司的三坐标测量机进行检测,如图 10.28 所示。

图 10.27　复合材料蒙皮内表面的加工　　图 10.28　复合材料结构件的检测

复合材料蒙皮经过模塑,修整和检查后,通过在预定位置钻孔装入紧固件以连接到组成的机身结构上。尽管在 F-35 采用手动,动力传动和自动化(数控)三种方式进行钻孔,但复合材料蒙皮上的大部分孔采用数控机床钻孔。洛克希德·马丁公司在制孔刀具方面采用了 AMAMCO 金刚石涂层刀具(图 10.29),图 10.30 是采用五轴龙门加工中心加工 F-35 前机身复合材料蒙皮上的 1 500 个孔。在无法进行自动钻孔的情况下,采用钻模板进行手动钻孔。

图 10.29　AMAMCO 金刚石涂层刀具　　图 10.30　复合材料蒙皮的自动化制孔

在工业 4.0 的框架内,飞机制造业已经开始进行自动化加工方式的尝试。这涉及从定制机器转向通用移动机器人,如图 10.31 所示。

10.3.1.2　复材传统加工技术在国内航空的应用实例

为了将铣削、制孔等传统加工技术应用于国内民用飞机复合材料结构中,中国商飞复合材料中心开展了大量复合材料铣削及制孔基础工艺试验及应用技术研究。通过基础工艺研究获得了适用于民用航空中常用、典型高性能复合材料的加工刀具、加工工艺参数等加工关键要素,形成了较完备的加工工艺数据库,新编了系列复合材料铣削及制孔相关民用飞机工

图 10.31　ProsihP Ⅱ 系统加工 A320 垂直尾翼的外壳（© Fraunhofer IFAM）

艺规范。并在此基础上，已成功将复合材料铣削及制孔技术应用在了国产 C919 客机及 CR929 宽体客机型号研制中了。

C919 客机应用了大量高性能复合材料，尤其是碳纤维复合材料，其中平尾长桁便是典型的复合材料结构件。长桁零件属于典型的细长结构，刚性差，难于装卡；加工时易产生分层劈裂等缺陷，加工质量稳定性差；每架份数量非常多，全机约有 150 根，仅平尾组件中就有 24 根。这些长桁结构形式相似，但尺寸各异。国内飞机复合材料长桁主要在大型五轴数控加工中心上通过铣削来完成加工，采用的加工工装以传统的压板式夹具为主，这种装卡方式可靠性差，易产生震动现象；且在加工过程中需多次调整压板重复装卡，效率非常低；针对每一根不一样的长桁均需要配备单独的一套夹具，成本非常高。

针对 C919 飞机平尾复合材料长桁类零件装卡难度大、数量多、加工质量要求高等特点，中国商飞复合材料中心自行设计研制一种柔性高、可靠性高的加工夹具及加工方法，如图 10.32 所示。本柔性夹具系统可通过调整卡盘数量和位置实现对不同长度长桁的多点夹持，同时只需简单调整定位块结构形式，即可实现对不同结构形式复合材料长桁的定位和夹

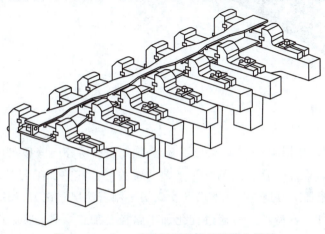

图 10.32　C919 客机平尾长桁柔性装卡设计

紧。整个夹具装置具有高柔性和高可靠性特点，同时操作方便、效率高、成本低。C919客机研制批的前几架份平尾长桁加工已成功应用该套夹具系统，大幅减少了加工准备时间，提升效率非常明显；同时采用该技术提升了长桁装卡可靠性，保证了飞机长桁加工质量。

在此基础上，中国商飞复合材料中心采购了一台长桁加工专用设备ENDURA 609LINEAR，如图10.33所示。该设备为德国FOOKE生产制造，行程为12 m×3.5 m×1.5 m，最高转速达30 000 r/min。另配备一套自动化柔性夹具，柔性夹具由导轨和卡爪构成，如图10.34所示。该夹具通过卡爪实现对工件进行夹紧，卡爪x向通过NC程序自动移位，y轴手动或通过NC程序自动定位实现工件夹紧或松开，装卡加工现场如图10.35所示。

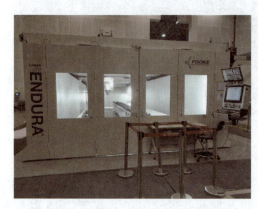

图10.33　FOOKE ENDURA 609LINEAR长桁加工设备

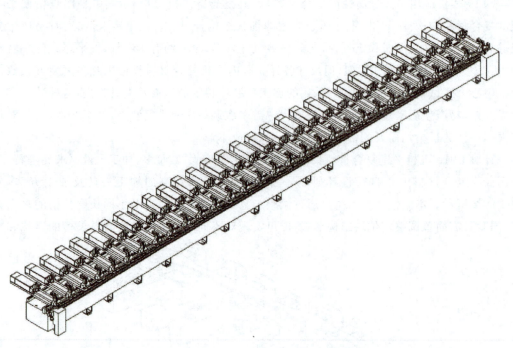

图10.34　FOOKE ENDURA 609LINEAR柔性装卡系统

复合材料平尾长桁因刚性差、端头形状复杂、加工表面易分层劈裂，为有效的抑制振动，保持较小的切削力，设计一套合适的加工工艺非常关键。其中加工刀具的选择尤为重要，C919客机平尾长桁加工刀具选择了某公司交叉刃金刚石涂层立铣刀，如图10.36所示。该刀具切削力较小，加工寿命长。另通过优化加工路径及加工参数，形成了一套稳定可靠的C919客机平尾长桁加工工艺。

图 10.35 C919 客机平尾长桁柔性装卡应用现场

图 10.36 C919 客机平尾长桁加工用金刚石涂层交叉刃立铣刀

10.3.2 复合材料结构高压磨料水射流加工技术在航空航天领域的应用

10.3.2.1 复材高压磨料水射流加工技术在国外民用航空的应用实例

为了开发更轻,更高效和更耐用的飞机,空中客车公司越来越多地将工程复合材料应用于飞机设计。新型 A350 XWB 飞机复合材料的用量超过 50% 机身重量,CFRP 组件包括机翼、机身、尾翼、翼梁和龙骨梁。空中客车公司通常使用 CNC 加工中心来加工复合材料,加工后的结构件通常需要去除毛刺,然而,磨料水射流在 A350 XWB 应用中具有明显的经济优势。虽然快速主轴中的铣刀可能达到相当于每小时约 50 英里的切削速度,但是磨料水射流机器以大约 3 马赫的速度将磨料输送到工件上,这种差异对于空客尤为重要。磨料和其他消耗品的成本低于铣削零件所需的切削刀具和其他类似的消耗品,并且因为更快的切割速度意味着零件的加工时间缩短。除了更快的切割和避免对工件的损坏之外,磨料水射流加工复合材料的其他优势包括:无灰尘、没有热影响区与无刚性夹紧。CFRP 工件的无支撑边缘在铣削期间易于振动。因此,在加工中心上加工复合结构通常需要精心设计的夹具,以便在修整边缘处仔细且刚性地夹紧工件,根据零件的精确轮廓构建的真空夹具很常见。但是使用磨料水射流,切割力很小,虽然也夹持工件,但不需要刚性定制工具。因此,A350 XWB 上的 CFRP 结构件都将使用磨料水射流加工。

空中客车公司采用了 Flow International 公司的磨料水射流机床进行复合材料结构件的加工,图 10.37 为磨料水射流加工孔的图片。为了在磨料水射流加工复杂形状结构 CFRP 结构件时固定和装夹零件,采用了"可

图 10.37 磨料水射流加工孔

编程工件夹具系统",如图 10.38 所示,该系统由一系列头部可调整的柱状支撑柱组成,每个支撑柱的垂直位置都可以独立设置,因此整个系统可以跟随零件的轮廓进行调整。更换零件时可编程工件夹具系统调整位置只需要大约 2 min,这比从机床上移动整个夹具节省了许多时间,装夹好的机翼蒙皮如图 10.39 所示。

为了加工飞机蒙皮上的侧壁、加强筋和桁架,采用了侧面喷嘴的结构,如图 10.40 所示,可用于在狭窄空间内进行切割。并且,飞机结构的轮廓可能相互重叠,这意味着从切口出来的磨料流可能撞击部件的其他表面。为了防止这种情况,C 形收集器(图 10.41)可以拦截喷射器出口侧的磨料流。该装置内有吸能结构,可以吸收喷射能量,拦截和回收磨料流。加工的 A350 XWB 的机翼蒙皮如图 10.42 所示。

图 10.38　可编程工件夹具系统

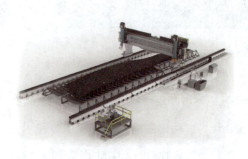

图 10.39　机翼蒙皮装夹在磨料水射流机床上

图 10.40　侧向喷嘴

图 10.41　C 形收集器

图 10.42　磨料水射流加工 A350 XWB 的机翼蒙皮(长达 40 m)

同时，切削加工在许多复合材料应用中仍然有用，因此，配备了旋转主轴（图10.43）。实际上，某些特征必须采用切削方式加工，如磨料水射流可以加工一个孔，但它不能加工沉头孔，因此，一些磨料水射流机床包含旋转主轴以满足这种需要。配备主轴的另一个更重要的优势是它允许机器使用探头，可以对零件加工质量进行在机检查。当然水射流系统可以配备5轴切割头，这增强了制造灵活性，能够进行倾斜切割和控制切口，以确保最佳的零件质量，并具有内置的测量工作探头。

图10.43　磨料水射流机床上配备的旋转主轴

10.3.2.2　高压磨料水射流加工技术在国内民用航空的应用实例

为了将高压磨料水射流加工技术应用于国内民用飞机复合材料结构中，中国商飞复合材料中心开展了大量复材高压磨料水射流基础工艺试验及应用技术研究。通过基础工艺研究获得了适用于民用航空中常用、典型高性能复合材料的磨料及射流参数、加工工艺参数等加工关键要素，形成了较完备的加工工艺数据库，新编了复合材料高压水切割加工民用飞机工艺规范。并在此基础上，已成功将复合材料高压磨料水射流加工技术应用在了复合材料机翼预研项目、国产C919客机及CR929宽体客机研制中。

为了加强大型复合材料结构件高压磨料水射流加工能力，中国商飞复合材料中心采购了一套美国FLOW公司CNC大型高压水切割加工中心。该加工中心与上述A350XWB机翼蒙皮加工用设备相似，配备高压磨料水射流切割头和机械钻铣电主轴，同时具有磨料水射流和机械铣削、制孔功能，其中磨料水射流切割头也配备标准PASER切割头和两个SIDE-FIRE侧向切割头。另配备真空吸盘柔性支柱夹具系统，可快速定位和装卡大型复合材料结构件，还配备RENISHAW在线测量系统，可在机对加工零件进行尺寸检测。

中国商飞复合材料机翼壁板及梁的加工采用了该设备，并成功应用了高压磨料水射流加工技术。

复合材料机翼壁板的装卡定位采用该设备的真空吸盘柔性支柱夹具系统，壁板的修边加工优先采用高压磨料水射流加工工艺，辅以铣削加工，其中四周轮廓修边选用标准PASER水切割头，长桁腹板的加工采用SIDE-FIRE水切割头，长桁端头加工采用机械铣削加工。壁板开孔及装配初孔的制备采用机械制孔完成。壁板外形及长桁轴线测量采用设备自带的在线测量系统完成。图10.44为中

图10.44　中国商飞复材机翼壁板加工现场

国商飞复合材料机翼壁板高压磨料水射流加工现场。

复合材料机翼梁的加工也采用了该设备加工,定位装卡采用自制真空吸附平台,加工装卡如图 10.45 所示。其中梁的缘条修边加工采用高压磨料水射流加工工艺完成,腹板及缘条牺牲层的加工采用机械面铣加工工艺完成,腹板及缘条上装配初孔采用机械制孔加工工艺完成,加工前后及加工过程中外形型面检测采用设备在线检测系统完成。

图 10.45　中国商飞复材机翼梁加工测量现场

10.4　复合材料结构加工技术发展前景预测

复合材料由于其优异的机械性能促进了其在各工程领域的大量应用,为了提高生产率,许多传统加工和特种加工工艺用于加工复合材料,随着复合材料的使用量和尺寸的增加,结构件的尺寸公差显著缩小,精度要求越来越高。因此,加工比以往任何时候都更加重要。为了更加灵活的加工复合材料,科研人员与生产技术人员在不停地探索新技术与新方法。本节主要针对复合材料加工技术可能突破的加工理论与加工技术进行总结。

10.4.1　复合材料结构传统加工技术发展趋势

经过 30 多年的理论分析与实践应用研究,在复合材料切削理论方面取得了一定的共识,但也存在许多分歧,相关研究结论存在相互矛盾的问题,还没有形成一套向金属材料加工一样完善的理论体系。这主要是对复合材料与切削刀具之间的相互作用并没有完全掌握,目前的分析主要基于正交切削试验,但复合材料的铣削、钻削、车削等各种加工方式远比正交切削复杂,因此,探索复合材料的切削机理的工作还将继续进行,各种新的理论与方法还在不断的提出与完善过程中。

切削工具通常在工件/刀具界面处经历高温,导致复合材料的热软化甚至热降解,对刀具磨损和刀具寿命也有显著影响。由于复合材料特性差异,目前缺乏对复合材料加工过程中切削温度的深入研究。随着试验检测的发展,如微传感器的应用将有助于监测热响应并评估复合材料切削温度。由于切削温度总是影响刀具磨损,仍需要进行进一步的工作以定量地关联温度和刀具磨损。

在单向复合材料加工的数值模拟方面已经进行了大量研究,包括宏观建模、微观建模与宏观/微观建模方法,但研究的重点是正交切削。未来的工作应该更多地关注三维建模,用以模拟更复杂的过程,如钻孔、铣削等。另一方面,所有的研究都集中在工件材料上,缺乏对刀具方面的数值模拟,而刀具的数值建模可以指导刀具设计和加工参数优化,以最小化刀具磨损并最大化刀具寿命。另外,离散单元法也是一种模拟与预测复合材料/刀具相互作用机制的非常有前途的方法。

虽然研制了多种适用于复合材料加工的涂层材料和特殊结构的刀具,有效地提高了加工质量,延长了刀具的使用寿命,但大多数工作都是通过加工工艺试验与对比分析来进行的,刀具结构设计主要取决于实践经验而不是合理的理论标准。实验发现一些设计的刀具结构优于其他刀具结构,但是,没有明确的理论解释揭示改进的内在机制。并且,应加强刀具寿命管理,跟踪刀具的加工时间非常重要,因为复合材料具有磨蚀性,刀具磨损快。这为管理刀具寿命带来了两个问题:首先,当刀具如此快速地改变尺寸时,会使维护公差变得更加困难,这增加了操作员管理该变化以维持公差的更大负担;其次,当刀具变钝时,将更容易产生不可接受的表面质量,导致零件报废,刀具寿命管理可以在磨损到足以损坏零件之前更换刀具。

虽然目前复合材料的加工主要在CNC机床上进行,但由于机器人的发展速度更快,对复合材料复杂结构件的加工提供了更大的灵活性,因此,复合材料的机器人加工将成为一个主流方向。

另外,复合材料结构件加工前的定位与加工后的检测也非常重要,如果工作需要在多台机器和固定装置之间移动,那么复合材料维持公差将变得更加困难。如果可以在一个设置中在同一机床上完成所有加工和检查,则维护所需的公差要容易得多。因此,复合材料的加工设备应具有多种加工功能,并配备定位与在机检测装备,如激光检测与基于激光的定位系统。

随着航空航天领域对复合材料装配质量要求的不断提高,复合材料加工技术的难度也随之增大,新的加工方法也在不断的研究和完善中,如螺旋铣孔和超声振动辅助加工等新工艺方法得到了大量的试验和仿真研究,并取得一定的有益效果。因此,将来这些新的工艺方法将会进一步应用到复合材料的加工中。

10.4.2 复合材料结构特种加工技术发展趋势

10.4.2.1 磨料水射流加工技术发展趋势

在磨料水射流加工理论与加工工艺方面,还需要进一步研究复合材料加工表面的几何精度、表面形貌、复合材料纤维拉出等缺陷以及喷嘴磨损。此外,还需要研究各种工艺参数对切口特性、表面粗糙度、材料去除率与可加工性的影响,并优化工艺参数。

通过不断的研究和开发,磨料水射流技术正在发展,研发工作目前主要集中在新的喷射操纵技术和软件上,以消除锥度、提高切割速度、零件精度和公差。目前,很多复合材料结构件都采用磨料水射流加工技术进行修边,当前主要的限制是技术的年轻性,磨料水射流加工复合材料所需的知识和技术需要大量的经验来避免风险。

随着机器人系统设计的进步,将机器人与磨料水射流加工结合在一起制造机器人水射流系统是磨料水射流的一个重要的发展方向。为了提高产量,多个磨料水射流切割机器人可以并排工作,可以同时在多个零件上,也可以在同一个零件上。

另外,磨料水射流喷射产生的噪声对操作人员听力造成损伤,需降低噪声水平提供安全的工作环境。

对于复合材料结构件,应采用磨料水射流加工还是常规切削加工,主要取决于结构件的几何尺寸和形状。大型结构件可以首选磨料水射流加工,因为用磨料水射流切割工件时,不需要使用专门的夹具。但是,用磨料水射流加工一些特殊廓形工件会出现一个问题,即用喷射水流切割预定的加工面时,可能会意外切割到工件上其他一些不应切割的表面。如果某个结构件的廓形使其本身几乎能平行对折,可能就不适合采用磨料水射流切割,而必须在加工中心上切削加工。加工精度就是一个重要因素,加工中心的精度更高,因此更适合加工公差要求严苛的复合材料结构件。

10.4.2.2 激光加工技术发展趋势

目前,激光加工应用到复合材料结构件的加工中还需要解决一些关键问题,如应控制传导到基体中的热能,因为会产生 HAZ,导致基体性能退化、基体分解和纤维分层;进行复合材料加工过程的建模、模拟和实验研究,包括基体中的激光吸收和纳米尺寸的颗粒;分析多次扫描策略增加 CFRP 的切割厚度的可行性与可靠性;使用两个相邻激光脉冲共同作用时复合材料的性能变化;研究消融蒸汽的流速与加工深度的相互关系;评估不同加工参数下的复合材料的可加工性;评估复合材料激光加工相关的危害性。只有在解决以上关键问题的基础上,复合材料的激光加工技术才能广泛地应用到生产实践中。

参考文献

[1] KRISHNAMURTHY K. A neural network thrust force controller to minimize delamination during drilling of graphite-epoxy laminates[J]. International Journal of Machine Tools & Manufacture,1995,36(9):985-1003.

[2] KOPLEV A. Cutting of CFRP with single edge tools[J]. Advances in Composite Materials,1980:1597-1605.

[3] SHEIKH-AHMAD J Y. Machining of Polymer Composites[M]. New York:Springer Science + Business Media,LLC,2009.

[4] DAVIM J P. Machining Composites Materials[M]. London & Hoboken:ISTE Ltd and John Wiley & Sons,Inc.,2010.

[5] 陈明,安庆龙,明伟伟. 复合材料制孔技术[M]. 北京:国防工业出版社,2013:50-51.

[6] 张厚江,陈五一,陈鼎昌. 碳纤维复合材料钻削孔分层缺陷的研究[J]. 中国机械工程,2003,14(22).

[7] KARIMI N Z,HEIDARY H,MINAK G,et al. Effect of the drilling process on the compression behavior of glass/epoxy laminates[J]. Composite Structures,2013,98:59-68.

[8] MOSELEY S G,BOHN K P,GOEDICKEMEIER M. Core drilling in reinforced concrete using polycrystalline diamond (PCD) cutters:Wear and fracture mechanisms[J]. International Journal of

Refractory Metals and Hard Materials,2009,27(2):394-402.

[9] 韩胜超.CFRP侧铣加工工艺研究[D].南京:南京航空航天大学,2014.

[10] KARPAT Y,BAHTIYAR O,DEGER B. Mechanistic force modeling for milling of unidirectional carbon fiber reinforced polymer laminates [J]. International Journal of Machine Tools and Manufacture,2012,56:79-93.

[11] DAVIM J P,MATA F. New machinability study of glass fibre reinforced plastics using polycrystalline diamond and cemented carbide(K15)tools[J]. Materials & design,2007,28(3):1050-1054.

[12] MALKIN S,GUO C. Grinding technology:theory and application of machining with abrasives[M]. South Norwalk:Industrial Press Inc.,2008.

[13] NEGARESTANI R,Li L. Fibre laser cutting of carbon fibre-reinforced polymeric composites[J]. Proceedings of the Institution of Mechanical Engineers,Part B:Journal of Engineering Manufacture,2013,227(12):1755-1766.

[14] STOCK J,ZAEH M F,CONRAD M. Remote laser cutting of CFRP:Improvements in the cut surface[J]. Physics Procedia,2012,39:161-170.

[15] HU J,XU H. Pocket milling of carbon fiber-reinforced plastics using 532-nm nanosecond pulsed laser:An experimental investigation[J]. Journal of Composite Materials,2016,50(20):2861-2869.

[16] HERZOG D,SCHMIDT-LEHR M,CANISIUS M,et al. Laser cutting of carbon fiber reinforced plastic using a 30 kW fiber laser[J]. Journal of Laser Applications,2015,27(S2):S28001-7.

[17] SALAMA A,LI L,MATIVENGA P,et al. High-power picosecond laser drilling/machining of carbon fibre-reinforced polymer(CFRP)composites[J]. Applied Physics A,2016,122(2):73.

[18] ONUSEIT V,PRIEß T,WIEDENMANN M,et al. Productive laser processing of CFRP[C]// Proceedings of Lasers in Manufacturing Conference. 2015:268.

[19] BLUEMEL S,BASTICK S,STAEHR R,et al. Laser cutting of CFRP with a fibre guided high power nanosecond laser source-influence of the optical fibre diameter on quality and efficiency[J]. Physics Procedia,2016,83:328-335.

[20] HERZOG D,SCHMIDT-LEHR M,OBERLANDER M,et al. Laser cutting of carbon fibre reinforced plastics of high thickness[J]. Materials & Design,2016,92:742-749.

[21] 曹增强,于晓江,蒋红宇,等.复合材料的切割[J].航空制造技术,2011,15:32-35.

[22] 龚佑宏,韩舒,杨霓虹.纤维方向对碳纤维复合材料加工性能影响[J].航空制造技术,2013,23/24:76-79.

[23] GONG Y H,YANG N H,HAN S. Surface Morphology in Milling Multidirectional Carbon Fiber Reinforced Polymer Laminates[J]. Advanced Materials Research. VoL 683,2013:158-162.

[24] 龚佑宏,韩舒,杨霓虹.表面铜网结构CFRP铣削加工性能研究[J].航空制造技术,2015,19:86-89.

[25] 龚佑宏,韩舒,晏冬秀,等.碳纤维复合材料表面铣削加工工艺性能研究[J].第二届上海复合材料学术会议论文集,2017.

[26] 魏威,韦红金.碳纤维复合材料高质量制孔工艺[J].南京航空航天大学学报.2009,41(增刊):115-118.

[27] ARUL S,VIJAYARAGHAVAN L,MALHOTRA·S K,KRISHNAMURTHY R. Influence of tool material on dynamics of drilling of GFRP composites. Int J Adv Manuf Technol,2006,29:655-662.

[28] 于晓江,曹增强,蒋红宇,等.碳纤维增强复合材料结构钻削工艺[J].航空制造技术,2010,15:66-70.

[29] 于晓江,曹增强,蒋红宇,等.碳纤维复合材料与钛合金结构制孔工艺研究[J].航空制造技术,2011,3:95-97.

[30] 李琳琳,顾翔,朱永伟.微细旋转超声加工材料去除机理及试验[J].宇航材料工艺,2018,48(3):78-81.

[31] 谢海龙,董志刚,康仁科,等.C/E复合材料螺旋铣孔切屑形状与切削温度研究[J].北京航空航天大学学报,2017,43(2):328-334.

第 11 章 复合材料结构修理技术

在航空领域,为了确保飞机的正常使用,延长飞机的经济寿命,需要对飞机受损部位进行修理,或对受损构件进行更换。由于现代飞机设计、制造成本昂贵,而飞机结构的损伤绝大多数具有局部性和多发性的特点,对于那些不很严重的损伤,更换损伤结构,非但不必要,而且将花费大量的人力、物力和财力,延长飞机的停飞时间,造成浪费。最经济、最有效的方法就是对飞机的受损部位进行修理,以完全或部分恢复构件的承载能力,保证飞机使用安全性并节约成本。

飞机在其服役过程中,各种突发事件和环境等因素,都会不可避免地给它带来不同程度的损伤,复合材料结构损伤会大大降低结构强度。对于受损结构,为增强其安全性、可靠性,保证其在寿命期内的正常使用,恢复其使用功能和完整性,进行修理是十分必要和重要的。

波音公司 2019 年预测,未来 20 年中国民用航空市场将需要 8 090 架新飞机;而空客 2018 市场预测报告指出,未来 20 年中国将需要 7 400 架新飞机。民用飞机制造商正在推进复合材料在民机领域的大量应用,未来大量高复合材料用量的民机将在我国的民机市场运营,使得我国飞机复合材料结构的修理技术提高成为迫切需要解决的问题。

复合材料修理关键技术包括修理选材、修理方案设计、工艺实施以及无损检测、质量评估等。其中,复合材料修理方案的依据包括损伤类型、静强度和稳定性、修理后的耐久性、刚度要求、气动要求、隐身性能、质量平衡、工作温度、密封性、防雷击、二次损伤、设备、时间限制等。对于方案设计,国外已开发了复材修理软件,可采用演算法得出最佳修补参数;而国内尚无成熟的复材修理方案设计软件及手册,技术标准也未建立,但国内学者对胶接修理结构和机械连接修理结构的力学性能测试及表征已进行大量试验和有限元计算,中国商飞就修理材料与工艺已开展相关技术研究。

11.1 复合材料结构修理技术与装备

11.1.1 复合材料结构修理技术

11.1.1.1 复合材料结构缺陷与损伤分类

常见的复合材料典型结构有平板、加筋板、夹层结构、编织结构等。复合材料结构在生产制造和使用过程中不可避免地会存在缺陷和遭受损伤。

缺陷通常属先天性的,常见的缺陷有分层、脱胶、压陷、孔隙、疏松、夹杂、富脂、贫脂、翘曲、畸变、铺层方向不准、角度超差、次序不对、厚度超差等,其来源主要是制造时未严格遵守工艺规范、质保质检措施不利等。缺陷有的能修理,有的是不能修理的,如分层、脱粘等可修,而铺层方向不准、次序不对等不可修。

损伤是后天性的,损伤通常包括分层、凹坑、孔洞、边缘撕裂以及紧固件孔边裂纹等。国内外复合材料的使用经验表明,损伤最主要的来源是外来物冲击。高能量冲击(一般是高速冲击)是指子弹、发动机碎片、鸟撞等外来物的冲击,通常产生穿透损伤,同时伴随有一定范围的分层。雷击也可能击穿结构蒙皮,产生深度分层和烧灼,这些损伤均目视可见。低能量冲击(其中多数是低速冲击)是指生产或维护用工具的掉落,叉车、卡车和工作平台这一类维护设施的撞击,操作人员无意中发生的粗暴踩踏,起飞或着陆时从跑道上卷起的石头、螺钉、轮胎碎片的撞击,以及地面停放或空中飞行时冰雹冲击等。低速冲击损伤是不易预测且危害最大的损伤。大量试验结果表明,低速冲击损伤对结构的性能影响较大,明显可见冲击损伤和严重冲击损伤可使结构的剩余强度下降到结构许用值之下,严重威胁飞行安全。

11.1.1.2 损伤容限与修理容限

损伤容限是指具有缺陷或损伤的结构在规定的使用期内应有足够的剩余强度。损伤容限的主要目的是保证安全性。损伤容限设计是承认结构在使用前带有初始缺陷,在使用中将出现损伤和损伤扩展,但必须把这些缺陷或损伤在未修使用期内的增长控制在一定范围内,在此期间,结构的强度就保证飞机的安全性和可靠性。因此,损伤容限设计的目的是保证飞机结构在未修使用期内,结构的剩余强度仍然能满足使用载荷要求,结构不会出现破坏或过分变形。

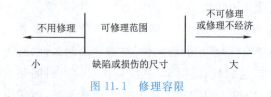

图 11.1 修理容限

修理容限是构件缺陷或损伤要修与不要修、能修与不能修的界限,如图 11.1 所示。

损伤容限是对结构设计的要求,而修理容限是结构可修性的界限。损伤容限的研究内容是研究具有损伤结构的静、动剩余强度,并以此为依据进行设计。修理容限研究内容要根据结构的强度和刚度要求,分别研究在损伤情况下的剩余性能,同时要结合修理人员的修理设计、工艺水平和修理经济性等因素统一考虑,确定是修理还是更换。

工程设计需要通过大量的试验数据和分析,将损伤和修理容限定量化,且该量化值满足持续适航要求,即确定了缺陷/损伤的验收标准。因此,修理验收标准的定量直接决定了损伤和修理容限,进而决定了修理方案的选择。修理容限属于可修性的界限,与结构安全性与可操作性密切相关。例如,波音 777 飞机内侧主副翼下蒙皮允许修理的最大损伤直径为 101.6 mm;F-18 规定蜂窝结构分层大于 50 mm,开胶大于 75 mm,层压板分层大于 75 mm 时报废不可修。

复合材料结构的应用部位不同,如主承力结构、次承力结构和其他类型结构,其受力形式和要求是不同的,从而其修理容限也是不一样,需要工程部门在理论计算的基础上确定具体的修理容限。为提高效率,对不严重的损伤,在制造过程中,可将部分缺陷或损伤的允许及可修界限完善在零件的验收技术文件中;在使用过程中可将部分缺陷或损伤的允许及可修界限体现在结构修理手册中。对严重的损伤,由工程部门具体分析后确定。

11.1.1.3 修理方案设计

根据复合材料结构损伤的修理容限评定结果,工程部门需要给出具体的修理实施方案。

对于超出允许损伤界限且未超出可修理损伤界限的损伤,工程部门需要根据损伤缺陷的类型、尺寸等信息及该复材结构所使用的环境,明确修理选材和修理技术方法,如树脂填充修理、树脂灌封修理、胶接贴补修理、胶接挖补修理、机械连接修理等,进而可通过该复合材料损伤结构的修理仿真模拟分析,初步判定修理方案的可行性,并明确修理后所需要达到的验收标准。

11.1.1.4 修理材料选择

1. 选材原则

修理材料是指直接应用于可修复的飞机损伤结构件的修理用材料,因此需要满足一定的选材要求。修理材料必须是由设计部门批准的、经过材料验证满足规范或修理手册要求的材料。对于民用飞机的修理,修理所用的材料必须符合规范、设计要求或结构修理手册的要求,以满足适航要求;对于军用飞机的修理,修理用材料也必须满足修理材料规范和设计部门的要求。

一般飞机的修理分为永久性修理和临时性修理,根据修理方式的不同,修理材料的选择也不同。

当进行永久性修理时,修理材料的选择需遵循以下原则:(1)修理所用材料需要和飞机损伤结构上相同的预浸料;(2)在符合规范、设计要求或结构修理手册要求时,也可以使用同类型、同级别的预浸料作为替代材料;(3)在符合规范、设计要求或结构修理手册要求时,还可以选用双组份树脂和干纤维织物作为湿铺层修理的补片材料。

当进行临时性修理时,需遵循以下原则:(1)修理材料的增强材料一般选用织物;(2)修理材料的树脂基体或胶粘剂一般采用双组份体系,且应适用于湿法成型工艺,易于浸润增强材料;(3)在室温或较低温度下能快速固化;(4)适用于接触压成型或真空压力成型工艺;(5)尽量无毒害,便于操作人员进行临时性修理。

2. 常用修理材料

目前,航空航天领域常用的复合材料主要是纤维增强树脂基复合材料,增强纤维主要有碳纤维、芳纶、玻璃纤维以及其织物,树脂基体则主要是环氧树脂、双马来酰亚胺树脂以及酚醛树脂等热固性树脂基体。根据此类复合材料结构件的特征,常用的修理材料主要包括预浸料、胶粘剂、增强材料(干纤维或织物)、蜂窝/泡沫材料和其他辅助材料,根据选材原则,修理材料基本包含在通常的复合材料零件制造所用材料范围之中。

预浸料:根据成型工艺,修理用预浸料分为热压罐成型预浸料和真空成型预浸料。根据固化温度的不同,预浸料可分为中温固化(120 ℃)和高温固化(180 ℃)预浸料。在复合材料结构修理中,预浸料作为修理材料主要用于制造预固化补片或者在真空条件下进行共胶接修理,而且要根据原结构的材料来选择符合规范、设计要求或相应结构修理手册规定的预浸料。

胶粘剂：根据用途的不同，常用的胶粘剂主要有胶膜、双组份树脂和发泡胶等几类。胶膜可将修补材料与损伤复合材料结构件进行共胶接，还可实现非金属结构与金属结构之间的胶接修补。双组份树脂一般为低黏度环氧树脂体系，在湿铺贴修理中浸润增强纤维织物，主要用于修理复合材料结构件的表面压痕、分层、脱胶等缺陷和损伤。发泡胶主要是膏状或片状的环氧树脂胶粘剂，按照固化温度的不同，发泡胶也分为中温固化发泡胶和高温固化发泡胶两大类，主要用于蜂窝块的拼接、填充蜂窝孔格和带有间隙的两结构件之间的胶接。

增强材料：主要包括碳纤维、玻璃纤维、芳纶纤维等干纤维或织物，主要用于湿铺层修理中制作湿法铺层。

蜂窝材料：复合材料结构件修理用蜂窝材料主要是非金属蜂窝芯材，分为芳纶纸蜂窝芯材和玻璃布蜂窝芯材，被广泛应用于夹层结构修理中。

辅助材料：复合材料结构修理过程中，通常需要使用各种工艺辅助材料，主要包括真空袋、密封胶条、无孔和有孔隔离膜、吸胶材料、透气材料、压敏胶带、脱模布等。

3. 修理材料储存和使用要求

在修理材料中，需要特别注意储存条件和使用要求的是和树脂相关的材料，包括预浸料、胶粘剂和胶膜、双组份树脂、发泡胶等。

预浸料、胶膜和发泡胶通常都需要储存在冷库温度在－18 ℃以下的冷冻环境中，而且需要用防潮塑料袋密封存放，注意存放时的密封塑料袋一定不可破损，以免存放过程中水分进入材料中而导致整个材料的报废。对于每一种预浸料和胶膜，都有相应的材料规范对其存放条件作出严格规定。

对于预浸料、胶膜和发泡胶的使用，需要先将材料从冷库中取出，待其温度达到室温后，并且密封塑料袋上无冷凝水时，方可打开密封塑料袋将材料取出。材料不用时，应立即重新用防潮塑料袋密封并放回冷库内储存。预浸料和胶膜在存放过程中，在冷库内放置的时间和在冷库外放置的时间都应认真做好记录，以免超过材料规定的储存寿命。当冷库内的存放时间和冷库外的存放时间中任一项超过了相应材料规定的存放期限，则此预浸料或胶膜就不能再使用。在修理过程中，要注意修理操作工艺过程一定要在预浸料或胶膜的操作寿命以内完成。

双组份树脂一般也要求低温储存，储存条件以及材料的存放寿命在相应的材料规范中有明确的规定。当使用时，应先从低温环境中取出并解冻，然后严格按照重量配比进行取料，取料完成后应立即将容器重新密封好。当树脂和固化剂混合均匀后，必须尽快将其涂抹或注射在修补区域或者用于浸渍增强纤维织物，而且应在其使用活性期内完成修理。

11.1.1.5　主要修理工艺技术

目前，国内外复合材料结构修理技术主要包括树脂填充修理、胶接修理、机械连接修理三大类，国内在复合材料夹层结构等次承力结构件的修理技术应用较多，但在主承力结构中的应用尚不够成熟，也是今后复合材料修理技术应用的主要研究领域之一。

1. 树脂填充修理

在复合材料结构件的制造、装配或运输过程中,有时不可避免地会出现一些损伤。而对于表面凹坑、表面划伤、钻孔或锪窝损伤、分层等缺陷,在工程设计允许返修或工程处理后允许修理的前提下,通常采用树脂填充修理的方法对此类损伤的复合材料结构件进行修理。

树脂填充修理工艺一般使用双组份树脂,修理工艺流程根据缺陷类型的不同,有一些差异,具体操作流程如下所述。

修理表面凹坑或划伤的树脂填充工艺流程:
(1)砂纸打磨损伤区域,并真空除尘;
(2)用溶剂(一般用丙酮或甲乙酮)清洗损伤区域;
(3)将双组份树脂按使用要求进行配制;
(4)用刮板或刷子将树脂均匀涂覆在损伤区域;
(5)将树脂按要求进行固化;
(6)固化完成后,再用砂纸打磨至表面平整,不可伤及纤维;
(7)按工程验收标准对修理区域进行检测。

钻孔损伤或锪窝损伤的树脂填充修理工艺流程:
(1)将损伤孔斜坡打磨或锪窝;
(2)清洗损伤区域;
(3)按工程要求准备短切纤维(可选);
(4)配制双组份树脂;
(5)将短切纤维与树脂混合,并搅拌均匀(可选);
(6)填充孔,并按图 11.2 所示进行损伤区域封装;

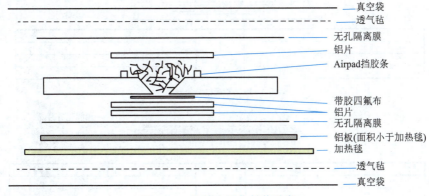

图 11.2　孔填充固化封装示意

(7)按树脂固化制度固化;
(8)固化完成后,再用砂纸打磨至表面平整,不可伤及纤维;
(9)按工程验收要求对修理区域进行检测。

分层的树脂填充修理工艺流程:
(1)检测并标注分层位置与尺寸;

(2) 在缺陷的边缘钻两个孔，钻孔尺寸由工程指定；

(3) 清洗损伤区域；

(4) 配制双组份树脂；

(5) 用注射器将混合树脂从其中一个孔注入，在另一孔处抽真空以使树脂填充缺陷，至树脂将溢出为止，如图 11.3 所示；

(6) 按树脂的固化制度固化；

(7) 按工程验收要求对修理区域进行检测。

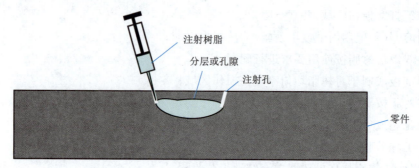

图 11.3　分层的填充修理示意

2. 胶接修理

胶接修理一般分为贴补修理和挖补修理两种基本的修理方法。

贴补修理是指在损伤结构的外部，通过二次胶接或共胶接来固定外部补片以恢复结构的强度、刚度以及使用性能的一种修理方法，如图 11.4 所示。贴补修理主要适用于气动外形要求不严格的结构损伤，其施工简单、修补质量高，适用于外场条件。

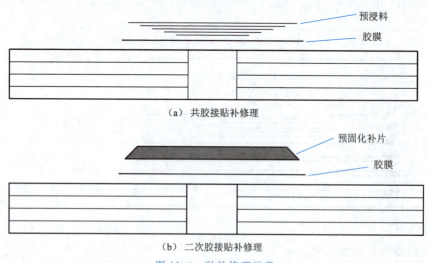

图 11.4　贴补修理示意

贴补修理工艺的一般流程包括：检测评估确定损伤及修理区域、修理区域准备、补片制作及准备、实施修理、修理区固化、修理后检测、根据零件结构特点恢复其他特性，流程如图 11.5 所示。

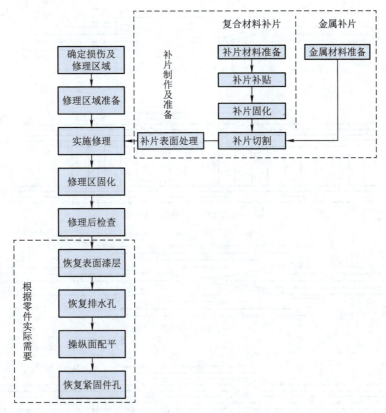

图 11.5　复合材料贴补修理的一般流程

挖补修理是指将结构上的缺陷或损伤部位挖除,再补以新材料的一种胶接修理方法。根据损伤去除方法的不同,又可以划分为斜削法和阶梯法。挖补修理适用于修理损伤面积较大、较严重的损伤。对于曲率较大或有气动外形要求的表面具有一定的优越性,增加重量小,可作为永久性修理。在外场条件下,这种修理方式比贴补法施工更困难,修理周期较长,因此大多数情况下在大修厂或生产厂采用。

根据损伤零件的结构形式,挖补修理可分为层压板挖补修理和夹层结构挖补修理;从损伤的程度分类,挖补修理可分为非穿透性损伤挖补修理和穿透性损伤挖补修理,其中穿透性损伤挖补修理可以采用双面修理或单面修理,如图 11.6 所示。

复合材料层压板挖补修理和夹层结构挖补修理的工艺流程有一些差别,具体操作方式如下所述。

复合材料层压板挖补修理的一般流程包括:检测评估确定损伤及修理区域、修理区域准备(待修理区域打磨)、修补层制作、实施修理、修理区固化、修理后检测、根据零件结构特点恢复其他特性,流程如图 11.7 所示。

复合材料夹层结构挖补修理的一般流程与层压板挖补修理流程类似,但对于夹层结构芯材损伤的情况,还需要进行芯材替换,主要流程包括:检测评估确定损伤及修理区域、修理

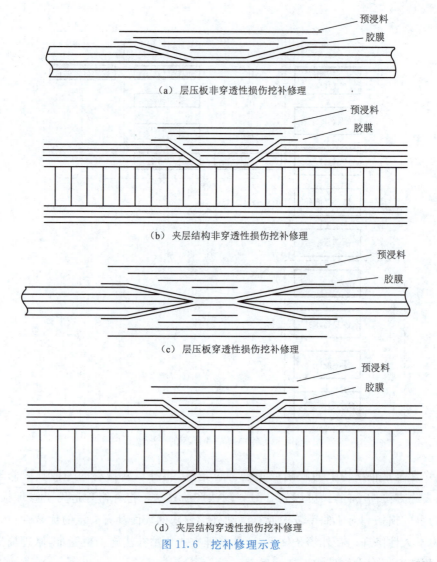

图 11.6　挖补修理示意

区域准备(待修理区域打磨)、修理芯塞制备、修理芯塞替换和固定、修补层制作、修补层实施、修理区固化、修理后检测。

3. 机械连接修理

机械连接修理是指在损伤结构的外部或内部用螺栓或铆钉固定一个加强补片,使损伤结构遭到破坏的载荷传递路径得以重新恢复的一种修补方法。

机械连接修理的一般工艺流程:

(1)通过目视及无损检测,确定缺陷或损伤尺寸。

(2)根据修理方案,制作修理补片,由工程指定使用复合材料补片或钛合金补片以及补片的尺寸、厚度等。

(3)确定补片和损伤结构母板的钻孔位置及钻孔方式。

(4)固定补片。

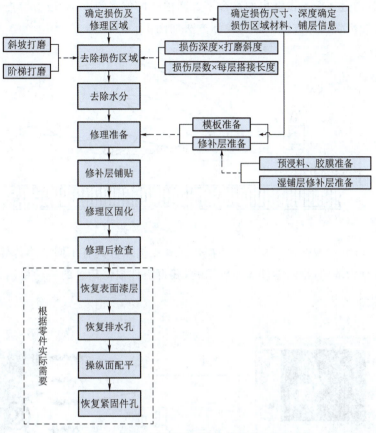

图 11.7　复合材料层压板挖补修理的一般流程

(5) 实施钻孔。单面机械连接的组合形式有复材—复材制孔，复材—钛合金制孔，钛合金—复材制孔；双面机械连接的组合形式有复材—复材—复材制孔，钛合金—复材—钛合金制孔等。

(6) 进行机械连接修理，如安装紧固件等。

(7) 按工程验收要求进行检测。

11.1.1.6　缺陷检测与修理效果评价

复材零件缺陷检测和修理后的效果评价一般采取目视及无损检测的方法。在研究过程中，辅以金相观察及力学测试相结合的方法以验证修补后的内部质量及力学性能恢复情况。

1. 目视检测

目视检测，不仅可以检测飞机的损伤缺陷，而且可以对飞机损伤结构修理后的效果进行检查。采用目视检测可以发现撞击损伤、压痕、擦伤、边缘分层、边缘脱胶、裂纹、紧固件损伤、雷击和烧伤等损伤。有时还必须借助其他工具，如手电筒、反光镜、放大镜、内窥镜等辅助工具。

2. 无损检测

无损检测包括敲击检测、红外检测、射线检测、超声波检测等。

敲击检测:通过连续敲击发出的声音来判断损伤的位置和大小,敲击检查是与目视检测结合的最常用的声学检测方法。敲击检测方法如图11.8所示。

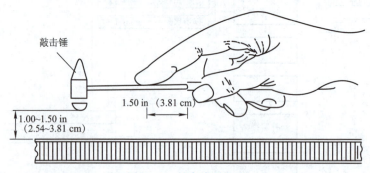

图11.8 敲击检测方法

红外检测:红外热成像检测是以零件损伤区和无损伤区具有不同的热传导、热扩散或热容量的变化特点为基础,绘制零件表面等温线,获得零件损伤信息的一种检测方法。红外检测原理如图11.9所示。

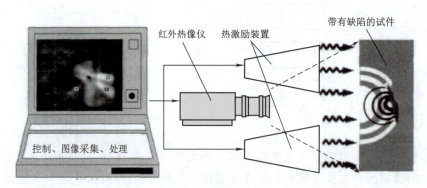

图11.9 红外检测原理

射线检测:射线通常包括X射线、Γ射线和中子射线。通过检测损伤与无损伤部位对射线的吸收能力差异判定损伤区的大小。射线检测可以检测出构件的表面裂纹,也可以检测出目视不可见的内部裂纹。对撞击、雷击等可目视损伤,可以采用射线法确定损伤程度。蜂窝夹芯结构中的积水可用X射线法进行检测,如图11.10所示。

超声波检测:在复合材料结构的无损检测中,超声检测技术是应用最为广泛的方法,高压脉冲的电信号通过传感器中的压电晶体转换为超声波脉冲的机械波信号发射出去,超声波穿透测试部件并通过液态耦合剂的传导作用最终到达接收传感器,从而再转换为电信号,超声检

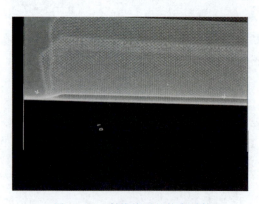

图11.10 射线检测的蜂窝零件

测仪器和计算机图形分析系统的结合,可以明显提高超声检测能力。它不但能检测分层、脱粘、气孔、裂缝、夹杂和孔隙率等重要的缺陷/损伤,而且在判别疏松、密度变化、弹性模量、厚度等材料特性和几何形状的变化方面也有一定的能力。超声检测如图11.11所示。

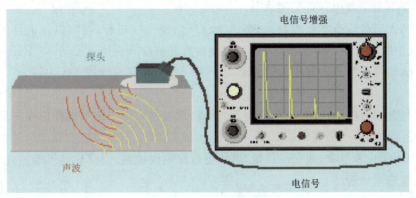

图11.11 超声检测示意

3. 金相观察

为更深入的了解零件内部质量,为评价修理后效果提供依据,通常在目视检测或无损检测后,辅助以金相观察,表征零件缺陷微观特征或计算孔隙率等,如图11.12所示。

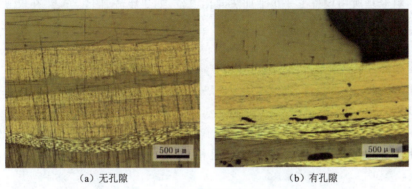

（a）无孔隙　　　　　　　　　　（b）有孔隙

图11.12 复合材料零件修理后金相图

11.1.2 复合材料结构修理装备

复合材料结构修理对装备有一定要求,包括修理实施环境、修理设备和修理工具等。

11.1.2.1 修理实施环境

复合材料结构修理的实施对环境有一定的要求,尤其是胶接修理的实施。一般情况下,其实施环境应与复合材料结构件铺贴环境（洁净间）一致,若修理在外场环境进行时,其实施环境也应达到一般工作间要求,具体如下:

1. 洁净间

对胶接修理中的材料解冻、下料、铺贴、修补封装操作应在满足环境要求的洁净间操作。洁净间的一般要求如下:

(1) 洁净间的温度应控制在 18~26 ℃，相对湿度 25%~65%。温度和湿度记录设备应位于便于日常检查的位置。

(2) 洁净间应有良好的通风装置、除尘设备和照明设施，照度达到 200 lx 以上。该区域应封闭，门在不使用时应保持关闭状态。

(3) 人员入口处应有污染控制设施，进入该区的空气应进行过滤，以保证该区域内大于 10 μm 的灰尘粒子含量不多于 10 个/L。定期检查并清洗或更换过滤器，以保证灰尘粒子满足上述要求，每两次检查的间隔时间应不大于 30 d。洁净间应维持正压力等。

2. 一般工作间

切割、打磨、蜂窝/泡沫加工、工装准备、脱模、常温嵌入件安装等操作应在一般工作间中进行。一般工作间的一般要求如下：

一般工作间应为清洁、明亮的环境；可以进行涂刷脱模剂、脱模以及工装清理等工作；应定期打扫，保持室内清洁。

3. 现场修补区

如果在外场进行胶接修理的材料准备、铺贴等操作不具备洁净间的要求时，可以建立现场修补区，现场修补区环境应满足一般工作间的环境要求。

11.1.2.2 修理设备

复合材料修理所用设备主要包括加热固化设备，如热压罐、固化炉、热补仪等；以及低温储存设备，如低温库等。

1. 热压罐

热压罐是复合材料制造及损伤胶接修理中最常用的加热固化设备，其主要功能是为成型/修理材料固化提供必要的温度、真空和压力。热压罐的设备精度，应满足相关工艺控制要求。

2. 固化炉

固化炉多用于复合材料损伤结构件的树脂填充修理的加热固化，以及复合材料结构件的干燥除水分。固化炉的温度均匀性，应满足相关工艺控制要求。

3. 低温库

复合材料修理所需要的材料，主要是预浸料、胶粘剂、树脂等，均需要在低温冷库进行储存。储存低温材料的低温库应符合相应修理用低温材料的储存要求，并有连续温度记录装置，低温库的配套仪表精度应满足相关材料存储控制要求。

4. 热补仪及附属设备

热补仪是外场修理时最重要的加热固化设备，可提供固化加热时的温度和真空压力的控制和记录。加热毯/电热毯是修补仪的重要配件，在修理时，由热电偶监测和反馈温度，通过热补仪进行程序控制和记录，使加热毯进行加热，完成修理。热补仪通常根据需要设置不同的固化工艺。由于外场使用的需求，一般热补仪均为便携式。

11.1.2.3 修理工具

1. 切割工具

在复合材料结构修理过程中，去除损伤区域时需要采用各种不同的手持切割工具，例如特形铣刀、切刀导架、样板、砂轮以及切割机等。特形铣刀如图 11.13 所示。

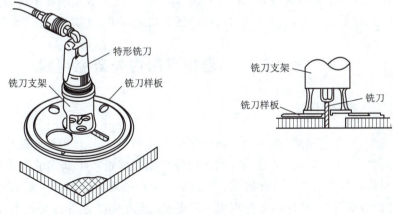

图 11.13　特形铣刀

2. 除尘系统

在清除复合材料结构损伤时，需要使用除尘系统清除灰尘、松脱的纤维和其他碎屑。在厂内，通常在复合材料手工切割间配有专门的除尘系统，在外场则一般采用移动式除尘系统（吸尘器）等，如图 11.14 所示。

3. 打磨工具

在复合材料胶接修理过程中，打磨是必不可少的工序，常用的工具包括各种规格的砂轮（柱形、锥形等）、砂纸、磨块打磨机、旋转打磨器（图 11.15）等。

而砂轮或打磨器的动力源，一般采用气动马达。由于碳纤维材料是导电的，因此只能用气动马达作为动力源。若使用电动马达，当切割碳纤维增强复合材料时，粉尘进入到电动马达中可能造成短路而损坏电机。

4. 钻孔刀具

对复合材料机械连接修理，需要复合材料制孔刀具，分为钻头、扩钻孔（扩铰刀）、锪窝钻、铰刀等。钻孔刀具的动力源也采用气动源。

图 11.14　移动式除尘系统

图 11.15　旋转打磨器

5. 其他

下料、铺贴操作中还会用到剪刀、美工刀、熨斗等工具；树脂填充修理中还会用到配胶容器、搅拌棒、刮板、注射器等工具；在打磨、钻孔中还会用到面罩、口罩、护目镜等防护工具。

11.2 复合材料修理技术国内外研究现状

11.2.1 国外研究现状

早在20世纪70年代初期，澳大利亚航空实验研究所的Baker等人率先开展了复合材料的修补技术研究。不久以后，英国、美国、法国等国家相继投入了众多的人力和大量的资金，对复合材料修理技术展开了全面研究。经过近三十年的理论分析和实验研究，提出并验证了修补设计的分析方法，成功在多种军用和民用飞机上使用了这种修补技术，取得了较好的效果。到20世纪80年代中期，西方各大飞机公司就在正式的设计文件和使用维护手册中规定了较详细的复合材料结构的修理方法，如波音和空客公司在修理工作中均使用了各种各样应用于修理复合材料结构的文件，如SRM（结构维修手册）、CMM（部件维修手册）、SB（服务通信）、SL（服务信函）等。美国FAA发出有关复合材料结构的咨询通报AC-20-107B，其有关修理问题的规定是："维修手册中提供的修理程序，应通过分析或试验进行验证，证明该修理方法可恢复结构达到适航标准"。

在修理设备方面，完善具体且系列化的成套修理设备已大量推出和销售，如GMI、Airtech、Heatcon等公司的修补仪和修补工具等系列产品。

在修理材料方面，国外也做了大量、系统、深入的研究工作，推出了许多适用于不同环境条件下复合材料构件修理使用的树脂体系和胶粘剂，如RP-377、CG1300、RP-7020、Redux319等，使其修理技术更趋成熟。但有关军用战斗机损伤的快速修理研究在一定程度上保密，并未公开。总的来说，国外复合材料修理技术方面的问题已获得基本解决，但仍在不断发展进步中。

11.2.2 国内研究现状

国内在复合材料修理领域起步较晚，对于复合材料修理技术，从修理方法的研究入手，对层压板和蜂窝夹层结构的挖补、贴补修理进行了深入研究，并对层压板冲击损伤的注射修理进行了探索性研究，完成了T300/5405、T300/QY8911、J116、J159和SY-P9等修理材料的初步评定，在研究的基础上编写出版了《复合材料结构修理指南》，可向设计部门提供部分修理设计依据。但由于投入经费相对较少，因此复合材料结构的修理研究工作只在修理方法研究上对国外技术进行了跟踪，并没有新的突破，加筋结构修理问题也未涉及，验证试验性不强，没有盒段级试验，修理材料的性能和来源等有待进一步提高和发展。另外，国内尚无成熟的修补设计软件，尚未编制复合材料修理方面的技术标准或规范。

目前，国内对于复合材料结构修理技术的重视度也越来越高，通过多途径的努力，取得了一定的成绩。例如，20世纪90年代，空中客车与航材院建立了空客亚洲复合材料维修站，并获得了欧洲适航维修许可证等；随着各大航空公司从国外引进的客机复合材料用量增加，飞机运营过程中的复合材料结构维修问题随之而来，航空公司通过国际合作的形式加强交流与学习，复合材料结构维修技术水平也在不断的提高中；航空相关单位正在制订航标《树脂基复合材料制件修补》和大型运输机《复合材料制件修补工艺规范》；中国商飞通过ARJ21、C919以及CR929飞机的研制，已开展了部分复合材料结构修理的设计及工艺研究工作，针对通用的修理方法，采用进口材料，开展了损伤评估、工艺试验、性能测试等工作，发布了ARJ21结构修理手册。但由于试验及验证内容覆盖面有限，目前手册内容还有限，有待进一步充实。随着C919和CR929研制工作的推进，修理研究与验证工作也已全面展开，但修理技术基础薄弱，离国外水平还有很长一段的路要走。

11.3 复合材料结构修理技术在航空航天的应用

复合材料由于轻质高强、耐疲劳、耐腐蚀等特点，在航空航天领域得到广泛应用。飞机一直是复合材料应用最广泛的领域，波音787飞机和空客A350飞机的复合材料使用比例高达50%和52%。复合材料零件已经从早期的方向舵、升降舵、整流罩等次承力件，逐渐过渡到尾翼盒段、外翼盒段，乃至机身等大尺寸、大曲率、主承力结构件。复合材料零件尺寸越大、结构越复杂，意味着价格越昂贵，更换成本越高。复合材料零件在制造过程中容易产生分层、孔隙、脱粘等缺陷；在加工及装配过程中不当的操作也会造成零件的表面划痕、工具撞击分层、钻孔劈裂等损伤；服役过程中可能会出现雷击、冲击或者腐蚀造成的损伤。制造和装配过程中的修理技术可以减少复合材料零件的报废，降低飞机的生产成本。服役过程中的修理技术可以保证飞机安全服役的同时，降低航空公司的运营成本。

国外复合材料修理技术是伴随着复合材料构件的设计、制造同时发展起来的。在复合材料修理设计（包括结构损伤容限和修理方法等）、修理材料、修理工艺以及工具设备等方面进行了长期研究，积累了大量使用经验，无论军机还是民机，都能以结构修理手册的形式给出可修理数据、修理方法和相应的修理材料。目前国外已实现完整的损伤检测和评估系统，修理工艺成熟，设备工具完善，修理材料系列化，品种齐全多样。国内，相对于复合材料在飞机上的应用，复合材料修理技术的研究、技术标准及规范的建立工作以及应用经验的积累工作相对滞后。

11.3.1 军用飞机复合材料修理技术应用现状

在军用飞机领域，国内对飞机复合材料修理技术非常重视，相继开展了损伤分析、修理理论研究、修理技术研究与应用等工作，取得了一定的进展，已成功修复了某型飞机复合材料分层、脱胶、雷击等损伤。这里分别从损伤分析、检测技术、损伤评估技术、修理方法适用性研究、修理工具设备几方面，介绍军用飞机复合材料修理技术的应用现状。

在损伤分析方面，通过对飞机复合材料使用过程中产生的损伤进行统计和分析，以及仿真和试验，初步掌握了飞机复合材料的损伤机理及其扩展规律，见表11.1。

表 11.1　飞机复合材料损伤模式和扩展规律

冲击源类型	能量范围/J	损伤模式和扩展规律
解刀、扳手冲击	0.5～3.0	对厚度在 3.5 mm 以上的层压板无影响,厚度在 1.5 mm 的层压板产生轻微分层
冰雹冲击	4～10	外观损伤不明显,内部出现轻微分层和局部基体裂纹
铆枪、风钻等工具冲击	10	冲击面会出现轻微划伤或压痕,内部有分层和基体裂纹
跑道碎石和维护平台冲击	18	厚度在 4 mm 以下的层压板出现明显砸痕,内部有明显分层损伤
人为踩踏	20～25	内部有明显分层损伤,构件背部有明显的基体裂纹
工具箱冲击	30	冲击面有明显砸痕,内部分层明显,构件背部有少量纤维撕裂
榔头敲击	56.5	表面出现纤维断裂,内部分层明显,冲击背面基体裂纹进一步扩展
滑行碰撞	113	表面损伤明显,冲击背面纤维出现断裂现象
飞鸟撞击	1 356	冲击面被击穿,冲击背面纤维出现贯穿性撕裂

在检测技术方面,通过对复合材料各种损伤检测的可行性、检测效果的实验研究,明确了损伤的检测方法和技术规范,并在外场得到了广泛应用。表 11.2 是外场常用的几种检测方法及其应用范围。

表 11.2　外场常用的检查方法及应用范围

检查方法	损伤类型						
	脱胶	分层	凹坑	破孔	裂纹	湿气	灼伤
目视检测	√	√	√	√	√	√	√
敲击检测	√	√					
超声穿透法	√	√					
超声反射法		√					
涡流检测					√		
X 射线检测	√	√		√	√		

在损伤评估技术方面,通过对损伤结构在压缩载荷、疲劳载荷以及湿热环境作用下的剩余强度进行理论分析和试验验证,确定修理容限的下限,再结合典型损伤修理后的强度、刚度以及疲劳性能的恢复率确定修理容限的上限。表 11.3 是某型飞机副翼复合材料面板的修理容限。

表 11.3　某飞机部件复合材料面板的修理容限

结构类型	损伤类型	修理容限	
		下限	上限
碳/环氧层压板	分层	$x+y \leqslant 38$ mm	100 cm²
	破孔	—	80 mm(直径)

注:x 为分层长度;y 为分层宽度

在修理方法适应性研究方面，结合具体机型，明确了修理方法的使用条件和应用范围。图 11.16 是针对某型飞机层压板分层损伤进行的挖补修理试验，表 11.4 为试验结果。从图中数据可以分析得出，修补件常温下的静力破坏载荷是无损伤母板的 89.1%。

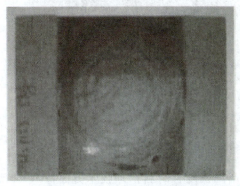 

图 11.16　某型飞机层压板分层损伤挖补修理及拉伸试验

表 11.4　挖补修理件静强度试验结果

试件号	试件厚度/mm	测试温度/℃	破坏载荷/N	破坏强度/MPa
母板 C1	4.22	20	225 540	532
母板 C2	4.19	20	275 140	654
母板 C3	4.20	20	226 180	533
母板 C4	4.18	20	276 270	670
修理件 C5	4.17	20	225 440	530
修理件 C6	4.21	20	229 410	539
修理件 C7	4.19	20	221 540	531
修理件 C8	4.24	20	219 910	525
修理件 C9	4.16	20	234 440	565
修理件 C10	4.20	20	213 810	502

在修理的工具设备方面，空军和海军研制了便携式胶接固化仪。空军还开发了一套适用于外场修理的工具，主要包括制孔工具、切割工具、打磨和抛光工具、胶接工具和拉铆工具等。修理工具的切削面主要用合金钢或金刚砂材料制作，可高质量地完成锪窝、切割、打磨等工作。图 11.17 是用国产研制的修理设备和工具对某型飞机复合材料损伤实施修理的现场情况。

11.3.2　民用飞机复合材料修理技术应用现状

相比于军用飞机，民用飞机复合材料应用技术的研究起步较晚，但复合材料用量占飞机结构总重量的比例提升较快，甚至超过了军用飞机。目前，已经投入运营的 ARJ21 复合材料用量小于 2%；成功首飞的 C919 飞机，复合材料达到了 12% 左右；正在研制的 CR929 宽

图 11.17　某飞机损伤维修的修理设备和工具

体客机,复合材料用量将达到 50% 以上。在国产民机复合材料修理技术方面,ARJ21 型号飞机初步形成了用于制造过程中修理的工艺规范以及用于指导航线修理的结构修理手册,但在损伤评估、修理方案设计和工艺验证、修理设备工具、修理材料系列化、修理实践的反馈等方面距离成熟还有较大差距。C919 和 CR929 飞机随着型号研制工作的推进,民用飞机复合材料修理技术应用的开发工作也日益紧迫。

11.4　复合材料结构修理技术发展前景预测

美国咨询公司 Markets and Markets 在一份 2019 年《航空复合材料市场发展趋势报告》中指出,复合材料在航空业的应用范围会持续扩大,其中碳纤维增强复合材料发展速度最快。这份报告同时指出,尽管碳纤维复合材料昂贵的成本在一定程度上抑制了其增长速度,但从长期来看,其在提高燃油效率等方面给飞机带来的益处是毋庸置疑的。大多数维修企业认为,随着波音 787 飞机和空客 A350XWB 等复合材料飞机投入运营的架次数增多,复合材料修理业务会保持增长趋势。这既是一个拓展业务的好机会,同时也是一项全新的挑战,因为这一领域一直存在技术体系不完善、修理标准缺乏、合格维修人员短缺等难题。

伴随不完全成熟的复合材料设计标准、制造工艺以及连接技术,复合材料制造和使用过程中的安全、效率和成本控制必然依赖于结构的维护和修理。目前国内,修理技术的发展是落后于复合材料设计、制造技术的发展的,在损伤评估、修理方案设计和工艺验证、设备工具、修理材料系列化等方面的基础修理技术都还处于初步研究阶段。展望未来,借鉴国外修理技术发展的方向,修理技术标准化、胶接修理技术的完善、原位快速修理技术、自动化/智能化修理技术将是复合材料修理技术发展的必然趋势。

11.4.1　修理技术标准化

复合材料的修理过程中存在复合材料种类繁多、修理材料的匹配、修理工艺复杂等独特的问题。在美国,民用飞机复合材料修理委员会(CACRC)自 1991 年以来就开始开展复合材料修理标准化的探索。修理技术标准化工作主要关注点有以下三点：(1)修理材料标准化。传统飞机上应用了种类繁多的复合材料，例如，空客 A340 系列飞机上应用了 50 多种不同种类的复合材料。根据传统经验，不同类型的复合材料其所采用的修理材料及修理工艺是不同的。维修公司和航空公司需要配备多种修理材料，这对成本、采购和管理都带来了挑战和困难。(2)修理程序的标准化。复合材料修理工艺程序的控制对修理的效果具有决定性的影响，但实际操作过程中难以按照理想方式准确加以控制。因此，航空公司希望业内能够推出一种标准化的方法，帮助维修人员简化一些关键性的复合材料结构的修理。(3)修理培训及认证的标准化。一般情况下，进行飞机维修的焊工需要获得资格证书。而目前，从事复合材料修理只要求工厂取得认证，并未对修理人员提出资质要求。这也与复合材料修理没有统一的标准有关。目前，国外修理材料标准化方面已经取得一定的进展。国内，由于复合材料修理技术研究起步较晚，尚未在修理技术标准化方面取得进展，但已认识到该方面研究的重要意义。

11.4.2　胶接修理技术的完善

11.4.2.1　胶接修理工艺的可靠性证明

EASA 和 FAA 规定：如果采用胶接修理方式完成修理的结构件出现故障，余下的结构件仍需具备承受设计载荷的能力；对每个接受胶接修理的部件，需使用关键设计极限载荷对其进行校验；使用无损检测技术验证胶接修理后连接部位的强度。对于维修企业来说，上述规定的校验手段无论从技术可行性还是经济性来看都是难以完成的，因此胶接维修技术目前仅限用于小型件、表面损伤件或二级结构件的修理中。在获得监管部门批准将胶接修理列为复合材料主要结构件的替代维修方式之前，还需要解决胶接修理过程中可靠性不高、缺乏标准规范和无法避免人为差错等棘手问题。但国外某航空企业认为胶接修理仍是复合材料修理技术中首选的修理方法，正在努力打造能够获得监管机构许可的、能够重复实现的胶接修理工艺。

11.4.2.2　复合材料关键结构的大面积胶接修理

飞机有些结构部位有气动力原因或雷达隐身的要求，最好采用斜面胶接修理，对于较厚的壁板，损伤清理后所需补丁的面积会非常大，并且需要进行多次固化，修理时间会增加。例如，对于一个 70 层的层压板，出现了直径为 50 mm 的损伤，预浸料单层厚度为 0.18 mm，按 1∶30 的比例打磨斜坡，那么损伤清理后所需补丁的直径为 806 mm。国外某飞机制造商专门设计并试验了 1 m^2 的厚蒙皮补丁粘接修理。目前，国内对于大面积胶接修理技术的设计和验证均处于空白状态。

11.4.2.3　针对复合材料新技术的胶接修理

随着复合材料结构制造技术的快速发展，新的制造技术如液体成型技术、拉挤成型技术等逐渐得到应用。新的复合材料、新的成型技术需要发展与之相适应的胶接修理材料及技术。

11.4.3 原位快速修理技术

一次计划外的飞机停场会使航空公司的收益平均每天损失达1万美元。因此原位快速修理技术的经济效益将是非常可观的。

目前,在飞机上原位进行高温固化的复合材料修理面临两大挑战:(1)飞机结构造成的热沉使固化温度难以保持均匀一致;(2)飞机上带有燃油,不允许采用标准的热粘接设备(例如:热补仪等)以免机上失火。

Wichitech工业公司以及HEATCON复合材料系统公司开发了机上专用热补仪。后者的设计可对粘接部位进行清洗、吹除及增压,而前者的设备内配有的真空泵可加速调试时间。国外某航空公司还开发了快速补片修理技术,采用一种化学加热装置在相对较低的温度下,用环氧树脂将预固化复合材料补片粘贴在损伤区域上,整个修理过程可在1 h内完成,可以让飞机很快投入运营。

此外,还有一些非常规固化复合材料修理技术,可在现役或停场飞机上进行低温环境中的固化。下面介绍了三种非常规固化复合材料修理技术,它们固化速度相当快且不需输入热。

11.4.3.1 电子束固化技术

电子束固化技术通过离子辐照使聚合物发生合成、改性或降解等反应,如图11.18所示。聚合物发生的反应程度取决于聚合物本身、固化剂、促进剂和稳定剂等之间的复杂化学反应。与普通的热固化方式相比,电子束固化可室温或低温固化、固化时间几秒到数分钟,

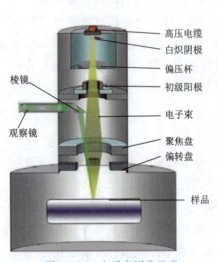

图11.18 电子束固化示意

并且可选择区域固化等优点。电子束固化可完全避免热修理中的热应力所引起的构件翘曲变形和脱粘,而且由于固化温度接近室温,可以忽略不同材料在流动性、线膨胀系数等方面的差异,可用于粘接性能差异很大的材料。此外,电子束固化用的胶粘剂一般对"热"不敏感,可在室温下长期贮存,便于保管。加拿大航空公司于20世纪末,研究了电子束固化技术用于复合材料结构修理的可行性及经济性。用于研究的第一个试验件是A320飞机的整流罩,电子束固化在辐射剂量150 kg,真空压力下固化约30 min,取得了良好的效果。加拿大运输局随后向该维修基地颁发了用电子束修理玻璃纤维机翼与整流罩的修理设计证书。CRG公司开发了深度芯子固化法,用光传输系统来固化修理飞机的胶粘剂而无须加热。该公司为某飞机开发的光传输系统将高功率的光学能源与一个嵌入在胶膜中的光学织物整合在一起。据称,该技术可在胶接面内提供均匀的热分布,可在121 ℃实现完全固化而无须在背面加热。美国SRC公司开发出了一系列便携式高能量电子加速器,使电子束固化外场修补复合材料成为可能。但目前电子束设备还比较昂贵,其操作的安全性还有待

进一步考证。

11.4.3.2 微波固化技术

材料在微波作用下会产生升温、熔融等物理现象,同时还会发生化学反应。对于微波固化的原理主要有"致热效应"和"非致热效应"两种解释。"致热效应"认为微波固化是由于微波使材料反应温度升高,从而加速反应所致;而"非致热效应"认为微波固化时由于微波辐射场对离子和极性分子的洛伦兹力作用所致。微波加热不同于一般的外部热源由表及里的传导式加热,是被加热物体在电磁场中由于介质损耗引起的"体积加热",因此微波修理具有传热均匀、加热效率高、固化速度快、易于控制等优点。微波修复技术应用的关键是便携式微波修复机和微波结构胶粘剂的研制。代永朝等研制了复合材料微波快速粘接修复系统,并进行了修补试验,试验结果表明,该技术完全满足飞机等装备一般结构件的修复要求,并且显著缩短了一般结构件的修复时间。许陆文等和某航空学院合作,成功地研制开发了便携式微波修复机和数种微波施加器,以短纤维/环氧胶作修复胶,修复了带孔碳纤维/环氧和玻纤/环氧复合材料,固化时间仅为 20~24 s。固化修复后,拉伸强度可达原构件的 80% 以上。经试验证实,该技术对金属/复合材料粘接修理和复合材料/复合材料的粘接修理,都有优异效果。

11.4.3.3 紫外光固化

紫外线光(UV)固化是利用光引发剂(光敏剂)的感光性、在紫外光照射下,形成激发态分子,分解成自由基或是离子,使不饱和有机分子进行聚合、接枝、交联等化学反应达到固化的目的。魏东等采用光敏树脂浸渍纤维增强材料制成柔性预浸料修理补片,对飞机蒙皮进行修理,在紫外光照射下实现快速固化。从测试结果看出,剪切强度等性能均可以满足飞机蒙皮快速抢修的要求。紫外光固化技术具有设备简单、修补强度高、操作简便固化速度快等优点。但目前该技术存在两个缺点:一是目前使用的紫外固化胶剪切强度偏低,只能适用于一些轻微损伤的修理;二是对粘接体系的颜色及透光性要求较高,大部分设备的辐照深度不足 2 mm,只能用于表层处理。因此,开发高强度的紫外光敏胶和提高紫外固化辐射深度将是该技术的研究发展方向。TRI/Austin 取得一种快速固化树脂系统的专利,固化时最高温度出现在 60 ℃ 然后逐渐降到 30 ℃。补丁的宽度可达到 0.6 m,深度可达到 5 mm。厚达 3 mm 的玻璃纤维增强复合材料可以充分固化。虽然这种方法基本上属于基地级的修理,但必要时该系统也可在服役的飞机上进行现场修理。

11.4.4 自动化、智能化修理

11.4.4.1 智能化的设计分析工具

波音公司开发的复合材料修补飞行器结构(CRAS)软件,能利用演算法帮助客户得出最佳修补参数,体现了航宇领域较为明显地将数字模型用于发展精确修补的趋势。Nlign Analytics 公司设计了一款软件平台,可将原始数据转换为操作信息,简化制造及维修加工方式,能自动收集 NDI 设备中的检查数据、检查员注解、数码影像、SAP 系统、纸质表单及其

它加工数据,使用该软件可将 1～2 d 的维修任务压缩至 1 h 以内,每年潜在节约劳动成本 100 万美元以上。中国商用飞机有限责任公司在 2011 年通过《民机故障诊断与维修智能决策专家系统　结构损伤修理支持技术研究与开发》课题,也进行了相关技术的研究。

11.4.4.2　智能化检测技术

目前,一些大型工业企业都在转向机器人检修服务,尝试在现有基础设施的基础上结合无人机、机器人和人工智能(AI)等技术自动地完成数据采集和数据分析。2018 年初,空客测试了使用小型无人机进行航班飞机的外观质量检查。小型无人机携带一个高分辨率相机,由自动飞行控制系统操纵按照预定航迹在飞机表面周围飞行。无人机拍摄的图像自动存储并被编译成一个三维数字模型,用于和完好外观对比分析外观质量瑕疵。无人机自动化检测技术有助于改善质量可追溯性,减少检测所需的时间,同时可以改善检测的安全性和操作性。厦门太古 2018 年 12 月也成功完成了使用无人机绕机辅助飞机检查的测试。

11.4.4.3　自动化修理过程

人工操作难以对复合材料修理过程进行精准控制,并且缺乏拥有熟练技能的维修技术人员是复合材料修理所面临的严峻挑战。业内人士普遍认同自动化修理维修时间更短、质量更加可靠且成本更低,是复合材料修理技术的发展趋势。GKN 宇航公司正在与 SLCR 激光技术公司合作开发一种可修理各种复合材料结构的自动化机器,采用激光清除损坏的材料,该技术对复合材料结构不会产生生力量或振动,对整体强度或完整性没有不利影响,损坏区域很干净。该技术已经可以在非常平的表面上进行反复修理。汉莎与 GOM、iSAM 和电子光学系统公司合作开发了大型自动化系统:首先使用条形灯投射技术扫描受损的区域,精度达到 0.01 mm;然后,计算机控制的铣床会取下受损材料,并制造一个精确的补片。为了节省维修时间以及提高维修质量的可靠性,汉莎公司还开发了一套快速自动维修系统,如图 11.19 所示。

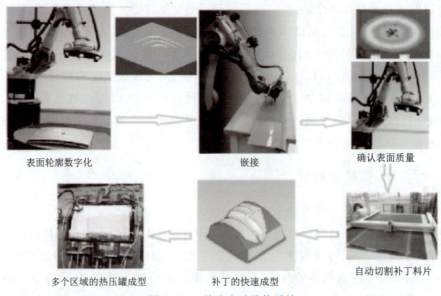

图 11.19　快速自动维修系统

11.4.4.4 智能化结构监测技术

基于传感器的结构健康监控技术使得保证修理后重新投入运营的复合材料结构的健康状况成为可能。近年来，很多研究将压电陶瓷、磁致伸缩线等传感器植入到复合材料修理补片中，由于损伤出现会对传感器材料形成一定的激励，通过采集传感器的响应情况来监控修理结构健康状况。GMI 将头发丝粗细的磁致伸缩线传感器粘接在复合材料补片上，开发出了一种传感阵列，以监控修理后的结构的使用情况。具体操作是当飞机落地后，采用一种传感器扫描修理结构的表面，无需接触即可获得其与补片原有结构的自动对比图像，可明显检查出分层等问题。工作原理是如果使用中出现了损伤，扫描传感器中的传感线则会发生变形，进而采集到与初始值不同的电压。尽管这种检查方法不可以在飞行中使用，但在地面上使用有助于加快补片检查。QintiQ 公司研发的以超声波频率工作的微电机械系统，成功的检测出复合材料粘接不牢、跟踪复合材料脱胶的发展，并且数据的处理是全自动的。

智能化结构监测技术面临三个挑战：(1)智能检测系统的安装集成；(2)如何从植入飞机结构的传感器获取数据；(3)智能检测系统如何获得飞机制造商、航空公司与适航当局的批准。

11.4.5 复合材料修理技术培训及管理

11.4.5.1 复合材料修理技术人员培训

专业人士广泛认为，缺乏拥有熟练技能的维修技术人员是复合材料修理所面临的严峻挑战。某技术航空公司也认为维修行业缺乏理论知识和实践经验具备的复合材料修理人员。该公司通过自有培训设施和在岗培训两种方式培养所需的复合材料结构修理和内饰整装的维修人才，培训项目包括一些特殊作业能力的培养。法荷航维修工程公司则认为其维修人员有能力完成新的维修项目，并且仍在通过招聘具有博士学位的复合材料专业人才，不断增强维修团队的整体技术水平。国内海航联合汉莎、太古飞机工程公司等提供了专门的飞机复合材料结构修理技术的培训。

11.4.5.2 复合材料修理技术工程管理

复合材料修理比传统金属材料修理需要的时间更长，如何控制目标周转时间(TAT)是复合材料修理工作面临的一个挑战。作为南方航空的主维修基地，广州飞机维修工程有限公司(GAMECO)将整个复合材料修理的流程分为进度控制环节和质量控制环节，对进度控制环节通过减少周转、等待、交接时间，对质量控制环节通过严把安全关和质量关提高效率。在计划准备环节，结合生产计划在人员培训、工具设备配置、航材储备及供应商确认、停场周期、厂房及车间修理区资源等方面做好规划，避免工作中的无序和等待；根据定检工作的特点，明确规定在定检的 1/4 周期时间内完成飞机 80% 的检查工作，在 1/3 周期内完成飞机 95% 的检查工作，为后期订货和修理提供相对充裕的时间；及时合理地制定复合材料修理工艺方案，建立快速响应机制，在工卡开出 24 h 内必须响应，对紧急项目立即响应；严格控制施工工艺，通过监控施工工艺和环境参数，加强航材管理，现场工程师对重大修理项目进行全程跟踪,有效保障复合材料修理工作的效率和质量。

随着航空航天领域的复合材料用量的日益增多,复合材料结构件的应用从次承力结构件逐渐向主承力结构件扩展,复合材料结构修理技术对复合材料结构件的使用有很重要的影响,由于航空航天器的复合材料结构件的设计和制造成本昂贵,复合材料结构修理技术的应用在恢复承载能力和结构功能性的同时,可减少零件报废、大大节约成本。

与国外相比,国内的复合材料结构修理技术仍有一定差距,但随着国内航天领域及中国民机行业的飞速发展,复合材料修理的重视度逐渐提高,复合材料的树脂填充修理、胶接贴补修理、胶接挖补修理、机械连接修理等相关技术研究更加的系统化、全面化、成熟化,与世界先进技术水平的差距越来越小。

智能制造和大数据时代的到来,也推动了复合材料结构修理技术的发展。例如,广泛的复合材料行业需要修理技术的统一标准化,快速修理技术也是研究热点之一,未来自动化、智能化的修理应用需要更加智能化的修理设备。

综上所述,复合材料结构修理技术是航空航天复合材料应用领域中一项十分重要的关键技术,自动化、智能化将会是未来复合材料修理技术发展的主要趋势。

参考文献

[1] 杜善义,关志东. 我国大型客机先进复合材料技术应对策略思考[J]. 复合材料学报,2008,V25(1):1-10.

[2] GOLAND M,REISSINER E. The stresses in cemented joints[J]. Journal of Applied Mechanics of ASME,1944,11(1):17-27.

[3] HART-SMITH L J. Adhesive bonded single lap joints[R]. NASA Langley Contractor Report NASA CR-112236,1973.

[4] HART-SMITH L J. Adhesive bonded scarf and stepped-lap joint[R]. NASA Langley Contractor Report NASACR-112237,1973.

[5] HART-SMITH L J. Analysis and design of advanced composite bonded joints[R]. NASA Langley Contractor Report NASA CR-2218,1973.

[6] HART-SMITH L J. Advances in the analysis and design of adhesive-bonded joints in composite aerospace structures[M]. Azusa,USA:SAMPE Process Engineering Series,Vol 19,1974:722-737.

[7] SUNG-HOON A. Repair of composite laminates[D]. USA,California,University of Stanford,1997.

[8] TATE M B,ROSENFELD S J. Preliminary investigation of the loads carried by individual bolts in bolted joints:NACA TN 1051[R]. Washington D C:NACA,1946.

[9] NELSON W D,BUNIN B L,HART-SMITH L J. Critical joints in large composite aircraft structures:NASA CR-3710[R]. WashingtonD C:NASA,1983.

[10] MCCARTHY M A,MCCARTHY C T,PADHI G S. A simple method for determining the effect of bolt-hole clearance on load distribution in single-column multi-bolt composite joints[J]. Composite Structures,2006,73(1):78-87.

[11] MCCARTHY C T,GRAY P J. An analytical model for the prediction of load distribution in highly torqued multi-bolt composite joints[J]. Composite Structures,2011,93(2):287-298.

[12] BAKER A A. Summary of work on applications of advanced fiber composites at the Aeronautical Research Laboratories[J]. Composites,1978,9(1):11-16.

[13] JONES J S,GRAVES S R. Repair techniques for Celion-LARC-160 Graphite-Polyimide composite structures[R]. NASA Langley Contractor Report NASA CR-3794,1984.

[14] STONE R H. Repair techniques for graphite-epoxy structures for commercial transport applications[R]. NASA Langley Contractor Report NASA CR-159056,1983.

[15] KELLY L G. Composite structure repair[R]. AGARD-R-716,1984.

[16] FAA AC 20-107B. Composite aircraft structure[S]. U S. Department of Transportation, Federal Aviation Administration,2009.

[17] ARMSTRONG K B,BEVAN L G,COLE II W. F. Care and repair of advanced composites[M]. Second edition. Warren dale,PA USA:SAE international,2005:258-260.

[18] 伯切尔. 波音787复合材料结构的修理问题[J]. 航空维修与工程,2006,6:9-10.

[19] 陈绍杰. 复合材料结构修理指南[M]. 北京:航空工业出版社,2001:1-176.

[20] 中国航空研究院. 复合材料飞机结构耐久性/损伤容限设计指南[M]. 北京:航空工业出版社,1995:183-209.

第12章 复合材料结构装配技术

先进复合材料制造工艺技术的发展已使得飞机制造商可以整体成型制造出尺寸大、结构复杂的复合材料机体结构,减少了零件数量和连接用紧固件数量,减少了装配工装和装配操作工序工作量;但由于设计、工艺、检查和维修等制约因素的影响,复合材料零件仍然需要参与装配,包括复合材料零件之间的装配,以及复合材料零件同其他材料类型零件之间的装配,连接装配过程必不可少。与金属结构相比,复合材料连接紧固件数量少了,但装配协调要求和质量过程控制要求更高了。

本章从复合材料结构装配的过程出发,论述了复合材料零件装配协调补偿工艺、制孔工艺及工具设备的控制和复合材料六种常用机械连接紧固件的安装方法,分析了国内外对复合材料装配中比较关键的四个方面研究的基本现状,对国内外四种主流飞机上的复合材料装配技术进行了介绍,最后对复合材料结构装配技术的四个发展趋势进行了展望。

从结构装配的角度来看,相对于传统的金属材料,复合材料结构装配具有如下特点:

(1)受复合材料零件原材料、制造工艺方法以及复合材料本身特性限制,复合材料零件厚度、平面度、角度等尺寸和形位公差较机加零件大,因此在装配设计时需要考虑一定的补偿方法。

(2)紧固件与复合材料零件间存在电化学腐蚀,尤其是碳纤维复合材料与铝或镀镉的紧固件相接触时;但玻璃纤维或芳纶不导电,因此不会产生电化学腐蚀。

(3)复合材料属脆性材料,断裂延伸率为1%~3%,对装配间隙敏感,间隙在0.2~0.8 mm应使用液体垫片,大于0.8 mm就应使用固体垫片,否则易造成树脂碎裂、局部分层等损伤。

(4)复合材料制孔要比一般金属制孔困难,主要因为复合材料对温度敏感、易劈裂分层以及导致刀具严重磨损。大多复合材料零件由多层材料铺叠而成,单层面内强度远大于层间强度,制孔时易出现出口处孔边缘纤维劈裂。

(5)复合材料与金属零件同时制孔时,如从复合材料钻向金属,易造成金属屑损伤复合材料孔壁的情况。

(6)复合材料层间强度低,受冲击易分层,不宜采用带有冲击力的装配方法,如锤铆。并且操作过程中需防止工具坠落等对产品的损伤。

(7)复合材料零件不宜采用过盈配合,易造成孔壁四周损伤;若采用小过盈量(1%~2%)配合,则必须使用金属衬套。

(8)复合材料结构制孔过程中,需考虑复材粉尘对人体和设备的损害。

12.1 复合材料结构装配工艺与装备

12.1.1 复合材料结构间隙补偿

与金属材料相比,复合材料由于其本身的材料特性,几乎没有任何延展性,如果在结构之间存在间隙的情况下进行强迫装配,零件应力堆积无法释放,可能会导致复合材料零件内部分层,影响产品质量。因此针对复合材料结构,在装配时必须对结构间隙进行补偿,以保证不产生强迫装配。

复合材料结构装配过程中,各配合面的间隙应小于 0.2 mm。当进行间隙检查时,允许在装配连接区最小 300 mm 的间隔内(或等效的更小间隔内)最大施加 45 N 的局部压力。对于大于 0.2 mm,小于 0.75 mm 的间隙,需使用固体垫片、液体垫片或固体与液体垫片的组合填充间隙。其中固体垫片最小厚度 0.2 mm,液体垫片最大厚度 0.4 mm。

1. 固体垫片

在复合材料结构的装配过程中,允许单独使用固体垫片或使用固体垫片与液体垫片的组合用于间隙补偿。固体垫片厚度一般不小于 0.2 mm,当单独使用固体垫片时,垫片表面必须使用密封剂对复合材料结构进行密封。固体垫片一般使用与制件材料相同或兼容的材料制成,或选用树脂粘结可剥垫片。间隙填充如图 12.1 所示。

固体垫片使用时,制备成所需要的厚度和形状。若使用树脂黏结可剥垫片,按需裁剪成所需的形状,但裁剪及剥离时需小心不要导致垫片分层。

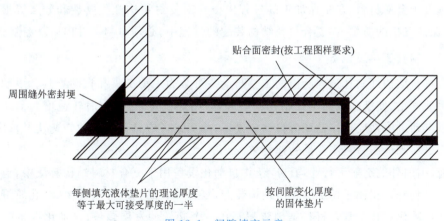

图 12.1　间隙填充示意

2. 液体垫片

在复合材料结构的装配过程中,允许单独使用液体垫片或使用液体垫片与固体垫片的组合用于间隙补偿。液体垫片一般最大厚度不超过 0.4 mm。

在施加液体垫片的过程中,应使用防水压敏涂塑胶带或保护胶带遮盖施用部位的外围边缘。之后对对零件进行表面准备,对于只有底漆的材料,需对表面进行活化处理;对于存在底漆及面漆的材料,需打磨露出底漆;对于无任何涂层的材料,仅需轻轻打磨。注意在任何情况下都不可去除原有的涂层系统。

使用甲乙酮或异丙醇对表面进行溶剂清洗。溶剂应使用新的或专用容器装盛。

在施用液体垫片部位的边缘、内表面、导孔区域和要脱模的表面施涂至少两层脱模剂,可采用喷涂或使用干净的擦布擦涂。施加后一层脱模剂时,应采用与上一层垂直的方向施加,以确保脱模剂能够完全覆盖上一层。涂覆前后两层脱模剂之间至少干燥 15 min,在液体垫片施用之前,第二层脱模剂要有15 min的时间风干。

在零件表面上施用的液体垫片应连续,应有足够多的液体垫片从装配件边缘的间隙溢出。使用刮板将液体垫片施涂在其中一个零件表面上,之后用刮板平整以消除所有的气泡;在安装另一零件之前,应仔细地清除每一个连接孔中多余的液体垫片,以便插入连接件时,进入连接件的液体垫片较少。另一零件应慢慢地放置在液体垫片层之上,并且对每一个孔进行临时连接。所有的连接都要在液体垫片的装配时间之内以错列的,交叉的形式进行紧固。在对带有液体垫片的零部件临时连接时,应将所有的孔临时紧固(除非工程部门另有说明)。也可使用其他可控制压力的方法(如串心夹子等);在液体垫片的装配时间之内,使用刮板刮掉外部挤出的液体垫片。

当需要使用液体垫片与固体垫片组合时,可将固体垫片放置在液体垫片内,在固体垫片的两侧填充液体垫片理论厚度为0.2 mm。

12.1.2 复合材料结构制孔

相比金属材料,复合材料由于其特有的铺层结构以及材料各向异性的特点,导致其制孔难度远远大于金属材料,在制孔加工的过程中极易对复材结构产生撕裂和分层等损伤。因此,为了保证飞机的质量,在复合材料结构装配的过程中,必须对制孔过程加以控制。

12.1.2.1 制孔工具及设备

复合材料结构件制孔过程所需的工具与设备可分为手动工具和自动工具。手动制孔设备包括手动气钻、便携式或固定式钻孔设备等,应明确额定转速,同时转速可调节。自动工具主要是自动进给钻或数控钻床等自动化设备,此类设备应具备较大的转速调节范围,并应满足复合材料和金属材料制孔的转速要求。

目前,国内外航空航天行业均已广泛将自动化设备用于复合材料结构装配中,包括制孔及紧固件安装等。相比于传统的金属结构装配,复合材料结构装配难度大,制孔质量难以保证,因此,自动化制孔是复合材料结构装配制孔一个必然的发展趋势,自动化设备的应用一方面可以有效提高制孔效率,大大降低工人的劳动强度;另一方面,自动化制孔不容易发生复合材料纤维撕裂或分层等问题,从而可以提高制孔质量及制孔精度。

12.1.2.2 复合材料结构制孔技术

1. 制孔及扩孔

对于复合材料结构的钻孔和扩孔操作,为防止孔劈裂或其他形式的损伤,当刀具出口侧为复合材料制件时,应在钻出表面采用夹布胶木板、玻璃纤维板、硬塑料板,或其他规定的材料作为垫板。钻孔操作时用夹紧或其他合适的方法将垫板和工件紧密接触,只要可行的话,推荐使用碳纤维复合材料用夹钳、C形夹等一类的工具来夹紧结构,支撑钻头钻出口面。

当采用高速钻孔方法时,推荐采用20 000 r/min(额定转速)固定式钻孔设备来钻制小于或等于4.8 mm(3/16 in)直径的孔,同时所采用的刀具应与设备相匹配。禁止不加润滑剂来进行高速钻孔。

2. 铰孔

如需铰孔,应用硬质合金铰刀铰至最后尺寸。铰孔前应留出余量 0.10～0.40 mm,也可根据所采用设备/工具的功率及制孔工序来确定铰孔余量,但应确保所采用的铰孔余量不能使复合材料孔口出现分层、劈裂等缺陷,如图 12.2 所示。手工铰孔时,应使用带导向的硬质合金铰刀进行铰孔,导柱直径应比上一步的刀具直径(名义直径)小 0.05 mm 以内。

(a) 刀具入口表面

(b) 刀具出口表面

图 12.2 制孔缺陷

3. 锪窝

手工锪窝时,应用带圆弧的导向硬质合金或多晶金刚石锪钻对碳纤维复合材料进行锪窝,转速最大为 2 000 r/min。导柱的直径应比上一步的刀具直径(名义直径)小 0.05 mm 以内,以保证孔/埋头孔的同轴度要求,并能防止在刀具和孔之间移动。锪钻与碳纤维复合材料接触前应处于转动状态,以防碳纤维复合材料入口表面撕裂。

4. 清洁

复合材料结构制孔后不允许存在残留润滑剂、粉末或者切屑等污染。对于叠层构件制孔,某一层的材料残留物不能滞留物在另一层材料上,需用毛刷或抹布给予清洁。

12.1.2.3 复合材料结构制孔质量

复合材料制孔的终孔有以下几个特征要素(要素示意见图 12.3):
要素 1:复合材料制件孔的刀具入口表面;
要素 2:复合材料制件孔或埋头窝孔壁表面;
要素 3:复合材料制件叠层构件之间的接触表面;
要素 4:复合材料制件孔的刀具出口表面;
要素 5:复合材料制件埋头窝与孔的同心度;
要素 6:复合材料制件埋头窝的锪窝角度。

制孔后直接对复合材料制件上的孔进行目视检查。复合材料制件制孔过程中应避免因撕裂、劈裂和掉渣等因素引起的孔边损伤(要素 1 和要素 4)和孔壁分层,但并不包括为防止出口劈裂而铺贴

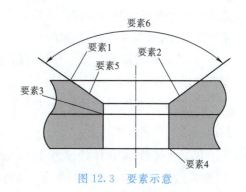

图 12.3 要素示意

的非结构化表面玻璃纤维层或其他防护材料。

制孔加工中一般不允许出现分层,制孔后应全部进行孔边分层目视检查或无损检测。至少每隔 20 个孔发生径向深度不超过 1 mm 的分层时可以接受,但须用树脂返工修补。

孔壁或埋头窝表面上(要素 2)应无不用放大镜而肉眼即能见到的分层、划伤或工具印痕等缺陷。

为防止出口劈裂而铺贴的非结构化表面玻璃纤维层或其他防护材料,在制孔完成后进行肉眼目视检查,若有可见的凸起或白边,其径向深度不允许超过 1 mm。对于径向深度小于 1 mm 的凸起或白边,需进行无损检查。

孔的钻入或钻出表面(或锪窝表面)的毛刺、灰尘等影响紧固件贴合或与结构紧密接触的缺陷应除去(要素 3),孔口表面不允许有影响结构件强度的劈裂损伤。

制孔过程中应无过热迹象。当复合材料孔口表面有变色环(棕黑色)或有树脂烧焦的刺激性气味时,则表明表面已过热。必要时应使用润滑剂。

在复合材料结构上钻铰孔,其孔壁表面粗糙度不大于 $Ra3.2\ \mu m$。

紧固件孔与已安装紧固件头所贴合的表面之间应垂直,精度应在 $90°\pm1°$ 范围内。

对于钻孔和扩孔操作,当刀具出口侧为复合材料制件时,应在钻出表面采用夹布胶木板、玻璃纤维板、硬塑料板,或其他规定的材料作为垫板。钻孔操作时用夹紧或其他合适的方法将垫板和工件紧密接触,只要可行的话,推荐使用碳纤维复合材料用夹钳、C 形夹等一类的工具来夹紧结构,支撑钻头和扩孔钻出口面。

12.1.2.4 制孔刀具

复合材料结构件制孔所采用的刀具材料和几何结构应满足如下要求:

(1)复合材料制孔刀具材料应采用硬质合金、金刚石涂层硬质合金或聚晶金刚石;

(2)钻头主要类型有普通麻花钻、钻铰一体复合钻头。普通麻花钻应对横刃、后角、顶角进行修磨,确保钻头具备足够的强度和锋利度,保证钻头在钻孔过程中复合材料结构件不产生分层、劈裂或其他形式的破坏。若进行复合材料结构件和钛合金叠层手动制孔,可采用双刃带结构的钻头,保证钻头制孔过程中的稳定性。钻铰一体复合钻头(又称匕首钻)适用于复合材料/复合材料叠层构件制孔,不用于复合材料结构件/金属叠层构件制孔。

(3)手动扩孔钻头端部应带有导柱,推荐采用螺旋角较小的手动扩孔钻,必要时应采用直槽扩铰刀对复合材料结构件进行扩孔加工,从而保证扩孔过程不对复合材料入口表面产生劈裂、毛刺或其他形式的破坏。

(4)手动铰刀端部应带有导柱,保证铰孔过程中不对复合材料入口表面产生劈裂、毛刺或其他形式的破坏。

(5)自动或数控用刀具常采用钻锪一体刀或数控专用的钻头。

12.1.2.5 寿命控制

在复合材料/复合材料、复合材料/金属叠层构件上制孔,应保证刀具寿命足够的安全裕度,制孔过程中不应出现工具颤动、刀具刃口碎裂、刀具刃口过度磨损等直接导致复合材料制孔劈裂、分层、过热的操作。制孔刀具寿命在生产前工艺测试中确定,以无缺陷的最大制孔长度作为测试刀具的寿命(最大制孔长度＝最大制孔数量×测试板厚度)。正式零件制孔的刀具寿命不得超过生产前工艺测试中确定的刀具最终寿命的75％,以确保能够连续稳定地制出合格的孔。

为了保证制孔刀具使用寿命的稳定性,对每种尺寸规格的测试刀具数量应具有一定的数理统计量并满足以下要求:

(1)刀具寿命确认测试时,试刀数量可按工艺稳定性和寿命预判情况先行确定,当试刀实际情况比预判寿命值低的时候,则应按一定方法增加测试刀具数量。

(2)仅对同种叠层厚度、同种叠层材料及同种叠层顺序,采用同种制孔方式的不同孔径寿命试验时,可允许适当合并相近孔径进行刀具寿命测试,然而每种被合并直径的刀具仍需选取1~3把刀进行验证合格。如验证不合格,则需进行完整寿命测试。

(3)寿命确认测试刀具数量随刀具寿命的增加可以适当减少。但在测试过程中,若任意一把测试刀具出现制孔质量异常,均应增加试刀数量,直至刀具寿命稳定。

(4)刀具寿命试验时,对于单一孔质量问题应做出是否由刀具本身问题引起的判定,是则结束试验,不是则消除产生的原因后继续试验,直至连续出现制孔质量问题为止。

(5)必须进行充分的寿命测试试验来确定刀具的寿命和稳定的工艺参数,确保复材制孔工艺的稳定性。

(6)在测试的刀具中,每支刀具的制孔寿命都应超过最终寿命值的80％。若达不到该孔数值,则认为该测试刀具的稳定性达不到要求,需重新选择刀具。

12.1.2.6 生产验证

生产前工艺测试试件应符合下列要求:

(1)测试试件的复合材料可以选择没有任何缺陷和分层的正式件的余料或是按质量控制要求生产的取样试片(复合材料)进行测试。

(2)测试试件必须能代表正式零件的装配类型。

(3)测试的工艺参数和生产条件必须能代表正式生产条件(例如:机床、工具、刀具、润滑等)。

(4)测试试件的外形尺寸可自行设定(厚度除外),孔间距和孔边距可按正式零件的间距要求执行,也可按不小于3倍直径的孔间距和不小于2倍直径的孔边距的要求执行。

12.1.2.7 自动化制孔设备分类

当前,国内外广泛应用于航空制造的自动制孔设备主要有以下几类。

(1)虚拟五轴机床类制孔设备:五轴机床类设备是常用的自动化制孔设备,除了通常的XYZ轴的运动外,还有两条虚拟的旋转轴,从而可以适应复杂空间的自动化制孔,如图12.4所示。

(2)自动制孔机器人设备:机器人制孔设备通常是面向工业领域的多关节机械手或多自由度的机器人。用于航空装配的工业机器人有6个运动自由度,其中腕部通常有3个运动自由度,通过在顶端安装用于钻铆的末端执行器从而实现。自动制孔机器人如图12.5所示。

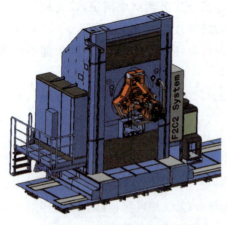
图 12.4　虚拟五轴专用机床

图 12.5　自动制孔机器人

(3) 柔性轨制孔系统设备：柔性轨制孔设备是一种用于飞机结构钻孔的轻型可提式自动设备，是可以代替传统 4 轴或 5 轴自动化设备的一种低成本机器人结构形式。该设备能够将导轨吸附在工件表面，并进行制孔工作。柔性轨制孔系统如图 12.6 所示。

(4) 龙门式 5 轴机床类制孔设备：龙门式五轴机床通常是用于大尺寸蒙皮壁板制孔的机床结构。将机床类设备安置在一个龙门框架的轴颈上。机床可以沿龙门移动，同时执行头在竖直方向也具有一定的行程。龙门 5 轴机床如图 12.7 所示。

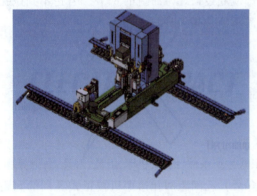
图 12.6　柔性轨制孔系统

图 12.7　龙门式 5 轴机床

12.1.2.8　各设备优缺点

在复合材料结构装配的实际应用中，各种自动制孔设备各有优劣，需要根据实际装配的零组件结构形式选择合适的设备用于加工。

(1) 适用范围：虚拟五轴机床类制孔设备、自动制孔机器人、柔性轨制孔系统以及龙门式五轴机床类制孔设备均具备复合材料/复合材料、复合材料/金属叠层构件制孔的能力，但自动制孔机器人由于刚度较差，不适用于复合材料与钛合金叠层构件的自动制孔。

(2) 制孔效率：以通常 3/32～5/16 in 的孔径计算，虚拟五轴机床类制孔设备、自动制孔机器人、柔性轨制孔系统平均每分钟制孔数可达 6～10 个，龙门式五轴机床类制孔系统平均每分钟制孔数可达10个。

(3) 制孔精度:虚拟五轴机床类制孔设备综合定位精度±0.2 mm,制孔法向精度±0.5°;龙门式五轴机床类制孔设备综合定位精度±0.2 mm,制孔法向精度±0.5°;自动制孔机器人综合定位精度±0.25 mm,制孔法向精度±0.5°;柔性轨制孔系统总体定位精度≤±0.3 mm(相对于基准点),制孔孔位偏差≤0.2 mm;垂直度偏差≤0.5°。

(4) 设备灵活性:虚拟五轴机床类制孔设备及龙门式五轴机床类制孔设备灵活性较差,需通过地面导轨或龙门的横梁移动;自动制孔机器人在配备AGV等移动装置时可在厂房中任意移动,灵活性较好,可用于不同工位的自动制孔;柔性轨制孔系统灵活性最好,可按需真空吸盘吸附在需要制孔的工件表面,同时可以用于飞机机身底部的制孔工作。

(5) 空间需求:虚拟五轴机床类制孔设备及龙门式五轴机床类制孔设备体积较大,均需占用较大的厂房面积,同时周围需留出一定的安全区域,此外五轴机床类设备需铺设地面导轨,龙门式制孔设备需架设龙门;自动制孔机器人体积较小,对厂房面积需求不大;柔性轨系统的空间需求最小,仅需一个存放区域,使用时可直接吸附在工件上。

(6) 价格:五轴机床类制孔设备及龙门式制孔设备的价格远远高于自动制孔机器人的价格,而自动制孔机器人设备的价格相对较为低廉。

12.1.2.9 除尘

在复合材料结构装配的过程中,主要是制孔及机械加工,由于复合材料本身材料特性,细而轻的碳纤维颗粒容易散布在空气中。加工中,由碳纤维颗粒形成的粉尘一旦接触到人体,可能对皮肤和眼睛造成剧烈刺激,导致皮肤过敏,甚至导致慢性肺病、肺癌等。此外,碳纤维复合材料粉尘具有导电性,沉积到加工设备后可能引起设备短路。

因此在复合材料制孔过程中,应当配备高功率的吸尘设备,全程对加工区域进行吸尘,保证加工区域环境干净,无粉尘污染。具体方式有:

(1) 手持式除尘设备在加工位置吸尘;
(2) 制孔设备自带吸尘接口,并与工位整体配置负压管或者手持式吸尘设备连接吸尘;
(3) 大型自动制孔设备内置除尘装置吸尘;
(4) 具有上下风吸尘的吸尘工作台和配备专用除尘装置的打磨间吸尘。

12.1.3 复合材料结构紧固件安装

由于航空领域应用的大多数复合材料都属于脆性材料,在多钉连接中,不具备重新分配载荷的能力。同时,复合材料对局部损伤敏感,其结构连接效率低于同等条件下的金属材料。因此有必要对复合材料机械连接使用的紧固件及其安装方法进行严格的限定。

12.1.3.1 高锁螺栓

钛合金高锁螺栓是飞行器上大量使用的一种永久性连接紧固件,主要用于半开敞部位的永久性连接,可以实现单面安装。典型的高锁螺栓形式如图12.8所示。

高锁螺栓的安装步骤如图12.9所示。

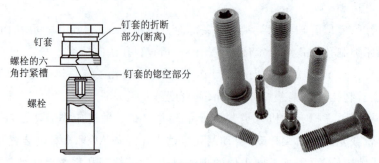

图 12.8　高锁螺栓结构示意图

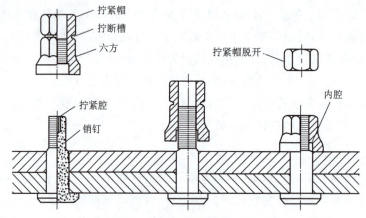

图 12.9　高锁螺栓安装示意

步骤 1：高锁螺栓插入孔内。
步骤 2：套上螺母。
步骤 3：将风扳机六角扳手插入高锁螺栓六方孔。
步骤 4：风扳机拧断螺母。
步骤 5：六角扳手从内六方孔退出。

12.1.3.2　环槽钉和钉套

钛合金环槽钉是一种应用于高传载部位的永久性连接紧固件,结构形式上分为拉铆型和镦铆型,复合材料结构选用拉铆型。美国航空工业大量采用该种紧固件,如波音公司从 B-707 飞机到 B-787 飞机上都大量使用钛合金环槽钉,B-787 飞机的机身、机翼主要是复合材料结构,也大量使用了带法兰环帽的轻型钛合金环槽钉。

环槽钉为永久型紧固件,由一只带有环形槽(圆形的)的螺栓和钉套组成,钉套啮合在螺栓上,典型的环槽钉形式如图 12.10 所示。

环槽钉的安装步骤如图 12.11 所示。
步骤 1：环槽钉放入孔内。
步骤 2：当自动脱开枪调至"低"压时,使钉头就位。
步骤 3：把钉套放上,然后把环槽钉枪放在环槽钉杆上,枪开到"高"并拉紧。

步骤 4：扣紧扳机，钉套成型。
步骤 5：钉尾拉断，拉枪脱出。
步骤 6：环槽钉安装完毕。

12.1.3.3 抽芯铆钉

抽芯铆钉是一类单面铆接用的永久性紧固件，适用于具有一定密封性能的铆接场合，如图 12.12 所示，具有与复合材料电位相容、安装后材料不分层、7°斜面上进行安装、控制力矩、不松动、方便安装等特点。

在安装过程中，抽钉的杆部挤入衬套，使衬套发生径向膨胀，实现对复合材料孔壁的干涉，提高结构的疲劳寿命。

图 12.10 环槽钉结构示意

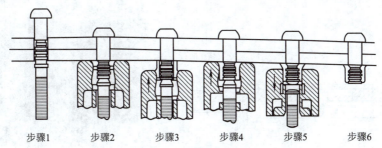

图 12.11 环槽钉安装示意

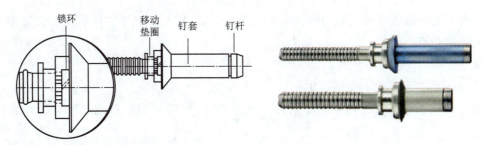

图 12.12 抽芯铆钉结构

具体安装步骤如图 12.13 所示，需要通过专门的安装工具进行安装。

步骤 1：将抽芯铆钉插入安装孔中，安装工具的拉头与钉杆啮合，安装工具必须牢固地抓住抽芯铆钉。

步骤 2：驱动安装工具，钉杆带动钉套在夹层结构的另一边成型。

步骤 3：继续拉入钉套，形成墩头。

步骤 4：铆钉上的移动垫圈先将锁环压入铆钉头的凹进处，然后再逐渐压入钉杆的锁紧凹槽,从而锁紧铆钉。

步骤 5:钉杆断裂,完成铆接。

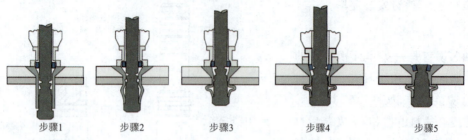

图 12.13　抽芯铆钉安装示意

12.1.3.4　盲螺栓

盲螺栓是一类单面安装用的永久性紧固件,适用于要求较高载荷和具有一定密封性能的连接场合,如图 12.14 所示。

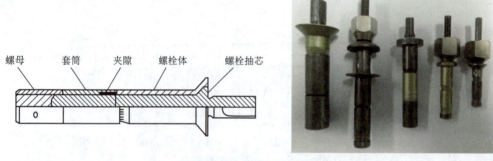

图 12.14　盲螺栓结构

盲螺栓的安装需要通过专门的安装工具进行安装,且不同型号的盲螺栓对应安装工具的结构形式稍有不同。

安装步骤如图 12.15 所示。

步骤 1:将紧固件放入安装孔中。

步骤 2:将安装工具的扳手转接器抓住紧固件芯杆,同时顶部适配器与紧固件的钉头啮合。

步骤 3:通过风动或手动安装工具施力,施力过程中,紧固件芯杆相对于安装螺母产生旋转,从而使得处于芯杆底部和下端呈锥形的钉套之间的变形螺套完全成型。安装完成时,紧固件被工具夹持部分的芯杆沿着安装螺母底部断开,并和安装螺母一起脱落废弃。

步骤 4:若芯杆断面突出结构表面,则需要将突出部分进行剪切和打磨。

12.1.3.5　铆钉

铆钉在复合材料结构上使用得不多,美国早期在 F-14 战斗机复合材料尾翼上大量使用 A286 铆钉,并采用了电磁铆接技术,后来由于减重的需要,改为钛铆钉,如纯钛铆钉。目前

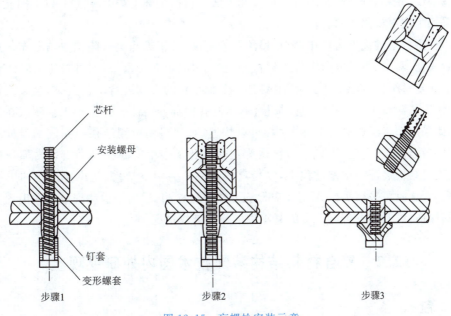

图 12.15　盲螺栓安装示意

使用最成功的是钛铌材料制造的铆钉,这种材料不但强度高,抗剪切性能比纯钛材料高,达到 345 MPa,而且塑性好,铆接效果好。

实心铆钉在复合材料结构上使用受到很多限制,第一是仅可以用压铆的方法安装在碳纤维复合材料结构上;而对玻璃纤维复合材料结构的铆接,可使用压铆,也可使用锤铆。

另外,铝、钛铌材料的铆钉只能用于玻璃纤维复合材料结构,而碳钢/蒙乃尔/铜材料的铆钉只能用于碳纤维复合材料结构。

生产前,需要先在试片上试铆,对试片检查合格后方可进行正式生产。

注意,铆接类紧固件用于复合材料时,在复合材料端铆接,需增加垫圈控制铆接膨胀量以及减少单位承载面积的压应力,而在金属端面连接时,则不需要采用垫圈。

12.1.3.6　螺栓和螺母

钛合金螺栓主要用于开敞部位和可拆卸部位,在安装时须采用限力矩扳手以保证安装力矩的一致,其配套使用的螺母有自锁螺母和托板自锁螺母等。

自锁螺母的锁紧能力是靠螺母体上部螺纹部分挤压收口,使其变成椭圆形而获得。当螺栓拧入螺母体内时,内外螺纹处于弹性干涉配合而达到防松锁紧的目的。

一般在安装时只能拧紧螺母,但在螺母不可拧(例如托板螺母和桶形螺母)、缺乏操作可达性时可以通过拧紧螺栓来完成安装。安装完成后需要做标记,表示此处螺栓螺母已按照规定力矩值拧紧,若标记窜动,说明此处力矩值变化,需要重新进行定力。

12.1.4　复合材料结构的无损检测

超声波检测法较早应用于复合材料缺陷检测,被认为是截至目前最有效、最能被接受的复合材料裂纹、脱粘、分层等缺陷的无损检测方法。目前国际上70%~80%以上的复合材料结构都采用了超声检测方法。

超声检测技术的优点为操作简单,检测灵敏度高,可精确确定缺陷位置与分布。局限性为检测效率低,对薄、小及复杂零件难以检测,粗晶材料散射严重,检测时需使用耦合剂。

一般在复材结构装配工作前,需要对加工复材结构的刀具进行工艺测试,当完成铰孔以后,需要对工艺测试中每个孔进行无损检测,检测孔内部分层情况。由于工艺测试在试片上完成,因此采用超声穿透法C扫描技术,可以快速、直观得到检测结果。完成了刀具的工艺测试并且在符合工艺规范的要求下,可认为正式制孔工序中所制孔不会出现内部分层的情况;若在飞机结构装配和维修过程中,复合材料部件多为中空结构,超声穿透法的应用受到了一定限制,这时可采用手持A型超声检测方法进行检测,适用于检测部分制孔出现劈裂情况的内部探伤,以及检查可能产生的紧固件的疲劳裂纹情况。

12.2 复合材料结构装配技术国内外研究现状

12.2.1 制孔

在复合材料结构装配时,不可避免地要大量制孔,而结构连接孔的加工质量对产品疲劳寿命具有重大影响。紧固件沿外载荷作用方向倾斜度大于2°时,疲劳寿命会降低约47%;倾斜度大于5°时,疲劳寿命会降低约95%。因此制孔的垂直度应严格控制在2°以内。为实现大型复合材料结构件高质量高效率长寿命装配,自动化制孔是必由之路,在保证质量稳定性的同时,有效提高飞机结构件装配效率。

波音、空客等公司主承力关键件制孔都由机器自动完成以保证制孔垂直度要求。A350、B787、B777X等新一代民机已大量采用新型先进制孔方法及专用刀具,进一步提高了飞机综合性能。国内复合材料构件装配制孔仍处于人工制孔阶段,虽然在C919大型客机等新机型的研制中,广泛使用自动化制孔和钻铆设备,实现了制孔和铆接的自动化,但是复合材料其物理性能和加工性能与传统的金属材料差别巨大,因此在制孔刀具的选择、制孔工艺参数的确定方面,需要重新进行试验,形成相应的工艺控制参数和文件;螺旋铣、超声振动制孔等新制孔工艺需要进一步验证,提高成熟度,实现工程化应用。针对宽体客机大厚度、大孔径复合材料结构件,需开展叠层结构先进制孔技术研究,对螺旋铣孔、超声振动以及低频振动制孔工艺材料去除机理进行深入研究,优化工艺参数,大幅度降低制孔工艺对孔周材料产生的损伤缺陷,有效提高复合材料连接结构的服役寿命。

12.2.2 低应力低损伤装配

装配应力是诱发二次损伤的根本原因,减少装配应力,使装配应力分布均衡,减少应力集中现象,能有效减少二次损伤的诱发。复合材料对装配应力的敏感性高,应力极易引起结构变形、微小损伤的扩展,复合材料在民用飞机的大量使用,对如何降低装配过程中附加应力提出挑战。

以 A350、B787、CR929 等大型民用客机，大量采用整体复材壁板，隔框、连接角片的尺寸大，由于尺寸效应，在零件成型和加工过程中更易产生尺寸误差和变形，造成零组部件装配连接表面难以贴合，与装配工装产生间隙，甚至干涉，产生连接和装配应力，引起连接二次损伤。虽然广泛使用自动化装配，但在开敞性差的区域，以及需要临时连接的工序中，手工装配不可避免，存在多工序制孔现象，导致工具的位姿偏差和重复定位误差，极易产生连接孔垂直度误差、配合误差等，亦会引起装配应力和连接二次损伤。

  复合材料的低应力低损伤装配技术在国外已得到大量研究，得到了波音空客等飞机制造企业的日益重视，部分相关技术在飞机装配工艺中得到应用。波音在机身段上机身外蒙皮与垂尾的连接部位预留有牺牲层，根据机身桶段最终装配完成后进行精确测量，并使用专用设备对牺牲层进行精加工，从而保证连接面的平面要求；空客飞机也在部分机身壁板与加强框连接位置利用牺牲层技术、精加工技术对配合面进行精确控制，减少装配应力。波音和空客两大飞机制造商都根据产品的制造能力、装配过程，进行了详细的关键特性管理，对飞机性能指标、重要载荷区域等与制造和装配相关的关键参数进行甄别，按照装配流程逐层分解传递，进行尺寸协调性计算，关注装配过程中的配合面，从而对应力水平进行提前预判，在实际装配过程中进行数据统计和波动分析。

  国内也对复合材料装配相关技术进行了研究，在 C919 飞机上同样采用了预留牺牲层和精加工技术，对机身段进行尺寸补偿，减少装配应力，同时 C919 飞机在总装、部件装配协调等开展了大面积的尺寸工程工作，通过尺寸链的数字仿真模拟，对重要交点、配合面的协调性进行预测，对产品进行补偿设计。但国内目前对其二次损伤产生机理和装配应力变化规律的认识严重不足，大多停留在对样件的破坏性试验，缺乏可靠的理论指导，难以支撑高质量构件的装配技术与自动化装备的开发，随着复合材料在飞机结构中的应用持续增加，特别是在宽体客机主承力结构件中的应用，急需开展复材结构低应力低损伤装配技术研究。

  对装配应力的研究，并不是说必须对装配过程中壁板、梁、肋等零件的定位力、零件之间的夹紧力及力的分布等在生产中进行精确的控制。这里需要从两个方面进行区分：第一，通常民用飞机面向市场商机、且需求量比较大，因此必然要求生产制造及装配在高速率下保证产品质量及质量波动的稳定，那么采用精确复杂的加力工装，对零件进行精确调整本身就与生产速率要求之间存在矛盾。第二，民用飞机复材的研制必须进行金字塔式的研发和验证工作，所有产品的设计和制造都必须进行精细的迭代验证，因此，不同结构特征、成型方式允许的应力装配水平是不一样的，比如不带门框的整体壁板与门框壁板之间就存在着厚度、铺层角度、应力水平的巨大差异，不可能有同样的装配应力限制，因此，装配应力的评定又是根据产品量身定制的。

  研究装配应力产生和分布的规律，产生二次损伤的规律，制定降低装配应力的工艺方法是需要迫切解决的。国内应该在复合材料飞机结构的研发中进行详细的产品定义，包括铺层信息、材料信息、厚度要求、成型工艺要求等内容，更需要给出明确的摆放姿态、夹紧、测量基准及允许的加力位置及力大小等检测内容，这些检测内容应该与装配时使用的基准、定位器设置、压紧器的位置等保持统一；在满足以上条件的基础上，装配工装尽量保持与传统工装相同,减少不必要的调整,只在必要的压紧加力位置进行力或者位移的限制,保证应力在设计允许的较低水平,从而提高装配速率,保证产品质量;对牺牲层补偿、精加工等结构补偿设计中技术进行材料选取、零件成型时补偿材料应力变形、精加工工艺设备及参数、精加工工作提前到零件层级等研究,提升现有补偿分析和加工能力;对飞机进行关键特性管理工作、开展基于过程的实效模式分析、积累尺寸容差数据并改进是国内开展飞机工艺设计工作必须首要考虑的问题。

12.2.3 紧固件

目前用于飞机结构的紧固件材料主要有:合金钢、铝合金、钛合金、不锈钢、耐热合金和复合材料等。材料的选用受到飞机性能、环境、结构等多方面因素的影响,其中对于复合材料结构,其紧固件材料的选择需要从电位和比强度两个方面进行考虑。对于电位,与复合材料匹配最好的是复合材料本身,其次是不锈钢,第三是钛合金,但是由于使用复合材料制造紧固件难以实现高强度、抗疲劳等性能要求;不锈钢由于其比强度较低,因此在航空紧固件选材方面也不被大量采用,只是在飞机机体用的组合类紧固件上使用;而钛合金兼顾高比强度和低电位差两项优势,使得其成为复合材料结构用紧固件的最佳材料,因此在飞机复合材料的机体结构上,无论是铆钉,还是螺栓、单面紧固件等,都采用钛合金材料。用于复合材料结构的紧固件因能解决复合材料本身的弱点,并且能克服复合材料在使用中极易出现的问题。该类紧固件具有较多的性能特点,主要体现在重量轻、比强度高、抗腐蚀、有预载、带锁紧、抗疲劳、防雷击、密封等多个方面,根据不同安装结构对紧固件所提出的要求,该类紧固件主要分为铆钉类、螺接类、单面连接、特种连接类等多种类型。

由于复合材料结构耐冲击性能较差,因而在该结构中进行铆接时紧固件杆部的膨胀极易造成孔边分层,进而影响接头质量。另外,对于铆接工艺,由于手工铆接不易获得一致的紧固件夹紧力矩,因而一般在大于 4 mm 规格时大部分采用可控拧紧力矩的紧固件,但由于铆钉相对于其他紧固件安装方便且质量较轻,在有些场合仍然被大量使用,主要为 4 mm 以下铆钉的连接,有些特殊结构的铆钉 4 mm 以上规格有时也有应用。应用于飞机复合材料结构的铆钉主要有 A286 铆钉、钛铌铆钉、双金属铆钉和空尾铆钉等。A286 铆钉在 F-14 战斗机复合材料尾翼的装配中曾大量使用,铆接时采用了应力波铆接系统;目前在较薄的复合材料壁板件上多采用钛铌铆钉进行铆接,在铆接过程中,实芯铆钉大多在铆接成形头下增加垫圈,达到防止孔壁发生分层的效果;双金属铆钉是为钛合金结构和复合材料承剪结构设计的专用紧固件,其杆部具有较高的强度,尾部具有较好的塑性,可替代抗剪型钛高锁螺栓,铆接时钉杆与钉尾交接面位于该夹层最大夹层内;空尾铆钉为钛铌材料,采用双面沉头形式,铆接后可以保证飞机气功性能,铆接时需要采用专用的设备将空尾扩开,铆接力小而且对复合材料无损伤,主要使用于操纵面等结构中。

在复合材料结构开敞部位使用的螺栓类紧固件主要有钛合金螺栓/自锁螺母、钛合金高锁螺栓/高锁螺母等,在安装过程中都需进行力矩控制,从而避免由于力矩不一致而导致的对复合材料结构性能的影响。钛合金高锁螺栓,是由原 Hi-shear 公司开发的一种用于飞机结构双面安装的钛合金紧固件，它具有可控预载荷、自锁、高疲劳寿命、抗振动、防松动、可与多种材料组合、安装噪声小、易于安装等特点，分为100°沉头、平头抗剪型和抗拉型钛合金高锁螺栓，主要应用于机身、机翼、垂尾、平尾、方向舵等部位的开敞部位的连接。最早开发的钛合金高锁螺栓是间隙型 Hi-Lok 钛合金高锁螺栓，随后又开发一种可用于金属结构的抗疲劳型 Hi-tigue 钛合金高锁螺栓，并在 Hi-Lok/Hi-tigue 钛合金高锁螺栓的基础上开发出了目前采用的 Hi-lite 轻型钛合金高锁螺栓，该紧固件与普通高锁螺栓相比，可有效降低结构重量10%以上。在复合材料结构中使用高锁螺栓，其配套高锁螺母应选用防腐蚀的普通型、密封型、可调型高锁螺母等。

用于复合材料单面连接的紧固件除应具有金属结构所用单面连接紧固件的性能特征外，还应满足复合材料的需要，解决电位相容性、安装损伤、拉脱强度低等问题，目前用于复合材料结构的抽钉主要有两种形式，即螺纹抽钉和拉拔型抽钉，螺纹抽钉主要以美国 Monogram 公司生产的产品为主，而拉拔型以 ALCOA 公司的 CR 系列抽钉为主。美国 Monogram 公司生产的大底脚单面螺纹抽钉是专门为复合材料结构单面连接而设计，具有与复合材料电位相容、安装后形成大底脚而不使材料产生分层、可在7°斜面上进行安装、安装后可控制力矩、三点锁紧不产生松动、采用驱动螺母方便进行安装等特点。用于复合材料结构的拉拔型抽钉是在用于金属结构的不锈钢拉拔型抽钉的基础上发展而来的，具有与大底脚单面螺纹抽钉相同的特点，但与大底脚抽钉相比，具有重量更轻、安装后不用铣平的特点。随着材料与结构的不断发展，为了满足一些特殊需要，在螺纹抽钉的基础上，进一步发展了平断抽钉、干涉抽钉和主承力结构用抽钉；平断抽钉是为满足表面涂覆工艺的要求而设计，以往采用大底脚螺纹抽钉安装时，螺纹抽钉芯杆断裂位置高于钉头端面，必须将露出端面铣平，因而造成端面形状不连续，而拉拔型抽钉在断颈锁环端面也是形状不规则，从而增加了涂覆工艺的实施难度，并且在使用中由于振动也极易产生涂层脱落，而平断抽钉断颈位置低于钉头端面且断裂平直，从而保证了涂料与基体之间的较好结合力，实现了涂层作用的充分发挥；干涉抽钉主要用于需单面连接的关键承力部位，保证结构疲劳寿命要求，同时具备改善钉载分配、提高抗雷击等能力；随着单面连接向主承力结构的发展，国外发展出了一种可用于主承力结构的抽钉，该抽钉在连接后抗剪强度与抗剪型高锁螺栓相当。

复合材料制造的紧固件与复合材料具有最佳的电位匹配，是解决重量、腐蚀、雷击、雷达图像等问题的理想方法，该紧固件主要用于军用飞机隐身部位和电磁敏感部位，如仪表板、雷达天线、机翼前缘、垂尾前缘、平尾前缘等部位，但由于目前其最高抗剪强度只能与高强铝铆钉相当，因而仅限使用于次承力结构。复合材料紧固件成型用材料主要有两种，即热固性和热塑性，目前用于复合材料紧固件的材料大多是热塑性材料，主要有 PEEK/LC、PEEK/C、PEI/GL、PEEK/Q。复合材料紧固件按紧固件类型可分为复合材料螺栓、复合材料螺母、复合材料螺钉以及复合材料铆钉等，其中复合材料铆钉需采用专门的热铆接发生器进行铆接安装；复合材料紧固件按成形工艺可分为注塑级和模压级，其中模压级的长纤维复合材料紧固件在较高温度下可保持极高的拉伸强度、剪切强度和疲劳强度，在国外多种飞行器、发动机和舰船、航空电子设备领域以及商用飞机上均有应用。国内亦有诸如哈尔滨工业大学、运载火箭研究院等多家单位进行了相关研究。

由于历史原因，国内民用飞机紧固件大部分都选用国外产品，国内紧固件的研发，尤其时对于机身复材连接用紧固件的研发尚处于研究阶段，没有较成熟的紧固件系列产品能够通过民用飞机较高的性能要求。研发国产系列化民用飞机级复合材料用连接紧固件，由紧固件引申的自动化安装技术、相关自动设备的开发及手动安装工具的开发、紧固件的维修技术等将成为民用飞机项目上关键核心自主可控的重要内容。

12.2.4 基于测量的装配

波音、空客对数字化装配体系、测量数据对装配质量的反馈控制方面都有了较深入的研究，并贯穿于空客和波音装配的全过程。波音公司委托 NRK 公司开发了工厂数据管理(FDM)和虚拟装配(virtual mating)系统，实现了供应商交付产品的可装配性评估和加垫量分析。空客开发的 MAA 系统，也实现了类似功能。

国内仍处于技术之间相互独立，数字化检测手段在装配检测环节对模拟量手段的替代作用不够明显，检测数据在后继装配环节的利用不够充分，缺乏系统平台对检测业务、数据进行集中管理等诸多问题。随着国内基于三维的设计、制造、检测手段的普及，数字量协调正逐步取代模拟量协调居于主流。目前已经普遍采用了三维数字化测量手段对产品进行测量、控制。但是现在大部分的测量业务是基于商业测量软件的制造符合性检查，在协调性分析控制却鲜有深入研究，对现场装配的支撑作用有限。现阶段，利用虚拟现实技术建立检测数据驱动的装配场景，在三维环境下进行部件装配关系预测、协调、优化，开展面向装配协调性分析的检测方案和数据管理方法，预测并解决可能出现的超差，对装配工作有重大的指导作用；研究基于数字化检测的虚拟装配和质量控制技术，规划面向数字量协调的装配质量控制体系，实现基于数字量的装配质量反馈控制，建立基于虚拟装配的装配质量评价与装配方案改进方法，已成为当前提升宽体客机数字化制造、装配与运营维护能力的迫切需求。

12.3 复合材料结构装配技术在航空航天的应用

12.3.1 C919 飞机

C919 飞机是我国拥有完全自主知识产权的 150 座级中—短航程商用运输机，它的总体设计指导思想主要集中体现在"三减"和"四性"上，"三减"指气动减阻、结构减重和排放减少，"四性"指安全性、经济性、舒适性和环保性。C919 飞机装配现场如图 12.16 所示。

C919 飞机的雷达罩、整流罩、尾翼、后机身、起落架舱门、活动面和小翼等部位使用了复合材料，如图 12.17 所示，其复合材料用量为 11.5%。

在 C919 飞机研制过程中，开展了一系列复合材料结构装配技术的研究工作，包括手工制孔和自动钻孔的工艺参数和刀具选择、制孔质量评价、扩孔位置度研究、中央翼结构装配协调方案设计、平尾自动化制孔方案设计等，研究成果为中央翼、平尾等自动化装配的系统设计提供了依据，并支持了《复合材料制件的制孔》等 9 份工艺规范的编制工作。

图 12.16　C919 飞机装配现场

图 12.17　C919 飞机复合材料结构

通过 C919 飞机关键技术攻关,攻克了复合材料制孔、复材/钛合金混杂叠层制孔等一系列复合材料结构装配关键技术,为 C919 项目的顺利推进,打下了坚实的基础。手动制孔效果的对比如图 12.18、图 12.19 所示。

(a) 复合材料入口撕裂、出口劈裂严重　　　　　　(b) 钛合金制孔难以进行

图 12.18　实施前手动制孔效果

(a) 复合材料表面完整性好

(b) 可有效进行复材+钛合金叠层制孔

图 12.19 实施后手动制孔效果

为了尽量降低成本、提高产品质量，C919 飞机复合材料结构装配过程中应用了大量先进的自动化装配技术，包括数字化自动测量、工装自动定位、工装柔性化、自动化测量和定位的集成技术、自动化制孔技术等。C919 飞机平尾生产线如图 12.20 所示。

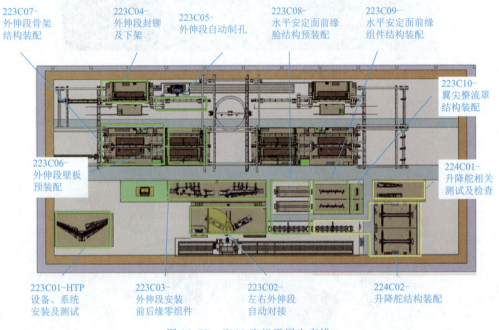

图 12.20 C919 飞机平尾生产线

12.3.2 CR929 飞机

CR929 飞机是中国和俄罗斯联合研制的远程宽体客机，是为全球市场设计的，具有最先进的技术和最佳的经济运行效率。CR929 项目将中国、俄罗斯和独联体作为其主要目标市场和亚太地区作为重要市场，其他国际市场也在其定位范围内。

CR929 飞机机体结构在机翼和机身等主承力结构上大规模采用复合材料，复合材料应用比例将达到机体结构重量的 51%，如图 12.21 所示。

CR929 飞机技术性能先进，主承力部段全部采用复材结构；为确保飞机的先进性、快速进入市场，必须考虑高效率高质量完成研制工作。基于上述因素，CR929 飞机复合材料结构装配中，将采用容差分配技术和数字量协调等尺寸工程技术，采用先进的测量手段和分析软件以保证组件或部段在装配过程中的定位准确及质量检测快速准确；壁板装配、部段装配及全机对接采用智能化、自动化、数字化的装配工装，带有自动化测量定位、自动化制孔、自动化涂胶、自动化安装紧固件等，在装配生产系统中采用先进的流水式高效物流手段等，从而打造自动化、数字化、智能化、柔性化、集成化的一流飞机生产系统。CR929中机身生产线概念方案如图12.22所示。

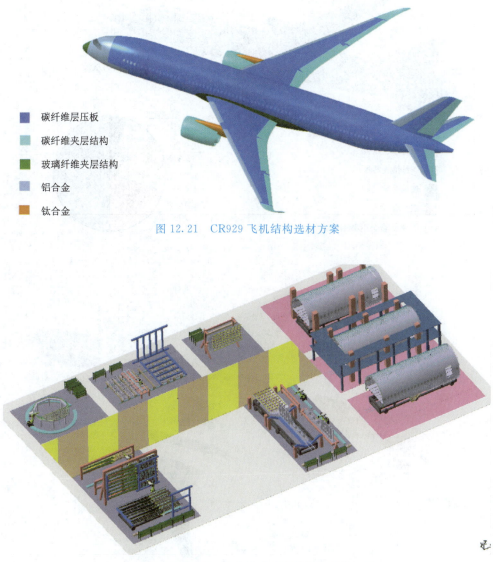

图12.21　CR929飞机结构选材方案

- 碳纤维层压板
- 碳纤维夹层结构
- 玻璃纤维夹层结构
- 铝合金
- 钛合金

图12.22　CR929中机身生产线概念方案

12.3.3　波音787飞机

波音787（B787）是美国著名飞机制造商波音公司于2009年12月15日推出的全新型号飞机，它的最大特点是大量采用先进复合材料、超低燃料消耗、较低的污染排放、高效益及舒适的客舱环境。波音787机身、机翼、尾翼等主要机体结构均采用了复合材料,其复合材料用量达到了50%,如图12.23所示。

波音787飞机机体结构的制造和装配分工如图12.24所示,最终组装在华盛顿Everett的波音Everett工厂和南卡罗来纳州北查尔斯顿的波音南卡罗来纳工厂进行。

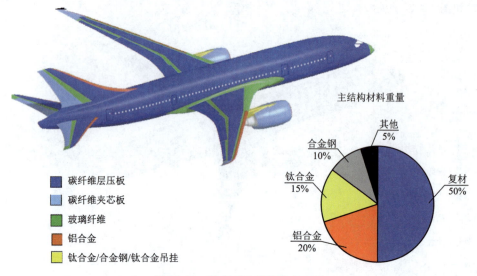

图12.23 波音787结构选材方案

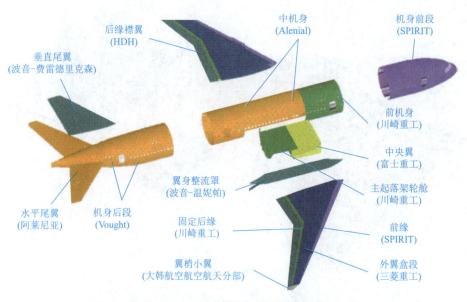

图12.24 B787机体结构制造和装配分工

波音787飞机复合材料结构装配过程中应用了大量的自动化装配设备,如图12.25所示的复合材料前机身装配线中,通过内外双机器人配合,一次性完成机身框与蒙皮之间连接紧固件的制孔、制孔质量检测、紧固件涂密封剂、螺栓插入、螺母安装等工作,大大提高了装配效率及装配质量的稳定性。

波音 787 后机身 47 和 48 段装配应用了与 Electroimpact 公司合作开发的 Quadbots 多机器人协同装配系统,如图 12.26 所示。该系统由 4 台装配机器人组成,并且采用防撞功能支撑协作,每个机器人都可以完成制孔、锪窝、检测孔质量、涂覆密封剂和安装紧固件,可将装配效率提升 30%。

图 12.25　B787 前机身自动化装配系统

图 12.26　多机器人协同装配系统

另外,波音 787 飞机复合材料结构装配过程中采用了一项关键技术,即 One Up Assembly(一次性装配)工艺,该工艺通过两侧的机器人(或手工)对产品施加足够的压紧力;零件制孔后,无需分解清洁去毛刺,零件之间无需做贴合面密封,直接安装紧固件,大大提高了装配效率。

12.3.4　A350 飞机

空客 A350 飞机是欧洲空中客车公司研制的双发远程宽体客机,是在 A330 的基础上进行改进的,主要是为了增加航程和降低运营成本,同时也是为了与全新设计的波音 787 进行竞争。空客 A350 机身、机翼、尾翼等主要机体结构均采用了复合材料,其复合材料用量达到了 52%,如图 12.27 所示。

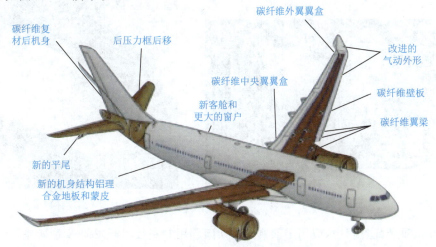

图 12.27　空客 A350 结构选材方案

空客 A350 飞机机体结构的制造和装配分工如图 12.28 所示。机身三大部段(包括机头/前机身段、中机身段、后机身段)总装和外翼、尾翼对接,由空客法国图卢兹工厂完成。

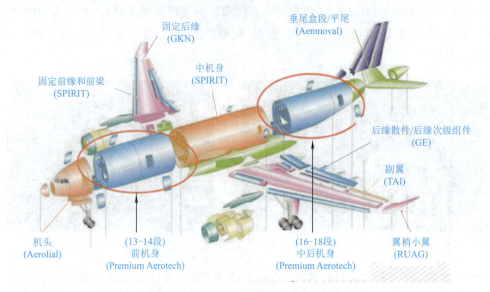

图 12.28　A350 机体结构制造和装配分工

A350 复合材料机身装配过程中,也采用了一系列的自动化手段。图 12.29 和图 12.30 所示的机身壁板装配生产线,壁板对缝处采用了柔性轨进行制孔和紧固件插入。

图 12.29　A350 复合材料机身壁板自动化装配

图 12.30　A350 复合材料机身自动化装配

A350 机翼装配过程中,应用了瑞典艾克斯康利用专利技术开发的 X 系列并联运动机器人,进行复材机翼壁板的制孔,如图 12.31 所示,大大提高了制孔的效率和质量稳定性。

图 12.31 A350 复合材料机翼自动化装配

12.4 复合材料结构装配技术发展前景预测

基于实际产品的三维测量、三维尺寸仿真对复合材料零件配合面的预测将更加重要。对已经制造出来的复合材料零件产品,使用数字化测量手段对其重要特征进行模型重建,并使用基于柔性的装配仿真程序进行模拟,可以精确地预测零件配合面之间的失配情况,结合对应的补偿方式,从而对配合处连接的力学性能进行评估,可以大大减少超差零件的报废,提前规划装配补偿工序,降低制造成本,提高产品质量。

增材制造将是复合材料产品重要连接处补偿实现的理想手段。通过三维仿真技术,对配合间隙进行预测,可以对翼身对接、机身对接等重要部位的补偿垫片进行精确的数字模型定义,然后通过增材制造技术将垫片打印,通过打印的结构特征进行精确定位,可以实现对装配间隙的完美填充,提高紧固件连接处的配合,降低液体垫片涂覆工艺中由于流动性不足带来的空隙风险,提高连接性能。

智能制造实现制孔质量精确控制。通过智能制造中的物联网、视觉感知和高速传输手段,可以对复合材料装配制孔中叠层与切削转速的匹配、各层出刀口垂向力控制、刀具寿命统计等进行高速的实时在线甄别,实现制孔参数的智能调整,提高制孔质量。

装配工装柔性化是必然。复合材料产品的大尺寸、对装配应力的敏感性、对壁板弹性变形的恢复需求等都促进着阵列吸盘为特征的新一代通用装配型架的发展;以机器人制孔技术为代表的柔性更高的设备则不断压缩着钻模板等制孔工装的生存空间。未来的复材装配工装必然朝着精密、较高适用柔性的方向发展。

复合材料结构装配是复合材料应用中的重要环节。目前,国内复合材料结构装配在应用技术和自动化等方面,与国外主要飞机制造商之间还有一定的差距。加强复合材料装配相关技术的研究,对于提高飞机制造水平,加快和促进复合材料在国内航空制造业的应用具有重要作用。

参考文献

[1] 徐福泉.复合材料结构装配过程中的制孔和连接[J].航空制造技术,2010,(17):72-74.

[2] 刘华东.飞机复合材料水平尾翼装配技术[J].航空制造技术,2009,(24):26-30.

[3] 刘风雷.复合材料结构用紧固件技术[J].宇航总体技术,2018,(4):8-12.

[4] 孙颖,赵鲁宁.柔性工装及自动化装配设备在大型飞机装配中的应用[J].飞机设计,2013,(05):73-77.

[5] 熊大炎.碳纤维复合材料对人体健康危害的预防[J].纤维复合材料,1988,(2):41-49.

[6] 张全纯,汪裕炳,瞿履和.先进飞机机械连接技术[M].北京:兵器工业出版社,2000.

[7] 刘风雷,刘丹,刘健光.复合材料结构用紧固件及机械连接技术[J].航空制造技术,2012(1/2):102-104.

[8] 袁协尧,杨洋,见雪珍,等.感应焊接技术在民用飞机热塑性复合材料中的应用[J].玻璃钢/复合材料,2017,(5):99-104.

[9] 季光明,殷跃洪,郑正.民用飞机用热塑性复合材料的研究进展[J].中国胶粘剂,2016,(25):175-176.

[10] 刘洪波,谢磊,段玉岗,等.热固性树脂基复合材料结构电阻焊接研究[J].玻璃钢/复合材料,2015,(10):58-62.

[11] 李培旭,陈萍,刘卫平.先进复合材料增材制造技术最新发展及航空应用趋势[J].玻璃钢/复合材料增刊,2016:172-176.